Le champignon, comestible et autrement

son habitat et sa période de croissance

Miron Élisée Dur

Wrtat

Cette édition parue en 2024

ISBN : 9789359941226

Publié par
Writat
email : info@writat.com

Contenu

INTRODUCTION

Je serais d'accord avec ceux qui pourraient soutenir qu'aucune introduction n'est nécessaire pour ce livre sur les champignons. Néanmoins, un mot n'est peut-être pas déplacé car le début de l'œuvre sort de l'ordinaire. M. Hard n'a pas décidé qu'un livre sur ce sujet était nécessaire et s'est ensuite mis à étudier ces plantes intéressantes. Il les a observés, les a collectionnés, a incité de nombreux amis à se joindre à eux pour manger ceux qui se sont révélés savoureux et délicieux - il s'est vraiment mêlé pendant des années aux différentes espèces comestibles et autres, et puis récemment il a décidé de publier un livre sur son sujet favori. L'intéressant travail de photographier les champignons et les champignons vénéneux a sans doute largement contribué à la détermination qui a abouti à la matérialisation du traité.

Si j'ai correctement appréhendé l'origine et les causes qui y contribuent, nous nous attendrions à ce que ce livre soit différent des autres livres sur les champignons – pas bien sûr dans sa portée et son objectif ; mais les instructions et les suggestions données, les descriptions et les remarques générales proposées, le large éventail de formes représentées en mots et en images, la composition entière du livre en fait, séduiront le grand public plutôt que l'étudiant en particulier. L'auteur n'écrit pas pour quelques personnes spécialement instruites, mais pour la masse des gens intelligents – ceux qui lisent et étudient, mais qui observent davantage ; ceux qui sont enclins à communier avec la nature telle qu'elle se montre dans les vallons et les clairières, dans les champs et les forêts, et qui passent peu de temps, voire pas du tout, à courir après les formes ou à dessiner les tissus que l'on peut voir sur la scène étroite d'un microscope composé.

Le livre s'adresse donc au débutant et à tous les débutants ; l'étudiant découvrira que c'est le guide à utiliser lorsqu'il sera prêt à commencer à étudier les champignons ; les professeurs des écoles devraient tous commencer dès maintenant à étudier les champignons et, dans ce but, ils trouveront ce livre utile ; les personnes qui voient souvent des champignons mais ne les connaissent pas trouveront ici un livre qui sera vraiment d'une grande aide.

On pourrait souhaiter une photographie en couleur lorsque le sujet est un champignon délicatement teinté ; mais si, avec cela, nous perdions des détails dans la structure, alors le souhait serait renoncé. Les couleurs peuvent être décrites de manière approximative, mais ce n'est souvent pas le cas des marques, des formes et des formes caractéristiques. Nous pensons que les demi-teintes des photographies constitueront un élément précieux du livre, surtout si les plantes sont examinées avec le plus grand soin avant de se tourner vers les images. Pendant une demi-heure, les pages peuvent être tournées et les illustrations appréciées. Cependant, cela ne donnerait aucune réelle connaissance des champignons. Si l'on ne fait qu'un tel usage des images, mieux vaut qu'elles n'aient jamais été préparées par M. Hard et ses amis. Mais si un charmant petit champignon vénéneux, un champignon aux couleurs délicates, un agaric majestueux, sont soigneusement retirés du lit de terreau, de la souche en décomposition ou du vieux tronc d'arbre, puis retournés encore et encore, et à l'envers, chaque partie est scrutée. , la structure est examinée attentivement dans ses moindres détails - non pas avec un sentiment répugnant, mais plutôt avec un intérêt sympathique qui devrait naturellement trouver tous les organismes habitant notre globe - puis, le moment venu, en arrivant à l'image, une image réelle, dans le livre, elle devra sûrement apporter à la fois plaisir et profit. Réfléchissez à la suggestion. Ensuite, pour conclure en un mot, si le livre de M. Hard incite les gens à *apprendre* et *à apprécier* les champignons que nous possédons, ce sera un succès et sa récompense sera grande.

WA KELLERMAN, PH.D.

Département de botanique,
Ohio State University, Columbus, O.

NOTE DE L'AUTEUR

EN MÉMOIRE

C'est avec un profond sentiment de tristesse que je me vois contraint de compléter l'introduction ci-dessus par un bref hommage à la mémoire de ce gentilhomme et aimable compagnon, ainsi que scientifique enthousiaste, le regretté Dr WA Kellerman.

Passant sa vie à la recherche de la science, l'Ange de la Mort l'a rattrapé alors qu'il était encore à la recherche d'une connaissance plus large de la Nature et de ses œuvres, et avec des doigts glacés, il a fermé les paupières sur des yeux toujours en alerte pour la découverte de vérités cachées.

Calme, réservé et sans prétention, rares étaient ceux qui connaissaient la douceur généreuse et désintéressée de la nature qui sous-tendait toute sa vie. Pourtant, le monde scientifique en général et les étudiants en sciences naturelles en particulier reconnaissent dans la mort du Dr Kellerman une perte longtemps regrettable et qui ne sera pas réparée de sitôt.

L'"Introduction" ci-dessus, sortie de sa plume, était l'un des derniers, sinon le dernier de ses écrits publics, rédigé quelques semaines seulement avant d'être frappé par la fièvre mortelle qui s'abattit sur lui dans les forêts du Guatemala, et qui mit si rapidement fin à son espoirs et aspirations terrestres.

Il semble doublement triste qu'une personne si bien connue dans sa vie soit appelée à abandonner ses fardeaux et ses plaisirs alors qu'elle est si loin de tous ceux qui l'ont bien connu et aimé ; et se reposer enfin parmi des étrangers dans un pays étranger.

À cet ami bien-aimé et compagnon de tant de jours agréables dans les bois et les champs, l'auteur de ce livre désire rendre l'hommage d'un souvenir affectueux et d'une appréciation sincère.

L'AUTEUR.

PRÉFACE

« Aussi beau que soit ton visage, la nature ; *
*

* tout ce qui pousse a de la
grâce .
Ruby Moor ;
les beautés sont celles qui se retirent de la vue,
mais qui rendront l' attention dont elles ont besoin. »

La botanique et la géologie sont les études préférées de l'auteur depuis sa sortie de l'université, grâce au Dr Nelson, qui vit dans le cœur de tous ses étudiants. Par ses enseignements, il a rendu ces matières si attrayantes et si intéressantes que, au moins, chaque moment libre a été consacré au suivi des études de botanique et de paléontologie. Mais la partie mycologique de la botanique a été pratiquement portée à l'attention de l'auteur par les enfants de Bohême de Salem, dans l'Ohio, suscitant en même temps le désir de connaître l'aspect scientifique du sujet et de pouvoir ainsi aider les nombreux chercheurs en quête d'un connaissance personnelle de ces plantes intéressantes.

Chaque enseignant devrait être capable d'ouvrir les portes de la nature à ses élèves afin qu'ils puissent voir son œuvre variée et, dans la mesure du possible, aider à dissiper la brume de leurs yeux afin qu'ils puissent voir clairement les beautés des prairies, des bois ou des collines. .

En entreprenant une étude plus approfondie du sujet, l'écrivain a travaillé dans une situation très désavantageuse car, pendant un certain nombre d'années, il n'y avait que peu de littérature disponible. Chaque livre écrit sur ce sujet, dans ce pays, a été acheté dès sa sortie et tous ont été très utiles.

L'étude a été un très grand plaisir et des amitiés très agréables se sont nouées tout en recherchant la plus grande variété d'espèces possible.

Pendant plusieurs années, le but était simplement de se familiariser avec les différents genres et espèces, et aucune photographie de spécimens n'a été prise. C'était une grave erreur ; car, après qu'on eut décidé de publier cet ouvrage, il parut impossible de retrouver beaucoup de plantes que l'auteur avait précédemment trouvées dans d'autres parties de l'État.

Cependant, cet échec a été en grande partie surmonté grâce à la généreuse courtoisie de ses amis estimés, — M. CG Lloyd, de Cincinnati ; Dr Fisher, de Détroit ; Professeur Beardslee, d'Ashville, Caroline du Nord ; Professeur BO Longyear, de Fort. Collins, Colonel, et le Dr Kellerman, de l'Ohio State University, qui ont très aimablement fourni des photographies représentant les espèces trouvées plus tôt dans d'autres parties de l'État. Les espèces représentées ici ont toutes été trouvées dans cet état au cours des dernières années.

L'auteur a une grande obligation envers le professeur Atkinson, de l'Université Cornell, pour son aide et ses encouragements très importants dans l'étude de la mycologie. Sa patience dans l'examen et la détermination des plantes qui lui ont été envoyées est plus pleinement appréciée qu'on ne peut l'exprimer ici. Le Dr William Herbst, de Trexlertown , Pennsylvanie, a contribué à résoudre de nombreux problèmes difficiles ; il en va de même pour M. Lloyd, le professeur Morgan, le capitaine McIlvaine et le Dr Charles H. Peck, botaniste de l'État de New York.

Le but du livre a été de décrire l'espèce, dans la mesure du possible, dans des termes facilement compréhensibles par le lecteur général ; et on espère que le plus grand nombre d'illustrations rendra le livre utile à ceux qui sont désireux de se familiariser avec une partie de la botanique si peu étudiée dans nos écoles et collèges.

Aucun effort n'a été épargné pour obtenir des spécimens aussi représentatifs qu'il était possible d'en trouver. Une étude minutieuse des illustrations des plantes aidera, dans la plupart des cas, très grandement l'étudiant à déterminer la classification de la plante lorsqu'elle sera trouvée ; mais il ne faut pas se fier entièrement à l'illustration, surtout dans l'étude de Boleti. La description doit être soigneusement étudiée pour voir si elle correspond aux caractéristiques de la plante en question.

Dans de nombreuses usines où les notes n'avaient pas été prises ou avaient été perdues, les descriptions données par les parties désignant les usines ont été utilisées. C'est notamment le cas de nombreux Boleti. L'auteur a estimé que les descriptions du Dr Peck seraient plus précises et plus complètes, c'est pourquoi elles ont été utilisées, lui donnant ainsi du crédit.

On a pris soin de donner la traduction des noms et de montrer pourquoi la plante a été ainsi appelée. Les non-initiés se demandent toujours comment le nom latin est mémorisé, mais lorsque les étudiants voient que le nom inclut une caractéristique importante de la plante et découvrent ainsi son applicabilité, sa mémorisation devient relativement facile.

L'habitat et la période de croissance de chaque plante sont indiqués, ainsi que sa comestibilité. L'auteur a été incité par ses nombreux amis à travers l'État, alors qu'il travaillait à l'institut et parlait fréquemment sur ce sujet, à leur donner un livre qui les aiderait à se familiariser avec les champignons communs de leur voisinage. La demande a été satisfaite.

Nous espérons que le travail sera aussi utile qu'agréable à réaliser.

MEH

Chillicothe, Ohio, 11 janvier 1908.

CHAPITRE I.

POURQUOI ÉTUDIER LES CHAMPIGNONS. Il y a quelques années, alors que nous étions responsables des écoles de Salem, Ohio, nous avions développé un intérêt assez général pour l'étude de la botanique. J'avais l'habitude d'aller chaque jour chercher des fleurs, surtout les plus rares, qui étaient nombreuses dans ce comté, et d'en rapporter des spécimens pour les cours. Il y avait dans la ville une usine de clous en fil métallique, fonctionnant jour et nuit, dont les propriétaires faisaient venir de temps en temps un grand nombre de Bohémiens comme ouvriers dans l'usine. Très souvent, en me rendant à la campagne de bon matin, je trouvais les garçons et les filles de ces familles bohémiennes fouillant les bois, les champs et les pâturages à quelque distance de la ville, bien qu'ils n'étaient pas dans cette campagne depuis plus d'une semaine ou deux. et ne parlait pas un mot d'anglais. J'ai vite découvert qu'ils ramassaient des champignons de toutes sortes et les rapportaient à la maison comme nourriture. Ils ne pouvaient pas me dire comment ils les connaissaient, mais j'appris vite qu'ils les connaissaient par leurs caractéristiques générales ; en fait, ils les connaissaient comme nous connaissons les gens et les fleurs.

J'ai décidé de connaître moi-même quelque chose sur le sujet. Je n'avais aucune littérature sur la mycologie et, à cette époque, il semblait y avoir peu de choses disponibles. À peu près à la même époque parut dans le Harper's Monthly un article de W. Hamilton Gibson sur les champignons et les champignons comestibles — un article que j'ai complètement dévoré, peu de temps après avoir acheté son livre sur le sujet.

Salem, dans l'Ohio, était une localité très fertile en champignons et je n'ai pas tardé à être surpris du nombre que je connaissais réellement. Je me suis souvenu que là où il y a une volonté, il y a un chemin.

En 1897, j'ai déménagé à Bowling Green, Ohio ; là, j'ai trouvé de nombreuses espèces que j'avais trouvées à Salem, Ohio, mais le sol extrêmement riche, le bois lourd et les nombreuses vieilles plages de lacs semblaient fournir une plus grande variété, de sorte que j'en ai ajouté beaucoup plus à ma liste. Après être resté trois ans à Bowling Green, faisant d'agréables connaissances avec les bonnes gens de cette ville ainsi qu'avec les fleurs et les champignons du comté de Wood , Providence m'a placé à Sidney, Ohio, où j'ai découvert de nombreuses nouvelles espèces de champignons et renouvelé ma connaissance. avec beaucoup de ceux rencontrés auparavant.

Depuis mon arrivée à Chillicothe, j'ai essayé de faire photographier les plantes telles que je les ai trouvées, mais étant obligé de dépendre d'un photographe, je n'ai pas toujours pu le faire. Je n'ai pas trouvé dans ces environs beaucoup de choses que j'ai trouvées ailleurs dans l'État, bien que j'aie trouvé ici beaucoup de choses nouvelles, fait que j'attribue à la nature vallonnée du comté. Pour les empreintes de nombreuses variétés de champignons obtenues avant de venir ici, je suis redevable à mes amis. Je conseillerais à toute personne ayant l'intention de faire une étude sur ce sujet de faire photographier tous les spécimens dès qu'ils sont identifiés, fixant ainsi l'espèce pour référence future.

Il me semble que tout professeur d'école devrait avoir des connaissances en mycologie. Certains de mes professeurs ont fait, au cours de l'année écoulée, une étude assez approfondie sur ce sujet intéressant, et j'ai constaté que leurs élèves les occupaient à identifier leurs découvertes. Leurs listes de genres et d'espèces, telles qu'elles étaient exposées sur les tableaux noirs à la fin de la saison, étaient assez longues. J'ai appris auprès de mes garçons et filles bohèmes que leurs professeurs dans leur pays d'origine leur avaient ouvert la porte à ces connaissances très utiles. L'observation m'a prouvé de manière concluante qu'il existe un intérêt important et croissant pour ce sujet dans la plus grande partie de l'Ohio.

Tout homme professionnel a besoin d'un passe-temps qu'il peut pratiquer pendant ses heures de détente, et je suis sûr qu'il n'y a pas de domaine qui offre une meilleure incitation au galop que la botanique, et en particulier ce département particulier de travail botanique.

J'ai un ami, un homme professionnel qui a un œil et un cœur pour toutes les beautés de la nature. Après des heures de confinement dans son bureau pour un travail serré et critique, il a toujours envie d'une promenade à travers les collines et à travers les bois, et quand nous découvrons quelque chose de nouveau, il semble l'apprécier au-delà de toute mesure.

De nombreux ministres de l'Évangile sont devenus célèbres dans le monde mycologique. Les noms du révérend Lewis Schweiwitz , de Bethléem, Pennsylvanie ; Le révérend MJ Berkeley et le révérend John Stevenson, d'Angleterre, vivront aussi longtemps que la botanique sera connue de l'humanité. Leur influence positive et utile envers leurs semblables sera éternelle.

Avec une telle inspiration, avec quelle rapidité on se perd dans tous les soucis des affaires, et combien les champs, les prairies et les bois sont libres et vivifiants, au point qu'il faut s'exclamer avec le professeur Henry Willey dans son "Introduction à l'étude de le Lichen » :

"Si je pouvais chanter mes bois
et raconter ce qu'on y aime,
tous les hommes se rassembleraient dans mon jardin
et laisseraient les villes vides.
Dans mon sort, aucune tulipe ne souffle;

à la place, des pins et des chênes amoureux de la neige;
et classeraient les érables sauvages . grandir,
Depuis les premières pousses du printemps jusqu'au rouge de l'automne ;
Mon jardin est une corniche forestière,
que délimitent les forêts plus anciennes.

CHAMPIGNONS ET CHAMPIGNONS

COMMENT DIFFÉRER LES CHAMPIGNONS DES CHAMPIGNONS. Selon toute probabilité, aucun étudiant en mycologie n'a une question qui a retenu son attention plus fréquemment ou avec plus de persistance que la question : « Comment distinguer un champignon vénéneux d'un champignon ? » - ou si dans les bois ou les champs, à la recherche de nouvelles espèces, avec un camarade non initié, il doit souvent décider si un certain spécimen « est un champignon ou un champignon vénéneux », tant est fermement ancrée l'idée selon laquelle une classe de champignons – les champignons vénéneux – est vénéneuse, et l'autre – les champignons – sont comestibles. et tout à fait souhaitable ; et ces esprits curieux semblent souvent très déçus lorsqu'on leur dit qu'ils sont une seule et même chose ; qu'il existe des champignons et des champignons vénéneux comestibles, ainsi que des champignons et des champignons vénéneux ; qu'en bref, un champignon vénéneux est en réalité un champignon et qu'un champignon n'est qu'un champignon vénéneux après tout.

D'où la question du débutant : comment distinguer un champignon vénéneux d'un champignon comestible. Il n'y a qu'une seule réponse à cette question, c'est qu'il doit apprendre à fond les genres et les espèces, en étudiant chacun jusqu'à ce qu'il connaisse ses caractéristiques particulières, comme il connaît celles de ses amis les plus familiers.

Certaines espèces ont été testées par un certain nombre de personnes et se sont révélées parfaitement sûres et savoureuses ; d'autre part, il existe des espèces appartenant à divers genres qui, si elles ne sont pas réellement toxiques, sont du moins nuisibles.

Il appartient à tous les livres sur les champignons d'aider l'étudiant à séparer les plantes en genres et en espèces ; dans ce travail, une attention particulière a été accordée à la distinction entre les espèces comestibles et les espèces vénéneuses. Il existe quelques espèces comme Gyromitra esculenta, Lepiota Morgani , Clitocybe illudens , etc., qui, lorsqu'ils sont consommés par certaines personnes, provoqueront des maladies peu de temps après avoir mangé, tandis que d'autres échapperont à tout effet désagréable. Chimiquement parlant, ils ne sont pas toxiques, mais refusent simplement d'être assimilés dans certains estomacs. Il est préférable d'éviter tout cela.

COMMENT LES CHAMPIGNONS PEUVENT. Il existe une idée forte selon laquelle les champignons poussent très rapidement, surgissant en une seule nuit. C'est erroné. Il est vrai qu'une fois arrivés au stade bouton, ils se développent très rapidement ; ou dans le cas de ceux qui naissent d'un œuf mature, se développent si rapidement que vous pouvez clairement voir le mouvement de la croissance ascendante, mais le développement du bouton à partir de l'œuf mycelium ou du frai prend du temps, des semaines, des mois et même des années. Il serait très difficile de déterminer l'âge de bon nombre de nos champignons arboricoles.

COMMENT APPRENDRE LES CHAMPIGNONS. Si le débutant veut éviter toutes les Amanites et peut-être certains Boleti, il n'a pas besoin de s'inquiéter beaucoup en ce qui concerne la sécurité des autres espèces.

Il existe trois manières de se familiariser avec les espèces comestibles. Le premier est le test physiologique suggéré par M. Gibson dans son livre. Elle consiste à mâcher un petit morceau puis à le recracher sans en avaler le jus ; si aucun symptôme important n'apparaît dans les vingt-quatre heures, on peut en mâcher un autre morceau, en avalant cette fois une petite partie du jus. Si aucune irritation n'est ressentie après une autre période d'attente, un morceau encore plus gros peut être essayé. J'échantillonne toujours soigneusement une nouvelle plante et je suis ainsi souvent en mesure d'établir le fait qu'elle est comestible avant de pouvoir la localiser dans sa propre espèce. Cet automne, j'ai trouvé pour la première fois Tricholoma colombette ; c'était quelque temps après que j'aie prouvé qu'il s'agissait d'un champignon comestible avant de me décider sur son nom. Une meilleure façon, peut-être, est de les cuisiner, de les donner à manger à votre chat et d'observer le résultat.

Une autre façon est d'être accompagné d'un ami qui connaît les plantes, et ainsi vous apprenez sous la direction d'un professeur comme un élève apprend à l'école. C'est le moyen le plus rapide d'acquérir des connaissances sur les plantes de toutes sortes, mais il est difficile de trouver un professeur compétent.

Une autre voie encore, ouverte à tous, consiste à connaître quelques espèces et, à travers leur description, à se familiariser avec les termes utilisés pour décrire un champignon ; ceci fait, la voie est ouverte, si vous disposez d'un livre contenant des illustrations et des descriptions des plantes les plus communes. Ne soyez pas pressé d'obtenir les noms de toutes les plantes et n'en utilisez aucune dont vous n'êtes pas absolument sûr. En cueillant des champignons pour les manger, ne mettez pas dans votre panier avec ceux que vous comptez manger un seul champignon dont vous doutez des qualités comestibles. Si vous en avez le moindre doute, jetez-le ou mettez-le dans un autre panier.

Il n'existe pas de règles fixes permettant de distinguer un champignon vénéneux d'un champignon comestible. J'ai trouvé un de mes amis en train de manger du Lepiota naucina , sans même savoir à quel genre il appartenait, simplement parce qu'elle pouvait l'éplucher. Je lui ai dit que le champignon le plus mortel peut être pelé tout aussi facilement. Il n'y a rien non plus de plus précieux dans le test de la cuillère en argent auquel la vieille dame de M. Gibson accordait tant de confiance. Certains disent : n'en mangez pas qui ont un goût âcre ; beaucoup sont comestibles et leur goût est assez âcre. D'autres disent de ne pas en manger dont le jus ou le lait est blanc, mais cela reviendrait à éliminer un certain nombre de Lactarii qui sont assez bons. Il n'y a rien dans la théorie des branchies blanches et de la tige creuse. Il est vrai que l'Amanite possède les deux, mais elle doit être connue par d'autres caractéristiques. Encore une fois, on nous dit d'éviter ceux qui ont un capuchon visqueux, ou ceux qui changent rapidement de couleur ; c'est une condamnation trop radicale car elle éliminerait plusieurs très bonnes espèces. Je pense pouvoir affirmer en toute sécurité qu'il n'existe aucune règle connue permettant de distinguer le bien du mal. Le seul moyen sûr est de connaître chaque espèce selon ses particularités individuelles – de les connaître comme nous connaissons nos amis.

L'étudiant en mycologie a devant lui une description de chaque espèce, qui doit correspondre à la plante en main et qui le rendra bientôt familier avec les différents caractères des divers genres et espèces, afin qu'il puisse les reconnaître aussi facilement que les caractères de ses meilleurs amis.

CE QUE TOUT LE MONDE PEUT MANGER. Au printemps de l'année arrive, avec les premières fleurs, un champignon si caractéristique sous toutes ses formes que personne ne manquera de le reconnaître. Il s'agit de la morille commune ou champignon éponge. Aucun d'entre eux n'est connu pour être nocif, c'est pourquoi le débutant peut ici se fier en toute sécurité à son jugement. Pendant qu'il cueille des morilles pour les manger , il commencera bientôt à distinguer les différentes espèces des genres. De mai jusqu'aux gelées, les différentes sortes de boules-bouffées apparaîtront. Toutes les boules sont bonnes tant que leur intérieur reste blanc. Ils ne sont jamais toxiques, mais lorsque la chair commence à jaunir, elle est très amère. Le pleurote se trouve de mars à décembre et constitue toujours un champignon très acceptable. Les cernes sont facilement reconnaissables et peuvent être trouvés dans n'importe quel vieux pâturage par temps humide de juin à octobre. Par temps saisonnier, ils sont généralement très abondants. Le champignon commun des prés se rencontre de septembre jusqu'aux gelées. Il est connu pour ses branchies roses et son capuchon charnu. On trouve un champignon aux branchies roses dans les rues, le long des trottoirs et parmi les pavés. Les tiges sont courtes et les chapeaux sont très charnus. Il s'agit d'A. rodmani . On les trouve en mai et juin. Le champignon cheval a des branchies roses et peut être trouvé de juin à septembre. Les Russulas , que l'on trouve de juillet à octobre, sont généralement bonnes. Quelques-uns sont à éviter en raison de leur goût âcre ou de leur odeur forte. Il n'y a pas de moment, du début du printemps jusqu'au gel, où vous ne pouvez pas trouver de champignons, si le temps est favorable. J'ai donné l'habitat et l'heure à laquelle chaque espèce peut être trouvée. Je devrais recommander une étude attentive de ces deux points. Lisez les descriptions des plantes qui poussent dans certains endroits et à certaines heures, et vous serez généralement récompensé, si vous suivez la description et si la saison est favorable.

COMMENT CONSERVER LES CHAMPIGNONS. Beaucoup peuvent être séchées pour une utilisation hivernale, comme les Morilles, Marasmius oreades , Boletus edulis, Boletus edulis, va. clavipes , et un certain nombre d'autres. Ma femme a mis en conserve avec beaucoup de succès un certain nombre d'espèces, notamment Lycoperdon pyriforme , Pleurotus ostreatus et Tricholoma personnage . Les champignons ont été soigneusement cueillis et lavés, laissés reposer dans de l'eau salée pendant environ cinq minutes, afin de les débarrasser de tout insecte qui pourrait se trouver dans les branchies, puis égouttés, coupés en morceaux suffisamment petits pour entrer facilement dans les bocaux. . Chaque pot était rempli le plus possible de champignons et rempli d'eau et de sel suffisamment pour parfumer correctement le champignon. Ensuite, mettez-le dans une bouilloire d'eau froide sur la cuisinière, les couvercles étant posés sans serrer sur le dessus, et laissez cuire pendant une heure ou plus après que l'eau de la bouilloire commence à bouillir. Les couvercles ont ensuite été solidement fixés et après avoir essayé les bocaux pour voir s'il y avait une fuite, ils ont été rangés dans un endroit frais et sombre.

Lors de la mise en conserve des boules feuilletées, elles doivent être soigneusement lavées et tranchées, en s'assurant qu'elles sont parfaitement blanches de part en part. Ils n'ont pas besoin de rester dans l'eau salée avant d'être emballés dans le pot, comme le font les champignons qui ont des branchies. Sinon, ils étaient mis en conserve comme le Tricholoma et les pleurotes. Tout champignon comestible peut facilement être conservé pour une utilisation hivernale en conserve. Utilisez des bocaux en verre avec des dessus en verre.

TERMES UTILISÉS

CERTAINS DES TERMES LES PLUS COURANTS UTILISÉS. Pour décrire les champignons, il est nécessaire d'utiliser certains termes, et il incombera à quiconque souhaite se familiariser avec cette partie du travail botanique de bien comprendre les termes utilisés pour décrire les plantes.

La substance de tous les champignons est soit charnue, membraneuse ou liégeuse. Le *chapeau* ou *calotte* est la partie expansée, qui peut être soit sessile, soit soutenue par une tige. Le chapeau n'est pas constitué de tissu cellulaire comme chez les plantes à fleurs, mais de myriades de fils ou d'hyphes entrelacés. Cette structure du chapeau deviendra immédiatement évidente si une fine partie du capuchon est placée sous le microscope.

Les *branchies* ou *lamelles* sont de fines plaques ou membranes rayonnant de la tige jusqu'au bord de la calotte. Lorsqu'ils sont attachés carrément et fermement à la tige , on dit qu'ils sont *adnés* . Si elles ne sont attachées que sur une partie de la largeur des branchies, elles sont *annexées* . S'ils s'étendent vers le bas sur la tige, ils sont *décurrents* . Ils sont *libres* lorsqu'ils ne sont pas attachés à la tige. Fréquemment, le bord inférieur est entaillé au niveau ou à proximité de la tige et dans ce cas, on dit qu'ils sont *émarginés* ou *sinueux* .

FIGURE 2. — Petite partie d'une coupe de la couche sporulée d'un champignon qui produit ses spores aux extrémités des cellules appelées baside. (a) Spores, (b) baside, (c) cellules stériles.

Chez certains genres, la surface inférieure de la calotte est pleine de pores au lieu de branchies ; dans d'autres genres, la surface inférieure est remplie de dents ; dans d'autres encore, la surface est lisse, comme dans les Stereums . Les branchies, les pores et les dents constituent la base de l'hyménium ou de la surface fruitière. Il est évident que les branchies, les pores et les dents exposent simplement, de manière très économique, la plus grande surface possible de spores.

Si une section des branchies est examinée au microscope, on observera que des deux côtés de la surface se trouvent des couches hyméniales étendues. L' *hyménium* est constitué de cellules allongées ou basides (singulières, baside) plus ou moins en forme de massue. La figure 2 montre comment ces basides apparaissent sur la couche hyméniale lorsqu'elles sont fortement agrandies. On verra qu'elles sont placées côte à côte et perpendiculaires à la surface des branchies. Sur chacune de ces basides se trouvent, chez certaines espèces, deux, généralement quatre, minces projections sur lesquelles les spores sont produites. Sur la figure 2, on voit un certain nombre de cellules stériles qui ressemblent aux basides, sauf que ces dernières portent quatre stérigmates sur lesquels reposent les spores. Parmi ces basides et cellules stériles, on verra fréquemment une baside stérile ressemblant à une vessie envahie par la végétation, qui dépasse du reste de l'hyménium et dont l'utilisation n'est pas encore entièrement connue. On les appelle cystidies (singulier, cystidium). Ils ne sont jamais nombreux, mais ils sont dispersés sur toute la surface, devenant plus nombreux le long du bord des branchies. Lorsqu'elles sont colorées, elles changent l'apparence des branchies.

FIGURE 3. — Brins de mycélium ressemblant à des racines de la boule-bouffée en forme de poire poussant dans du bois pourri. De jeunes boules en forme de petits nœuds blancs se forment sur les brins. Grandeur naturelle.— *Longyear.*

Les spores sont les graines du champignon. Ils sont de différentes tailles et formes, avec une variété de marquages de surface. Ils sont très petits, aussi fins que de la poussière, et invisibles à l'œil nu, sauf lorsqu'on les voit en masse sur l'herbe, sur le sol, sur des bûches, ou sous forme d'empreintes de spores. C'est le but de tout champignon de produire des spores. Certains tombent sur l'hôte parent ou sur le sol. D'autres sont emportés par chaque montée de vent et emportés pendant des jours et finissent par s'installer, peut-être, dans d'autres États et continents que ceux dans lesquels ils ont commencé. Des millions de personnes périssent faute de trouver un lieu de repos convenable. Les spores qui trouvent un lieu de repos favorable, dans de bonnes conditions, commenceront à germer en envoyant un mince filament filiforme, ou hyphes , qui se ramifie immédiatement à la recherche de matière alimentaire et qui forme toujours un réseau plus ou moins long. masse moins feutrée, appelée mycélium. Lorsqu'ils se forment pour la première fois, les hyphes sont continus et se ramifient à travers le substrat nourricier d'où surgit ensuite une croissance porteuse de spores connue sous le nom de sporocarpe ou jeune champignon. Cette partie végétative du champignon est généralement cachée dans le sol, dans le bois pourri ou dans la matière végétale. La figure 3 est une représentation du mycélium de la petite boule-bouffée en forme de poire avec un certain nombre de petits boutons blancs marquant le début de la boule-bouffée. Le mycélium exposé ici est très similaire au mycélium de tous les champignons.

Dans les genres poreux, l'hyménium tapisse les pores verticaux ; chez les champignons porteurs de dents, il tapisse la surface de chaque dent ou s'étale sur la surface lisse du stère .

Le développement des spores est assez intéressant. Les jeunes basides, comme le montre la figure 2, sont remplies d'un protoplasme granuleux. Bientôt de petites projections, appelées stérigmes (au pluriel, stérigmates), font leur apparition aux extrémités des basides et le protoplasme y passe. Chaque projection ou stérigme se gonfle bientôt à son extrémité pour former un corps semblable à une vessie, la jeune spore, et, à mesure qu'elles s'agrandissent, le protoplasme de la baside y passe. Lorsque les quatre spores sont pleinement développées, elles ont consommé tout le protoplasme de la baside. Les spores se séparent bientôt par une cloison transversale et tombent. Toutes les spores des champignons Hymenomycetous sont disposées et produites de la même manière, leur surface portant les spores étant exposée tôt dans la vie par la rupture du voile universel.

Dans les boules-bouffées, les spores sont disposées de la même manière, mais l'hyménium est enfermé dans un sac extérieur. Lorsque les spores sont mûres, l'enveloppe se rompt et les spores s'échappent dans l'air sous forme de poudre poussiéreuse. Les boules-bouffées appartiennent donc aux champignons Gastromycètes car leurs spores sont enfermées dans une pochette jusqu'à leur maturité.

Un autre très grand groupe de champignons est celui des Ascomycètes, ou champignons du sac. Il est très facile à déterminer car tous ses membres développent leurs spores à l'intérieur de petits sacs membraneux ou asques. Ces asques sont généralement mélangés à des asques minces et vides ou à des cellules stériles, appelées paraphyses. Ces asques ont des corps de formes variées et sont connus dans différents ordres sous différents noms, tels que ascome, apothécie, périthèce et réceptacle. Les ascomycètes comptent souvent parmi leurs effectifs des champignons dont la taille varie depuis des plantes microscopiques unicellulaires jusqu'à des spécimens assez grands et très beaux. A ce groupe appartiennent un grand nombre de petits champignons produisant les diverses maladies des plantes.

Dans un travail de ce genre, une attention particulière est naturellement accordée à l'ordre des Discomycètes ou champignons en coupe. Cet ordre est très vaste et est ainsi appelé parce que de nombreuses plantes sont en forme de coupe. Ces coupes varient considérablement en taille et en forme ; certains sont si petits qu'il faut une lentille pour les examiner ; certains sont en forme de soucoupe ; certains ressemblent à des gobelets et d'autres ressemblent à des béchers de formes diverses. Les champignons de selle et les morilles appartiennent à cet ordre. Ici, la surface du sac est souvent alambiquée, lobée et striée, afin d'offrir une plus grande surface portant le sac.

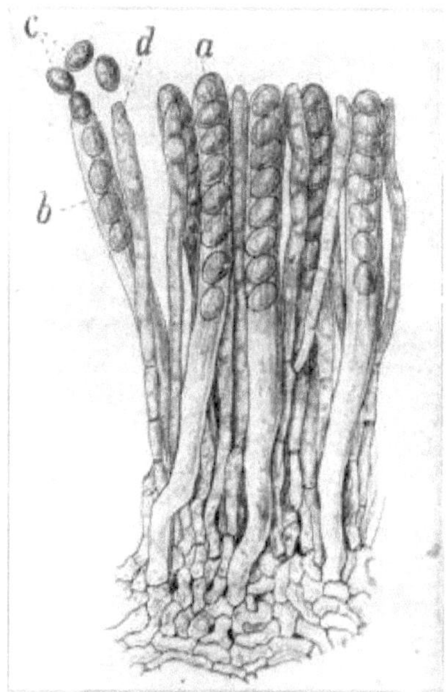

FIGURE 4. — Petite partie d'une coupe de la partie sporulée d'une morille dans laquelle les spores sont produites dans de petits sacs ou asques. (a) Un asque, (b) un asque déchargeant ses spores, (c) les spores, (d) des cellules stériles. Très agrandi.— *Longyear.*

Dans les champignons, les boules, etc., nous constatons que les spores étaient portées aux extrémités des basides, généralement quatre spores sur chacune. Dans ce groupe, les spores sont formées dans de minuscules sacs en forme de massue, appelés asques (singulier, ascus). Ces asques sont de longs sacs cylindriques, côte à côte, perpendiculaires à la surface de fructification. La figure 4 illustre leur position avec les cellules stériles sur la surface fructifère de l'une des morilles. Ils ont généralement huit spores dans chaque sac ou asque.

La tige du champignon se trouve généralement au centre du chapeau, mais elle peut être excentrique ou latérale ; lorsqu'il fait défaut, on dit que le chapeau est sessile. La tige est solide lorsqu'elle est charnue partout, ou creuse lorsqu'elle présente une cavité centrale, ou bourrée lorsque l'intérieur est rempli de substance moelleuse. Les tiges sont soit charnues, soit cartilagineuses. Dans le premier cas, il a la même consistance que le chapeau. Dans ce dernier cas, sa consistance est toujours différente de celle du chapeau, ressemblant à du cartilage. La tige du Tricholoma offre un bon exemple du champignon à tige charnue, et celle du Marasmius illustre le cartilagineux.

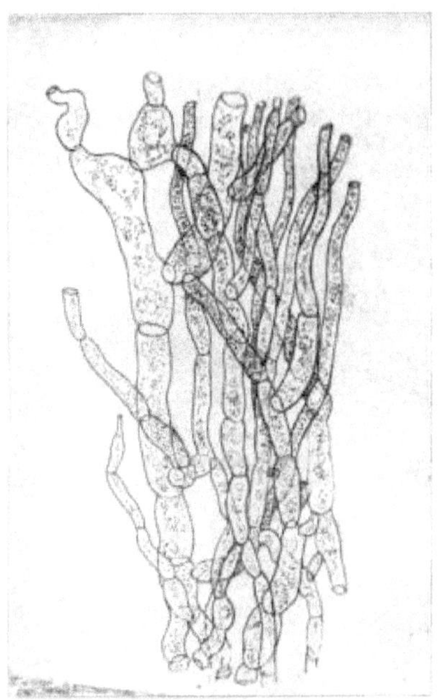

FIGURE 5. -- Petite partie d'une tige de morille montrant des filaments cellulaires. Très agrandi.— *Longyear.*

Si l'on examine le chapeau ou la tige d'un champignon avec un microscope à fort grossissement, on constate qu'il est constitué d'une continuation des filaments mycéliens, entrelacés et entrelacés, ramifiés, et de filaments tubulaires souvent délicatement divisés, donnant l'apparence de cellules. La figure 5 représente une petite partie d'une tige de Morel fortement agrandie montrant les filaments cellulaires. Chez les champignons mous, les fils mycéliens sont tissés de manière plus lâche et ont des parois minces avec moins de cloisons.

Le *voile* est une fine feuille de fils mycéliens recouvrant les branchies, restant parfois sur la tige, formant un *anneau* ou *un anneau* . Celui-ci reste parfois un certain temps en marge du capuchon lorsqu'on dit qu'il est *appendiculé* . Parfois, elle ressemble à une toile d'araignée lorsqu'elle est appelée *arachnoïde* .

La *volve* est une enveloppe universelle, entourant toute la plante lorsqu'elle est jeune, mais qui se rompt rapidement, laissant une trace sous forme d'écailles sur le chapeau et une gaine autour de la base de la tige, ou se désagrégeant en écailles ou en anneau écailleux. à la base de la tige. Toutes les plantes possédant cette volve universelle doivent être évitées, au-delà du but de l'étude. Il faut veiller à ce que, dans leur jeune état, ils ne soient pas confondus avec des ballons. Souvent, lorsqu'ils sont trouvés à l'état d'œuf, ils ressemblent à une petite boule. La figure 6 représente une coupe d'une Amanite à l'état d'œuf ainsi que la boule-bouffée gemme. Dès qu'une coupe est faite et soigneusement examinée, la structure de l'intérieur révèle immédiatement la plante. Il y a peu de danger de confondre le stade œuf de l'Amanite avec celui de la boule, car elles ne se ressemblent que par leur forme ovale, et nullement par leurs marques à la surface.

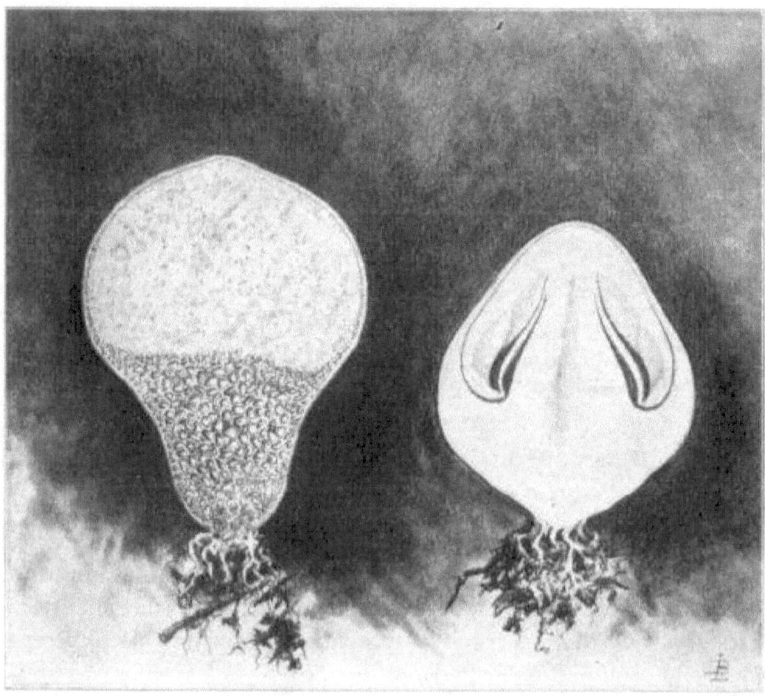

FIGURE 6. — La figure de gauche représente une coupe verticale d'une jeune plante de la boule-bouffée gemme, montrant la structure cellulaire de la

moitié inférieure en forme de tige, appelée subgleba . La figure de droite montre une coupe verticale du stade œuf d'une amanite, un champignon très venimeux qui pousse dans les bois et qui pourrait être confondu avec une jeune boule s'il n'est pas ouvert. Le champignon se forme juste sous la surface du sol, faisant finalement éclater la volve, envoyant un champignon parasol. Grandeur naturelle.— *Longyear*.

QU'EST-CE QU'UN CHAMPIGNON OU UN CHAMPIGNON ?

C'est une plante cellulaire, sans fleur, nourrie par le mycélium qui imprègne le sol ou d'autres substances sur lesquelles pousse le champignon ou le champignon. Tous les champignons sont soit des parasites, soit des saprophytes qui ont perdu leur chlorophylle et sont incapables de vivre de manière indépendante.

Il existe un grand nombre de genres et d'espèces, et beaucoup ont des habitudes parasitaires qui les amènent à pénétrer dans le corps d'autres plantes et d'animaux. C'est pour cette raison que tous les champignons ont une importance économique, en particulier les formes microscopiques classées sous la rubrique des bactéries. Certains auteurs récents sont enclins à séparer les bactéries et les moisissures visqueuses du groupe des champignons et à les appeler des animaux champignons. Quoi qu'il en soit, ce sont de véritables plantes et possèdent de nombreuses caractéristiques des champignons. Ils peuvent différer des champignons par leurs fonctions végétatives, mais ils ont tellement de points communs que je suis enclin à les classer dans ce groupe.

Beaucoup, comme les levures, les différents champignons fermentaires et les bactéries impliquées dans le processus de décomposition, sont en effet très utiles. L'enrichissement et la préparation des sols pour l'usage des plantes supérieures, effectués par des bactéries, sont des services très importants.

Les parasites se nourrissent de plantes et d'animaux vivants. Ils sont constitués de telle sorte que lorsque leurs fils nourriciers arrivent à portée de la plante vivante , ils répondent à une certaine impulsion en envoyant des fils spéciaux, en enveloppant l'hôte et en absorbant la nutrition. Les plantes saprophitiques ne subissent pas cette réaction de la part des plantes vivantes. Ils sont obligés de se nourrir de produits en décomposition provenant de plantes ou d'animaux, c'est pourquoi ils vivent dans un sol riche ou de la moisissure des feuilles, sur du bois pourri ou sur du fumier. Les parasites sont généralement petits, limités par leur hôte. Les saprophytes ne sont donc pas limités à l'approvisionnement alimentaire et il est possible de construire de grandes plantes telles que le groupe commun des champignons, les puff-balls, etc.

Les spores sont les graines ou organes reproducteurs du champignon. Ils sont très fins et invisibles à l'œil nu, sauf lorsqu'ils sont rassemblés en grandes masses. Sous les champignons, souvent, l'herbe ou le bois sera blanc ou clairement décoloré à cause des spores. L'hyménium est la surface ou la partie de la plante qui porte les spores. L'hyménophore est la partie qui supporte l'hyménium.

Dans le champignon commun, et en fait dans bien d'autres, les spores se développent sur une certaine cellule en forme de massue, appelée baside (pluriel, baside), sur chacune de laquelle se développent généralement quatre spores. Chez les morilles, ces cellules sont allongées en sacs membraneux cylindriques appelés asques, dans chacun desquels huit spores sont généralement développées. Les spores seront de différentes couleurs, formes et tailles, ce qui sera d'une grande aide à l'étudiant pour localiser des espèces et des genres étranges. Lors de la germination, les spores émettent de minces fils que les botanistes appellent mycélium, mais que les lecteurs ordinaires appellent frai.

La méthode et le lieu de développement des spores fournissent une base pour la classification des champignons. La meilleure façon d'acquérir une connaissance approfondie de nos champignons comestibles et vénéneux est de les étudier à la lumière des caractères primaires employés dans leur classification et de leurs relations naturelles les uns avec les autres.

Il existe de grandes divergences d'opinions quant à la classification des champignons. La plus simple et la plus satisfaisante est peut-être celle d'Underwood et Cook. Ils les classent en six groupes :

1. Basidiomycètes : ceux dont les spores ou les corps reproducteurs sont nus ou externes, comme le montre l'illustration 2 à la page 15.

2. Ascomycètes : ceux dont les spores sont enfermées dans des sacs ou des asques. Ces sacs sont très clairement représentés dans l'illustration Figure 4 à la page 18. Cela inclura les Morilles, Pezizæ , Pyrenomycetes , Tuberaceæ , Sphairiacei , etc.

3. Physcomycètes — y compris les Mucorini , les Saprolegniaceæ et les Peronosporeæ . La pourriture de la pomme de terre et le mildiou de la vigne appartiennent à cette famille.

4. Myxomycètes— moisissures visqueuses .

5. Saccharomycètes – Champignons de levure.

6. Les Schizomycètes sont de minuscules protophytes unicellulaires qui se reproduisent principalement par fission transversale.

CLASSE, CHAMPIGNONS—SOUS-CLASSE, BASIDIOMYCÈTES.

Cette classe comprendra tous les champignons branchiaux, Polyporus , Boletus, Hydnum , etc.

Les champignons de cette classe sont divisés en quatre groupes naturels :

1. Hyménomycètes .

2. Gastéromycètes.

3. Urédines .

4. Ustilagines .

GROUPE 1— HYMÉNOMYCÈTES .

Sous ce groupe seront placés tous les champignons composés de membranes, charnues, ligneuses ou gélatineuses, qu'ils poussent au sol ou sur le bois. L'hyménium, ou surface portant les spores, est externe à un stade précoce de la vie de la plante. Les spores sont portées sur les basides comme expliqué sur la figure 2, page 6. Lorsque les spores mûrissent, elles tombent au sol ou sont emportées par le vent vers un hôte présentant toutes les conditions nécessaires à la germination ; là, ils produisent les mycéliums ou vignes filiformes blanches que l'on a peut-être remarquées dans le gazon des labours, dans les vieux tas de copeaux ou dans le bois pourri. Si l'on examine ces fils, on trouvera de petits nœuds qui, avec le temps, se développeront pour donner naissance au champignon adulte . Les hyménomycètes sont divisés en six familles :

1. Agaricacées . Hyménium avec branchies.

2. Polyporacées . Hyménium avec pores.

3. Hydnacées . Hyménium avec épines.

4. Théléphoracées . Hyménium horizontal et majoritairement en dessous.

5. Clavariacées . Hyménium sur une surface lisse en forme de massue.

6. Tremellacées . Hyménium uniforme et supérieur. Champignons gélatineux.

FAMILLE 1— AGARICACÉES .

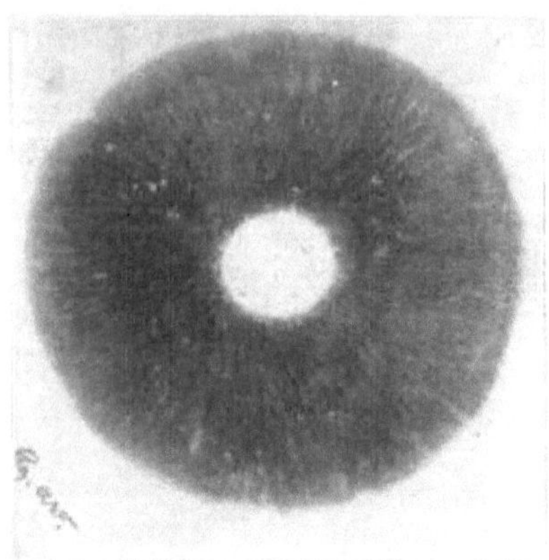

FIGURE 7. — Spore-empreinte d'Agaricus arvensis.

Chez les Agaricaceæ ou champignons communs, et chez tous les autres champignons de structure similaire, les membranes productrices de spores se trouvent sur la surface inférieure du chapeau. Ils sont constitués de fines lamelles , ou branchies, attachées par le bord supérieur au capuchon et s'étendant de la tige jusqu'au bord du capuchon. Très fréquemment, cet espace peut être entièrement utilisé par des lamelles plus courtes , ou branchies, intervenant entre les plus longues, notamment vers le bord de la calotte. Chez quelques espèces où la tige semble manquer, ou lorsqu'elle est attachée au côté du chapeau, les lamelles , ou branchies, rayonnent depuis le point d'attache ou depuis la tige latérale vers d'autres parties de la circonférence du chapeau. . Berkeley donne les caractéristiques suivantes : Hyménium, inférieur, étalé sur des branchies ou des plaques facilement divisibles, rayonnant à partir d'un centre ou d'une tige, qui peut être simple ou ramifiée.

Cette famille comprend les genres suivants :

1. Agaricus—Branchies, ne fondant pas, bord aigu ; comprenant tous les sous-genres qui ont été élevés au rang de genres.

2. Coprinus—Branchies déliquescentes, spores noires.

3. Cortinarius — Branchies persistantes, en forme de toile d'araignée, terrestres.

4. Paxillus — Branchies se séparant de l' hymenophorum et du décurrent.

5. Gomphidius — Branchies ramifiées et décurrentes, chapeau en forme de sommet.

6. Bolbitius — Branchies devenant humides, spores colorées.

7.   Lactaire — Branchies laiteuses, terrestres.

8.   Russula — Branchies égales, rigides et cassantes, terrestres.

9.   Marasmius — Branchies épaisses, dures, hyménium sec.

10. Hygrophorus —Tige confluente avec l' hymenophorum ; branchies à bords tranchants.

11. Cantharellus—Gills épaisses, ramifiées et à bord arrondi.

12. Lentinus—Chapeau poilu, dur, coriace ; branchies, coriaces, inégales, dentées ; sur les bûches et les souches.

13. Lenzites – Plante entière liégeuse ; branchies simples ou ramifiées.

14. Trogia — Branchies veneuses , repliées, canalisées .

15. Panus—Branchies liégeuses, à bord aigu.

16. Nyctalis —Voile universel ; branchies larges, souvent parasites.

17. Schizophyllum — Branchies liégeuses, fendues longitudinalement.

18. Xerotus — Branchies dures, repliées.

C'est pourquoi les champignons branchiaux sont connus sous le nom de famille Agaricaceæ , ou plus généralement connus sous le nom d'Agarics.

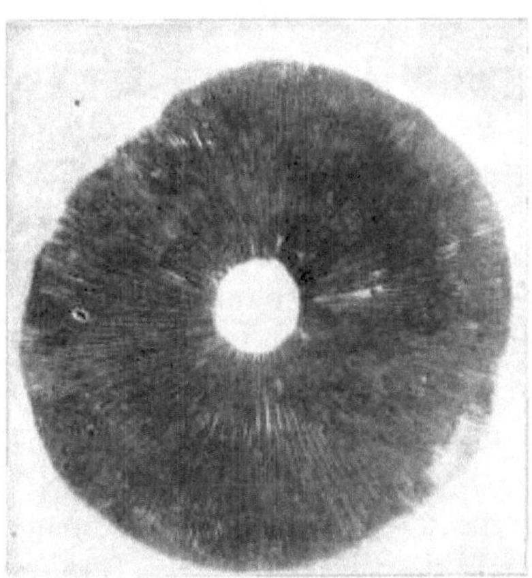

FIGURE 8. — Empreinte de spores d' Hypholoma sublatertium .

Cette famille se divise en cinq séries, selon la couleur de leurs spores. Les spores, lorsqu'elles sont vues en masse, possèdent certaines couleurs : blanc, rose, rouille, brun violet et noir. Par conséquent, la première et la plus importante partie à déterminer pour localiser un champignon est de déterminer la couleur des spores. Pour ce faire, prélevez un spécimen frais, parfait et pleinement développé, retirez la tige du capuchon. Placez le capuchon avec les branchies vers le bas sur la surface d'un papier velouté foncé, si vous soupçonnez que les spores sont blanches. Inversez un bol à doigt ou un verre cloche sur le capuchon pour empêcher l'air d'emporter les spores. Si les spores doivent être colorées, du papier blanc doit être utilisé. Si le spécimen est laissé trop longtemps, le dépôt de spores continuera vers le haut entre les branchies et peut atteindre un huitième de pouce de hauteur, auquel cas si l'on prend grand soin en retirant le capuchon, il y aura une ressemblance parfaite des branchies et aussi la couleur des spores.

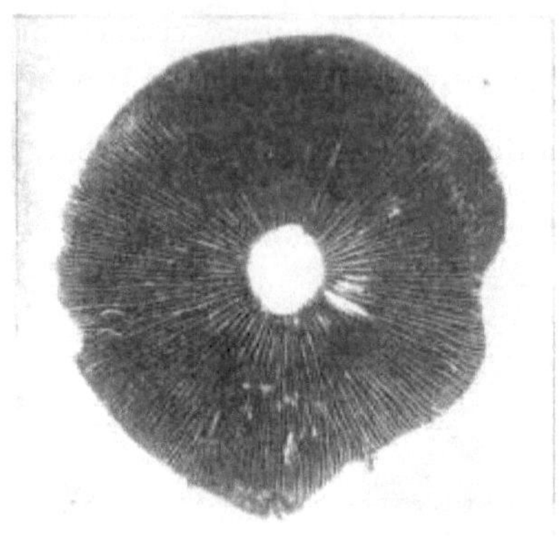

FIGURE 9. — Spore-empreinte d'un Flammula .

Il existe deux manières de rendre ces empreintes de spores tout à fait permanentes. Prenez d'abord un morceau de fine feuille de riz, muscilez -le et laissez-le sécher, puis procédez comme ci-dessus. De cette façon, l'impression résistera un peu à la manipulation. Une autre méthode, et celle utilisée pour préparer les empreintes de spores sur ces photographies, consiste à obtenir l'empreinte de spores sur du papier japonais comme dans la méthode précédente, puis, à l'aide d'un atomiseur, à vaporiser doucement et soigneusement l'empreinte avec un fixateur tel que celui utilisé dans fixation de dessins au fusain. Réussir à fabriquer des empreintes de spores demande à la fois du temps et des soins, mais la satisfaction qu'elles procurent est une ample récompense pour les efforts déployés. Il est plus difficile d'obtenir de bonnes empreintes à partir des champignons à spores blanches qu'à partir de ceux portant des spores colorées, car il est difficile d'obtenir un papier noir ayant une surface veloutée et terne, et les spores n'adhèrent pas bien à un papier au fini lisse et brillant. papier. Pour les tirages illustrés, je suis redevable à Mme Blackford.

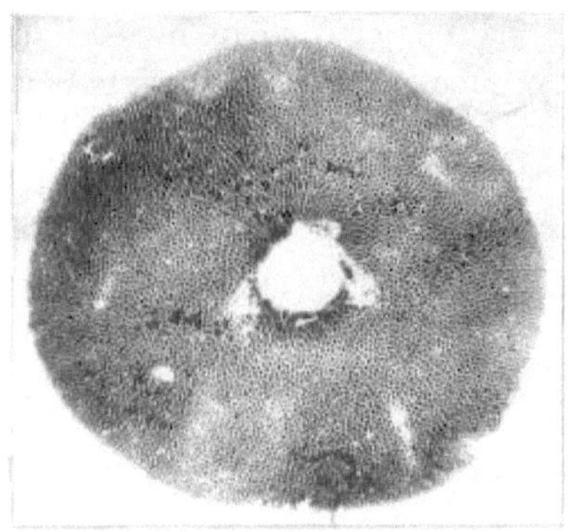

FIGURE 10. — Spore-empreinte d'un bolet.

Si la plante est sèche, il est bon d'humidifier l'intérieur du bol ou de la cloche avant de le placer sur le champignon. Les spores de Boleti et, en fait, tous les champignons peuvent être capturés et fixés de la même manière.

De l'étude de ces empreintes de spores, nous trouverons cinq couleurs différentes de spores. Cette famille est donc divisée en cinq séries, déterminées par la couleur des spores, toujours constantes en couleur, taille et forme.

Les cinq séries seront traitées dans l'ordre suivant :

1. Les Agarics à spores blanches.

2. Les Agarics à spores roses.

3. Les Agarics à spores rouillées.

4. Les Agarics à spores violet-brun.

5. Les Agarics à spores noires.

CLÉ ANALYTIQUE.

Cette clé est largement basée sur la clé analytique de Cooke. Son utilisation permettra de situer la plante en question dans le genre auquel elle appartient.

La première chose que l'élève doit faire est de déterminer la couleur de la spore si elle n'est pas évidente. Il est préférable de le faire selon le plan décrit à la page 15.

La plante doit être fraîche et mature. Une attention particulière doit être accordée aux différentes étapes de développement. Le port de la plante doit être pris en compte ; puis, dès que la couleur des spores sera déterminée, il sera facile de localiser le genre au moyen de la clé.

GROUPE I— HYMÉNOMYCÈTES .

Mycélium floccosé, donnant naissance à un hyménium distinct, champignon charnu, membraneux , ligneux ou gélatineux. Spores nues.

Hyménium, normalement inférieur—

Hyménium avec branchies   Agaricacées .

Hyménium avec pores   Polyporacées .

Hyménium avec des dents   Hydnacées .

Hyménium même   Thélophoracées .

Hyménium, supérieur—

Hyménium à surface lisse, en forme de massue, Clavariacées .

Hyménium lobé, alambiqué, gélatineux,   Tremellacées .

FAMILLE 1— AGARICACÉES .

Hyménium inférieur, chapeau plus ou moins élargi, convexe, en forme de cloche. Branchies rayonnant à partir du point d'attache du chapeau avec la tige, ou depuis une tige latérale vers d'autres parties de la calotte, simples ou ramifiées.

I. Spores blanches ou légèrement teintées.

A. Plantes charnues, plus ou moins fermes, dépérissant rapidement.

un. Tige charnue, chapeau se séparant facilement de la tige.

Volva présente et anneau sur la tige.

Chapeau portant des verrues ou des plaques exemptes de cuticule   Amanite.

Volva présente, bague manquante   Amanitopsis .

Chapeau écailleux, écailles de béton avec cuticule,

Volva veut, bague présente   Lépiote .

Hyménophore confluent,

Sans écorce cartilagineuse,

b. Tige centrale, anneau présent (parfois vague),

Volva manquant, branchies attachées Armillaire.

Sans bague,

Branchies sinueuses   Tricholome .

Branchies décurrentes,

Bords aigus   Clitocybe .

Bords gonflés   Cantharellus.

Branchies adnées,

Parasite sur d'autres champignons Nyctalis .

Pas parasitaire,

Laiteux   Lactaire .

Ne pas exsuder de jus lorsqu'il est meurtri,

Rigide et cassant   Russule .

Consistance assez visqueuse et cireuse Hygrophore .

c. Tige latérale ou nulle, rarement centrale Pleurote.

d. Tige à écorce cartilagineuse,

 Branchies adnées   Collybie .

 Branchies sinueuses   Mycène .

 Branchies décurrentes   Omphalia .

Plantes coriaces, charnues, membraneuses , coriaces,

Tige centrale,

 Branchies simples   Marasme .

 Branchies ramifiées   Xérotus .

B. Plantes gélatineuses et coriaces   Héliomyces .

Tige latérale ou voulante,

 Bord des branchies dentelé   Lentin.

 Bord des branchies entier   Panus.

 Branchies repliées, irrégulières   Trogie .

 Bord des branchies fendu longitudinalement Schizophyllum .

C. Plantes liégeuses ou ligneuses,

Branchies anastomosées.   Lenzites .

II. Spores de couleur rose ou saumon .

A. Tige centrale.

Branchies libres, tige se séparant facilement du chapeau.

Sans tige cartilagineuse,

Volva présente et distincte, pas d'anneau   Volvarie .

Sans volva, avec un anneau   Annulaires .

Sans volva et sans anneau   Pluteus.

B. Tige charnue à fibreuse, bord du chapeau d'abord incurvé,

Branchies sinueuses ou adnées   Entolome .

Branchies décurrentes   Clitopile .

C. Tige excentrique ou nulle, chapeau latéral   Claude .

Branchies décurrentes, chapeau ombiliqué   Eccilia .

Branchies non décurrentes, chapeau déchiré en écailles et légèrement convexes, marge en première développante   Leptonie .

Chapeau en forme de cloche, marge au début droite   Nolanée .

III. Spores brun rouille ou jaune-brun.

A. Tige non cartilagineuse,

un. Tige centrale,

Avec une bague,

Anneau continu   Pholiote .

Veilarachnoïde,

Branchies adnées, poudreuses de spores   Cortinaire .

Branchies décurrentes ou adnées, principalement épiphytes   Flamula .

Branchies légèrement sinueuses, cuticule du chapeau soyeuse ou portant des fibrilles   Inocybe .

Cuticule lisse, visqueuse   Hébelome .

Branchies se séparant de l'hyménophore et du décurrent   Paxille .

b. Tige latérale ou absente   Crépidote .

B. Tige cartilagineuse,

Branchies décurrentes   Tubaire .

Branchies non décurrentes,

Marge du chapeau initialement incurvée   Naucorie .

Marge du chapeau toujours droite,

Sans hyménophore   Plutéole .

Confluent des hyménophores   Galère.

Branchies se dissolvant dans un état gélatineux   Bolbitius .

IV. Spores violet-brun.

A. Tige non cartilagineuse,

Chapeau se séparant facilement de la tige,

Volva présente, bague manquante   Chitonie .

Volva et bague veulent   Pilosace .

Volva veut, bague présente   Agaricus.

Branchies confluentes, anneau présent sur la tige   Strophaire.

Anneau manquant, voile restant attaché au bord du chapeau   Hypholome .

B. Tige cartilagineuse,

Branchies décurrentes   Déconie .

Branchies non décurrentes, bord du chapeau initialement incurvé   Psilocybe .

Marge du chapeau en première ligne droite   Psathyre .

V. Champignons à spores noires.

Branchies déliquescentes   Coprin.

Les branchies ne sont pas déliquescentes,

Branchies décurrentes   Gomphide .

Branchies non décurrentes, chapeau strié   Psathyrelle .

Chapeau non strié, manquant d'anneau, voile souvent présent en marge   Panæolus .

Anneau manquant, voile appendiculaire   Chalymotta .

Bague présente   Anellarie .

CHAPITRE II.
L'AGARICS À SPORES BLANCHES.

Les espèces portant des spores blanches semblent être de type plus élevé que celles produisant des spores colorées. La plupart des premiers sont plus fermes, tandis que les spécimens à spores noires se délitent rapidement. Les spores blanches sont généralement ovales, parfois rondes et dans de nombreux cas assez épineuses. Tous les spécimens à spores blanches se trouveront dans des endroits propres.

Amanite. Pers.

Amanita est censé provenir du mont Amanus , ancien nom d'une chaîne séparant la Cilicie de la Syrie. On suppose que Galien a été le premier à rapporter des spécimens de ce champignon de cette région.

Le genre *Amanita* possède à la fois une volve et un voile. Les spores sont blanches et la tige se sépare facilement du chapeau. La volve est d'abord universelle, enveloppant la jeune plante, mais distincte et exempte de la cuticule du chapeau.

Ce genre contient certains des champignons les plus toxiques, même si quelques-uns sont connus pour être très bons. Il existe un grand nombre d'espèces — environ 75 connues, dont 42 ont été trouvées dans ce pays — quelques-unes étant assez communes dans cet État. Toutes les Amanites sont des plantes terrestres, pour la plupart solitaires dans leurs habitudes, et que l'on trouve principalement dans les bois ou dans les terrains bien boisés.

Au stade du bouton, il ressemble à un petit œuf ou à une boule-vapeur, comme on le voit sur la figure 6, page 11, et il faut prendre grand soin de le distinguer de ce dernier, si l'on chasse les boules-vapeur pour manger ; mais le danger n'est pas grand, puisque la volve se brise généralement avant que la plante ne traverse le sol.

Amanite phalloïde. Le P.

L'AMANITE MORTELLE.

FIGURE 11. — Amanite phalloïde. Le P. Montrant une volve à la base, calotte sombre.

FIGURE 12. — Amanite phalloïde. Le P. Forme blanche présentant une volve, une tige écailleuse, un anneau.

Phalloïdes signifie semblable à un phallus. Cette plante et ses espèces apparentées sont des poisons mortels. C'est pourquoi la plante doit être soigneusement étudiée et parfaitement connue de tout chasseur de champignons. Dans différentes localités, et parfois dans la même localité, la plante apparaîtra dans des nuances de couleurs très différentes. Il existe également des variations dans la manière dont la volve est rompue, ainsi que dans le caractère de la tige.

Le débutant imaginera souvent qu'il possède une nouvelle espèce, jusqu'à ce qu'il se familiarise parfaitement avec toutes les particularités de cette plante.

Le chapeau est lisse, uniforme, visqueux lorsqu'il est jeune et humide, fréquemment orné de quelques fragments de volve, blanc, blanc grisâtre, parfois brun fumé ; que le chapeau soit blanc, couleur huître ou brun fumé, le centre du capuchon sera plusieurs nuances plus foncées que la marge. La plante passe d'une forme de bouton ou d'œuf lorsqu'elle est jeune à presque plate lorsqu'elle est complètement développée. De nombreuses plantes ont un umbo marqué sur le dessus du chapeau et le bord du chapeau peut être légèrement relevé.

Les branchies sont toujours blanches, larges, ventricieuses, arrondies à côté de la tige et libres de celle-ci.

La tige est lisse, blanche, sauf dans les cas où le chapeau est foncé, alors la tige de ces plantes est susceptible d'être de la même couleur, effilée vers le haut que dans le spécimen (Fig. 11) ; bourré, puis creux, tendance à se décolorer lorsqu'on le manipule.

La volve de cette espèce est assez variable et plus ou moins enfouie dans le sol, là où une observation attentive la révélera.

Il ne faut jamais confondre cette espèce avec le champignon des prés, car ses spores sont toujours brun pourpre, tandis qu'une empreinte de spores de celui-ci révélera toujours des spores blanches. J'ai vu une légère teinte rose dans les branchies de l'A. phalloïdes mais les spores étaient toujours blanches. Jusqu'à ce qu'on connaisse à fond les deux Lepiota naucina et A. phalloïdes, avant de manger le premier, il doit toujours rechercher soigneusement les restes d'une volve et d'une base bulbeuse dans le sol.

Cette plante est assez visible et invitante dans toutes ses différentes nuances de couleurs. On le trouve dans les bois, en lisière des bois et parfois sur les pelouses. Il mesure de quatre à huit pouces de haut et le chapeau de trois à cinq pouces de large. Il y a une personnalité dans la plante qui la rend facilement reconnaissable une fois qu'elle a été apprise. Trouvé d'août à octobre.

Amanite recutita. Le P.

L'Amanite à la peau fraîche. Toxique.

Recutita, avoir une peau fraîche ou neuve. Chapeau convexe, puis élargi, sec, lisse, souvent recouvert de petites écailles, fragments de volve ; marge presque uniforme, grise ou brunâtre.

Les branchies forment des lignes le long de la tige.

La tige bourrée, puis creuse, atténuée vers le haut, soyeuse, blanche, anneau éloigné, bord de la volve non libre, fréquemment oblitéré.

Assez commun là où il y a beaucoup de pinèdes. Août à octobre.

Cette espèce diffère d'A. porphyria par le fait que son anneau n'est ni brun ni brunâtre.

Amanite vireuse . Le P.

L'Amanite venimeuse.

Virosa , plein de poison. Le chapeau a une largeur de quatre à cinq pouces ; la plante entière est blanche, conique, puis élargie ; visqueux lorsqu'il est humide; marge souvent quelque peu lobée, même.

Les branchies sont libres, encombrées.

La tige est souvent longue de six pouces, farcie, ronde, avec une base bulbeuse, atténuée vers le haut, squamuleuse, anneau près de l'apex, volve grande, lâche.

Les spores sont subglobuleuses , 8–10μ. Il s'agit probablement simplement d'une forme d'A. phalloïdes. On le trouve dans les bois humides. Août à octobre.

Amanite muscaria. Linn.

L'Amanite mouche. Toxique.

FIGURE 13. - Amanita muscaria.- *Linn*. Chapeau rougeâtre ou orange, présentant des écailles sur le chapeau et à la base de la tige.

Muscaria, de musca, une mouche. La mouche Amanita est une plante très visible et très belle. On l'appelle ainsi parce que ses infusions sont utilisées pour tuer les mouches. J'ai souvent vu des mouches mortes sur les chapeaux complètement développés, où elles avaient bu la rosée sur le chapeau et, comme autrefois Lotos-eaters, avaient oublié de s'éloigner. C'est une plante très abondante dans les bois du comté de Columbiana , cet état. On le trouve également fréquemment dans de nombreuses localités autour de Chillicothe. C'est souvent une plante très belle et attrayante, en raison des couleurs vives du chapeau qui contrastent avec la tige et les branchies blanches, ainsi que des écailles blanches à la surface du chapeau. Ces écailles semblent se comporter quelque peu différemment de celles des autres espèces d'Amanita. Au lieu de se ratatiner , de s'enrouler et de tomber, ils ont tendance à adhérer fermement à la peau lisse du chapeau, devenant brunâtres, et dans la plante développée à maturité, ils apparaissent comme des gouttes éparses de boue qui ont séché sur le chapeau, comme vous le constaterez dans Graphique 13.

Le chapeau a une largeur de trois à cinq pouces, d'abord globuleux, puis en forme d'haltère, convexe, puis élargi, presque plat; marge des plantes matures légèrement striée ; la surface du chapeau est recouverte d'écailles floquées blanches, fragments de la volve, ces écailles s'enlevant facilement, de sorte que les vieilles plantes sont souvent relativement lisses. La couleur de la jeune plante est normalement rouge, puis orange à jaune pâle ; tard dans la saison, ou chez les vieilles plantes, il devient presque blanc. La chair est blanche, parfois teintée de jaune près de la cuticule.

Les branchies sont d'un blanc pur, très symétriques, de longueur variable, les plus courtes se terminant très brusquement sous le chapeau, serrées, libres, mais atteignant la tige, décurrentes en forme de lignes un peu plus larges en avant, parfois légèrement teintées de jaune. être observé dans les branchies.

La tige est blanche, souvent jaunâtre avec l'âge, concave et souvent creuse, devenant rugueuse et hirsute, finalement écailleuse, les écailles du dessous semblant se fondre dans la forme d'une coupe obscure, la tige longue de quatre à six pouces.

Le voile recouvre les branchies de la jeune plante et se présente plus tard comme un anneau en forme de collier sur la tige, mou, lâche, plié, chez les spécimens plus âgés, il est souvent détruit. Les spores sont blanches et largement elliptiques.

L'histoire de cette plante est aussi intéressante qu'un roman. Ses propriétés mortelles étaient connues des Grecs et des Romains. Les pages de l'histoire témoignent de sa destruction et de sa complicité avec le crime. Pline dit, faisant allusion à cette espèce, « très bien adaptée à l'empoisonnement ». C'était sans doute l'espèce qu'Agrippine, la mère de Néron, utilisait pour empoisonner son mari, l' empereur Claude ; et le même que Néron utilisait lors de ce fameux banquet où tous ses invités, ses tribuns et centurions, et Agrippine elle-même, tombèrent victimes de ses propriétés vénéneuses.

Cependant, on dit que ce champignon est habituellement consommé par certaines personnes comme substance intoxicante ; en effet, il est utilisé au Kamtchatka et en Russie asiatique en général, où l'ivrogne Amanita remplace le démon de l'opium et le buveur d'alcool dans d'autres pays. En lisant le colonel George Kennan dans son « Vie sous tente en Sibérie » et les « Sept sœurs du sommeil » de Cooke, vous trouverez une description complète de l'emploi toxique de ce champignon qui dépassera de loin toute imagination possible.

Elle provoqua la mort du tsar Alexis de Russie ; également le Comte de Vecchi, avec un certain nombre de ses amis, à Washington en 1896. Il était à la recherche de l'Amanite orange et l'a trouvée, et les conséquences ont été graves.

Il existe des similitudes dans la taille, la forme et la couleur du capuchon, mais à d'autres égards, les deux sont très différents. Ils peuvent être contrastés comme suit :

Amanite orange, comestible. — Chapeau *lisse* , branchies *jaunes* , tige *jaune* , cape *persistante* , *membraneuse* , *blanche* .

Amanite mouche, venimeuse. — Chapeau *verruqueux* , branchies *blanches* , tige *blanche* ou légèrement *jaunâtre* , cape *se brisant rapidement* en *fragments ou en écailles* , blanches ou parfois brun jaunâtre.

On le trouve le long des routes, à la lisière des bois et dans les bois minces. Il préfère les sols pauvres et est plus abondant là où poussent le peuplier et la pruche. De juin aux gelées.

FIGURE 14. - Amanita muscaria.- *Linn.* Une moitié grandeur nature, montrant le développement de la plante.

Amanite Frostiana . Pk.

L'AMANITE DE FROST. TOXIQUE.

FIGURE 15. — Amanite Frostiana . *Photo de CG Lloyd.*

Frostiana , nommée en l'honneur de Charles C. Frost.

Le chapeau est convexe, élargi, orange vif ou jaune, verruqueux, parfois lisse, strié sur la marge, le chapeau est large d'un à trois pouces.

Les branchies sont libres, blanches ou légèrement teintées de jaune.

La tige est blanche ou jaune, farcie, portant un léger anneau, parfois évanescent, bulbeux, à la base, le bulbe légèrement bordé par la volve. Les spores sont globuleuses, de 8 à 10μ de diamètre. *Picorer.*

Il faut faire très attention pour distinguer cette espèce de A. cæsarea en raison de sa tige et de ses branchies souvent jaunes . J'ai trouvé de beaux spécimens sur Cemetery Hill et sur Ralston's Run. Il est très toxique et doit être soigneusement évité, ou plutôt, il faut bien savoir qu'il peut être évité. Les stries sur le bord de sa teinte jaune pourraient laisser penser qu'elle est l'Amanite orange. On le trouve dans les bois ombragés et parfois dans les endroits ouverts où se trouvent des sous-bois. De juin à octobre.

Amanite verna. Taureau.

L'Amanite du printemps. Toxique.

FIGURE 16. — Amanite verna. Deux tiers grandeur nature, montrant la volve et l'anneau.

Verna, relatif au printemps. Cette espèce est considérée par certains comme une variété blanche d'Amanita phalloides. La plante est toujours d'un blanc pur. Il ne peut être distingué de la forme blanche de l'A. phalloides que par sa volve gainante plus proche et peut-être un chapeau plus ovale lorsqu'il est jeune.

Le chapeau est d'abord ovale, puis élargi, quelque peu déprimé, visqueux lorsqu'il est humide, uniforme, à bord nu, lisse. Les branchies sont libres.

La tige est bourrée, à mesure que l'âge avance, creuse, égale, floconneuse, blanche, annelée, base bulbeuse, volve enlaçant étroitement la tige avec sa marge libre, anneau formant un large collier, réfléchi. Les spores sont globuleuses, larges de 8μ.

Cette espèce est très abondante sur les collines boisées de cette partie de l'État. Sa couleur blanc pur en fait une plante attrayante, et elle doit être soigneusement apprise. Je l'ai trouvé avant la mi-juin.

Amanite magnivelaris . Pk.

Magnivelaris vient de *magnus* , grand ; *velum* , un voile.

Le chapeau est convexe, souvent presque plan, avec une marge régulière, lisse, légèrement visqueux lorsqu'il est humide, blanc ou blanc jaunâtre.

Les branchies sont libres, fermées, blanches.

La tige est longue, presque égale, blanche, lisse, meublée d'une grande volve mébranacée , la base bulbeuse s'effilant vers le bas et s'enracinant. Les spores sont largement elliptiques.

Cette espèce ressemble beaucoup à Amanita verna, dont elle se distingue par son grand anneau persistant, le bulbe allongé et effilé vers le bas de sa tige et, surtout, par ses spores elliptiques.

On le trouve solitaire et dans les bois. J'en ai trouvé plusieurs sur Ralston's Run sous les hêtres. Trouvé de juillet à octobre.

Amanite pellucidula . Interdire.

Chapeau d'abord campanulé, puis élargi, légèrement visqueux, charnu au centre, atténué en marge ; couleur rouge vif et lisse, plus foncé au sommet, nuancé de jaune clair transparent sur la marge ; brillante, chair blanche, immuable.

Les branchies sont ventricieuses, libres, nombreuses, jaunes.

La tige est bourrée, annulaire descendante, fugace. 44e rapport de Peck.

Cette espèce diffère de l'Amanita cæsarea par sa marge régulière et sa tige blanche. Ce n'est qu'une forme de césarienne . La tige blanche attirera l'attention du collectionneur.

Amanite solitaire. Taureau.

L'AMANITE SOLITAIRE.

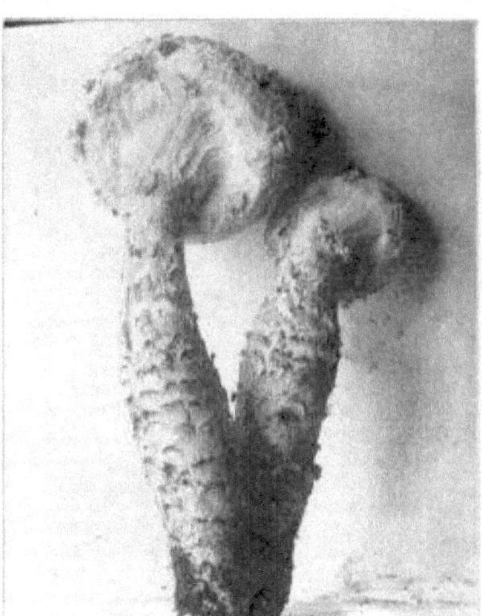

FIGURE 17. — Amanite solitaire. Les deux tiers grandeur nature, montrant le voile particulier.

FIGURE 18. — Amanite solitaire. Deux tiers de taille naturelle, montrant une calotte et une tige écailleuses.

PLANCHE II. FIGURE 19.— AMANITE SOLITAIRE.
Grandeur naturelle, montrant la calotte et la tige écailleuses, plante blanche.

Solitaire, grandissant seul. J'ai trouvé cette plante dans diverses parties de l'État et je l'ai toujours trouvée poussant seule. À Poke Hollow, où j'ai trouvé les spécimens des illustrations, j'en ai trouvé plusieurs à flanc de colline à différentes occasions, mais je ne les ai jamais vus poussant en groupe. Il est de taille assez grande, blanc ou blanchâtre, très laineux ou floconneux. Habituellement, le chapeau, la tige et les branchies sont recouverts d'une substance floconneuse qui servira à identifier l'espèce. Cet extérieur moelleux adhère facilement à vos mains ou à vos vêtements. Le chapeau est parfois teinté de brun, mais la chair est blanche et sent assez fort, un peu comme le chlorure de chaux. L'anneau est fréquemment arraché de la tige et se retrouve adhérant au bord du capuchon.

Le chapeau a de trois à cinq pouces de large, ou plus, lorsqu'il est complètement déployé, d'abord globuleux à hémisphérique, comme on le voit sur les figures 17 et 18, convexe ou plan, verruqueux, blanc ou blanchâtre, les écailles pointues étant facilement frottées. ou emportées par de fortes pluies, ces écailles varient en taille depuis de petits granules jusqu'à des flocons coniques assez gros, et diffèrent en état et en couleur selon les plantes.

Les branchies sont libres, ou ne sont pas attachées par la partie supérieure, les bords sont fréquemment floqués là où ils sont arrachés à cause du léger raccord   avec   la face supérieure du voile ; blanc, ou légèrement teinté de crème, large.

La tige a quatre à huit pouces de haut, solide, devenant bourrée en vieillissant, bulbeuse, s'enracinant profondément dans le sol, très écailleuse, ventriceuse parfois chez les jeunes plants, blanche, très farineuse. Volve friable. Anneau, grand, lacéré, généralement suspendu au bord du chapeau, mais sur la figure 19, il adhère à la tige.

C'est une grande et belle plante dans les bois, facilement identifiable en raison de sa nature floconneuse et du gros bulbe à la base de la tige. Ce n'est pas aussi verruqueux et son odeur est loin d'être aussi forte que celle de l'Amanita strobiliformis . Il est comestible mais il faut faire preuve d'une très grande prudence pour être sûr de votre espèce. Trouvé de juillet à octobre dans les bois et au bord des chemins.

Amanite radicata . Pk.

FIGURE 20. — Amanita radicata . Les deux tiers de la taille naturelle, montrant une calotte écailleuse, une tige et une racine bulbeuses cassées et un voile particulier.

Radicata signifie muni d'une racine. La racine du spécimen de la figure 20 a été cassée en le sortant du sol.

Le chapeau est subglobuleux , devenant convexe, sec, verruqueux, blanc, à bord égal, chair ferme, blanche, odeur ressemblant à celle du chlorure de chaux.

Les branchies sont proches, libres, blanches.

La tige est solide, profondément radiquante , renflée à la base ou bulbeuse, floconneuse ou farineuse au sommet, blanche ; voile fin, floconneux ou farineux, blanc, bientôt lacéré et attaché par fragments au bord du chapeau ou évanescent. Les spores sont largement elliptiques, 7,5 à 10 μ de long et 6 à 7 μ de large. *Picorer.*

Il s'agit d'une plante assez grande et belle, très étroitement apparentée à l'Amanita strobiliformis , mais qui s'en distingue facilement en raison de sa couleur blanche, de sa tige clairement rayonnante et de ses petites spores. La tige est bulbeuse et le chapeau est couvert de verrues. J'ai fréquemment trouvé la plante à Poke Hollow et sur Ralston's Run. Juillet et Août.

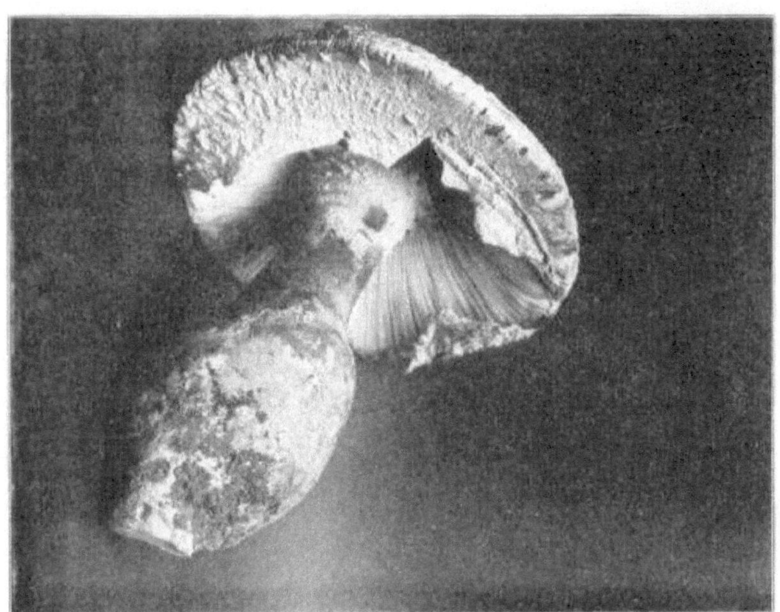

FIGURE 21. — Amanita radicata .

Amanite strobiliforme . Le P.

L'AMANITE À CÔNE DE SAPIN.

PLANCHE III. FIGURE 22.— AMANITE STROBILIFORMIS .
Jeune plante présentant un voile couvrant toute la surface branchiale de la
plante. Chapeau recouvert de verrues persistantes, tige rugueuse et
enracinée, odeur forte de chlorure de chaux.

PLANCHE IV. FIGURE 23.— AMANITE STROBILIFORMIS .
Montrant une longue racine.

Strobiliformis signifie forme de pomme de pin ; ainsi appelé à cause de la similitude de sa forme non développée avec celle du strobile du pin.

Le chapeau est large de six à huit pouces lorsqu'il est jeune, subglobuleux , puis convexe, élargi, presque plan, avec des verrues persistantes, blanches, couleur cendrée, quelquefois jaunes sur le capuchon, le bord régulier et s'étendant au-delà des branchies ; verrues dures, anguleuses, pointues, blanches ; chair blanche, compacte.

Les branchies sont libres, serrées, arrondies, blanches, devenant jaunes.

La tige mesure de cinq à huit pouces de long, souvent plus longue, effilée vers le haut, floconneuse , bulbeuse, s'enracinant au-delà du bulbe ; anneau gros, déchiré; volve formant des anneaux concentriques. Les spores mesurent 13–14×8–9μ.

C'est l'une des plantes les plus majestueuses des bois. On dit qu'il est comestible, mais la forte odeur âcre, comme celle du chlorure de chaux, m'a dissuadé d'en manger. On dit cependant que cela disparaît en cuisine. Il devient très grand. Le Dr Kellerman et moi avons trouvé un spécimen à Haynes's Hollow dont la tige mesurait plus de onze pouces et son chapeau neuf pouces. On le trouve dans les bois ouverts et à la lisière des bois. Il faut faire preuve d'une grande prudence avant de consommer la plante pour la connaître sans aucun doute. Trouvé de juillet à octobre.

Amanite mappa . Le P.

LA DÉLICATE AMANITE. TOXIQUE.

FIGURE 24. — Amanite mappa . Grandeur naturelle, montrant une longue tige lisse, un chapeau et un anneau blanc jaunâtre.

Mappa signifie une serviette, ainsi appelée du volva. Le chapeau est large de deux à trois pouces, convexe, puis élargi, plan, obtus ou déprimé, sans cuticule séparable ; marge presque égale ; blanc ou jaunâtre, généralement avec des taches de volve sèches.

Les branchies sont annexées , serrées, étroites, brillantes, blanches.

La tige est longue de deux à trois pouces, farcie, puis creuse, cylindrique, presque lisse, bulbeuse, presque globuleuse à la base, blanche, presque égale au-dessus du bulbe.

La volve avec sa marge libre est aiguë et étroite. L'anneau est membraneux , supérieur, mou, lâche, irrégulier.

Sa couleur est tout aussi variable et ses habitudes ressemblent beaucoup à celles de l'A. phalloides, dont elle ne se distingue que par sa volve moins développée, qui, au lieu d'être en forme de coupe, n'est guère plus qu'un simple rebord bordant le bulbe. L'odeur est parfois très forte. On le trouve dans les bois ouverts et sous les broussailles . Étiquetez-le comme toxique.

Amanite crenulata . Pk.

FIGURE 25. — Amanite crenulata .

Crenulata signifie porter des encoches, en référence à la forme crénelée des branchies, qui sont très distinctes.

Le chapeau est fin, large de deux à deux pouces et demi, largement ovale, devenant convexe ou presque plan, un peu strié sur le bord, orné de quelques fines verrues floculeuses blanchâtres ou de taches floculantes blanchâtres, blanchâtres ou grisâtres, parfois teintées. avec du jaune.

Les branchies sont rapprochées, atteignant la tige, et formant parfois sur elle des lignes décurrentes, floquées crénelées sur le bord, les plus courtes tronquées à l'extrémité interne, blanches.

La tige est égale, bulbeuse, floconneuse et farineuse dessus, bourrée ou creuse, blanche, l'anneau léger, évanescent. Spores largement elliptiques ou subglobuleuses , longues de 7,5 à 10, presque aussi larges, contenant généralement un seul gros noyau. *Picorer* , Taureau. Tor. Bot. Club.

La tige est bulbeuse à la base mais la volve est rarement visible dessus bien que de légères taches soient fréquemment observées sur le chapeau. La bague est très évanescente et disparaît bientôt. Les spécimens que j'ai reçus de Mme Blackford semblent assez bons pour être mangés et elle fait l'éloge des qualités comestibles de cette espèce. Pour autant que je sache, cette plante est confinée aux États de la Nouvelle-Angleterre. Trouvé de septembre à novembre. Il pousse dans les sols bas et humides, sous les arbres.

Amanite cothurnata . Atkinson.

L'AMANITE BOTTÉE.

FIGURE 26. — Amanite cothurnata . Légèrement réduit par rapport à la taille naturelle, montrant différents stades de développement.

Cothurnata signifie cothurne ; de corthunus , une chaussure haute ou un cothurne porté par les acteurs. Cette espèce se distingue facilement des autres Amanites. Je donnerai la description complète du professeur Atkinson : « Le chapeau est charnu et passe de presque globuleux à hémisphérique, convexe, élargi, et lorsque les spécimens sont très vieux, parfois la marge est élevée. Il est généralement blanc, bien que des spécimens soient trouvés. avec une teinte de jaune citron au centre ou de jaune fauve au centre des autres spécimens. Le chapeau est visqueux, fortement lorsqu'il est humide, il est finement strié sur la marge et recouvert de nombreuses écailles blanches et floconneuses à partir de la partie supérieure. moitié de la volve, formant des taches plus ou moins denses, qui peuvent être emportées par les fortes pluies.

Les branchies sont arrondies à côté de la tige et assez éloignées de celle-ci. Le bord des branchies est souvent érodé ou fracturé à cause des fils arrachés avec lesquels elles étaient vaguement reliées à la face supérieure du voile au stade jeune ou bouton. Les spores sont globuleuses ou presque, avec un gros « noyau » remplissant presque la spore.

La tige est cylindrique, régulière et élargie en dessous en un bulbe ovale assez grand, la tige juste au-dessus du bulbe étant bordée par un rouleau bien ajusté de la volve, et le bord supérieur de celui-ci présente l'apparence d'avoir été cousu au niveau du bulbe. haut comme le bord roulé d'un vêtement ou d'un cothurne. La surface de la tige est finement floconneuse, écailleuse ou fortement écailleuse, et nettement creuse même à un stade très jeune ou parfois lorsqu'elle est jeune avec des fils lâches dans la cavité.

A. cothurnata ressemble en de nombreux points à A. frostiana et offrira au collectionneur une étude très intéressante pour noter les points de différence. J'ai trouvé les deux espèces poussant sur Cemetery Hill. La figure 26 provient de plantes récoltées au Michigan et photographiées par le Dr Fisher. Trouvé en septembre et octobre.

Amanite rubescens . Le P.

L'AMANITE ROUGEÂTRE. COMESTIBLE.

FIGURE 27. — Amanite rubescens . Un tiers de la taille naturelle, la coiffe est d'un brun rougeâtre terne, se tache de rougeâtre lorsqu'elle est meurtrie.

Rubescens vient du *rubesco* , pour devenir rouge. On l'appelle ainsi en raison de la couleur rougeâtre terne de la plante entière, et aussi parce que lorsque la plante est manipulée ou meurtrie, elle prend rapidement une couleur rougeâtre. Il s'agit souvent d'une plante volumineuse et peu attrayante.

Le chapeau mesure quatre à six pouces de large, rougeâtre terne, devenant souvent de couleur chair pâle, charnu, ovale à convexe, puis élargi ; parsemé de petites verrues pâles, inégales, farineuses, éparses, blanches, se séparant facilement ; marge uniforme, légèrement striée, surtout par temps humide ; chair molle, blanche, devenant rouge lorsqu'on la casse.

Les branchies sont blanches ou blanchâtres, libres de la tige mais atteignant celle-ci et formant parfois des lignes décurrentes sur elle, fines, encombrées.

La tige mesure quatre ou cinq pouces de long, presque cylindrique, solide, bien que molle à l'intérieur, se rétrécissant de la base vers le haut, avec une base bulbeuse qui se rétrécit souvent brusquement en dessous, contenant des écailles rougeâtres, de couleur rouge terne. Il présente rarement des preuves distinctes d'une volve à la base mais des preuves abondantes sur le capuchon. Bague grande, supérieure, blanche et fragile.

La plante est de couleur assez variable, devenant parfois presque blanche avec une légère teinte rougeâtre ou brunâtre. Le caractère distinctif fort de l'espèce est l'absence presque totale de tout reste de volve à la base de la tige.

Par cela, et par les teintes rouges ternes et les parties meurtries changeant rapidement en couleur rougeâtre, elle se distingue facilement des amanites venimeuses.

Selon Cordier, il est largement utilisé comme article alimentaire en France. Stevenson et Cooke en parlent bien. J'ai remarqué que les petits garçons bohèmes l'avaient rassemblé à Salem, dans l'Ohio, n'ayant pas été dans ce pays plus d'une semaine et ne pouvant pas parler un mot d'anglais. Cela m'a convaincu que c'était un article de régime en Bohême et que notre espèce est semblable à la leur. J'ai trouvé les plantes dans les bois autour de Bowling Green et de Sidney, Ohio. Les plantes de la figure 27 ont été récoltées sur l'île Johnson, à Sandusky, Ohio, et photographiées par le Dr Kellerman. On le trouve de juin à septembre.

Amanite aspera. Le P.

AMANITE RUGUEUSE.

Aspera signifie rugueux. Le chapeau est convexe, puis plan ; verrues minuscules, quelque peu encombrées, presque persistantes ; marge uniforme, plutôt fine, augmentant en épaisseur vers la tige ; à peine umbonate, rougeâtre avec diverses teintes de livide et de gris ; chair plutôt solide, blanche, avec des reflets brun rougeâtre immédiatement à côté de l'épiderme.

Les branchies sont libres, avec parfois une petite dent en arrière, courant le long de la tige, blanches, larges en avant.

La tige est blanche, squamuleuse, bulbe rugueux, anneau supérieur et entier. Les spores mesurent $8 \times 6\mu$.

Lorsque la chair est meurtrie ou mangée par des insectes, elle prend une couleur brun rougeâtre et, à cet égard, elle ressemble à A. rubescens . L'odeur est forte mais le goût n'est pas désagréable. En forêt de juin à octobre. Le collectionneur doit s'assurer qu'il connaît la plante avant de la manger.

Amanite Césarée . Portée.

L'AMANITE ORANGE. COMESTIBLE.

FIGURE 28. — Amanite cæsarea . D'après un dessin montrant les différentes étapes de la plante. Chapeaux, branchies, tige et collier jaunes, volve blanche.

FIGURE 29. — Amanite cæsarea .

L'Amanite orange est une grande plante attrayante et belle. Je l'ai marqué comme comestible, mais personne ne devrait le manger s'il ne connaît parfaitement toutes les espèces du genre Amanita, et alors avec une grande prudence. On dit que c'était le champignon préféré de César. Le chapeau est lisse, hémisphérique, en forme de cloche, convexe et, lorsqu'il est complètement déployé, presque plat, le centre est quelque peu surélevé et le bord légèrement courbé vers le bas ; rouge ou orange, virant au jaune sur la marge ; généralement, les spécimens les plus grands et les plus développés ont la couleur la plus profonde et la plus riche, la couleur étant toujours plus marquée au centre du chapeau ; marge nettement striée ; branchies arrondies à l'extrémité de la tige et non attachées à la tige, jaunes, libres et droites. La couleur des branchies des plantes matures est généralement un indice de la couleur des spores, mais c'est une exception dans ce cas car les spores sont blanches.

La tige et le collier membraneux flasque qui l'entoure vers le sommet sont jaunes comme les branchies, la profondeur de la couleur variant davantage avec la taille de la plante que ce n'est le cas avec la couleur du chapeau. Parfois, chez les plantes petites et inférieures, la couleur de la tige et des branchies est presque blanche, et si la volve n'est pas distincte, il est difficile de la distinguer du champignon mouche, qui est très venimeux. La tige est creuse, avec une moelle douce et cotonneuse chez les jeunes plants.

Chez les très jeunes plantes, le bord du collier est attaché au bord du chapeau et cache les branchies, mais avec la croissance ascendante de la tige et l'expansion du chapeau, le collier se sépare de la marge et reste attaché à la tige, où il pend dessus comme un volant.

Le capuchon élargi mesure généralement de trois à six pouces de large, la tige de quatre à six pouces de long et s'effile vers le haut.

Au stade bouton, la plante est ovale; et la couleur blanche de la volve, qui entoure maintenant entièrement la plante, présente une apparence très semblable à celle d'un œuf de poule par sa taille, sa couleur et sa forme. Au fur et à mesure que les parties internes se développent, la volve se rompt dans sa partie supérieure, la tige s'allonge et porte vers le haut le capuchon, tandis que les restes de la volve entourent la base de la tige sous la forme d'une coupe.

Lorsque la volve se brise pour la première fois au sommet, elle révèle la pointe du chapeau avec sa belle couleur rouge et, contrairement à la volve blanche, elle constitue une jolie plante, mais avec l'âge, le rouge ou le rouge orangé passe au jaune. En séchant les spécimens, le rouge disparaît souvent entièrement. Chez les plantes jeunes comme chez les plantes âgées, la marge est souvent marquée de stries, comme le montrent les figures 28 et 29. La chair de la plante est blanche mais plus ou moins tachée de jaune à côté de l'épiderme et des branchies. , qui sont de cette couleur.

La plante pousse par temps humide de juillet à octobre. Il pousse dans les bois clairs et semble préférer les pinèdes et les sols sableux. Je l'ai trouvé dans la partie sud des comtés au nord de notre État. Ce n'est cependant pas une plante commune dans l'Ohio.

De ses différents noms : Agaric de César, Champignon Impérial, Cibus Deorum , Kaiserling — on pourrait en déduire que depuis des siècles il a été tenu en haute estime en tant qu'esculent.

Il ne faut pas faire preuve d'une trop grande prudence pour le distinguer du champignon mouche très venimeux.

Amanite spreta . Pk.

JE DÉTESTAIS AMANITE. TOXIQUE.

Spreta , détesté. Le chapeau est d'abord presque ovale, légèrement umboné, puis convexe, lisse, parfois des fragments de volve adhérant, le bord strié , blanchâtre ou brun pâle vers et sur l'umbo, mou, sec, plus ou moins sillonné sur le bord.

La chair est blanche, fine sur les bords et de plus en plus épaisse vers le centre. Branchies fermées, blanches, atteignant la tige.

La tige est égale, lisse, annelée, bourrée ou creuse, blanchâtre, finement striée au sommet à partir des lignes décurrentes des branchies, non bulbeuse à la base, la volve assez grande et inclinée vers la couleur jaunâtre. Les spores sont elliptiques.

La plante ressemble aux formes sombres de l' Amanitopsis en ce qu'elle présente des stries marquées et une volve entière et bien ajustée à la base, mais elle peut être facilement distinguée par son anneau. Je l'ai trouvé sur Cemetery Hill en compagnie de l' Amanitopsis . Il ne semble pas s'enraciner aussi profondément dans le sol que l' Amanitopsis . Il est très toxique et doit être soigneusement étudié afin qu'il puisse être facilement reconnu et évité.

On le trouve dans les bois ouverts de juillet à septembre.

Amanitopsis . Rozé.

Amanitopsis vient d' *Aminita* et *opsis* , ressemblant à ; ainsi appelé parce qu'il ressemble à l'Amanite. La principale caractéristique qui différencie le genre de l'Amanita est l'absence de collier sur la tige. Ses espèces sont classées parmi les Amanites par de nombreux auteurs. Les spores sont blanches. Les branchies sont libres de la tige, et celle-ci porte un voile universel enveloppant d'abord complètement la jeune plante, qui la brise bientôt, en transportant des restes sur le chapeau, où ils apparaissent sous forme de verrues éparses. Il diffère du Lepiota par la présence d'une volve.

Amanitopsis vaginale . Taureau.

AMANITOPSIS GAINÉ . COMESTIBLE.

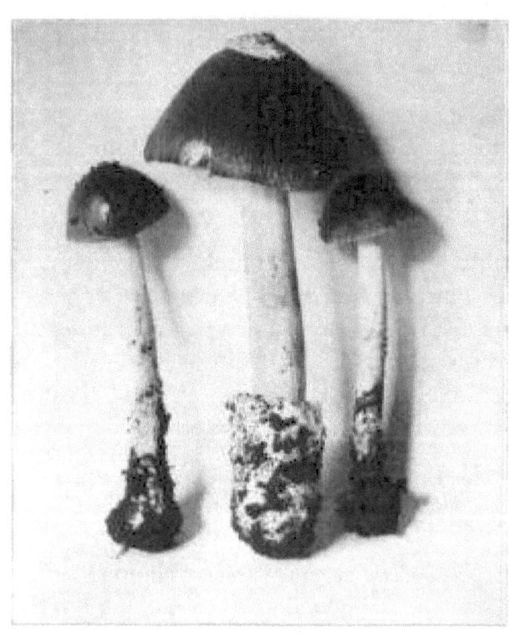

FIGURE 30. — Amanite vaginale . Un tiers de taille naturelle. Remarquez une partie de la volve adhérant au capuchon.

Vaginata : *du vagin* , une gaine. La plante est comestible mais doit être utilisée avec une très grande prudence. Sa couleur est assez variable, allant du blanc à la couleur souris, brunâtre ou jaunâtre.

Le chapeau est d'abord ovale, en cloche, puis convexe et élargi, fin, assez fragile, lisse lorsqu'il est jeune avec quelques fragments de volve adhérant à sa surface, profondément et nettement strié.

Les branchies sont libres, blanches, puis pâles, ventriques, les plus larges en avant, irrégulières. La chair est blanche, mais dans les formes plus foncées, elle est tachée sous la peau qui se sépare facilement. Les spores sont blanches et presque rondes, 7 à 10 μ.

La tige est cylindrique, régulière ou légèrement effilée vers le haut, creuse ou bourrée, lisse ou parsemée d'écailles duveteuses, non bulbeuse à la base.

La volve est longue, fine, fragile, formant une gaine permanente assez molle et adhérant facilement à la base de la tige.

Les stries sur la marge sont profondes et distinctes, comme chez l'Amanite orange. La coupe est assez régulière mais elle est fragile, se brise facilement et est généralement profondément enfoncée dans le sol. Chez certaines plantes, un léger umbo se développe au centre.

Le mangeur de champignons veut distinguer très soigneusement cette espèce de l'Amanita spreta , qui est très toxique.

On le trouve dans les bois, dans les lieux ouverts où il y a beaucoup de moisissures végétales , parfois trouvées dans les chaumes et les pâturages, notamment dans les prairies sous les arbres. Trouvé de juin à novembre.

La plante varie considérablement en couleur, et il en existe plusieurs variétés, séparables grâce à leur couleur :

A. vaginata , var. alba. La plante entière est blanche.

A. vaginata var. fulve. Le chapeau est jaune fauve ou ocre pâle.

A. vaginata var. livide . Le bonnet est brun plombé ; branchies et tige teintées de brun fumé.

Photo de CG Lloyd.

Planche V. Figure 31.— Amanita vaginata

Amanitopsis strangulé . Le P.

Amanitopsis grise . Comestible.

Strangulata signifie étouffé, à partir de la tige farcie. Le chapeau est large de deux à quatre pouces, bientôt plat, livide-bai ou gris, avec des taches de volve, une marge striée ou rainurée.

Les branchies sont libres, blanches, fermées.

La tige est bourrée, soyeuse dessus, écailleuse dessous, légèrement effilée vers le haut. La volve se brise rapidement, formant plusieurs crêtes en forme d'anneau sur la tige. Les spores sont globuleuses, 10–13 μ.

C'est un synonyme d'A. ceciliae . B. et Fr. et peut-être rien de plus qu'une croissance vigoureuse d' Amanitopsis vaginale . Il n'a presque aucune odeur et un goût sucré et se cuisine délicieusement.

Trouvé dans les bois et dans les lieux ouverts d'août à octobre.

Lépiote . Le P.

Lepiota signifie une balance. Chez le Lepiota, les branchies sont généralement exemptes de tige, comme chez Amanita et Amanitopsis , mais elles diffèrent par l'absence de verrues superficielles ou amovibles sur le capuchon, et par l'absence de gaine ou de restes squameux d'une volve à la base de la tige. Chez certaines espèces, l'épiderme du bonnet se divise en écailles qui adhèrent de manière persistante au bonnet, et cette caractéristique suggère en effet le nom de genre, qui dérive du mot latin *lepis* , une écaille.

La tige est creuse ou farcie, sa chair étant distincte du chapeau et facilement séparable de celui-ci. Il existe un certain nombre d'espèces comestibles.

Lépiote procédera . Portée.

LE CHAMPIGNON PARASOL. COMESTIBLE.

PLANCHE VI. FIGURE 32.— LÉPIOTE PROCÉDERA .

Procera signifie grand.

Le chapeau est fin, fortement umboné, orné d'écailles brunes en forme de taches.

Les branchies sont blanches, parfois blanc jaunâtre, libres, éloignées de la tige, larges et serrées, ventriques, bord parfois brunâtre.

La tige est très longue, cylindrique, creuse ou bourrée, voire très longue par rapport à son épaisseur et évoque donc le nom spécifique, procera . L'anneau est plutôt épais et ferme, bien que chez les plantes matures, il se détache et se déplace sur la tige. Ceci et la forme de la plante suggèrent le nom de parasol. Le chapeau a de trois à cinq pouces de largeur et la tige de cinq à neuf pouces de hauteur. J'ai trouvé parmi les arbres tombés un spécimen mesurant onze pouces de haut et dont le chapeau mesurait six pouces de large.

Il a une large distribution. On le trouve dans toutes les régions de l'Ohio mais n'est abondant nulle part. C'est un favori de ceux qui l'ont mangé et, en effet, c'est un morceau délicieux lorsqu'il est rapidement grillé sur des braises, assaisonné au goût avec du sel et du poivre, du beurre fondu dans les branchies et servi sur du pain grillé. Ce champignon est particulièrement exempt de larves et peut être séché pour une utilisation hivernale.

Il n'existe aucune espèce vénéneuse avec laquelle on soit susceptible de le confondre. La tige très haute et mince avec une base bulbeuse, la calotte tachetée très particulière avec l'umbo proéminent de couleur foncée et l'anneau mobile sur la tige, sont des marques auriculaires suffisantes pour identifier cette espèce.

Spores blanches et elliptiques, 14×10μ. Lloyd. On le trouve dans les pâturages, les chaumes et parmi les bois tombés. Juillet à octobre.

Je suis redevable à CG Lloyd pour la photographie donnée ici.

Lépiote Naucine . Le P.

LÉPIOTE LISSE . COMESTIBLE.

FIGURE 33. — Lépiote Naucine . La plante entière est blanche.

Chapeau mou, lisse, blanc ou blanc fumé ; branchies libres, blanches, évoluant lentement avec l'âge vers une couleur brun rosé sale ; tige annulaire, légèrement épaissie à la base, atténuée vers le haut, vêtue de fibres d'un blanc pur. Le Lépiota lisse est généralement de forme très régulière et de couleur blanc pur. La partie centrale du bonnet est parfois teintée de jaune ou d'un blanc fumé. Sa surface est presque toujours très lisse et uniforme. Les branchies sont un peu plus étroites vers la tige qu'au milieu. Ils sont arrondis et non attachés à la tige.

Cap de deux à quatre pouces de large ; tige de deux à trois pouces de long. Il pousse dans les endroits herbeux propres des pelouses, des pâturages et le long des routes. J'ai vu le bord de la route blanc avec cette espèce autour de Sidney, Ohio. Les spécimens représentés sur la figure ont été trouvés à Chillicothe, d'août à novembre.

C'est l'un des meilleurs champignons, non inférieur au champignon des prés. Il a cet avantage sur le premier que les branchies conservent leur couleur blanche et ne passent pas du rose au noir repoussant. La demi-teinte et la description devraient faire connaître la plante au lecteur le plus occasionnel.

Lépiote d'Amérique. Pk.

LÉPIOTA AMÉRICAIN . COMESTIBLE.

FIGURE 34. — Lepiota américain. Centre du disque rouge ou brun rougeâtre, tige fréquemment renflée. Plante devenant rouge en séchant.

Cette plante est assez commune à Chillicothe, en particulier sur les tas de sciure. Il pousse seul ou en grappes. La calotte umbonée est ornée d'écailles rougeâtres ou brun rougeâtre sauf au centre où la couleur est uniformément rougeâtre ou brun rougeâtre car la surface n'est pas fragmentée en écailles ; branchies fermées, libres, blanches, ventriques ; tige lisse, élargie à la base. Chez certaines plantes, la base de la tige est anormalement grande ; anneau blanc, enclin à être délicat.

Les blessures et les contusions peuvent prendre des teintes rouge brunâtre. Le Dr Herbst déclare : « Il s'agit véritablement d'une plante américaine qu'on ne trouve dans aucun autre pays. C'est la fierté de la famille. Il n'y a rien de plus beau qu'un groupe de ce champignon. spectacle aussi fascinant qu'une couvée de cailles.

Trouvé dans les pelouses herbeuses et sur les vieux tas de sciure, en commun avec Pluteus cervinus . On le trouve presque partout dans l'État. Il est tout à fait égal au champignon Parasol en termes de saveur. Il a tendance à donner une couleur rougeâtre au lait ou à la crème dans laquelle il est cuit. On le trouve de juin à octobre. M. Lloyd suggère le nom Lepiota Bodhami . C'est la même chose que l'usine européenne L. hæmatosperma. Taureau.

Lépiote Morgani . Pk.

EN L'HONNEUR DU PROFESSEUR MORGAN.

Photo de CG Lloyd.

PLANCHE VII. FIGURE 35.— LÉPIOTE MORGANI .
Plante entière blanche ou blanc brunâtre. Branchies blanches d'abord puis verdâtres.

Chapeau charnu, mou, d'abord subglobuleux , puis élargi voire déprimé, blanc, la cuticule brunâtre ou jaunâtre se fragmentant en écailles sur le disque ; branchies fermées, lancéolées, éloignées, blanches, puis vertes ; tige ferme, égale ou effilée vers le haut, subbulbeuse , lisse, palmée, blanchâtre teintée de brun ; anneau assez gros, mobile comme vous le verrez sur la figure 35. Chair du chapeau et de la tige blanche, devenant rougeâtre, puis jaunâtre lorsqu'elle est coupée ou meurtrie. Spores ovales ou subelliptiques , pour la plupart uninucléées, vert sordide. 10-13×7-8. Picorer.

Cette plante est très abondante à Chillicothe et je l'ai trouvée également à Sidney. J'ai connu plusieurs familles qui en mangeaient, ce qui rendait malade environ la moitié des enfants de chaque famille. Je la considère comme une plante dangereuse à manger. Il devient très grand et je l'ai vu pousser en anneaux bien marqués d'un diamètre de tige. Si vous ne savez pas si la plante que vous possédez est Morgani ou non, laissez-la rester dans le panier toute la nuit et vous verrez clairement que les branchies deviennent vertes. Les branchies sont blanches jusqu'à ce que les spores commencent à tomber. La plante se trouve dans les pâturages et parfois dans les bois de pâturage. De juin à octobre.

Lépiota granulosa. Batsch.

LÉPIOTE GRANULEUSE . COMESTIBLE.

Granulosa—de granosus , pleine de grains. Chapeau fin, convexe ou presque uni, parfois presque ombré, rugueux, avec de nombreuses écailles granuleuses, souvent ridées de manière radieuse , jaune rouille ou jaune rougeâtre, devenant souvent plus pâles avec l'âge. Chair blanche ou teintée de rougeâtre. Branchies fermées, arrondies derrière et généralement légèrement annexées , blanches. Tige égale ou légèrement épaissie à la base, bourrée ou creuse, blanche au-dessus de l'anneau, colorée et ornée comme le chapeau en dessous. Sonnerie légère et évanescente. Spores elliptiques, de 0,00016 à 0,0002 pouce de long, de 0,00012 à 0,00014 pouce de large.

Plantez un à deux pouces et un cinquième de hauteur ; chapeau un à deux pouces et un cinquième de large ; tige d'une à trois lignes d'épaisseur. Commun dans les bois, les bosquets et les terrains vagues. Août à octobre.

"Il s'agit d'une petite espèce avec une tige courte et un chapeau granuleux jaune rougeâtre et des branchies légèrement attachées à la tige. L'anneau est très petit et fugace, n'étant guère plus que la terminaison abrupte du revêtement de la tige. L'espèce était autrefois conçue pour inclure plusieurs variétés qui sont maintenant considérées comme distinctes. "—Rapport de Peck.

Trouvé dans les bois ouverts autour de Salem, Ohio. La plante est petite mais assez charnue et d'une qualité agréable.

Lépiote cristatelle . Pk.

Chapeau fin, convexe, subumboné , finement farineux, surtout sur le bord, disque blanc légèrement teinté de rose.

Branchies fermées, arrondies derrière, libres, blanches ; tige mince, blanchâtre, creuse ; spores subelliptiques , 0,0002 pouce de long.

Endroits moussus dans les bois. Octobre.— *Rapport de Peck* . Personne ne manquera de reconnaître le Lépiota huppé dès qu'il le verra. Il présente de nombreuses marques auriculaires de la famille Lepiota .

Lépiote Granosa . Morg .

Photo de CG Lloyd.

Granosa signifie recouvert de granules.

Le chapeau est convexe, obtus ou umboné, égal, radié ridé, généralement égal et régulier sur le bord, jaune rougeâtre ou bai clair.

Les branchies sont attachées à la tige, légèrement décurrentes, un peu serrées, blanchâtres, puis jaune rougeâtre.

La tige est épaissie à la base, se rétrécissant vers le chapeau, la chair de la tige est jaune. Le voile est membraneux et forme un anneau persistant sur la tige.

Il pousse sur du bois pourri. Je l'ai trouvé en grande quantité et j'ai essayé d'en faire du L. granulosa, mais je l'ai trouvé mieux adapté au L. amianthinus , auquel il ressemble beaucoup, mais il est beaucoup plus grand et son port n'est pas le même. Je n'étais pas satisfait de cette description et j'ai envoyé les spécimens au professeur Atkinson, qui m'a rectifié. C'est une belle plante que l'on trouve sur le bois pourri en septembre et octobre.

Lépiote cepæstipes . Truie.

LE LEPIOTA À TIGE D'OIGNON . COMESTIBLE.

FIGURE 37. — Lépiote cepæstipes . Chapeau fin, blanc ou jaunâtre.

Cepæstipes vient de cepa, un oignon et stipes, une tige, le chapeau est mince d'abord ovale, puis en forme de cloche ou élargi, umboné, bientôt orné de nombreuses petites écailles brunâtres, souvent granuleuses ou farineuses, pliées en lignes sur la marge , blanc ou jaune, l'umbo plus foncé.

Les branchies sont fines, serrées, libres, blanches, devenant ternes avec l'âge ou le séchage.

La tige est plutôt longue, effilée vers l'apex, généralement élargie au milieu ou près de la base, creuse. L'anneau est fin et subpersistant . Les spores sont subelliptiques , avec un seul noyau, 8–10×5–8μ.

Les plantes sont souvent cespiteuses, hautes de deux à quatre pouces. Le chapeau mesure un à deux pouces de large. On le trouve dans les sols riches et les matières végétales en décomposition. On le retrouve également dans les vignes et les vérandas. *Picorer.*

Cette plante tire son nom spécifique de la ressemblance de sa tige avec celle de la tige d'un oignon. Une forme a un capuchon jaune ou jaunâtre, tandis que l'autre a un capuchon blanc ou clair. Il semble apprécier de pousser dans des tas de sciure de bois bien pourris et dans des serres chaudes. Les spécimens représentés sur la figure 37 ont été collectés à Cleveland et photographiés par le professeur HC Beardslee.

Lépiote aigusquamosa . Vin.

FIGURE 38. — Lépiote aigusquamosa . Deux tiers de la taille naturelle, montrant de petites écailles pointues.

Acutesquamosa vient de *acutus* , pointu, et *squama* , une écaille ; ainsi appelé à cause des nombreuses écailles hérissées et dressées sur le chapeau. Le chapeau est large de deux à trois pouces, charnu, convexe, obtus ou largement ombré ; rouille pâle avec de nombreuses petites écailles pointues, généralement plus grandes et plus nombreuses au niveau du disque.

Les branchies sont libres, encombrées, simples, blanches ou jaunâtres.

La tige mesure deux à trois pouces ou plus de long ; bourré ou creux, s'effilant légèrement vers le haut à partir d'une base gonflée ; en dessous de l'anneau rugueux ou soyeux, pruineux au-dessus, anneau large. Les spores mesurent 7–8×4μ.

On les trouve dans les bois, dans les jardins et fréquemment dans les serres. Il existe une légère différence entre les spécimens poussant en forêt et ceux en serre. Chez ces derniers, la couverture pubescente est moins dense et les écailles dressées sont plus nombreuses que chez les premiers. Chez les spécimens plus âgés, ces écailles tombent et laissent de petites cicatrices sur le capuchon où elles étaient attachées. Les spécimens de la figure 38 ont été rassemblés dans le Michigan et photographiés par le Dr Fisher de Detroit.

Armillaire. Le P.

Armillaria, de armilla, un bracelet, faisant référence à l'anneau sur la tige. Ce genre diffère de toutes les espèces précédentes à spores blanches par le fait que les branchies sont attachées à la tige par leur extrémité interne. Les spores sont blanches et la tige a un collier, quoique quelque peu évanescent, mais pas d'enveloppe à la base de la tige comme chez l'Amanita et l'Amanitopsis . Par le collier, le genre diffère des autres genres qui vont suivre.

L'Amanita et le Lepiota ont la chair de la tige et le chapeau non continus, et leurs tiges se séparent donc facilement du chapeau, mais chez l'Armillaire, les branchies et le chapeau sont attachés à la tige.

Armillaire mellea . Vahl.

L'ARMILLAIRE DE COULEUR MIEL. COMESTIBLE.

FIGURE 39. — Armillaria mellea . Deux tiers grandeur nature. Couleur miel. Touffeté de poils fugitifs brun foncé. Chair blanche.

Mellea , de melleus , de la couleur du miel. Chapeau charnu, de couleur miel ou ochracé, strié sur la marge, ombré de brun plus foncé vers le centre, présentant une élévation centrale en forme de bosse et parfois une dépression centrale chez les spécimens adultes, touffeté de poils fugitifs brun foncé. La couleur du chapeau varie en fonction des conditions climatiques et du caractère de l'habitat. Branchies éloignées, terminées par une dent décurrente, pâle ou blanc sale, présentant très souvent des taches brunes ou rouille lorsqu'elles sont vieilles. Spores blanches et abondantes. Souvent, le sol sous une touffe de cette espèce sera blanc à cause des spores tombées. Tige élastique et écailleuse, de quatre pouces ou plus de longueur. Anneau duveteux. Diamètre du capuchon de deux à cinq pouces. Le mode de croissance est fréquemment en touffes et, comme chez la plupart des Armillarias, généralement parasitaire sur les vieilles souches.

Le voile varie considérablement. Il peut être membraneux et mince, ou assez épais, ou peut être entièrement manquant, comme on le voit sur la figure 39 ; sur la figure 40, seule une légère trace de l'anneau est visible. Les deux plantes ont poussé dans un environnement très différent ; le dernier poussait dans les bois et sur une pelouse en ville. L'espèce est très commune et pousse soit dans les bois clairs, soit dans les terrains défrichés, au sol ou sur du bois en décomposition. Son habitude préférée concerne les souches. Il est soit solitaire, grégaire ou en grappes denses. Il est très abondant autour de Chillicothe, où j'en ai vu des souches littéralement entourées. Il présente une légère âcreté à l'état cru, qu'il semble perdre à la cuisson. Ceux qui l'aiment peuvent le manger sans crainte, toutes les variétés étant comestibles.

Le professeur Peck donne les variétés suivantes :

- A. mellea var. obscura : sa calotte est recouverte de nombreuses petites écailles noires.

- A. mellea var. flava - a un chapeau jaune ou jaune rougeâtre, sinon normal.

- A. mellea var. glabra — a une calotte lisse, sinon normale.

- A. mellea var. radicata - a une racine effilée pénétrant dans le sol.

- A. mellea var. bulbosa : a une base bulbeuse.

- A. mellea var. exannulata - a le chapeau lisse et uniforme sur la marge, et la tige se rétrécit à la base.

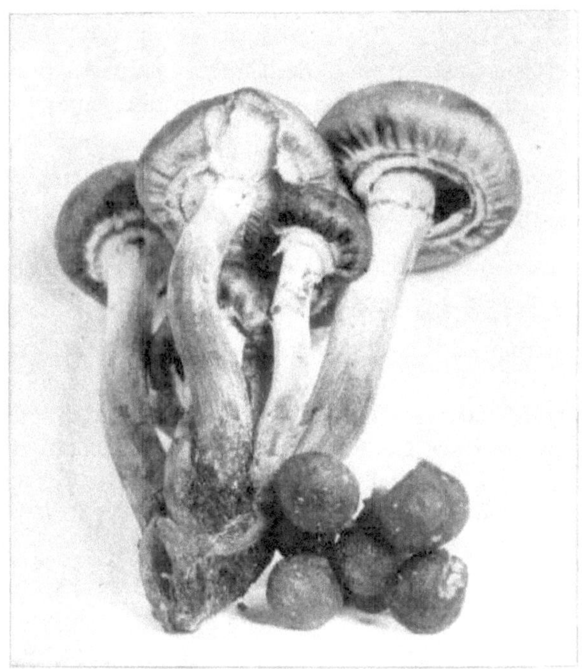

FIGURE 40. — Armillaria mellea . Deux tiers grandeur nature, montrant un double anneau présent.

Armillaire bulbigère . COMME.

ARMILLARIA À BULBE MARGINAL.

FIGURE 41. — Armillaria bulbigera . Chapeaux gris rougeâtre et tiges bulbeuses courtes.

Bulbigera vient de *bulbus*, un bulbe, et *de gero*, porter.

Le chapeau est charnu, de trois à quatre pouces de diamètre, convexe, puis élargi, obtus, uniforme, brunâtre, gris, parfois rougeâtre, sec, fibrilleux près de la marge.

Les branchies sont échancrées au niveau de la tige, pâles, serrées au début, puis assez éloignées, devenant légèrement colorées.

La tige est nettement bulbeuse, longue de deux à trois pouces, farcie, pâle, fibrilleuse, annulaire oblique, fugace. Les spores mesurent 7 à 10 × 5 µ.

J'ai trouvé de très beaux spécimens à Poke Hollow, près de Chillicothe. Les tiges étaient courtes et très bulbeuses, ne présentant pratiquement aucune trace d'anneau sur les spécimens plus âgés. Les calottes étaient obscurément convexes et d'une couleur roux grisâtre. Cette espèce se distingue facilement par le bulbe nettement marginalisé à la base de la tige. Les spécimens de la figure 41 ont été trouvés à Poke Hollow, près de Chillicothe, le 2 octobre. Je n'ai aucun doute sur leur comestibilité mais je ne les ai pas mangés.

Armillaria nardosmie . Ellis.

ARMILLARIA À L'ODEUR DE NARD. ELLIS.

FIGURE 42. — Armillaria nardosmie . Une moitié grandeur nature, montrant le voile et la marge incurvée.

Nardosmia vient de *nardosmius*, l'odeur du nardus ou du nard.

Le chapeau est assez épais, ferme et compact, plus fin vers le bord, fortement involuté dans sa jeunesse, blanc grisâtre et joliment panaché de taches brunes, comme la poitrine d'un faisan, assez coriace, à épiderme séparable, chair blanche.

Les branchies sont bondées, légèrement échancrées ou émarginées, quelque peu ventricieuses, blanches.

La tige est solide, courte, fibreuse, gainée d'un voile formant un anneau plus ou moins évanescent. Les spores sont presque rondes, 6µ de diamètre.

C'est la plus belle espèce du genre, et grâce à son chapeau tacheté en forme de faisan, ainsi qu'à sa forte odeur et son goût de nard ou d'amandes, elle est facilement identifiable. Le goût et l'odeur d'amande disparaissent à la cuisson. J'ai trouvé de très beaux spécimens autour d'un étang dans les bois de M. Shriver, à l'est de Chillicothe. Chez les spécimens plus âgés, la cuticule des calottes se brise fréquemment en écailles. Trouvé dans les bois en septembre et octobre.

Armillaire appendiculée . Pk.

Appendiculata, portant de petits appendices. Le chapeau est largement convexe, glabre, blanchâtre, souvent teinté de couleur rouille ou de couleur rouille brunâtre sur le disque. Chair blanche ou blanchâtre. Branchies fermées, arrondies derrière, blanchâtres. Tige égale ou légèrement effilée vers le haut, solide, bulbeuse, blanchâtre, le voile soit membraneux soit palmé, blanc, adhérant généralement par fragments au bord du chapeau. Spores subelliptiques , 8×5.

Chapeau de deux à quatre pouces de large. Tige de 1,5 à 3,5 pouces de long ; 5 à 10 lignes d'épaisseur.

L'aspect général de cette espèce fait penser à Tricholoma album, mais l'apparition d'un voile la sépare de ce champignon et la place dans le genre Armillaria. Le voile, cependant, est souvent légèrement lacéré, ou palmé, et adhère au bord du chapeau. Le rapport de Peck.

J'ai trouvé cela à Salem et Chillicothe.

Tricholome . Le P.

Tricholoma vient de deux mots grecs signifiant cheveux et frange. Ce genre est connu par sa tige robuste et charnue, sans aucune trace d'anneau, et par les branchies attachées à la tige et ayant une encoche sur leurs bords près ou à l'extrémité. Le voile est absent ou, s'il est présent, il est duveteux et adhérent au bord du bonnet. Le bonnet est généralement assez charnu ; la tige est homogène et confluent avec le chapeau, centrale et presque charnue, sans anneau ni volve, et sans revêtement distinct en forme d'écorce. Les spores sont blanches ou blanc grisâtre.

Les traits distinctifs sont la tige charnue, en continuité avec la chair du chapeau, et les branchies sinueuses ou échancrées. C'est un genre assez universel. Toutes les espèces poussent sur le sol, pour autant que je les connaisse.

Il existe de nombreuses espèces comestibles sous ce genre, il n'y en a que deux, autant que je sache, non comestibles ; et personne n'est susceptible d'y toucher à cause de leur forte odeur. Il s'agit de T. sulfureum et de T. saponaceum .

Tricholome transmutants . Pk.

TRICHOLOME CHANGEANT . COMESTIBLE.

Transmutans signifie changement, depuis les changements de couleur de la tige et des branchies à différents stades de la plante. Cette espèce a un chapeau large de deux à quatre pouces, visqueux ou collant lorsqu'il est humide. Il est d'abord brun fauve, surtout avec l'âge. La chair est blanche et a une odeur et un goût farineux prononcés.

Les branchies sont serrées, plutôt étroites, parfois ramifiées, devenant tachetées de rougeâtre avec l'âge.

La tige est égale ou légèrement effilée vers le haut ; nu, ou légèrement soyeux-fibrilleux ; farci ou creux; blanchâtre, souvent marqué de taches rougeâtres ou devenant brun rougeâtre vers la base, blanc à l'intérieur. Spores subglobuleuses , 5μ.

L'espèce pousse dans les bois et les lieux ouverts, ainsi que dans les pâturages de trèfle, seule ou en touffes. J'en ai vu de grandes touffes, et dans ce cas les chapeaux sont plus ou moins irréguliers à cause de leur encombrement. Je l'ai trouvé fréquemment autour de Salem, et cet automne 1905, je l'ai trouvé en abondance dans un pâturage de trèfles près de Chillicothe. Trouvé par temps humide d'août à septembre.

Tricholome équestre . Linn.

TRICHOLOME CHEVALERESQUE . COMESTIBLE.

FIGURE 43. — Tricholome équestre .

Equestre signifie appartenir à un cavalier ; ainsi appelé en raison de son apparence distinguée dans les bois.

Le chapeau est large de trois à cinq pouces, charnu, compact, convexe, élargi, obtus, visqueux, écailleux, avec une marge incurvée au début, jaunâtre pâle, avec parfois une légère teinte verte dans le chapeau et les branchies. Chair blanche ou teintée de jaune.

Les branchies sont libres, serrées, arrondies derrière, jaunes.

La tige est grosse, solide, jaune pâle ou blanche, blanche à l'intérieur. Les spores mesurent 7–8×5µ.

Il diffère de T. coryphæum par ses branchies entièrement jaunes, alors que seuls les bords de ces dernières sont jaunes. Il diffère de T. sejunctum en ce que ce dernier a des branchies d'un blanc pur et une tige plus mince .

On ne le trouve qu'occasionnellement ici, et alors seulement un spécimen ou deux. C'est une plante attrayante et personne ne la passerait dans les bois sans l'admirer. Trouvé d'août à octobre.

Tricholome sordide . Le P.

FIGURE 44. — Tricholome sordide .

Sordidum signifie crasseux, sale.

Le chapeau est large de deux à trois pouces, plutôt coriace, charnu, convexe, en forme de cloche, puis déprimé, subumboné , lisse, hygrophane , marge légèrement striée, lilas brunâtre, puis sombre.

Les branchies sont arrondies, plutôt serrées, violettes ternes puis sombres, entaillées d'une dent décurrente.

La tige est colorée comme le chapeau, striée fibrilleuse, généralement légèrement courbée, bourrée, courte, souvent épaissie à la base.

Les spores sont 7–8×3–4, finement rugueuses.

Cette espèce diffère de T. nudum en étant plus petite, plus résistante et souvent hygrophane .

On le trouve dans les jardins richement fumés, autour des tas de fumier et dans les serres chaudes. Les spécimens de la figure 44 ont été trouvés dans une serre près de Boston, Massachusetts, et m'ont été envoyés par Mme E. Blackford. On les trouve en septembre et octobre.

Tricholome grampodode . Taureau.

LE TRICHOLOME À TIGE CANNELÉE . COMESTIBLE.

FIGURE 45. — Tricholome grampodode . Taille naturelle.

Grammopodium vient de deux mots grecs signifiant *ligne* et *pied* .

Le chapeau a une largeur de trois à six pouces, une chair épaisse au centre, fine au bord, solide mais tendre ; brunâtre, terre d'ombre noirâtre, presque lavande terne lorsqu'il est humide, blanchâtre lorsqu'il est sec ; d'abord en forme de cloche, puis convexe, parfois légèrement ondulée, obscurément ombrée ; marge d'abord inclinée pour être en développante et s'étendant au-delà des branchies.

Les branchies sont attachées à la tige, largement échancrées comme on le voit sur le spécimen, serrées, assez entières, les plus courtes nombreuses, quelques ramifiées, blanches ou blanchâtres.

La tige mesure trois à quatre pouces de long, épaissie à la base, lisse, ferme, cannelée longitudinalement, d'où son nom spécifique, blanchâtre.

Les spores sont presque rondes, 5–6 μ.

Il ressemble beaucoup à T. fuligineum mais se distingue par sa tige rainurée et ses branchies bondées. Les spécimens de la figure 45 ont été trouvés près de Boston et m'ont été envoyés par Mme Blackford. Les plantes se conservent bien et se dessèchent facilement. Ils ont été retrouvés le premier juin. Ils ont une excellente saveur.

Tricholome pédidum . Le P.

Paedidum signifie méchant, puant.

Le chapeau est petit, large d'environ un pouce et demi, plutôt charnu, coriace ; convexe, puis aplati, bientôt déprimé autour de l'umbo conique ; fibrilleux, devenant lisse ; gris fumé, quelque peu strié ; humide; marge en développante, nue.

Les branchies sont annexées , serrées, étroites, blanches, puis grisâtres, quelque peu sinueuses avec une légère dent décurrente.

La tige est courte, légèrement striée, gris terne, épaissie à la base. Les spores sont elliptiques ou fusiformes, 10–11×5–6μ.

Le nom spécifique, « méchant » ou « puant », n'a vraiment aucune application pour la plante. On dit qu'il est très bon cuit. On le trouve dans les jardins et les champs bien fertilisés, ou près des tas de fumier.

Il diffère de T. sordidum par l'absence de trace de couleur violette. T. lixivium diffère par ses branchies tronquées libres.

Tricholome lixivium. Le P.

Lixivium signifie transformé en lessive ; d'où la couleur de la cendre et de l'eau.

Le chapeau a une largeur de deux à trois pouces ; chair fine; convexe puis plan ; umbonate, jamais déprimé; même; lisse; brun grisâtre lorsqu'il est humide, puis terre d'ombre ; marge membraneuse , longuement légèrement striée, parfois ondulée.

Les branchies sont arrondies en arrière et annexées , libres, molles, distantes, souvent croustillantes, grises.

La tige est longue d'environ deux pouces, fibreuse, creuse ou bourrée, égale, d'abord recouverte d'un duvet blanc, fragile, gris.

Les spores sont elliptiques, 7×4–5μ.

Le chapeau umboné et les branchies grises, larges et presque libres le distingueront. Ils poussent tardivement et se trouvent sous les pins en novembre.

Tricholome sulfure . Taureau.

TRICHOLOME SULFUREUX . TOXIQUE.

FIGURE 46. — Tricholome sulfure .

Sulphureum , soufre ; ainsi appelé à cause de la couleur générale de la plante.

Le chapeau est de un à trois pouces de large, charnu, convexe, puis élargi, plan, légèrement umboné, parfois déprimé, ou flexueux et irrégulier, bord d'abord involuté, terne ou jaune rougeâtre, d'abord soyeux, devenant lisse et uniforme.

Les branchies sont plutôt épaisses, rétrécies en arrière, émarginées ou fortement adnées, de couleur soufre .

La tige mesure de deux à quatre pouces de long, quelque peu bulbeuse, parfois courbée, souvent légèrement striée ; farci, souvent creux; jaune soufre , jaune à l'intérieur ; garnie à la base de temps en temps de nombreuses racines fibreuses jaunes plutôt fortes. Odeur forte et désagréable. Chair épaisse et jaune. Les spores mesurent 9 à 10 × 5 µ.

Il pousse dans les bois mixtes. Je le trouve fréquemment là où les bûches se sont décomposées. Le spécimen de la figure 46 a été trouvé à Haynes' Hollow et photographié par le Dr Kellerman. Trouvé en octobre et novembre.

Tricholome quinquepartitum . Le P.

Quinquepartitum signifie divisé en cinq parties. Il n'y a aucune raison apparente pour ce nom. Fries n'a pas pu identifier Linnæus ' Agaricus quinquepartitus et il a joint le nom de cette espèce.

Le chapeau est large de trois ou quatre pouces, légèrement charnu ; convexe, plutôt involutée, puis aplatie, quelque peu repandée ; visqueux, lisse, uniforme, jaunâtre pâle.

Les branchies sont échancrées au point d'attache à la tige, larges, blanches.

La tige mesure trois à quatre pouces de long, solide, striée ou cannelée, lisse. Les spores sont 5–6×3–4.

Cette espèce diffère de T. portentosum par le chapeau qui n'est pas vierge, et de T. fucatum par la tige lisse, striée ou cannelée. Cette plante se trouve dans les bois minces où les bûches sont pourries. Je n'ai pas mangé cette espèce mais je n'ai aucun doute sur sa comestibilité. Le goût est agréable. Trouvé en octobre et novembre.

Tricholome latérarium . Pk.

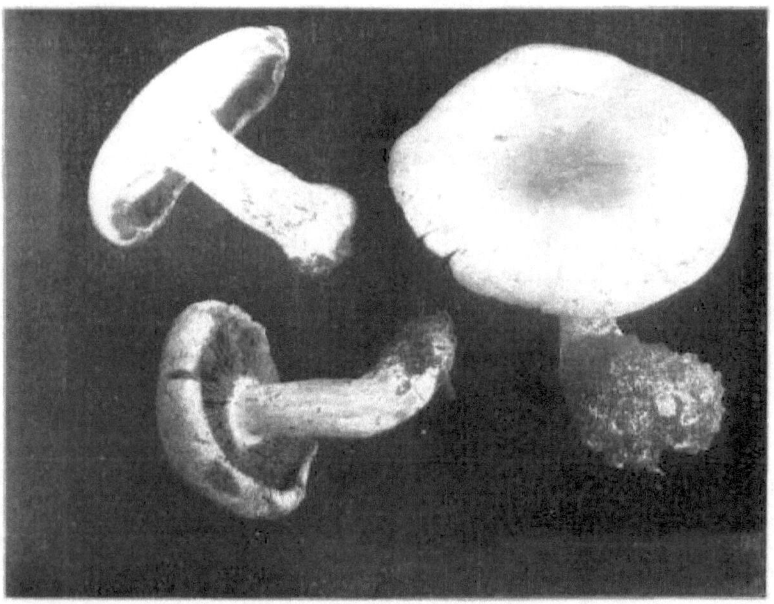

FIGURE 47. — Tricholome latérarium .

Laterarium est , *plus tard* , une brique ; ainsi appelé car il y a presque toujours une légère teinte rouge brique sur le disque.

Le chapeau est large de deux à quatre pouces, convexe, puis élargi, parfois légèrement déprimé au centre ; pruineux, blanchâtre, le disque souvent teinté de rouge ou de brun, la fine marge marquée de légères crêtes subdistantes , courtes et radiées.

Les branchies sont étroites, serrées, blanches, prolongées par de petites lignes décurrentes sur la tige. La tige est presque égale, solide, blanche. Les spores sont globuleuses et mesurent 0,00018 pouce de diamètre. 26e représentant *de Peck* .

Cette plante est assez largement répandue aux États-Unis. On le trouve assez fréquemment dans l'Ohio et est plutôt abondant sur les flancs des collines autour de Chillicothe, où il est souvent quelque peu bulbeux. La teinte rouge brunâtre du disque et les courtes crêtes rayonnantes sur le bord du chapeau serviront à identifier la plante. C'est comestible et assez bon. Trouvé sur moisissure foliaire dans les bois plutôt humides de juillet à novembre.

Tricholome panæolum . Le P.

FIGURE 48. — Tricholome panæolum .

Panæolum , tout panaché. Le chapeau a de trois à quatre pouces de large, profondément déprimé, sombre avec une pruine grise, hygrophane ; marge au début enroulée , parfois ondulée ou irrégulière une fois complètement déployée.

Les branchies sont assez regroupées, adnées, arquées, blanches d'abord, virant au gris clair teinté d'une intimation de rouge, entaillées d'une dent décurrente.

La tige est courte, légèrement bulbeuse, effilée vers le haut, solide, lisse, à peu près de la même couleur que le chapeau. Les spores sont subglobuleuses , 5–6.

J'ai trouvé les spécimens de la figure 48 sous des pins, poussant sur un lit d'aiguilles de pin, sur Cemetery Hill. Ils ont été retrouvés le 9 novembre.

Var. calceolum , Sterb ., a le chapeau spongieux, déformé, fin, mou, expansé, bord incurvé, gris suie ; branchies enfumées; tige excentrique , fusiforme, très courte.

Tricholome colombetta . Le P.

TRICHOLOME DE COULEUR COLOMBE . COMESTIBLE.

FIGURE 49. — Tricholome colombetta . Un tiers de taille naturelle. Casquettes blanches. Tiges bulbeuses.

Columbetta est le diminutif de *columba* , une colombe ; ainsi appelé à cause de la couleur de la plante. Le chapeau est large de un à quatre pouces, charnu, convexe, puis élargi ; d'abord lisse, puis soyeuse ; blanc, au centre parfois une couleur souris diluée virant au blanc, fréquemment une teinte rose sera observée sur la marge, qui est d'abord enroulée , tomenteuse chez les jeunes plants, parfois craquelée.

Les branchies sont échancrées à la jonction de la tige, serrées, fines, blanches, cassantes.

La tige mesure deux pouces ou plus de long, solide, blanche, cylindrique, inégale, souvent comprimée, lisse, tordue, soyeuse surtout chez les jeunes plants, bulbeuse. Spores 0,00023 par 0,00018 pouce. Chair blanche, goût doux.

C'est une belle plante, qui semble totalement exempte d'insectes, et qui restera saine pendant plusieurs jours sur votre table d'étude. Cela ne m'a posé aucun problème jusqu'à ce que le Dr Herbst me suggère l'espèce. Ici, c'est assez copieux. Le Dr Peck donne un certain nombre de variétés. Curtis, McIlvaine, Stevenson et Cooke parlent tous de ses qualités éminentes. Trouvé dans les bois en septembre et octobre.

Tricholome mélaleucum . Pers.

TRICHOLOME MODIFIABLE .

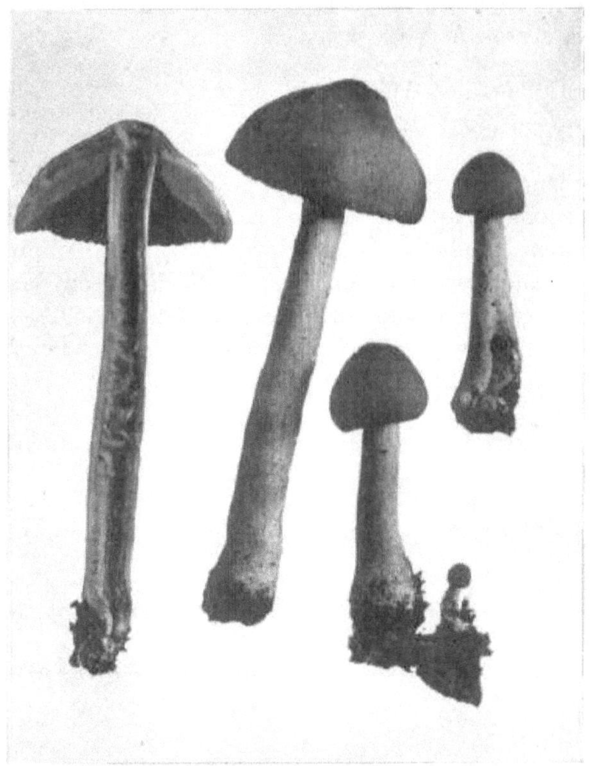

FIGURE 50. — Tricholome mélaleucum . Deux tiers grandeur nature.

Melaleucum , noir et blanc ; des couleurs contrastées du capuchon et des branchies.

Ce Tricholoma pousse en abondance dans le nord de l'Ohio. Je l'ai trouvé dans les bois près de Bowling Green, Ohio. Les spécimens en demi-teinte ont été trouvés près de Sandusky, Ohio, et ont été photographiés par le Dr Kellerman. On le trouve généralement dans les sols sableux, poussant isolément dans les bois ombragés.

Le chapeau est charnu, mince, de un à trois pouces de large, convexe, plutôt largement ombré, lisse, humide, de couleur variable, généralement pâle, presque blanc au début, puis beaucoup plus foncé, parfois légèrement ondulé.

Les branchies sont échancrées, annexées , ventriceuses, bondées, blanches.

La tige est bourrée, puis creuse, élastique, de deux à quatre pouces de longueur, un peu lisse, blanchâtre, parsemée de quelques fibrilles, ordinairement épaissies à la base. La chair est molle et blanche. Il n'existe aucun rapport, à ma connaissance, concernant sa comestibilité, et je n'ai aucun doute là-dessus, mais je conseille la prudence.

Tricholome lascivum . Le P.

LE TRICHOLOME TARRY .

Lascivum , joueur, dévergondé ; ainsi appelé en raison de ses nombreuses affinités dont aucune n'est très proche. Le chapeau est charnu, convexe, puis élargi, légèrement obtus, un peu déprimé, soyeux d'abord, puis lisse, uniforme. Les branchies sont échancrées, annexées , serrées, blanches ; la tige est solide, égale, rigide, racinaire, blanche, tomenteuse à la base. Trouvé dans les bois, Haynes' Hollow près de Chillicothe. Septembre et octobre.

Tricholome Russule . Schæff .

TRICHOLOME ROUGEÂTRE . COMESTIBLE.

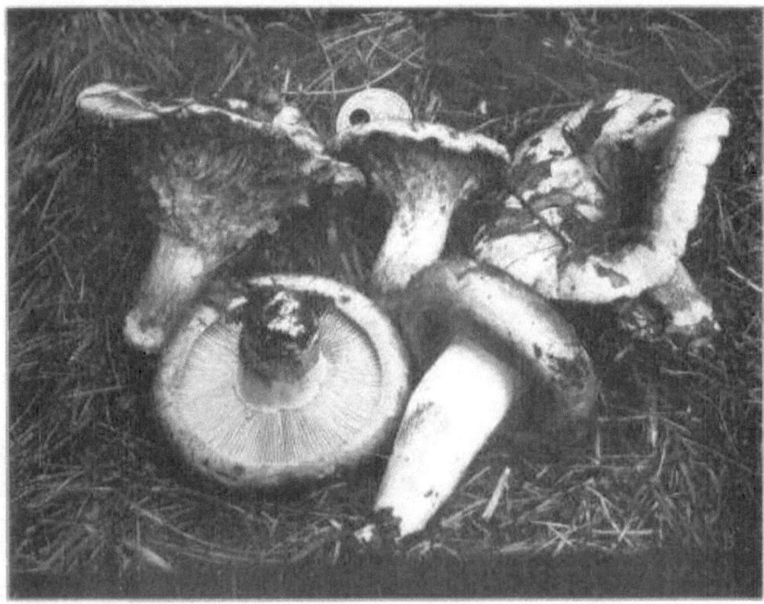

FIGURE 51. — Tricholome Russule . Taille naturelle. Casquettes de couleur rougeâtre ou chair.

Russula est ainsi nommée en raison de sa ressemblance en couleur avec certaines espèces du genre Russula .

Le chapeau est large de trois à quatre pouces, charnu, convexe, puis déprimé, visqueux, uniforme ou parsemé d'écailles granuleuses, de couleur rouge ou chair, la marge un peu plus pâle, involutée et finement duveteuse chez la jeune plante.

Les branchies sont arrondies ou légèrement décurrentes, assez distantes, blanches, devenant souvent tachetées de rouge avec l'âge.

La tige mesure deux à trois pouces de long, solide, ferme, rose-rouge blanchâtre, presque égale, écailleuse à l'apex. Les spores sont elliptiques, $10\times5\mu$.

Cette plante est assez variable dans bon nombre de ses caractéristiques particulières, mais elle en possède généralement suffisamment pour la distinguer facilement. Le chapeau peut être de couleur chair et la tige rouge rosé, le chapeau peut être rouge et la tige blanche ou blanchâtre avec des taches rouges. Par temps pluvieux, les bonnets de tous sont visqueux ; une fois sec, l'ensemble peut être plus ou moins fissuré. Les tiges peuvent ne pas être écailleuses au sommet, souvent roses lorsqu'elles sont jeunes. On les trouve dans les bois solitaires, en groupes ou fréquemment en grappes denses. Les spécimens de la figure 51 ont été trouvés dans le Michigan et photographiés par le Dr Fischer.

J'ai trouvé cette plante à Poke Hollow. Les branchies étaient assez décurrentes.

Tricholome acide . Taureau.

LE TRICHOLOME AMER .

Acerbum signifie amer au goût.

Le chapeau est large de trois à quatre pouces, convexe à élargi, obtus, lisse, plus ou moins tacheté, à marge fine, d'abord involute, rugueux, sillonné, visqueux, blanchâtre, souvent teinté de roux ou de jaune, assez amer au goût.

Les branchies sont échancrées, bondées, pâles ou roux, étroites.

La tige est solide, plutôt courte, obtuse, jaunâtre, squamuleuse au-dessus ou autour de l'apex. Les spores sont subglobuleuses , $5\text{--}6\ \mu$.

Ces plantes ont été trouvées poussant dans un épais lit de mousse avec Armillaria nardosmia . Ce n'étaient pas des plantes parfaites mais je les ai jugées être T. acerbum d'après leur goût et leur marge en développante. J'en ai envoyé au professeur Atkinson, qui a confirmé ma classification. Ils poussent dans les bois ouverts en octobre et novembre.

Tricholome cinérascens . Taureau.

Cinerascens signifie devenir la couleur de la cendre.

Le chapeau est large de deux à trois pouces, charnu, convexe à élargi, uniforme, obtus, lisse, blanc, puis grisâtre, à marge fine.

Les branchies sont émarginées, serrées, plutôt ondulées, ternes, rougeâtres souvent jaunâtres, se séparant facilement du chapeau.

La tige est farcie, égale, lisse, élastique.

Ils poussent en grappes dans un bois mixte. Ils sont doux au goût.

Tricholome . Schæff .

TRICHOLOME BLANC . COMESTIBLE.

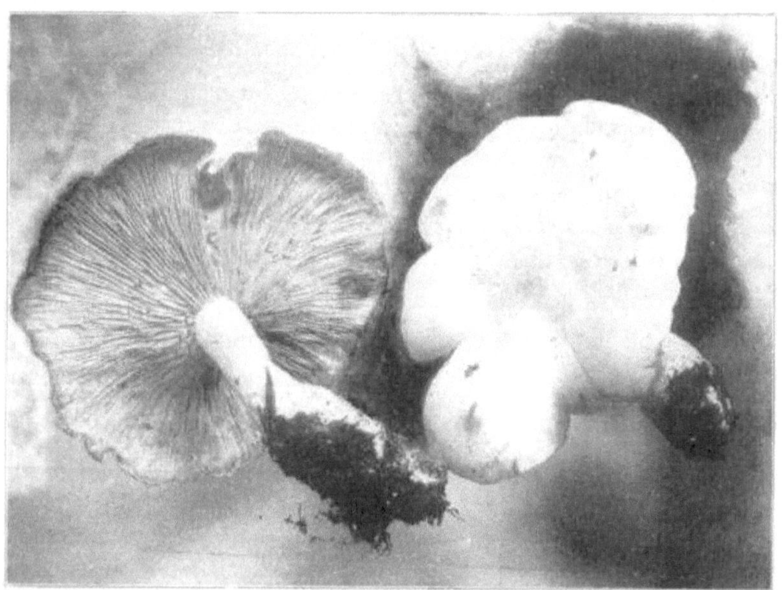

FIGURE 52. — Album de tricholome . Entièrement blanc.

Album signifie blanc.

Le chapeau est large de deux à quatre pouces, charnu, entièrement blanc, convexe, puis déprimé, obtus, lisse, sec, disque fréquemment teinté de jaune, marge d'abord involutée, longuement repandée.

Les branchies sont arrondies derrière, plutôt serrées, fines, blanches, larges.

La tige mesure de deux à quatre pouces de long, solide, ferme, rétrécie vers le haut, lisse.

Cette plante est assez abondante dans nos bois et pousse généralement en groupe. Il pousse sur la moisissure des feuilles et est souvent assez gros. Son goût est assez âcre lorsqu'il est cru, mais cela est surmonté en cuisine. On le trouve d'août à octobre.

Ces plantes sont assez abondantes sur les coteaux boisés autour de Chillicothe. Ceux de la figure 52 ont été trouvés sur Ralston's Run et photographiés par le Dr Kellerman.

Tricholome imbriqué . Le P.

LE TRICHOLOME IMBRIQUÉ . COMESTIBLE.

Photo de CG Lloyd

FIGURE 53. — Tricholome imbriqué .

Imbricatum signifie recouvert de tuiles, *imbreces* , en référence à l'état lacéré du capuchon. Cette espèce est très étroitement liée à T. transmutans en termes de taille, de couleur et de goût. Il s'en distingue cependant facilement par son chapeau sec et sa tige solide. Sa calotte est brun rougeâtre ou brun cannelle, et sa surface présente souvent un aspect quelque peu écailleux car l'épiderme se lacère ou se déchire en petits fragments irréguliers qui adhèrent et semblent se chevaucher comme des bardeaux sur un toit. La chair est ferme, blanche et a un goût et une odeur farineux. Les branchies sont blanches, devenant rouges ou tachetées de rouille, plutôt rapprochées et échancrées. La tige est solide, ferme, presque égale, sauf légèrement renflée à la base, colorée comme le chapeau mais généralement plus pâle. Lorsqu'il est vieux, il est parfois creux à cause des insectes qui le minent. Les spores sont blanches et elliptiques, mesurant 0,00025 pouce de long.

J'ai trouvé ce champignon près de Salem, Ohio, Bowling Green, Ohio et sur Ralston's Run près de Chillicothe. Trouvé dans les bois mixtes de septembre à novembre.

Tricholome terriférum . Pk.

TRICHOLOME TERRESTRE . COMESTIBLE.

Terriferum , porteur de terre, faisant allusion à la calotte visqueuse qui retient des particules de limon et d'aiguilles de pin lorsqu'elle perce le sol. C'est un champignon charnu qui, une fois bien nettoyé, constitue un plat appétissant.

Le chapeau est convexe, irrégulier, ondulé sur le bord et enroulé vers l'intérieur, lisse, visqueux, jaune pâle, parfois blanchâtre, généralement recouvert de limon à cause de la surface collante du chapeau, chair blanche.

Les branchies sont blanches, fines, fermées, légèrement annexées .

La tige est courte, charnue, solide, égale, farineuse, très légèrement bulbeuse à la base.

Trouvé près de Salem, Ohio, sur l'hon. Ferme de J. Thwing Brooks de septembre à octobre.

Tricholome fumidellum . Pk.

TRICHOLOME FUMÉ . COMESTIBLE.

Fumidellum — fumé, à cause des calottes de couleur argile assombries de brun.

Le chapeau est large d'un à deux pouces, convexe, puis élargi, subomboné , nu, humide, blanc terne ou argileux assombri de brun, le disque ou umbo étant généralement brun fumé.

Les branchies sont encombrées, subventriceuses , blanchâtres.

La tige mesure un pouce et demi à deux pouces et demi de long, égale, nue et blanchâtre solide. Les spores sont minuscules, subglobuleuses , $4\text{--}5\times4\mu$. *Peck* , 44 Rép.

Les spécimens que j'ai trouvés poussaient dans une forêt mixte dans la moisissure des feuilles. On ne les retrouve qu'occasionnellement dans nos bois en septembre et octobre.

Tricholome leucocéphale . Le P.

Tricholome à tête blanche . Comestible.

Leucocephalum vient de deux mots grecs signifiant blanc et tête, en référence aux calottes blanches.

Le chapeau mesure un pouce et demi à deux pouces de diamètre, convexe, puis plan ; uniforme, humide, lisse quand le voile soyeux est parti, imbibé d'eau après une pluie ; chair fine, dure, odeur farineuse, goût doux et agréable.

Les branchies sont arrondies derrière et presque libres, encombrées, blanches.

La tige mesure environ deux pouces de long, creuse, solide à la base, lisse, cartilagineuse, coriace, enracinée. Les spores mesurent 9–10×7–8µ.

Il diffère de T. album par son odeur de repas nouveau fortement marquée. On le trouve dans les bois ouverts en septembre et octobre.

Tricholome fumescens . Pk.

Tricholome fumé . Comestible.

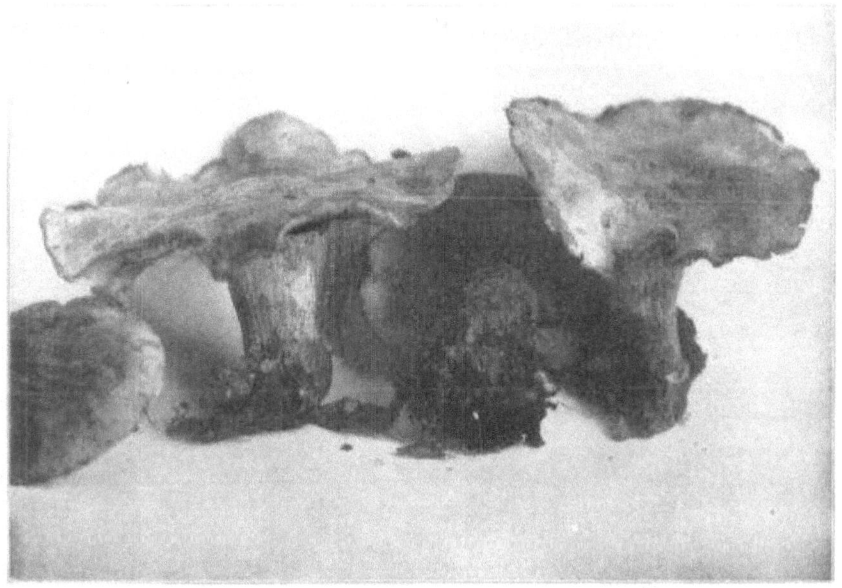

Figure 54. — Tricholome fumescens .

Fumescens signifie devenir enfumé.

Chapeau convexe ou expansé, sec, recouvert d'un tomentum apprimé très infime, blanchâtre.

Les branchies sont étroites, encombrées, arrondies derrière, de couleur blanchâtre ou crème pâle, virant au bleu fumé ou noirâtre là où elles sont meurtries.

La tige est courte, cylindrique, blanchâtre. Les spores sont oblongues-elliptiques, 5–6×5μ. Le chapeau mesure un pouce de large. Tige d'un à un pouce et demi de hauteur. *Peck*, 44e représentant de l'État de New York Bot.

Les calottes sont un peu plus grandes dans les spécimens trouvés dans l'Ohio que dans ceux décrits par le Dr Peck. À tel point que j'avais des doutes quant à l'exactitude de l'identification. J'ai envoyé quelques spécimens au Dr Peck pour sa détermination. L'espèce sera facilement identifiée grâce aux fines branchies encombrées et à la teinte bleu fumée ou noirâtre qu'elles prennent lorsqu'elles sont meurtries. Les calottes sont fréquemment ondulées, comme le montre la figure 54.

J'ai trouvé les plantes à Poke Hollow près de Chillicothe, de septembre à novembre.

Tricholome terreum . Schaeff .

LE TRICHOLOME GRIS . COMESTIBLE.

FIGURE 55. — Tricholome terreum . Casquette brun grisâtre ou couleur souris.

Terreum vient de *terra* , la terre ; ainsi appelé de la couleur. Il s'agit d'une espèce assez variable en termes de couleur et de taille, ainsi que de mode de croissance.

Le chapeau est large d'un à trois pouces, sec, charnu, mince, convexe, élargi, presque plan, ayant souvent un umbo central ; floconneux-écailleux, brun cendré, brun grisâtre ou couleur souris.

Les branchies sont annexées , subdistantes , blanches, devenant grisâtres, bords plus ou moins érodés. Spores, 5–6μ.

La tige est blanchâtre, fibrilleuse, égale, plus pâle que le chapeau, variant de solide à bourrée ou creuse, d'un à trois pouces de hauteur.

Je trouve cette plante sur les coteaux nord, dans les hêtraies. Ce n'est pas abondant. Il en existe plusieurs variétés :

Var. orirubens . Q. Bord des branchies rougeâtre.

Var. atrosquamosum . Chev. Chapeau gris avec de petites écailles noires ; g. blanchâtre.

Var. Argyraceum . Taureau. Blanc entièrement pur, ou chapeau grisâtre.

Var. chrysites . Jungh . Chapeau teinté jaunâtre ou verdâtre.

Les plantes de la figure 55 ont été trouvées à Poke Hollow, près de Chillicothe. Leur période est de septembre à novembre.

Tricholome saponacée . Le P.

FIGURE 56. — Tricholome saponacée .

Saponaceum vient de *sapo* , savon, ainsi appelé en raison de son odeur particulière.

Le chapeau est large de deux à trois pouces, convexe, puis plan, involuté d'abord comme on le voit sur la figure 56, lisse, humide par temps humide mais non visqueux, souvent fissuré en écailles ou ponctué, grisâtre ou brun livide, souvent avec teinte olive, chair ferme, devenant plus ou moins rouge lorsqu'elle est coupée ou blessée.

Les branchies sont finement émarginées, fines, bien entières, peu encombrées, blanches, parfois teintées de vert. Spores subglobuleuses , $5{\times}4\mu$.

La tige est solide, inégale, racinaire, lisse, parfois réticulée de fibrilles noires ou écailleuse.

Cette espèce se trouve assez fréquemment autour de Chillicothe. Sa taille et sa couleur sont assez variables, mais on le reconnaît facilement à son odeur particulière et à la chair qui devient rougeâtre lorsqu'elle est blessée. Ce n'est pas toxique mais son odeur empêchera quiconque de le manger. Trouvé dans les bois mixtes d'août à novembre.

Tricholome cartilage . Taureau.

Le Tricholome cartilagineux . Comestible.

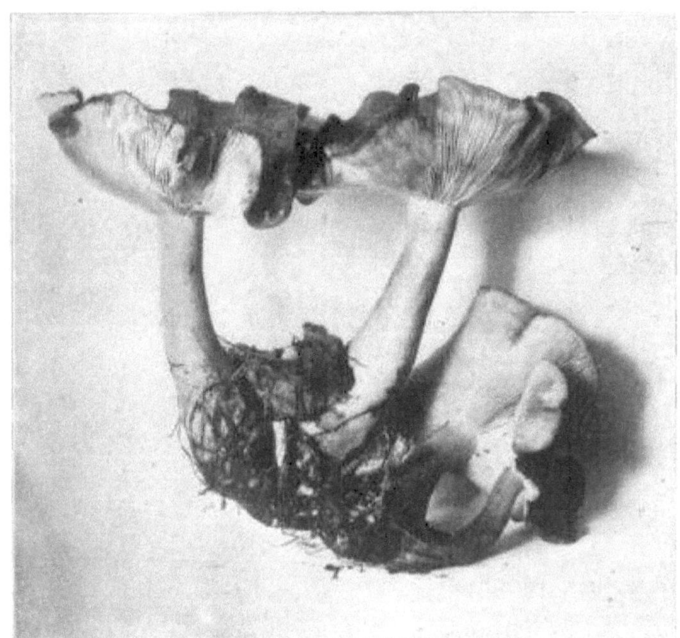

Figure 57. — Tricholoma cartilagineum. Deux tiers grandeur nature.

Cartilagineum signifie cartilagineux ou cartilagineux.

Le chapeau est large de deux à trois pouces, cartilagineux, élastique, charnu, convexe, bientôt élargi, ondulé, comme le montre la figure 57, à marge incurvée, lisse, d'abord inclinée vers le noirâtre, puis divisée en petites taches noires.

Les branchies sont légèrement échancrées, annexées , un peu encombrées, grisâtres.

La tige mesure un à deux pouces de long, plutôt ferme, farcie, égale, lisse, blanche, souvent striée et farineuse. Goût et odeur agréables.

Un certain nombre de mes amis l'ont mangé en raison de son goût et de son odeur appétissants. Il a poussé en grande quantité parmi les trèfles de notre parc municipal pendant le temps humide du dernier mai et du premier juin.

Tricholome squarrulosum . Brès.

FIGURE 58. — Tricholome squarrulosum . Casquettes montrant des squamules noires .

Squarrulosum signifie plein d'écailles.

Le chapeau est large de deux à trois pouces, convexe, puis élargi, ombré, sec ; beige fusceux puis sordide, centre noir, avec des squamules noires ; bord fibrilleux, dépassant les branchies.

Les branchies sont larges, encombrées, gris blanchâtre, rougeâtres lorsqu'elles sont meurtries.

La tige est de la même couleur que le chapeau, punctato -squamulose. Les spores sont elliptiques, 7–9×4–5μ.

C'est une belle plante qui pousse dans les bois mixtes parmi les feuilles. La tige est courte et apparemment de la même couleur que le chapeau. Cette dernière est couverte de squamules noires qui donnent le nom de l'espèce. Je n'ai réussi à trouver les plantes qu'en octobre. Les spécimens de la figure 58 ont été trouvés à Poke Hollow, près de Chillicothe.

Tricholome maculéescens . Pk.

TRICHOLOME TACHETÉ .

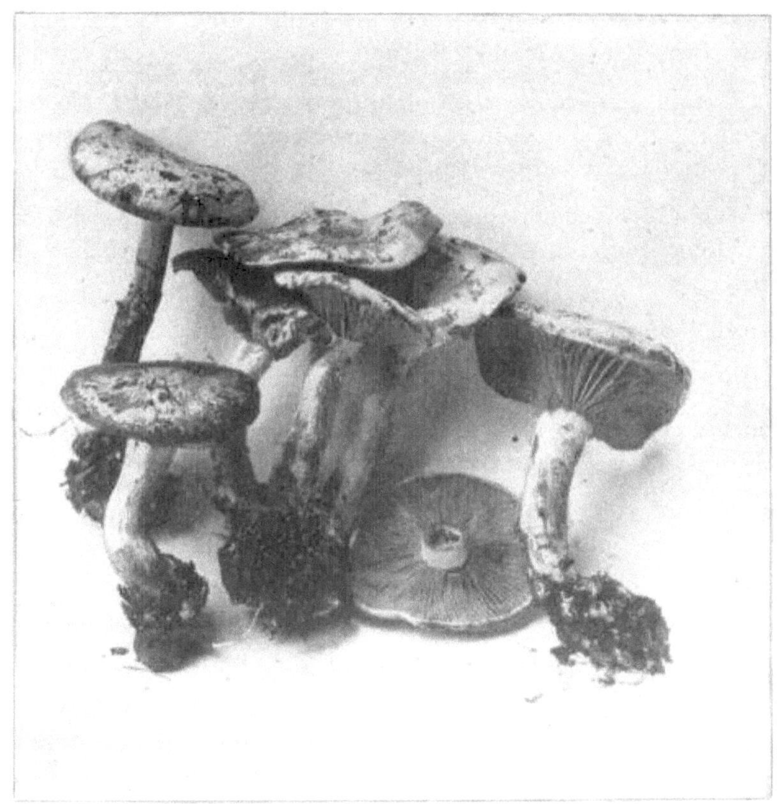

FIGURE 59. — Tricholome maculéescens . Un tiers de taille naturelle.

Maculatescens signifie de plus en plus tacheté ; ainsi appelé parce que lorsque le spécimen est séché, le capuchon devient plus ou moins tacheté.

Le chapeau est d'un pouce et demi à trois pouces de large, compact, spongieux, brun rougeâtre, convexe, puis élargi, obtus, uniforme, légèrement visqueux lorsqu'il est mouillé, devenant rivuleux et tacheté de brun en séchant, chair blanchâtre, marge infléchie, dépassant le branchies.

Les branchies sont légèrement émarginées, plutôt étroites, cinéreuses.

La tige est spongieuse-charnue, égale, parfois brusquement rétrécie à la base, solide, grosse, fibrilleuse, pâle ou blanchâtre. Les spores sont oblongues ou subfusiformes , pointues aux extrémités, uninucléées, 0,0003 pouce de long et 0,00016 de large. *Picorer.*

J'ai trouvé la plante à plusieurs reprises au mois de novembre, mais je n'ai pas pu la réparer de manière satisfaisante jusqu'à ce que le professeur Morgan m'aide. Les spécimens de la figure 59 ont été trouvés le jour de Thanksgiving dans les bois de Morton, dans le comté de Gallia, Ohio. J'avais trouvé plusieurs spécimens sur Chillicothe avant cela.

Cette espèce semble être très proche de T. flavobrunneum, T. graveolens et T. Schumacheri , mais s'en distingue par les taches du chapeau lors du séchage et la forme particulière des spores.

On le trouve parmi les feuilles des bois mixtes, même par temps glacial. C'est sans aucun doute comestible, mais je devrais l'essayer avec prudence la première fois.

Tricholome flavobrunneum. Le P.

TRICHOLOME JAUNE-BRUN . COMESTIBLE.

Flavobrunneum vient de flavus, jaune ; brunneus , brun; ainsi appelé à cause des calottes brunes et de la chair jaune.

Le chapeau mesure trois à quatre pouces ou plus de large, charnu, conique, puis convexe, élargi, subomboné , visqueux, bai brunâtre, strié d'écailles, chair jaune, puis teinté de rouge.

Les branchies sont jaune pâle, émarginées, légèrement décurrentes, quelque peu encombrées et souvent teintées de rouge.

La tige mesure trois à quatre pouces de long, creuse, légèrement ventricieuse, brunâtre, chair jaune, d'abord visqueuse, parfois brun rougeâtre. Les spores sont 6–7×4–5. Trouvé dans les bois mixtes parmi les feuilles.

Tricholome Schumacheri . Le P.

Schumacheri en l'honneur de CF Schumacher, auteur de "Plantarum Sællandiæ ". Le chapeau est de deux à trois pouces de large, spongieux, convexe, puis plan, obtus, uniforme, gris livide, humide, le bord au-delà des branchies est incurvé.

Les branchies sont étroites, rapprochées, d'un blanc pur, légèrement émarginées.

La tige mesure de trois à quatre pouces de long, solide, fibrillosée , blanche et charnue.

Il s'agit apparemment d'une plante domestique, que l'on trouve dans les serres.

Tricholome grande . Pk.

LE GRAND TRICHOLOME . COMESTIBLE.

Grande, grande, voyante. Cette espèce était assez abondante à Haines' Hollow et à Ralston's Run pendant le temps pluvieux de l'automne 1905. Elle semble ressembler beaucoup à T. columbetta et on la trouve dans les mêmes localités.

Le chapeau est épais, ferme, hémisphérique, devenant convexe, souvent irrégulier, sec, écailleux, un peu soyeux-fibrillosé vers le bord, blanc, le bord étant d'abord en développante. Chair blanc grisâtre, goût farineux.

Les branchies sont rapprochées, arrondies en arrière, annexées , blanches.

La tige est grosse, solide, fibrilleuse, d'abord effilée vers le haut, puis égale ou légèrement épaissie à la base, blanc pur. Les spores sont elliptiques, 9–11×6μ.

Le chapeau mesure quatre à cinq pouces de large, la tige de deux à quatre pouces de long et un pouce à un pouce et demi d'épaisseur. *Peck* , 44e Rép.

C'est une plante très grande et voyante, qui pousse parmi les feuilles après de fortes pluies. Cette espèce ainsi que T. columbetta , ainsi qu'une variété blanche de T. personatum , étaient très abondantes dans les mêmes bois. Ils poussent en groupes si serrés que les chapeaux sont souvent assez irréguliers. Le disque plus foncé et écailleux et la spore de plus grande taille vous aideront à le distinguer du T. columbetta . Les très gros spécimens sont trop grossiers pour être bons. On le trouve dans les bois humides, parmi les feuilles, d'août à novembre.

Tricholome séjonctum . Truie.

TRICHOLOME SÉPARATEUR . COMESTIBLE.

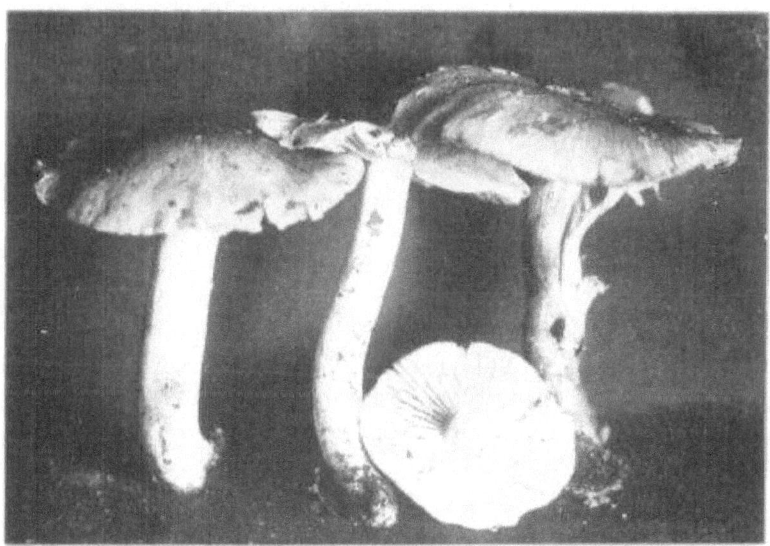

FIGURE 60. — Tricholome séjonctum . Une moitié grandeur nature.

Sejunctum signifie s'être séparé. Cela fait référence à la séparation des branchies de la tige. Chapeau charnu, convexe, puis élargi, ombré, légèrement visqueux, strié de fibrilles innées brunes ou noirâtres, blanchâtres ou jaunes, parfois jaune verdâtre, à chair blanche et fragile.

Les branchies sont larges, discrètes , arrondies en arrière ou échancrées, blanches.

La tige est solide, grosse, souvent irrégulière, blanche. Les spores sont subglobuleuses et mesurent 0,00025 pouce de large. Le chapeau a une largeur de un à trois pouces ; tige d'un à quatre pouces de long et de quatre à huit lignes d'épaisseur. Le rapport *de Peck* .

C'est assez courant à Salem, Ohio ; sur l'ancienne ligne Lake Shore dans le comté de Wood, près de Bowling Green, Ohio ; et je l'ai trouvé fréquemment près de Chillicothe. Une fois cuit, il a une saveur agréable. C'est toujours un spécimen attrayant. Je le trouve sous les hêtres dans les bois, de septembre à novembre.

Tricholome unifactum . Pk.

TRICHOLOME UNI . COMESTIBLE.

Unifactum signifie uni ou transformé en un seul, faisant référence aux tiges unies en une seule racine ou tige de base.

Le chapeau est charnu mais fin, convexe ; souvent irrégulière, parfois excentrique de par son mode de croissance ; blanchâtre, chair blanchâtre, goût doux.

Les branchies sont fines, étroites, fermées, arrondies derrière, légèrement annexées , parfois fourchues près de la base, blanches.

Les tiges sont égales ou plus épaisses à la base, solides, fibreuses, blanches, réunies à la base en une grosse masse charnue.

Les spores sont blanches, subglobuleuses , larges de 0,00016 à 0,0002 pouce . *Picorer.*

J'ai trouvé un beau spécimen à Poke Hollow, dans une forêt de hêtres avec quelques chênes et châtaigniers. Il n'y avait qu'une seule grappe issue d'une grande masse charnue blanchâtre. Il y avait quinze chapeaux qui poussaient de cette masse charnue. Je n'ai pu identifier les espèces que trop tard pour les photographier.

Tricholome album . Le P.

LE TRICHOLOME BLANCHÂTRE . COMESTIBLE.

Le chapeau est large de deux à trois pouces, devenant blanc pâle, passant au gris lorsqu'il est sec, charnu, épais au niveau du disque, plus fin sur les côtés, conique puis convexe, gibbeux lorsqu'il est dilaté, lorsqu'il est en vigueur humide en surface, tacheté comme à écailles, à fine marge nue, à chair molle, floconneuse, blanche, immuable.

Les branchies sont très atténuées en arrière, non émarginées, devenant larges en avant ; très fréquenté, assez entier, blanc.

La tige mesure un à deux pouces de long, solide, charnue-compacte, ovale-bulbeuse (conique au milieu, cylindrique au-dessus), fibrillosée-striée, blanche. Spores elliptiques, 6–7×4μ.

Tricholome personnage . Le P.

TRICHOLOME MASQUÉ . COMESTIBLE.

FIGURE 61. — Tricholome personnage . Un tiers de taille naturelle. Casquettes généralement teintées de lilas ou de violet. Tiges bulbeuses.

FIGURE 62. — Tricholome personnage . Deux tiers grandeur nature. La plante entière est blanche.

Personatum signifie porter un masque ; ainsi appelé en raison de la variété de couleurs qu'il subit. C'est un beau champignon et il est excellemment parfumé ; son aire de répartition est large et on le trouve fréquemment et en grande abondance. Je l'ai souvent vu pousser presque en ligne droite sur plus de vingt pieds, les chapeaux étant si serrés qu'ils avaient perdu leur forme. Lorsqu'il est jeune, le chapeau est convexe et assez ferme, avec une marge finement duveteuse ou ornée de particules farineuses et incurvée. Chez la plante mature, il est plus doux, largement convexe ou presque plan, avec une fine marge étalée et plus ou moins tournée vers le haut et ondulée. Lorsqu'il est jeune, il est de couleur lilas pâle, mais avec l'âge, il prend une teinte fauve ou rouille, surtout au centre. Parfois, la calotte est blanche, blanchâtre ou grise, ou d'une couleur violacée pâle.

Les branchies sont serrées, arrondies près de la tige et presque libres mais se rapprochant de la tige, plus étroites vers la marge, avec une légère teinte lilas ou violette lorsqu'elles sont jeunes, mais souvent blanches.

La tige est courte, solide, ornée de fibres très fines, de particules duveteuses ou farineuses lorsqu'elle est jeune et fraîche, mais devenant lisse avec l'âge.

La couleur de la tige ressemble beaucoup à celle du chapeau, mais peut-être dans une teinte plus claire.

Le chapeau a de un à cinq pouces de largeur et la tige de un à trois pouces de hauteur. Il pousse seul ou en groupe. On le trouve dans les bois minces et les fourrés. Il se plaît à pousser là où se trouvait une ancienne scierie.

Les plus beaux spécimens de cette espèce que j'ai jamais vus poussaient sur un tas de compost composé d'épis verts provenant de la conserverie. Ils étaient restés en tas pendant environ trois ans et fin novembre, le compost était littéralement recouvert de cette espèce, dont beaucoup de chapeaux dépassaient cinq pouces alors que la couleur et la figuration des plantes étaient tout à fait typiques.

Dans les livres anglais, cette plante est appelée Blewits et en France sous le nom de Blue-stems, mais dans ce pays les tiges ont tendance à être lilas ou violettes, et encore seulement chez les plantes plus jeunes.

Les spores sont presque elliptiques et d'un blanc terne, mais en masses sur du papier blanc, elles ont une teinte saumonée. Son épiderme lisse, presque brillant et ininterrompu et sa teinte particulière de fleur de pêcher le distinguent de toutes les autres espèces de Tricholoma . Il en existe une variété blanche, très abondante dans nos bois, qui est illustrée à la figure 62. On ne la trouve que dans les moisissures des feuilles des bois. Septembre au temps glacial.

Tricholome nudum. Taureau.

TRICHOLOME NU . COMESTIBLE.

Nudum, nu, nu ; du caractère de la marge. Le chapeau est large de deux à trois pouces, charnu, plutôt mince, convexe, puis élargi, légèrement déprimé ; lisse, humide, plante entière violette au début, de couleur changeante, marge en développante, fine, nue, souvent ondulée.

Les branchies sont étroites, arrondies derrière, légèrement décurrentes lorsque la plante devient déprimée, bondées, violettes au début, virant au brun rougeâtre sans aucune teinte violette.

La tige a deux à trois pouces de longueur, bourrée, élastique, égale, d'abord violacée, puis devenant pâle, plus ou moins farineuse. Spores 7×3,5μ

J'ai trouvé de très beaux spécimens parmi les feuilles des bois de Haynes' Hollow, près de Chillicothe. Octobre et novembre.

Tricholome gambosum . Le P.

CHAMPIGNON DE SAINT-GEORGES. COMESTIBLE.

Gambosum , avec un gonflement du sabot, *gamba* . Le chapeau a une largeur de trois à six pouces, parfois même plus ; très épais, convexe, expansé, déprimé, généralement fissuré ici et là ; lisse, évoquant un cuir de chevreau souple ; marge involutée au début, ocre pâle ou blanc jaunâtre.

Les branchies sont échancrées, avec une dent annexée , densément peuplées, ventriques, humides, de différentes longueurs, blanc jaunâtre.

La tige est courte, solide, flocculose à l'apex, substance blanc crème ; légèrement gonflé à la base. Les spores sont blanches.

On l'appelle champignon de Saint-Georges en Angleterre parce qu'il apparaît à peu près à l'époque de la Saint-Georges, le 23 avril. Il pousse fréquemment en anneaux ou en croissants. Il a une odeur très forte. Sa saison est mai et juin.

Tricholome porterosum . Le P.

L'ÉTRANGE TRICHOLOME . COMESTIBLE.

Portentosum signifie étrange ou monstrueux.

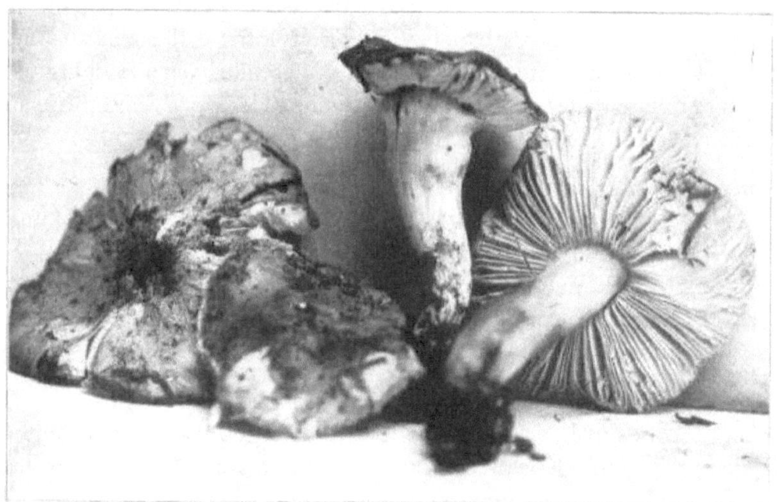

FIGURE 63. — Tricholome porterosum .

Le chapeau est large de trois à cinq pouces, charnu, convexe, puis élargi, subumboné , visqueux, fuligineux, souvent teinté de pourpre, fréquemment inégal et retroussé, strié de lignes sombres, la fine marge nue, chair non compacte, blanche, fragile. , et doux.

Les branchies sont blanches, très larges, arrondies, presque libres, distantes, devenant souvent gris pâle ou jaunâtres.

La tige mesure de trois à six pouces de long, solide, assez fibreuse, parfois égale, souvent effilée vers la base, blanche, grosse, striée, villeuse à la base. Les spores sont subglobuleuses , 4–5×4µ.

Les plantes poussent dans les pinèdes et à la lisière des forêts mixtes, souvent au bord des routes. On le trouve généralement en octobre et novembre. Les plantes de la figure 63 ont été trouvées près de Waltham, Massachusetts, et m'ont été envoyées par Mme EB Blackford. On dit que cela excelle même T. personatum en termes de qualités comestibles.

Clitocybe . Le P.

Clitocybe vient de deux mots grecs, flanc de colline, ou pente, et tête ; ainsi appelé de la dépression centrale du chapeau.

Le genre Clitocybe diffère du Tricholoma par le caractère des branchies. Ils sont attachés à la tige sur toute la largeur et se prolongent généralement le long de la tige ou sont décurrents. C'est le premier genre à branchies décurrentes. Le genre n'a ni volve ni anneau et les spores sont blanches. La tige est élastique, spongieuse à l'intérieur, souvent creuse et extrêmement fibreuse, en continuité avec le chapeau.

Le chapeau est généralement charnu, s'amincit vers le bord, plan ou déprimé ou en forme d'entonnoir, et avec un bord incurvé. Le voile universel, s'il est présent, n'est visible que sur le bord du chapeau, comme du givre ou une rosée soyeuse.

Ces plantes poussent généralement sur le sol et fréquemment en groupes, bien que quelques-unes puissent être trouvées sur du bois pourri.

Les Collybia , Mycena et Omphalia ont des tiges cartilagineuses, tandis que la tige du Clitocybe est extrêmement fibreuse et le Tricholoma se distingue par ses branchies échancrées.

Ce genre, en raison des variations de ses espèces, sera toujours déroutant pour le débutant comme pour les experts. Nous pouvons facilement décider qu'il s'agit d'un Clitocybe en raison des branchies qui rejoignent carrément la tige, ou décurrentes sur elle, et de sa tige fibreuse externe, mais localiser l'espèce est une tout autre affaire.

Clitocybe . Pk.

LE CLITOCYBE INTERMÉDIAIRE . COMESTIBLE.

FIGURE 64. — Milieux Clitocybe . Une moitié grandeur nature.

Les médias viennent du *medius* , du milieu ; on l'appelle ainsi parce qu'elle est intermédiaire entre C. nebularis et C. clavipes . Il n'est pas aussi abondant que les autres dans nos bois.

Le chapeau est brun grisâtre ou brun noirâtre, toujours plus foncé que celui de C. nebularis . La chair est blanche et de goût farineux.

Les branchies sont plutôt larges, peu encombrées, adnées et décurrentes, blanches, avec quelques crêtes ou veines transversales dans les espaces entre les branchies.

La tige mesure un à deux pouces de long, généralement effilée vers le haut, plus pâle que le chapeau, plutôt élastique, lisse. Les spores sont clairement elliptiques, $8 \times 5\mu$.

Cela ressemble beaucoup aux deux espèces mentionnées ci-dessus et est difficile à séparer. J'ai trouvé les spécimens de la figure 64 le long de Ralston's Run, où le sol est moussu et humide. Trouvé en septembre et octobre.

Clitocybe infundibuliforme . Schaeff .

CLITOCYBE FORMÉ EN ENTONNOIR . COMESTIBLE.

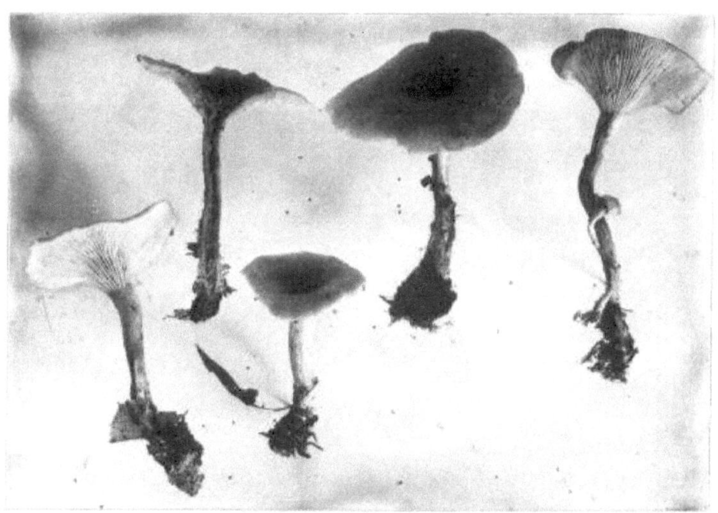

Infundibuliformis signifie en forme d'entonnoir. C'est une belle plante très abondante dans les bois après une forte pluie. Il pousse sur les feuilles et surtout parmi les aiguilles de pin.

Le chapeau est d'abord convexe et ombré et, à mesure que la plante avance en âge, la marge s'élève jusqu'à ce que la plante prenne la forme d'un entonnoir. La marge est fréquemment incurvée et finalement ondulée. La chair est molle et blanche. La couleur du bonnet est un bronzage pâle. Si l'on examine attentivement le capuchon , on verra qu'il est recouvert d'une légère substance duveteuse ou soyeuse, surtout sur le bord. La couleur du capuchon a tendance à s'estomper, de sorte que les spécimens se révèlent presque blancs.

Les branchies sont fines, serrées, blanches ou blanchâtres et très décurrentes.

La tige est assez lisse et se rétrécit généralement vers le haut à partir de la base. Il est parfois blanc ou blanchâtre, mais le plus souvent semblable au bonnet. Le mycélium se trouve généralement à la base des feuilles, formant un duvet blanc et doux. J'ai trouvé cette espèce dans plusieurs régions de l'État. On le trouve fréquemment en grappes, lorsque les coiffes seront irrégulières en raison de l'encombrement. Ils sont très tendres et d'une excellente saveur. Trouvé d'août à octobre.

Clitocybe odeur . Taureau.

CLITOCYBE ODORANT . COMESTIBLE.

FIGURE 66. — Clitocybe odeur . Un tiers de taille naturelle. Casquette vert pâle.

Odora signifie parfumé. C'est l'un des Clitocybes les plus faciles à identifier. Le collectionneur le reconnaîtra très facilement à sa couleur vert olive et à son odeur. La couleur chez la vieille plante est assez variable mais chez les jeunes plantes elle est bien marquée. Le chapeau est large d'un à deux pouces et demi et la chair est assez épaisse ; d'abord convexe, puis élargi, plan, souvent déprimé, parfois enclin à onduler ; uniforme, lisse, vert olive.

Les branchies sont adnées, plutôt rapprochées, parfois légèrement décurrentes, larges, pâles.

La tige mesure un à un pouce et demi de long, souvent légèrement bulbeuse à la base.

Ces plantes se trouvent d'août à octobre, dans les bois, sur les feuilles. Ils sont assez courants à Chillicothe après une pluie. Lorsqu'elles sont cuites seules, leur saveur est un peu forte, mais lorsqu'elles sont mélangées à d'autres plantes moins fortes en saveur, elles sont bonnes.

Clitocybe illusens . Schw .

CLITOCYBE TROMPEUR . NON COMESTIBLE.

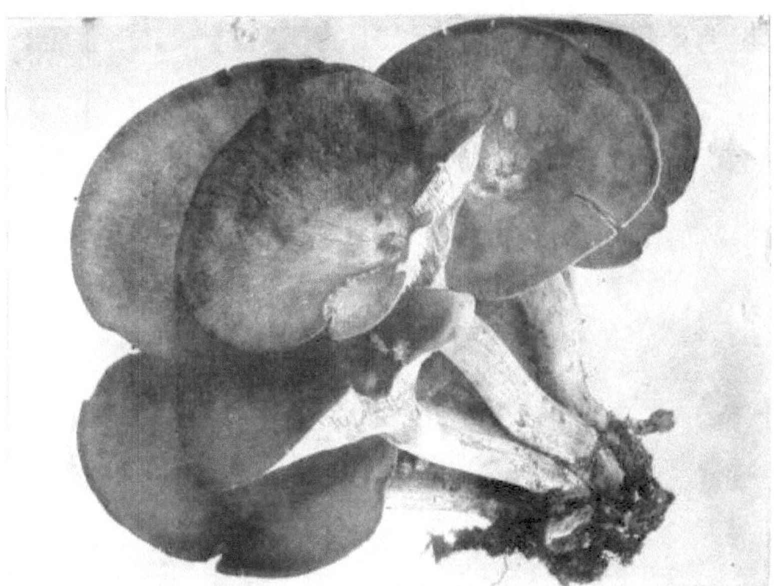

Photo de CG Lloyd.

Illudens signifie tromper. Chapeau d'un beau jaune, très voyant et invitant. De nombreux paniers m'ont été apportés pour être identifiés dans l'espoir de leur comestibilité. Le chapeau est convexe, ombré, étalé, déprimé, lisse, souvent irrégulier en raison de son état de croissance surpeuplé ; chez les plantes plus âgées et plus grandes, le bord du chapeau est ondulé. La chair est épaisse au centre mais plus fine vers le bord. Chez les vieilles plantes, la couleur est brunâtre.

Les branchies sont décurrentes, certaines beaucoup plus profondes que d'autres ; jaune; pas trop de monde; large.

La tige est solide, longue, ferme, lisse et s'effilant vers la base, comme le montre la figure 67, parfois les tiges sont très grandes.

Le chapeau mesure de quatre à six pouces de large. La tige mesure six à huit pouces de haut. On le trouve en grandes grappes et la riche couleur safran de la plante entière force notre admiration et nous rappelle que « tout n'est pas or qui brille ». Il sera intéressant d'en rassembler une grande grappe pour montrer sa phosphorescence et la chaleur que la plante va générer. Vous pouvez montrer la phosphorescence en le plaçant dans une pièce sombre et en plaçant un thermomètre dans le cluster, vous pouvez montrer la chaleur. On l'appelle fréquemment « Jack-o'-lantern ».

J'ai connu des gens qui en mangeaient sans danger, mais il y a de fortes chances que cela rende la plupart des gens malades. Cela devrait être bon, car il est si abondant et semble si riche. Trouvé de juillet à octobre.

Clitocybe multiceps . Pk.

CLITOCYBE À PLUSIEURS TÊTES . COMESTIBLE.

FIGURE 68. — Clitocybe multiceps . Une moitié grandeur nature. Casquettes blanc grisâtre.

Multiceps signifie plusieurs têtes ; ainsi appelé parce que de nombreuses casquettes se trouvent dans un seul cluster. C'est une plante très commune autour de Chillicothe. Il a été retrouvé dans les limites de la ville. C'est aussi une espèce assez typique, possédant toutes les caractéristiques du genre. J'ai souvent vu plus de cinquante casquettes dans un seul groupe.

Le chapeau est blanc ou gris, gris brunâtre ou chamois ; lisse, fine à la marge, convexe, légèrement humide par temps pluvieux.

Les branchies sont blanches, serrées, étroites à chaque extrémité, décurrentes.

La tige est coriace, élastique, charnue, solide, teintée de la même couleur que le chapeau.

Le chapeau a une largeur de un à trois pouces ; pousse en touffes denses. Les spores sont blanches, lisses et globuleuses.

Lorsqu'elles sont trouvées en juin, les plantes sont un peu plus blanches qu'à l'automne. Les plantes d'automne sont vraiment de couleur huître. La plante précoce est plus tendre et meilleure pour une utilisation sur table, cependant, je ne la considère pas comme excellente. On les trouve dans les bois, dans les vieux pâturages près des rondins et des souches et dans les pelouses. De juin à octobre.

Clitocybe clavipes . Pers.

FIGURE 69. — Clitocybe clavipes .

Clavipes vient de *clava* , une massue, et *pes* , un pied.

Le chapeau est large d'un à deux pouces et demi, charnu, plutôt spongieux, convexe à élargi, obtus, régulier, lisse, gris ou brunâtre, parfois blanchâtre vers la marge.

Les branchies sont décurrentes, descendantes, assez distantes, presque entières, assez larges, blanches.

La tige est longue de deux pouces, renflée à la base, atténuée vers le haut, bourrée, spongieuse, fibrilleuse, livide et suie. Les spores sont elliptiques, 6–7×.4μ.

J'ai trouvé des spécimens sur Cemetery Hill sous des pins. J'en ai envoyé au Dr Herbst et au professeur Atkinson ; tous deux les prononçaient C. clavipes . Ils ressemblent assez à C. nebularis . J'ai également trouvé cette plante dans des bois mixtes. Comestible et assez bon.

Clitocybe tornade . Le P.

Tornata signifie tourné sur un tour ; ainsi appelé en raison de sa forme soignée et régulière.

Le chapeau est orbiculaire, plan, un peu déprimé, fin, lisse, brillant, blanc, plus foncé sur le disque, très régulier.

Les branchies sont décurrentes adnées, plutôt encombrées, blanches.

La tige est farcie, ferme, fine, lisse, pubescente à la base.

Les spores sont elliptiques, 4–6×3–4μ.

Ce sont de petites plantes très régulières et inodores. On les trouve dans les champs ouverts, dans l'herbe autour des souches d'orme. Juillet à septembre. Ils sont comestibles et cuisent facilement.

Clitocybe metachroa. Le P.

LE CLITOCYBE OBCONIQUE . COMESTIBLE.

FIGURE 70. — Clitocybe métachroa . Casquettes gris foncé. Branchies gris pâle.

Metachroa signifie changer de couleur.

Le chapeau est large d'un à deux pouces et demi, un peu charnu, convexe, puis plan, déprimé, lisse, hygrophane , gris brunâtre, puis livide, devenant pâle.

Les branchies sont attachées à la tige, serrées, gris pâle, légèrement décurrentes.

La tige mesure un à deux pouces de long, farcie, puis creuse, apex farineux, égal, gris.

Il diffère de C. ditopa en étant inodore et en ayant un chapeau plus épais et déprimé.

Les coiffes sont assez lisses et sont fréquemment craquelées ou ridées de manière concentrique, un peu comme chez Clitopilus. noveboracensis .

On le trouve poussant sur les feuilles des bois mixtes, après une pluie, en août et septembre. Lorsqu'elle est jeune, la marge est incurvée mais ondulée avec l'âge. C'est une plante assez rustique.

Clitocybe adirondackensis . Pk.

FIGURE 71. — Clitocybe adirondackensis . Trois quarts grandeur nature. Casquettes blanches.

Adirondackensis , ainsi appelée parce que la plante a été trouvée pour la première fois dans les montagnes Adirondack de New York.

Le chapeau est mince, sous-membrané , en forme d'entonnoir, avec le bord courbé, presque lisse, hygrophane , blanc, le disque souvent plus foncé.

Les branchies sont blanches, très étroites, à peine plus larges que l'épaisseur de la chair du chapeau, serrées, longues, décurrentes, subarquées , certaines fourchues.

La tige est mince, subégale, non creuse, blanchâtre, mycélio -épaissie à la base. *Picorer.*

Le chapeau mesure un à deux pouces de large et la tige mesure un à deux pouces et demi de long. C'est un très joli champignon et il a l' apparence du Clitocybe à un degré marqué. Les branchies longues, étroites et décurrentes, parfois teintées de jaune, certaines fourchues, le bord du chapeau parfois ondulé, aideront à le distinguer. Je n'ai aucun doute sur sa comestibilité. Trouvé parmi les feuilles des bois après de fortes pluies. Chez nous, elle se limite aux coteaux boisés. Les spécimens de la figure 71 ont été trouvés au Michigan et photographiés par le Dr Fischer. Trouvé en juillet et août.

Clitocybe ochropurpurée . Beurk.

CLITOCYBE ARGILE-VIOLET . COMESTIBLE.

Photo de CG Lloyd.

PLANCHE XI. FIGURE 72.— CLITOCYBE OCHROPURPURÉE .

L'ochropurpurea est de couleur *ocre* , ocre ou argile ; *purpureus* , violet ; on l'appelle ainsi parce que les calottes sont de couleur argileuse et les branchies sont violettes. Les calottes sont convexes, charnues, assez compactes, de couleur argileuse, parfois teintées de pourpre autour du bord, cuticule se séparant facilement, bord involuté, souvent d'abord tomenteux, formes anciennes souvent repandées ou ondulées.

Les branchies sont violettes, parfois blanchâtres chez les vieux spécimens à cause des spores blanches, larges derrière, décurrentes, distantes.

La tige est plus claire que le chapeau, souvent teintée de pourpre, solide, souvent longue et renflée au milieu, fibreuse. Les spores sont blanches ou jaune pâle.

La première fois que j'ai découvert cette espèce, je n'avais jamais rêvé que c'était un Clitocybe . Elle était particulièrement abondante sur nos rives argileuses ou sur nos coteaux boisés, près de Chillicothe, pendant le temps humide de juillet et août 1905. C'est une plante rustique qui se conserve plusieurs jours. Les insectes ne semblent pas y travailler facilement. Lorsqu'il est cuit avec soin, il est plutôt tendre et assez bon.

Clitocybe sous-ditopodes . Pk.

Subditopoda est ainsi appelé parce qu'il ressemble presque (sous) au C. ditopus de Fries , ce qui signifie vivre à deux endroits, faisant peut-être référence au fait que la tige est parfois centrale et parfois excentrique.

Le chapeau est fin, convexe ou presque plan, ombiliqué, hygrophane , brun grisâtre, strié sur le bord lorsqu'il est humide, plus pâle lorsqu'il est sec, chair concolore, odeur et goût farineux.

Les branchies sont larges, fermées, adnées, blanchâtres ou cinéreuses pâles.

La tige est égale, lisse, creuse, colorée comme le chapeau. Les spores sont elliptiques, longues de 0,0002 à 0,00025 pouces et larges de 0,00012 à 0,00016. *Picorer.*

On le trouve sur les sols moussus des bois. Je les ai trouvés sous des pins sur Cemetery Hill. Le Dr Peck dit qu'il a séparé cette espèce de C. ditopoda en raison de « la marge striée du chapeau, des branchies plus pâles, de la tige plus longue et des spores elliptiques ». La plante est comestible. Septembre et octobre.

Clitocybe ditopodes . Le P.

Ditopoda vient de deux mots grecs, *ditotos* , vivant à deux endroits, et *pus* ou *poda , pied, faisant référence au fait* que la tige est parfois centrale et parfois excentrique.

Le chapeau est plutôt charnu, convexe, puis plan, déprimé, régulier, lisse, hygrophane .

Les branchies sont adnées, encombrées, fines, sombres et cinéreuses.

La tige est creuse, égale, presque nue.

Cette espèce ressemble en apparence à C. metachroa mais peut être distinguée par son goût doux et son odeur farineuse. Son habitude préférée est sur les aiguilles de pin. Août et septembre. J'ai trouvé cette espèce à divers endroits autour de Chillicothe et le jour de Thanksgiving, je l'ai trouvée dans un bois mixte du comté de Gallia, Ohio, avec Hygrophorus . Laurae et Tricholome maculéescens . J'ai envoyé quelques spécimens au Dr Herbst, qui l'a prononcé C. ditopoda .

Clitocybe pithyophile . Le P.

FIGURE 73. — Clitocybe pithyophile . Deux tiers grandeur nature. Capuchon blanc et montrant les aiguilles de pin sur lesquelles ils poussent.

Pithyophila signifie qui aime les pins. Cette plante est très abondante sous les pins de Cemetery Hill. Ils poussent sur un lit d'aiguilles de pin. Le chapeau est de taille très variable, blanc, large d'un à deux pouces ; charnues, fines, devenant planes, ombrées, lisses, devenant pâles, enfin de forme irrégulière, repand, ondulées, parfois légèrement striées.

La tige est creuse, cylindrique, puis comprimée, lisse, égale, régulière, duveteuse à la base.

Les branchies sont adnées, quelque peu décurrentes, encombrées, planes, toujours blanches. Les spores mesurent 6–7×4µ. Les plantes de la figure 73 sont petites, ayant été trouvées pendant le temps froid de novembre. On dit qu'ils sont bons, mais je ne les ai pas mangés.

Clitocybe candidats . Le P.

Candicans , blanchâtres ou blanc brillant. Le chapeau est large d'un pouce, entièrement blanc, un peu charnu, convexe, puis plan ou déprimé, uniforme, brillant, avec un bord régulièrement défléchi.

Les branchies sont adnées, encombrées, minces, enfin décurrentes, étroites.

La tige est presque creuse, régulière, cireuse, brillante, presque égale, cartilagineuse, lisse, recourbée à la base. Les spores sont largement elliptiques, ou subglobuleuses , 5–6×4μ. Trouvé dans les bois humides sur les feuilles.

Clitocybe obbata . Le P.

CLITOCYBE EN FORME DE BÉCHER . COMESTIBLE.

Obbata signifie en forme d' obba ou de bécher.

Le chapeau est quelque peu membraneux , ombiliqué, puis assez profondément déprimé, lisse, tendance à être hygrophane , brun fuligineux, avec un bord longuement strié.

Les branchies sont décurrentes, distantes, blanc grisâtre, pruineuses.

La tige est creuse, brun grisâtre, lisse, égale, plutôt coriace.

J'ai trouvé des plantes poussant sur Cemetery Hill sous des pins. J'ai eu du mal à identifier l'espèce jusqu'à ce que le professeur Atkinson m'aide. Août à septembre.

Clitocybe Gilva . Pers.

CLITOCYBE JAUNE . COMESTIBLE.

Gilva signifie jaune pâle ou jaune rougeâtre.

Le chapeau est large de deux à quatre pouces, charnu, compact, bientôt déprimé et ondulé, lisse, humide, ocre terne, chair de même couleur, parfois tachetée, marge en développante.

Les branchies sont décurrentes, serrées, fines, parfois ramifiées, étroites mais plus larges au milieu, jaune ocre.

La tige est longue de deux à trois pouces, solide, lisse, presque égale, un peu plus pâle que le chapeau et inclinée vers la villeuse à la base.

Les spores sont presque globuleuses, 4–5μ.

Cette plante se rencontre parfois dans les bois mixtes, mais elle semble préférer les pins. Il a une large répartition, trouvée à l'est et au sud ainsi qu'à l'ouest. Je l'ai trouvé dans plusieurs localités de l'Ohio. Trouvé de juillet à septembre.

Clitocybe flasque . Truie.

Clitocybe mou . Comestible.

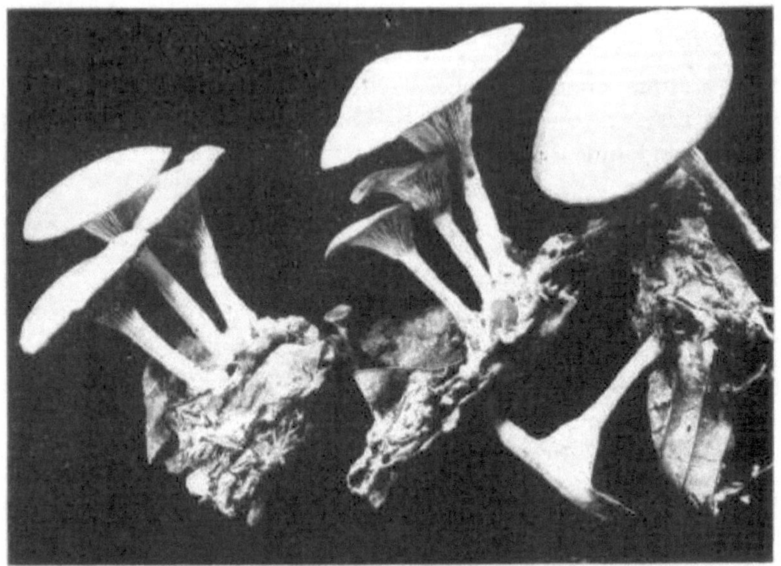

FIGURE 74. — Clitocybe flasque . Une moitié grandeur nature.

Flaccida signifie flasque, mou.

Le chapeau est large de deux à trois pouces, plutôt charnu, mince, mou, ombiliqué, puis en forme d'entonnoir, uniforme, lisse, se craquant parfois en écailles minuscules, fauves ou de couleur rouille, à marge largement réfléchie.

Les branchies sont fortement décurrentes, jaunâtres, à blanchâtres, fermées, arquées.

La tige est touffue, inégale, rouillée, un peu ondulée, coriace, nue, villeuse à la base. Les spores sont globuleuses ou presque, 4–5×3–4µ.

Cela ressemble de très près au C. infundibuliformis , tant par son apparence que par son port. Il pousse parmi les feuilles des bois mixtes par temps humide. Il est grégaire et comporte souvent de nombreuses tiges poussant à partir d'une seule masse de mycélium. Les plantes de la figure 74 ont été récoltées dans les bois d'Ackerman près de Columbus, Ohio, et ont été photographiées par le Dr Kellerman. On les trouve sur tous les coteaux autour de Chillicothe. Trouvé de juillet à fin octobre.

Clitocybe Monadelphe . Morg .

Clitocybe de la Fraternité Unique . Comestible.

PLANCHE XII. FIGURE 75.— CLITOCYBE MONADELPHE .

Monadelpha vient de *monos* , un et *adelphos* , frère.

Le professeur Morgan de Preston, Ohio, donne la description suivante du Clitocybe de la Fraternité Unique dans la Flore Mycologique de la Vallée de Miama : "Densement cespiteux. Chapeau charnu, convexe, puis déprimé, d'abord glabre, puis écailleux, de couleur miel, variant jusqu'au brun pâle ou rougeâtre. La tige est allongée, solide, tordue, tordue, fibreuse, effilée à la base, de couleur brun pâle ou chair. Spores blanches, un peu irrégulières, 0,0055 mm.

On pourrait facilement le prendre pour l'Armillaria mellea sans anneaux , mais les branchies résolument décurrentes et la tige solide devraient redresser tout le monde. Par temps très humide, il devient vite imbibé d'eau et n'est alors plus bon. On le trouve dans les bois autour des souches et dans les champs nouvellement défrichés autour des racines ou des souches. Du printemps à octobre. Voir planche XII, figure 75, pour une illustration. Bresadola d'Europe a déterminé qu'il s'agit de la même espèce que celle décrite par Scoparius en 1772 sous le nom d'Agaricus (Clitocybe) tabescens . J'ai préféré conserver le nom donné par le professeur Morgan.

Clitocybe dealbata. Truie.

CLYTOCYBE BLANC . COMESTIBLE.

Dealbata signifie blanchi à la chaux ; ainsi appelé à cause de sa couleur blanche.

Le chapeau est large d'environ un pouce, plutôt charnu, convexe, puis plan, retourné et ondulé, lisse, brillant, uniforme.

Les branchies sont serrées, blanches, attachées à la tige.

La tige est fibreuse, fine, égale, farcie. Les spores mesurent 4 à 5 $\times$ 2,5 μ.

C'est une belle plante et largement distribuée. On le trouve parmi les feuilles et parfois dans l'herbe. Cela fait un plat délicieux.

Clitocybe phyllophila . Le P.

CLITOCYBE QUI AIME LES FEUILLES . COMESTIBLE.

Phyllophila signifie feuille et aime. On l'appelle ainsi car on le trouve sur les feuilles des bois par temps humide.

Le chapeau a un diamètre d'un pouce et demi à trois pouces, brun blanchâtre, plutôt charnu, convexe, puis plan, enfin déprimé, uniforme, sec, sensiblement blanc autour de la marge.

Les branchies sont attachées à la tige, décurrentes surtout après que le chapeau soit déprimé, un peu éloignés, assez larges, blancs, devenant teintés jaunâtres ou ocres, fins.

La tige mesure deux à trois pouces de long, farcie, devenant creuse, soyeuse, un peu coriace, blanchâtre. Les spores sont elliptiques., 6$\times$4μ.

Le chapeau blanchâtre avec sa zone blanche et argentée près de la marge servira à identifier l'espèce. Août à octobre.

Clitocybe cyathiforme . Taureau.

CLITOCYBE EN FORME DE COUPE . COMESTIBLE.

Cyathiformis vient de *cyathus* , une tasse à boire ; *formis* , forme ou forme.

Le chapeau est large de deux à trois pouces, charnu, plutôt mince ; d'abord déprimé, puis en forme d'entonnoir ; uniforme, lisse, humide, hygrophane ; la marge en développante, fuligineuse ou brun foncé lorsqu'elle est humide, devenant pâle lorsqu'elle est sèche, souvent de couleur ocre ou beige terne, tendance à être ondulée.

Les branchies sont attachées à la tige, décurrentes de la forme déprimée du chapeau, unies derrière, quelque peu ternes, peu ramifiées.

La tige est bourrée, élastique, effilée vers le haut, fibrilleuse, à base villeuse. Les spores sont elliptiques, 9×6μ.

Cette plante a une large distribution et se trouve dans les bois ou à la lisière des bois. J'ai trouvé de très beaux spécimens sur Ralston's Run, près de Chillicothe. De septembre à octobre.

Clitocybe laccate . Portée.

CLITOCYBE CIREUX . COMESTIBLE.

FIGURE 76. — Clitocybe laccate . Deux tiers grandeur nature. Casquettes violettes ou brun rougeâtre. Branchies larges et distantes.

Laccata signifie fait de gomme laque ou de cire à cacheter. C'est une plante très commune et variable. Parfois d'une améthyste brillante mais généralement d'un brun rougeâtre. Le chapeau est large d'un à deux pouces, presque membraneux , convexe, puis plan, déprimé au centre, duveteux à poils courts, violets ou brun rougeâtre.

Les branchies sont larges, distantes, attachées à la tige sur toute la largeur ; de teinte rouge charnu pâle qui est plus constante que la couleur du bonnet et qui forme une marque auriculaire pour identifier l'espèce ; adnées à une dent décurrente, plane, les spores blanches étant très abondantes.

La tige est dure, fibreuse, bourrée, tordue, villeuse blanche à la base, plutôt longue et élancée, jaune rougeâtre terne ou chair rougeâtre, parfois ocre pâle ou terne, légèrement striée ; lorsque la saison est humide, elle est souvent aqueuse.

Ce Clitocybe cireux a une large distribution et est souvent très abondant. On le retrouve presque toute la saison. Il pousse presque partout, dans les bois, les pâturages et les pelouses, et parfois sur un sol nu. Les plantes de la figure 76 ont été trouvées dans les herbes hautes d'un bosquet en août. Ceux de la figure 77 ont été retrouvés fin novembre sur Cemetery Hill, sous les pins.

FIGURE 77. — Clitocybe laccate . Deux tiers grandeur nature. Spécimens poussant tard à l'automne.

Le professeur Peck donne les variétés suivantes :

- Var. améthystine - dont le capuchon est de couleur beaucoup plus foncée.

- Var. pallidifolia — branchies beaucoup plus pâles que d'habitude.

- Var. striatule - calotte lisse, fine, de sorte que des lignes sombres sont visibles sur la calotte, rayonnant du centre vers la marge. Cela pousse dans les endroits humides. Certains auteurs font du Clitocybe laccata un type pour un nouveau genre et appelez-le Lacaria laccata .

Collybie . Le P.

Collybia vient d'un mot grec signifiant petite pièce de monnaie ou petit gâteau rond. L'anneau et la volve manquent tous deux dans ce genre. Le chapeau est charnu, généralement fin, et lorsque la plante est jeune, le bord du chapeau est incurvé.

Les branchies sont adnées ou presque libres, molles et membraneuses . De nombreuses espèces de Collybia reprennent vie dans une certaine mesure lorsqu'elles sont humidifiées, mais elles ne sont pas coriaces.

La tige diffère en substance du chapeau, cartilagineuse ou possède une cuticule cartilagineuse, tandis que l'intérieur est bourré ou creux. Il s'agit d'un genre assez vaste, contenant cinquante-quatre espèces américaines.

Collybie radiquée . Rehl.

COLLYBIES ENRACINÉES . COMESTIBLE.

PLANCHE XIII. FIGURE 78.— COLLYBIE RADIQUÉE .

C'est, à sa saison, l'un des champignons les plus répandus dans les bois. Il pousse en pleine terre, souvent autour de vieilles souches, parfois sur les pelouses.

Ceux de la figure 78 ont été retrouvés dans les bois au sol. Une plante, comme le montre la place, mesure un pied de haut.

Il est facilement reconnaissable à sa longue racine et à son chapeau plat. La racine s'étend dans le sol et se brise fréquemment avant d'être arrachée. Cette racine donne le nom à l'espèce.

Le chapeau est charnu, plutôt mince, convexe, puis plan, souvent avec une marge retournée chez les vieilles plantes comme sur la figure 78, et fréquemment ridé au niveau et vers l'umbo, lisse, visqueux lorsqu'il est humide.

La couleur est assez variable, du presque blanc au gris, en passant par le brun grisâtre ; chair fine, très blanche, élastique.

Les branchies sont généralement blanches comme neige, larges, assez distantes, larges au milieu, reliées à la tige par l'angle supérieur, inégales.

La tige est souvent longue, de la même couleur que le chapeau, mais parfois plus pâle ; lisse, ferme, parfois cannelée, souvent tordue, effilée vers le haut, se terminant par une longue racine effilée, profondément enfoncée dans le sol.

Les spores sont elliptiques, $15 \times 10\mu$.

Ils poussent seuls, mais ont généralement de nombreux voisins. On les trouve dans les bois ouverts et autour des vieilles souches. J'ai rarement du mal à en avoir assez pour une famille nombreuse et un peu pour mon voisin, qui ne sait peut-être pas quoi acheter mais sait les apprécier. Trouvé de juin à octobre et des États de la Nouvelle-Angleterre jusqu'au Moyen-Ouest. Ils diffèrent de C. hariolarum par le port densément touffu de ce dernier.

Colybie ingrata . Schum.

Ingrata signifie désagréable ; de son odeur quelque peu désagréable.

Le chapeau est large d'un à deux pouces, globuleux, en forme de cloche, puis convexe, umboné, uniforme, brunâtre.

Les branchies sont libres, étroites, encombrées et pâles.

La tige est tordue, sous-comprimée , parsemée d'un tomentum farineux dessus, terre d'ombre dessous, creuse, assez longue, inégale.

J'ai trouvé cette plante assez abondante sur Cemetery Hill, poussant sous les pins, à cause de la masse d'aiguilles de pin. Trouvé en juillet et août.

Collybie platyphylla . Le P.

COLLYBIA À LARGES BRANCHIES . COMESTIBLE.

FIGURE 79. — Collybie platyphylla . Un tiers de taille naturelle.

Platyphylla vient de deux mots grecs signifiant large et feuille, faisant référence aux larges branchies. C'est une plante beaucoup plus grande et plus robuste que Collybia radiquée . On le trouve dans les terrains nouveaux sur les pâturages ouverts près des souches, également dans les bois, sur les rondins pourris et près des souches.

Le chapeau est large de trois à quatre pouces, d'abord convexe, puis élargi, plan, à marge souvent retournée, brun fumé à grisâtre, strié de fibrilles sombres, aqueux lorsqu'il est humide, chair blanche.

Les branchies sont annexées , très larges, échancrées obliquement en arrière, distantes, molles, blanches, avec l'âge plus ou moins cassées ou craquelées.

La tige est courte, épaisse, souvent striée, blanchâtre, molle, bourrée, parfois légèrement poudrée à l'apex, racine émoussée. Les spores sont blanches et elliptiques.

Il se distingue facilement de C. radicata par la base émoussée de la racine et les branchies très larges. Comme C. radicata, ils doivent être bien cuits, sinon ils auront un goût légèrement amer. On les trouve de juin à octobre.

Collybie dryophile . Taureau.

COLLYBIA QUI AIME LE CHÊNE . COMESTIBLE.

Photo de CG Lloyd.

FIGURE 80. — Collybie dryophile . Taille naturelle. Casquettes bai-brun.

Dryophila vient de deux mots grecs, chêne et friand de. Le chapeau est de couleur brun bai, rouge bai ou beige, d'un ou deux pouces de large, convexe, plan, parfois déprimé et la marge élevée, la chair fine et blanche.

Les branchies sont libres avec une dent décurrente, serrées, étroites, blanches ou blanchâtres, rarement jaunes.

La tige est cartilagineuse, lisse, creuse, jaune ou jaunâtre, égale, parfois épaissie à la base comme on le voit sur la figure 80. La couleur de la tige est généralement la même que celle du chapeau. C'est une plante très commune à Chillicothe. On les trouve dans les bois, notamment sous les chênes, mais on les trouve également dans les lieux ouverts. Je les ai trouvés sur la pelouse du lycée de Chillicothe. Quelques très beaux spécimens, trouvés poussant en anneau bien marqué , dans un vieux verger, m'ont été apportés vers le premier mai. Leur saison s'étend du 1er mai à octobre.

Collybie zonée . Pk.

COLLYBIES ZONÉES . COMESTIBLE.

Photo de CG Lloyd.

Planche XIV. Figure 81.— Collybie Zonate .

Zonata , zoné; se référant aux zones concentriques sur le capuchon qui apparaissent faiblement sur la figure 81.

Le chapeau a une largeur d'environ un pouce, parfois plus, parfois moins ; plutôt charnu, mince, convexe, lorsqu'il est déployé presque plan, légèrement ombiliqué, recouvert de duvet fibreux ; fauve ou fauve ocre, parfois marqué de zones légèrement plus foncées ; même chez les très jeunes spécimens, la condition ombilicale est généralement présente.

Les branchies sont étroites, rapprochées, libres, blanches ou presque blanches, généralement avec un bord pulvérulent.

La tige est longue de un à trois pouces, assez ferme, égale, creuse, recouverte comme le chapeau d'un duvet fibreux, fauve ou fauve brunâtre. Les spores sont largement elliptiques, 0,0002 pouce de long et 0,00016 de large.

Cette espèce ressemble beaucoup à C. stipitaria , mais s'en distingue facilement en raison de ses habitudes de croissance, de ses branchies différentes et de ses spores plus courtes. On le trouve sur ou à proximité du bois en décomposition dans les bois mixtes. Je l'ai trouvé fréquemment sur Ralston's Run, mais toujours seulement quelques spécimens au même endroit. Chez nous, il ne pousse pas de manière cespiteuse. Trouvé en août.

Collybie maculée . Alb. & Schw .

FIGURE 82. — Collybie maculée . Deux tiers grandeur nature. Taches brun rougeâtre sur les chapeaux et les tiges.

Maculata , tachetée ; faisant référence aux taches ou taches rougeâtres sur le chapeau et sur la tige. Le chapeau est large de deux à trois pouces, d'abord blanc, puis tacheté (ainsi que la tige) de taches ou taches brun rougeâtre, charnu, très ferme, convexe, parfois presque plan, uniforme, lisse, véritablement carnose , compact, à d'abord hémisphérique et à marge involutée, souvent repand.

Les branchies sont quelque peu encombrées, étroites, annexées , souvent libres, linéaires, blanches ou blanchâtres, souvent crème brunâtre, les branchies n'atteignant pas le bord du capuchon.

La tige mesure de trois à quatre pouces de long, presque solide, plus ou moins cannelée, grosse, inégale, parfois ventriqueuse, souvent partiellement bulbeuse, plus légère que les branchies, généralement tachetée d'âge, blanche au début. Les spores sont subglobuleuses , 4–6μ. La plante est rustique. Il se conservera plusieurs jours. Les plantes de la figure 82 poussaient dans les bois où une bûche avait pourri.

Var. immaculata , Cooke, diffère de la forme typique en ne changeant pas de couleur ni en étant tachetée, ainsi que par ses branchies plus larges et dentelées. Cette variété se plaît dans les bois de sapins. Septembre à novembre.

Collybie atrata . Le P.

Collybia au charbon de bois .

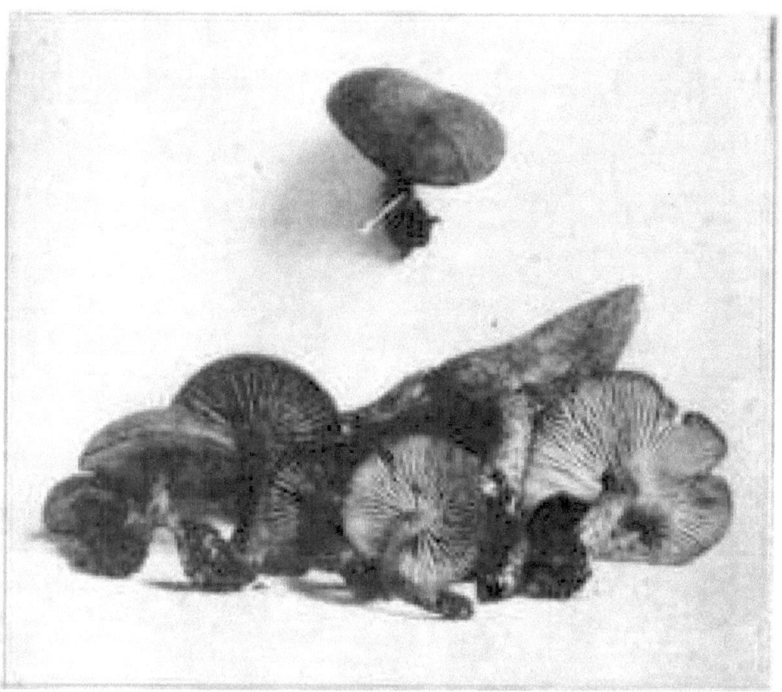

FIGURE 83. — Collybie atrata . Une moitié grandeur nature. Casquettes brun noirâtre terne. Branchies blanc grisâtre.

Atrata, vêtue de noir ; du chapeau étant très noir lorsqu'il est jeune. Le chapeau a de un à deux pouces de largeur, d'abord régulier et convexe, lorsqu'il s'étend, devenant généralement de forme irrégulière, parfois partiellement lobé ou ondulé ; chez les jeunes plantes, le chapeau est d'un brun noirâtre terne, décoloré chez les spécimens plus âgés à un brun plus clair, ombiliqué, lisse et brillant.

Les branchies sont adnées, légèrement encombrées, avec de nombreuses branchies courtes, plutôt larges, blanc grisâtre.

La tige est lisse, égale, régulière, creuse ou bourrée, coriace, courte, brune à l'intérieur et à l'extérieur, mais plus claire que le chapeau. La plante pousse dans les pâturages où les souches ont été brûlées, toujours, autant que j'ai pu le constater, sur un sol brûlé. Spores .00023×.00016.

Collybie ambusta . Le P.

COLLYBIE BRÛLÉE .

Ambusta , brûlée ou roussie, du fait qu'elle a été trouvée sur un sol brûlé.

Le chapeau est presque membraneux , convexe, puis élargi, presque plan, papillaire, striatulé , lisse, brun livide, hygrophane , umboné.

Les branchies sont adnées, bondées, lancéolées, blanches, puis d'une teinte fumée.

La tige est un peu bourrée, dure, courte, livide. Spores 5–6×3–4.

Cette espèce diffère de C. atrata par son chapeau umboné.

Collybie confluens . Pers.

COLLYBIA TOUFFETÉS . COMESTIBLE.

FIGURE 84. — Collybie confluens . Grandeur naturelle, montrant des tiges rougeâtres.

Confluens, c'est grandir ensemble ; ainsi appelé à cause des tiges souvent confluentes ou adhérant les unes aux autres.

Le chapeau est large d'un pouce à un pouce et quart, brun rougeâtre, souvent densément cespiteux, quelque peu charnu, convexe, puis plan, flasque, lisse, souvent aqueux, à marge fine, chez les vieux spécimens légèrement déprimés et ondulés.

Les branchies sont libres et chez les vieilles plantes éloignées de la tige, plutôt serrées, étroites, de couleur chair, puis blanchâtres.

La tige mesure deux à trois pouces de long, creuse, rouge pâle, parsemée d'une pubescence farineuse. Les spores sont légèrement ovales, inclinées pour être pointues à une extrémité, 5–6×3–4μ.

Ces plantes poussent parmi les feuilles des bois après des pluies chaudes, poussant en touffes, parfois en rangées ou en lignes. Elles ne sont pas aussi grandes que C. dryophylla , la tige est assez différente et les plantes semblent avoir la capacité de renaître comme un Marasmius . Ils peuvent être séchés pour une utilisation hivernale.

Collybie myriadophylla . Pk.

COLLYBIA À PLUSIEURS FEUILLES .

FIGURE 85. — Collybie myriadophylla .

Myriadophylla vient de deux mots grecs signifiant plusieurs feuilles. Il fait référence à ses nombreuses branchies.

Le chapeau est très fin, largement convexe, puis plan ou centralement déprimé, parfois ombilical , hygrophane , brun lorsqu'il est humide, ocre ou beige lorsqu'il est sec.

Les branchies sont très nombreuses, étroites, linéaires, serrées, arrondies en arrière ou légèrement annexées , brun-lilas.

La tige est mince, mais généralement courte, égale, glabre, bourrée ou creuse, brun rougeâtre. Les spores sont minuscules, largement elliptiques, de 0,00012 à 0,00016 pouce de long et de 0,0008 pouce de large. *Peck* , 49e Rép.

Je n'ai trouvé que quelques spécimens à Haynes's Hollow. Les chapeaux mesuraient environ un pouce de large et les tiges mesuraient un pouce et demi de long. Il sera facilement identifiable si l'on en possède la description, en raison de ses branchies d'une couleur particulière. J'ai trouvé mes plantes sur une souche pourrie en août. Dans les spécimens séchés, les branchies prennent une teinte plus rouge brunâtre, comme chez les espèces suivantes.

Collybie colorée . Pk. Elles semblent parfois avoir un reflet glauque, probablement à cause de l'abondance des spores. La tige est plus ou moins radiquée et souvent légèrement floconneuse-pruineuse vers la base. Les basides sont très courtes, mesurant seulement 0,0006 à 0,0008 pouce de long.

Collybie atratoïdes . Pk.

COLLYBIE NOIRÂTRE .

FIGURE 86. — Collybie atratoïdes . Deux tiers grandeur nature. Casquettes noirâtres à brun grisâtre.

Atratoides signifie comme l'espèce *atrata* , ce qui signifie noir ; ainsi appelé parce que les chapeaux lorsqu'ils sont frais sont assez noirs. Atratoides a un habitat différent et n'est pas si sombre.

Le chapeau est fin, convexe, subombiliqué , glabre, hygrophane , brun noirâtre lorsqu'il est humide, brun grisâtre et brillant lorsqu'il est sec.

Les branchies sont plutôt larges, subdistinctes , adnées, blanc grisâtre, souvent veinées transversalement au-dessus et reliées par des veines .

La tige est égale, creuse, lisse, brun grisâtre avec un tomentum mycélioïde blanchâtre à la base. Les spores sont presque globuleuses et mesurent environ 0,0002 pouce de large. Le chapeau a une largeur de six à dix lignes et la tige mesure environ un pouce de long. *Picorer.*

La plante est grégaire et pousse sur du bois pourri et sur des bâtons moussus dans les bois mixtes. Le bord du chapeau est souvent dentelé, comme vous le verrez sur la figure 86, mais cela ne semble pas être une caractéristique constante de l'espèce. Il est étroitement apparenté à C. atrata , mais son habitat et la couleur de son chapeau et de ses branchies diffèrent très fortement. Je ne l'ai pas mangé, mais je ne doute pas de ses qualités.

Trouvé en août et septembre. Assez commun dans tous nos bois.

Collybie acervata . Le P.

COLLYBIA TOUFFETÉS . COMESTIBLE.

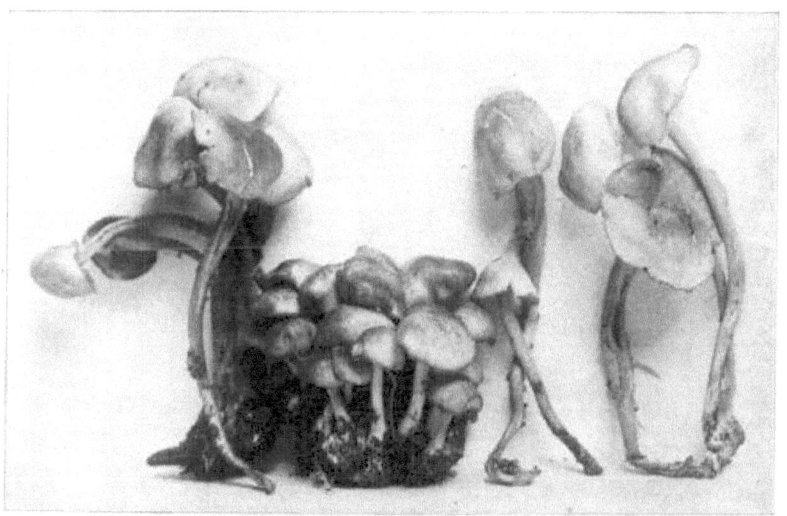

FIGURE 87. — Collybie acervata . Deux tiers grandeur nature. Casquettes pâles, beiges ou rose terne.

Acervata , de acervus , une masse, un tas.

Chapeau charnu mais mince, convexe ou presque plan, obtus, glabre, hygrophane , pâle, de couleur beige ou rouge rosé terne, et généralement strié sur la marge lorsqu'il est humide, plus pâle ou blanchâtre lorsqu'il est sec.

Branchies étroites, fermées, annexées ou libres, blanchâtres ou teintées de couleur chair.

La tige est fine, rigide, creuse, glabre, rougeâtre, brun rougeâtre ou brune, souvent blanchâtre au sommet, surtout lorsqu'elle est jeune, généralement avec un duvet emmêlé à la base. Spores elliptiques, 6×3–4μ.

La plante est cespiteuse. Chapeau d'un demi-pouce de large. Tige de deux à trois pouces de long. 49e rapport *de Peck* .

C'est une belle plante lorsqu'elle pousse en grosses touffes. La plante entière est tendre et a une saveur délicate. J'ai trouvé l'usine figurée ici sur le brochet de Francfort, où se trouvait autrefois une ancienne scierie. Il y poussait abondamment, aux côtés de Lepiota Americana et Pluteus cervinus .

Trouvé d'août à octobre.

Collybie vélutipes . Curtis.

COLLYBIE À PIEDS DE VELOURS . COMESTIBLE.

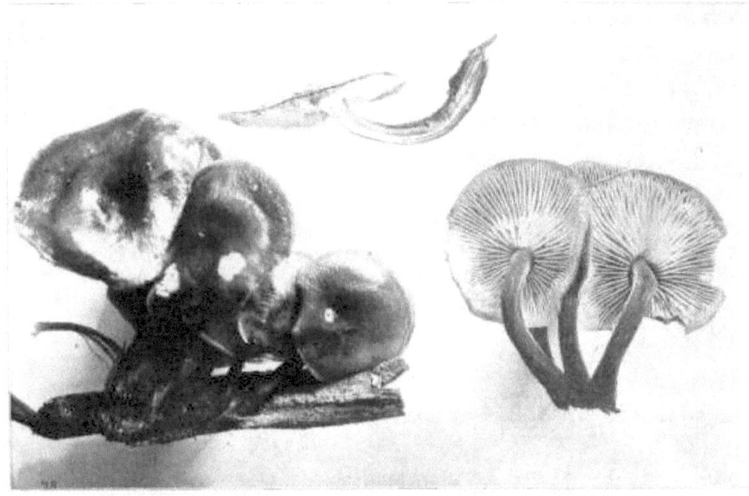

Photo de CG Lloyd.

PLANCHE XV. FIGURE 88.— COLLYBIE VÉLUTIPES .
Grandeur naturelle, montrant les tiges de velours qui donnent le nom à l'espèce.

Velutipes , de *vélin* , velours et *pes* , pied.

Chapeau de un à quatre pouces de large, jaune fauve, charnu au centre, épais sur la marge, assez collant ou visqueux lorsqu'il est humide, marge légèrement striée, parfois encline à être excentrique .

Branchies arrondies vers l'arrière, larges, légèrement annexées , beiges ou jaune pâle, quelque peu éloignées.

La tige est cartilagineuse, coriace, creuse, terre d'ombre, puis devenant noirâtre, avec un pelage velouté. Les spores sont elliptiques, $7 \times 3\text{–}3,5\ \mu$.

Il pousse sur des souches, des rondins et des racines, dans le sol. Il pousse presque toute l'année. Je l'ai récolté pour le manger en février. La planche XV donne une notion très correcte de la plante. Il est plus abondant en septembre, octobre et novembre, mais on le trouve tout au long des mois d'hiver.

Mycène . Le P.

Mycena vient d'un mot grec signifiant champignon. Les plantes de ce genre sont petites et plutôt fragiles.

Chapeau plus ou moins membraneux , généralement strié, à marge presque droite, et d'abord pressé contre la tige, jamais involuté, élargi, campanulé et généralement umboné.

La tige est extérieurement cartilagineuse, creuse, non bourrée lorsqu'elle est jeune, confluente avec le chapeau. Les branchies ne décurrentent jamais, bien que certaines espèces aient un large sinus près de la tige.

La plupart des espèces sont petites et inodores, mais certaines qui ont une forte odeur alcaline ne sont probablement pas bonnes. Certains sont connus pour être comestibles.

Quelques espèces dégagent un jus coloré ou aqueux lorsqu'elles sont meurtries. La Mycène ressemble à la Collybie , mais n'a jamais la marge incurvée de cette dernière. Les plantes sont généralement plus petites et les chapeaux sont plus ou moins coniques.

Ce genre pourrait être confondu avec Omphalia , dans lequel les branchies ne sont que légèrement décurrentes, mais chez Omphalia le chapeau est ombiliqué tandis qu'à Mycena il est umboné.

Leur petite taille rend la détermination des espèces quelque peu difficile. Certains ont des odeurs caractéristiques qui contribuent grandement à établir leur identité.

Mycène galériculée . Portée.

LA PETITE MYCÈNE À CASQUETTE POINTUE . COMESTIBLE.

PLANCHE XVI. FIGURE 89.— MYCÈNE GALÉRICULÉE .
Taille naturelle.

Galericulata , une petite casquette à visière.

Le chapeau est campanulé, blanchâtre ou grisâtre, centre du disque plus foncé et plus clair vers le bord, lisse, sec, bord strié presque jusqu'au sommet de l'umbo, parfois légèrement déprimé.

Les branchies sont adnées à une dent, reliées par des nervures, blanchâtres, puis grises, souvent couleur chair, assez distantes, ventriceuses, bord tantôt entier, tantôt dentelé.

La tige est rigide, cartilagineuse, creuse, coriace, droite, polie, lisse, poilue à la base.

Il pousse sur des rondins et des souches dans les bois. Il est très commun et parfois trouvé en abondance. Les plantes sont souvent densément regroupées, les nombreuses tiges emmêlées par un duvet doux et poilu à la base. Il existe de nombreuses formes de cette plante. Trouvé de septembre aux gelées. Les plantes de la figure 89 ont été photographiées par le professeur GD Smith, Akron, O.

Mycène rugueuse. Le P.

LA MYCÈNE RIDÉE . COMESTIBLE.

Rugosa signifie ridé. Le chapeau est un peu charnu, plus foncé et plus petit que le galericulata , assez coriace, en forme de cloche, puis élargi, avec des rides inégales surélevées, toujours sèches, striées sur le bord.

Les branchies sont adnées, avec une dent, réunies en arrière, reliées par des nervures un peu distantes, blanchâtres, puis grises, à bord tantôt entier, tantôt denté.

La tige est courte, coriace, enracinée à base poilue, fortement cartilagineuse, creuse, rigide, lisse. On le trouve sur des souches ou des bûches pourries en septembre et octobre.

Mycène prolifération . Truie.

MYCÈNE PROLIFÉRANTE . COMESTIBLE.

Prolifera vient de *proles* , de progéniture et *de fero* , à porter. Le chapeau est un peu charnu, campanulé, puis élargi, sec, avec un umbo large et sombre ; marge longuement sillonnée ou sillonnée et parfois fendue, jaunâtre pâle ou devenant brun-bronze.

Les branchies sont annexées , peu éloignées , blanches, puis pâles.

La tige est ferme, rigide, lisse, brillante, finement striée, enracinée. *Frites.*

Cette espèce, ainsi que M. galericulata , est étroitement apparentée à M. cohærens . Je l'ai trouvé en touffes ou en grappes denses, parfois sur les pelouses, sur le sol nu et dans les bois. C'est une des plantes dont les tiges peuvent être cuites avec les chapeaux.

Mycène capillaire . Schum.

Capillaris signifie ressemblant à des cheveux. C'est une très petite mais belle plante blanche.

Le chapeau est en forme de cloche, longuement ombiliqué, lisse.

Les branchies sont attachées à la tige, ascendantes, plutôt distantes.

La tige est filiforme, lisse et courte.

Les spores sont 7–8×4. *Frites.*

Ces plantes sont très petites et peuvent facilement être négligées. Ils poussent sur les feuilles des bois après une pluie. Juillet et Août. Assez fréquent.

Mycène setosa . Truie.

Setosa signifie plein de soies ou de poils.

Le chapeau est très délicat, hémisphérique, obtus, lisse.

Les branchies sont lointaines, blanches, presque libres.

La tige est courte, mince et couverte de poils étalés qui lui donnent son nom spécifique.

On le trouve couramment sur les feuilles mortes dans les bois après une pluie. Trouvé en juillet et août.

Mycène hématopa . Pers.

MYCÈNE AUX PIEDS DE SANG . COMESTIBLE.

FIGURE 90. — Mycène hématopa . Couleur rouge brunâtre ou chair. Un jus rouge terne s'échappe de la tige. Marge dentée par lambeau stérile.

Hæmatopa vient de deux mots grecs signifiant sang et pied.

Le chapeau est charnu, large d'un pouce, conique ou en forme de cloche, quelque peu ombré, obtus, blanchâtre à couleur chair, avec un rouge plus ou moins terne, uniforme ou légèrement strié à la marge, la marge s'étendant au-delà des branchies et est denté.

Les branchies sont attachées à la tige, souvent par une dent décurrente, blanchâtre. Spores, $10 \times 6\text{--}7$.

La tige est longue de deux à quatre pouces, ferme, creuse, tantôt lisse, tantôt poudrée de duvet blanchâtre et poilu, de la même couleur que le chapeau, produisant un jus rouge foncé qui donne son nom à l'espèce.

La couleur varie un peu chez ces plantes, car certaines ont plus de jus rouge que d'autres. Le genre est facilement identifié par le jus rouge sang terne, la tige creuse, le bord crénelé du chapeau et ses habitudes cespiteuses denses. On le trouve sur des bûches pourries dans les endroits humides d'août à octobre. Les plantes de la figure 90 ont été trouvées à Haynes' Hollow, le 8 septembre. La plante est largement répandue aux États-Unis. Personne n'aura la moindre difficulté à reconnaître cette espèce après avoir vu les plantes de la figure ci-dessus.

Mycène alcaline . Le P.

LA SOUCHE MYCÈNE .

FIGURE 91. — Mycène alcaline . Deux tiers de la taille naturelle, souvent plus grande. Jeunes spécimens.

Solitaire ou cespiteux ; chapeau d'un demi à deux pouces de large, plutôt membraneux , campanulé, obtus, nu, profondément strié, humide, brillant lorsqu'il est sec, lorsqu'il est vieux, expansé ou déprimé, mais peu changé de couleur, bien qu'occasionnellement avec une teinte rose ou jaune, blanchâtre ou grisâtre, le centre du disque plus foncé.

Les branchies sont adnées, assez distantes, légèrement ventricieuses, d'abord pâles, puis glauques, rosâtres ou jaunes, plus ou moins reliées par des nervures.

La tige est lisse, légèrement collante, brillante, villeuse à la base avec un duvet tantôt fauve, tantôt ferme et tenace, creux, atténué vers le haut. La plante est rigide, mais cassante et fortement parfumée. Trouvé sur des souches et des bûches pourries, vous le rencontrerez fréquemment. Août à novembre.

Mycène filopes . Taureau.

MYCÈNES À TIGE FILIFORME .

Chapeau membraneux , obtus, campanulé, puis élargi, strié, brun ou terre d'ombre, teinté de rose.

Les branchies sont libres ou minutieusement annexées , légèrement ventricieuses, blanches ou plus pâles que le chapeau, bondées.

La tige est creuse, juteuse, lisse, filiforme, plutôt cassante, blanchâtre ou brunâtre. Trouvé dans les bois sur les feuilles, après une pluie, de juillet à octobre.

Mycène Stanea . Le P.

Mycène de couleur étain .

FIGURE 92. — Mycène Stanea . Taille naturelle. Casquettes blanches, parfois enfumées.

Stannea relative à la couleur de l'étain. C'est une espèce délicate qui pousse dans les bois en touffes sur du bois pourri dans les endroits humides. Le caractère général est montré dans l'illustration, étant presque blanc mais la plupart des pilei sont quelque peu enfumés.

Le chapeau est ferme, membraneux , en cloche, puis élargi, lisse, très légèrement strié, hygrophane , assez soyeux, couleur étain.

Les branchies sont fermement attachées à la tige, avec une dent décurrente, reliées par des nervures, blanc grisâtre.

La tige est lisse, uniforme, brillante, devenant pâle, enfin comprimée. Cette espèce diffère de Mycena vitrea en ayant une dent aux branchies. Mai, juin et juillet.

Mycène vitree . Le P.

Vitrée , vitreuse. Cette plante est assez fragile. Le chapeau est membraneux , en cloche, brun livide, finement strié, sans trace d'umbo.

Les branchies sont fermement attachées à la tige, non reliées par des nervures, distinctes, linéaires, blanchâtres.

La tige est grêle, légèrement striée, polie, pâle, à base fibrilleuse. Cette espèce diffère de M. ætites et M. stannea par les branchies n'ayant pas de dent décurrente et n'étant pas reliées par des veines.

Mycène corticole . Le P.

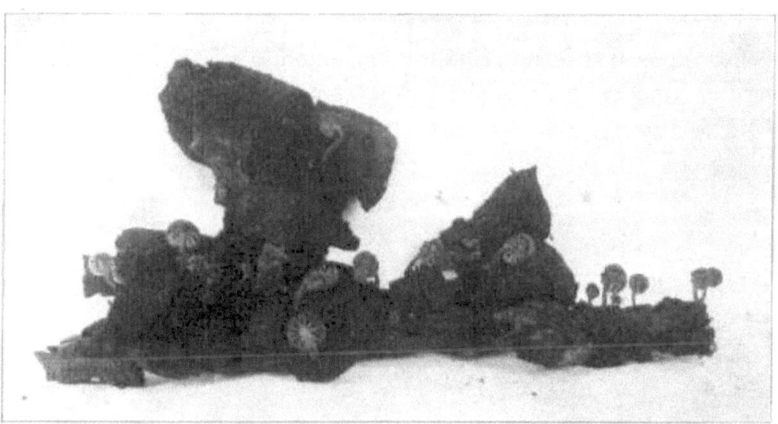

FIGURE 93. — Mycène corticole .

Corticola signifie s'attarder sur l'écorce.

C'est l'un des plus petits des Mycènes , le chapeau mesurant environ deux à quatre lignes de diamètre, mince, hémisphérique, obtus, devenant légèrement ombiliqué, profondément strié, glabre ou flocculosé pruineux, gris, beige ou brunâtre.

Les branchies sont attachées à la tige, avec une légère dent décurrente, large, plutôt ovale, pâle.

La tige est courte, mince, incurvée, glabre ou finement squameuse, un peu plus pâle que le chapeau. Les spores sont elliptiques, 5–6×3µ ; cystides obscurément fusiformes, 50–60×8–10µ.

Ces plantes se trouvent sur l'écorce des arbres vivants. Après les pluies, j'ai vu l'écorce des arbres d'ombrage le long des promenades à Chillicothe, littéralement recouverte de ces belles petites plantes. Les plantes de la figure 93 ont été prélevées sur un érable le 4 décembre. Ils sont très proches de M. hiemalis mais se distinguent par de larges branchies ovales portant des cystidies et des spores plus petites.

Mycène hiemalis . Osbeck.

LA MYCÈNE D'HIVER .

Hiemalis , de ou appartenant à l'hiver. Le chapeau assez fin, en cloche, très légèrement umboné, à bord strié ; rosâtres, roux, blanches, parfois pruineuses.

Les branchies sont adnées, linéaires, blanches ou blanchâtres.

La tige est fine, courbée, à base duveteuse, blanchâtre, rouge rosé. Les spores sont 7–8×3.

C'est une espèce plus délicate que M. corticola et en diffère par ses branchies étroites et son chapeau strié, non sillonné, également par la couleur de la tige. Trouvé sur des souches et des bûches. Octobre et novembre.

Mycène Léaïne . Beurk.

FIGURE 94. — Mycène Léaiana . Taille naturelle. Coiffes orange vif et très visqueuses.

Leaiana nommée en l'honneur de M. Thomas G. Lea, qui fut le premier homme à étudier la mycologie dans la vallée de Miami. C'est une très belle plante qui pousse sur des bûches de hêtre pourries par temps pluvieux. Le chapeau est charnu, très visqueux, orange vif, le bord légèrement strié comme on le verra chez celui dont le chapeau apparaît.

Les branchies sont distantes, pas entières, larges, entaillées au niveau de la tige, attachées, le bord orange foncé, ou vermillon, les branchies courtes commençant par la marge.

La tige est le plus souvent recourbée, atténuée vers le chapeau, lisse, creuse, assez ferme, assez hirsute ou strigeuse à la base. Les spores sont elliptiques, apiculées, $0{,}0090 \times 0{,}0056$ mm.

Ils sont cespiteux , poussant en touffes denses sur des rondins quelque peu pourris. Il est extrêmement visqueux, à tel point que vos mains seront tachées de jaune si vous le manipulez beaucoup. Il pousse du printemps à l'automne mais est généralement plus abondant en août et septembre. Très commun.

de Mycène . B.

Le chapeau est petit, convexe, élargi, obtus, légèrement visqueux, strié, assez <u>blue</u>jeune, devenant brunâtre avec des fibrilles bleues.

Les branchies sont libres, teintées de gris.

La tige est courte, bleuâtre dessous, teintée de brun dessus, un peu pruineuse. Trouvé dans les bois humides après une pluie, en août.

Mycène pura. Pers.

FIGURE 95. — Mycène pura.

Pura signifie non taché, pur.

Le chapeau est charnu, fin, en forme de cloche, élargi, obtus umboné, finement strié sur le bord, parfois retourné, violet à rose.

Les branchies sont larges, adnées à sinueuses, chez les plantes plus âgées parfois libres en se détachant de la tige, reliées par des nervures, parfois ondulées et crénelées sur le bord, le bord des branchies parfois presque ou tout à fait blanc, violet, rose.

La tige est régulière, presque nue, un peu villeuse à la base, parfois presque blanche lorsqu'elle est jeune, prenant plus tard la couleur du chapeau, creuse, lisse.

Les spores sont blanches et oblongues, 6–8×3–3,5. M. Pelianthina en diffère par ses branchies aux bords sombres. Il diffère de M. pseudopura et M. zephira par sa forte odeur. M. ianthina diffère par sa calotte conique.

Cette plante est assez largement distribuée. Nos plantes sont de couleur violet clair et la couleur semble constante. Je l'ai trouvé dans des bois mixtes. On le trouve en septembre et octobre.

Mycène vulgaris. Pers.

Vulgaris signifie commun.

Le chapeau est petit, convexe, puis déprimé, papillé, visqueux, gris brunâtre, finement strié sur le bord.

Les branchies sont subdécurrentes , fines, blanches ; la calotte déprimée et les branchies décurrentes font ressembler la plante à une Omphalia . Spores, 5×2,5μ.

La tige est visqueuse, pâle, coriace, fibrilleuse à la base, s'enracinant, devenant creuse. Il diffère de M. pelliculosa en ce qu'il n'a pas de cuticule séparable et de branchies en forme de pli.

Cette plante se reconnaîtra à sa couleur fumée ou grisâtre, son chapeau ombiliqué et sa tige visqueuse. On le trouve dans les bois sur les feuilles et les bâtons pourris. Août et septembre.

Mycène épipterygie . Portée.

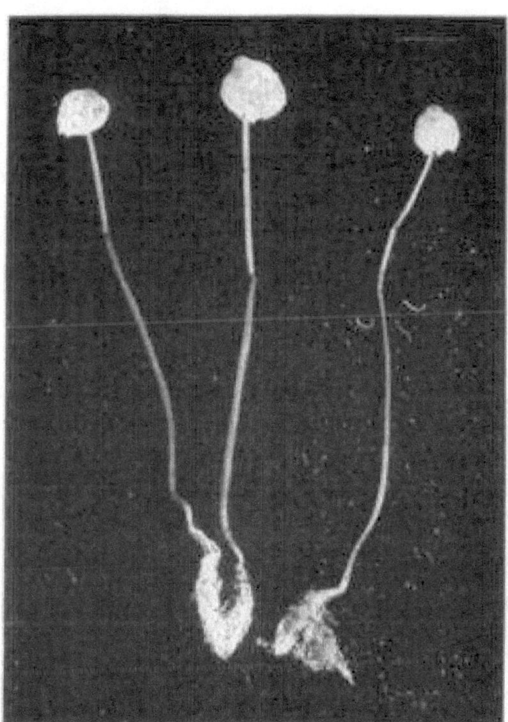

FIGURE 96. — Mycène épipterygie .

Epipterygia est *Epi* , sur, et *Pterygion* , une petite aile.

Ceux-ci sont petits, le chapeau étant large d'un demi à un pouce, membraneux , en forme de cloche, puis élargi, plutôt obtus, non déprimé, strié, la cuticule séparable dans toutes les conditions et visqueuse par temps humide, grise, souvent jaunâtre pâle. vert près de la marge, souvent finement entaillé lorsqu'il est jeune.

Les branchies sont attachées à la tige par une dent décurrente, fine, blanchâtre ou teintée de gris.

La tige mesure de deux à quatre pouces de long, creuse, dure, enracinée, visqueuse, jaunâtre, parfois grise ou même blanchâtre. Les spores sont elliptiques, 8–10×4–5µ.

Ces plantes sont largement répandues et arese trouvent sur les branches, parmi les mousses et les feuilles mortes. On les trouve en grappes et solitaires. Ils ressemblent à bien des égards à M. alcalina mais n'ont pas d'odeur particulière.

Les plantes de la figure 96 ont été photographiées par le professeur GD Smith d'Akron.

Omphalia . Le P.

Omphalia vient d'un mot grec signifiant le nombril ; faisant ici référence à la dépression centrale du capuchon.

Le chapeau du premier est déprimé au centre, puis en forme d'entonnoir, presque membraneux et aqueux lorsqu'il est humide ; marge incurvée ou droite. Tige cartilagineuse et creuse, souvent bourrée dans sa jeunesse, continue avec le chapeau mais de caractère différent. Branchies décurrentes et parfois ramifiées.

On les trouve généralement sur bois, préférant une situation boisée humide et une saison humide. Il se distingue facilement de Collybia et Mycena par ses branchies décurrentes. Chez certaines espèces de Mycena où les branchies sont légèrement décurrentes, le chapeau n'est pas déprimé au centre comme c'est le cas chez les espèces correspondantes d' Omphalia . Il existe quelques espèces d' Omphalia dont le chapeau n'est pas déprimé au centre mais dont les branchies sont clairement décurrentes.

Omphalia campanelle . Batsch.

LA CLOCHE OMPHALIA . COMESTIBLE.

Photo de CG Lloyd.

Planche XVII. Figure 97.— Omphalia campanelle .

Campanella signifie une petite cloche.

Le chapeau est membraneux , convexe à étendu, déprimé au centre, strié, aqueux, de couleur jaune rouille.

Les branchies sont moyennement fermées, décurrentes, en forme d'arc, reliées par des nervures, rigides, fermes, jaunâtres. Les spores sont elliptiques, $6–7\times3–4\mu$.

La tige est creuse, recouverte de duvet et plus pâle sur le dessus.

Cette plante est très commune et abondante dans nos bois et est largement distribuée aux États-Unis. Il pousse sur du bois ou sur des sols très chargés de bois en décomposition. On le trouve tout au long de l'été et de l'automne. C'est délicieux si vous avez la patience de les cueillir.

Omphalia épichysie . Pers.

Le chapeau est mince, convexe à élargi, déprimé au centre, gris suie avec un aspect aqueux, pâle à presque blanc une fois sec.

Les branchies sont légèrement décurrentes, blanchâtres puis grises, quelque peu encombrées.

La tige est fine, creuse, grise. Les spores sont elliptiques, $8–10\times4–5\mu$.

Il pousse dans le bois pourri. Sa couleur fumée, son chapeau en forme d'entonnoir et sa tige courte grise le distingueront. J'ai reçu des plantes du Massachusetts qui semblent être beaucoup plus petites que nos plantes.

Omphalia ombellifères . Linn.

L'Ombelle Omphalia . Comestible.

Umbellifera — *ombrelle* , une petite ombre ; *ferro* , supporter. Chapeau d'un demi-pouce de large, membraneux , blanchâtre, convexe, puis plan, largement obconique, légèrement ombiliqué même chez les plus petites plantes, hygrophane par temps humide, rayonné de stries plus foncées .

Les branchies sont décurrentes, très distantes, assez larges derrière, triangulaires, à bords droits.

La tige est courte, longue d'au plus un pouce, dilatée à l'apex, de même couleur que le chapeau, d'abord bourré, puis creux, ferme, blanc, villeux à la base.

C'est une plante commune dans nos bois, poussant sur du bois pourri ou sur un sol constitué en grande partie de bois pourri. L'écorce de hêtre pourrie est un habitat de prédilection. Trouvé de juillet à octobre.

Omphalia céspiteuse . Bol.

FIGURE 98. — Omphalia céspiteuse . Taille naturelle.

Cæspitosa signifie pousser en touffes ; *cæspes* , gazon. Le chapeau est sous-membrané , très petit, convexe, presque hémisphérique, ombiliqué, fin, sillonné, ocre clair, à bord crénelé, lisse.

Les branchies sont distantes, plutôt larges, brièvement décurrentes, blanchâtres.

La tige est courbée, creuse, colorée comme le chapeau, légèrement bulbeuse à la base. Les spores sont 6×5.

Cette espèce ressemble beaucoup à Omphalia oniscus et ils ne peuvent être distingués que par leurs habitats et leur couleur. On le trouve en août et septembre. Il se délecte du bois bien pourri . J'en ai vu des millions au même endroit.

Omphalia oniscus . Le P.

OMPHALIA DE BOLTON . COMESTIBLE.

Oniscus , nom donné à une espèce de morue par les Grecs, ainsi nommée en raison de sa couleur grise. Le chapeau est flasque, irrégulier, large d'environ un pouce, convexe, plan ou déprimé, légèrement charnu, ondulé, parfois lobé, bord strié, sombre cinéré, plus pâle une fois sec.

Les branchies sont adnées, décurrentes, livides ou blanchâtres, disposées en groupes de quatre, quelque peu distantes.

La tige mesure environ un pouce de long, plutôt ferme, droite ou courbée, parfois inégale, presque creuse. Les spores mesurent 12×7–8μ.

On le trouve dans les endroits humides d'août à novembre.

Omphalia pyxidonnées . Taureau.

LA BOÎTE OMPHALIA .

Pyxidata signifie fait comme une boîte, de *pyxis* , une boîte.

Le chapeau est quelque peu membraneux , clairement ombiliqué, puis en forme d'entonnoir, lisse lorsqu'il est humide, bord souvent strié, rouge brique.

Les branchies sont décurrentes, plutôt distantes, triangulaires, étroites, gris rougeâtre, souvent jaunâtres.

La tige est farcie, puis creuse, régulière, coriace, fauve pâle. Les spores mesurent 7–8×5–6μ.

Les plantes sont généralement hygrophanes , mais lorsqu'elles sont sèches, elles sont floconneuses ou légèrement soyeuses. Il s'agit d'une petite plante poussant généralement sur les pelouses, presque cachée dans l'herbe. J'ai trouvé de très beaux spécimens sur la pelouse du Dr Sulzbacher, sur Second Street, à Chillicothe. La plante est cependant largement répandue. J'ai trouvé de nombreux spécimens le 3 novembre.

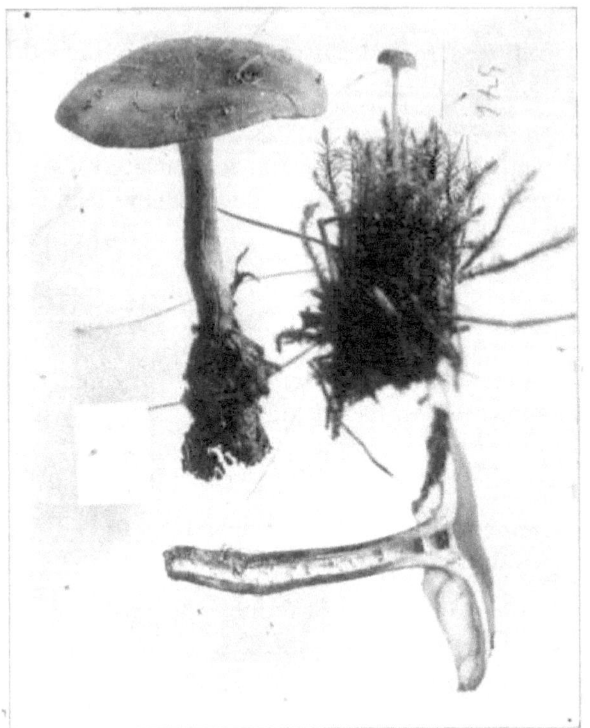

Photo de CG Lloyd.

FIGURE 99. — Fibule Omphalia .

Fibule signifie une boucle ou une épingle, issue de la tige en forme d'épingle.

Le chapeau est membraneux , d'abord sommé, élargi, légèrement ombiliqué, strié, à marge inclinée vers l'inflexion, jaune ou fauve, avec un centre sombre, finement pileux.

Les branchies sont profondément décurrentes, plus pâles et distinctes.

La tige est mince, de couleur presque orange, avec un apex brun-violet, le tout finement pileux. Les spores sont elliptiques, 4–5×2μ.

On les trouve sur les berges moussues où le temps est plus ou moins humide. Je ne l'ai trouvé qu'en octobre.

Omphalia alboflava . Moy.

OMPHALIA AUX BRANCHIES DORÉES .

FIGURE 100. — Omphalia alboflava . Chapeau brun jaunâtre, parfois teinté de verdâtre. Branchies jaune doré.

Alboflava vient de deux mots grecs signifiant jaune blanchâtre, provenant des branchies jaunes.

Le chapeau est large d'un à deux pouces, mince, quelque peu membraneux , ombiliqué, flasque, recouvert d'une fine matière laineuse, jaune-brun, plus clair une fois sec, marge réfléchie.

Les branchies sont distantes, jaune doré foncé, parfois fourchues.

La tige est creuse, égale, lisse, brillante, jaune d'œuf.

Les spores sont elliptiques, 8×4μ.

Cette plante se trouve assez fréquemment sur les branches et les bûches pourries de Chillicothe. Je n'ai jamais eu l'occasion de tester sa comestibilité mais je n'ai aucun doute sur sa bonne qualité.

Les plantes de la figure 100 ont été trouvées à Haynes' Hollow et ont été photographiées par le Dr Kellerman. Trouvé de juillet à octobre.

Marasme . Le P.

Marasmius est un participe grec signifiant flétri ou ratatiné ; on l'appelle ainsi parce que la plante se flétrit et se dessèche, mais renaît avec l'arrivée de la pluie.

Les spores sont blanches et subelliptiques . Le chapeau est dur et charnu ou membraneux .

La tige est cartilagineuse et continue avec le chapeau, mais de texture différente. Les branchies sont épaisses, plutôt coriaces et distantes, parfois inégales, diversement attachées ou libres, rarement décurrentes, avec un bord entier tranchant. Il s'agit d'un genre assez vaste et nombre de ses espèces seront d'un grand intérêt pour l'étudiant.

Marasme oréades . Le P.

LE CHAMPIGNON AUX ANNEAUX DE FÉES. COMESTIBLE.

FIGURE 101. — Marasme oréades . Deux tiers grandeur nature.

Oréades , nymphes des montagnes. Le chapeau est charnu, dur et souple lorsqu'il est humide, cassant lorsqu'il est sec, convexe, devenant plat, quelque peu umboné, brun chamois au début, devenant de couleur crème ; lorsqu'il est vieux, il est généralement assez ridé.

Les branchies sont larges et bien espacées, crémeuses ou jaunâtres, arrondies à l'extrémité de la tige, de longueur inégale.

La tige est solide, égale, coriace, fibreuse, nue et lisse à la base, partout avec une surface duveteuse. Les spores sont blanches, 8×5.

À mon avis, il n'y a pas de champignon plus appétissant que le champignon "Fairy Ring". La figure 101 donnera une idée précise de la plante et la figure 102 montrera comment elles poussent dans l'herbe. On le trouve dans toutes les régions de l'Ohio. Chaque vieux champ de pâturage ou pelouse sera rempli de ces anneaux. La plante est petite mais son abondance compensera sa taille.

Il existe de nombreuses conjectures sur la raison pour laquelle ce champignon et bien d'autres poussent en cercle. L'explication est assez évidente. L'anneau commence par une touffe ou un champignon individuel. Le sol où poussait le champignon est à nouveau rendu impropre à la culture des champignons, les spores tombent sur le sol et le mycélium s'étend à partir de ce point, par conséquent l'anneau s'agrandit chaque année. Parfois, ils n'apparaissent que sous la forme d'un croissant. On peut savoir, en regardant par-dessus une pelouse ou un pâturage, où se trouvent les cernes, car, à cause de la pourriture du champignon, l'herbe y est plus verte et plus vigoureuse.

Il y a bien longtemps, en Angleterre et en Irlande, avant que les paysans ne commencent à remettre en question la réalité de l'existence des fées et leur ingérence bienfaisante dans les affaires de la vie, on croyait fermement que ces bagues de couleur émeraude étaient dues aux pas des fées qui tous les soirs, ils se rendaient dans leurs lieux de prédilection et marquaient le terrain de danse préféré des « petites gens ». "Ils avaient toujours de la bonne musique entre eux et dansaient par une nuit de lune autour ou en cercle, comme on peut le voir encore aujourd'hui sur chaque commune d'Angleterre où poussent des champignons", dit étrangement un vieil écrivain. Et le révérend Gerard Smith exprime encore davantage la croyance du peuple quant à la nature de ces anneaux herbeux :

"Les elfes agiles qui font au clair de lune des boucles vertes et aigres , dont la brebis ne mord pas; dont le passe-temps est de faire ces champignons de minuit."

C'est une plante très commune, et il vaut la peine de la connaître, car nous ne trouvons rien sur les marchés qui puisse l'égaler comme délice de table.

Trouvé dans les pâturages et les pelouses par temps pluvieux de mai jusqu'aux gelées.

FIGURE 102. — Marasme oréades . Montrant une bague de fée.

Marasme urènes . Le P.

LE MARASME PIQUANT .

Urens signifie brûler ; ainsi appelé à cause de son goût âcre.

Le chapeau est chamoisé pâle, coriace, charnu, convexe ou plat, devenant déprimé et finalement ridé, lisse, uniforme, large d'un à deux pouces.

Les branchies sont inégales, de couleur crème, devenant brunâtres, beaucoup plus rapprochées que chez le Fairy Ring, atteignant à peine la tige proprement dite, jointes derrière.

La tige est solide dessus et creuse dessous, fibreuse, pâle, sa surface plus ou moins recouverte de duvet floconneux, et densément recouverte de duvet blanc à la base.

Il serait bon que les collectionneurs ignorent ce spécimen et M. peronatus , ou fassent preuve de la plus grande prudence dans leur utilisation. Ils ont été consommés sans danger, mais ils ont aussi été si longtemps qualifiés de toxiques qu'on ne peut y prêter trop de précautions. Son goût est âcre et il pousse dans les pelouses et les pâturages de juin à septembre.

Marasme androsaceus . Linn.

FIGURE 103. — Marasme androsacée . Taille naturelle.

Androsaceus vient d'un mot grec qui signifie plante marine ou zoophyte non identifiée.

Le chapeau est large de trois à six lignes, membraneux , convexe, avec une légère dépression, rougeâtre pâle, plus foncé au centre, strié, lisse.

Les branchies sont attachées à la tige, souvent assez simples et peu nombreuses, une quinzaine, avec des branchies plus courtes, parfois fourchues, blanchâtres.

La tige mesure un à deux pouces de long, cornée, filiforme, creuse, assez lisse, noire, souvent tordue une fois sèche. Les spores mesurent $7 \times 3\text{–}4\mu$.

C'est une petite plante très attrayante que l'on trouve sur les feuilles des bois après une pluie. Ils sont assez abondants. Trouvé de juillet à octobre.

Marasme fœtidus . Truie.

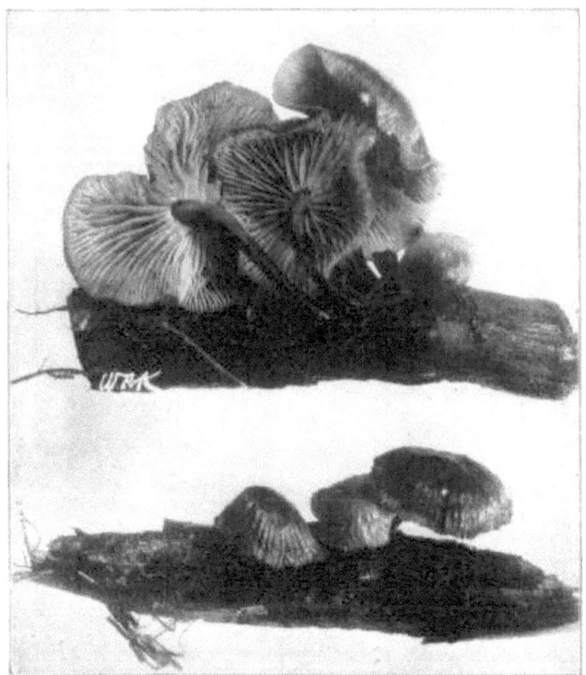

FIGURE 104. — Marasme fétide .

Fœtidus signifie puant ou fétide .

Le chapeau est sous-membrané , coriace, convexe, puis expansé, ombiliqué striato -pliqué, pâlissant une fois sec, subpruineux .

Les branchies sont annulato-annexées , distantes, roux avec une teinte jaune.

La tige est creuse, minutieusement veloutée, laurier, base flocculose .

Les chapeaux sont de couleur rouge brunâtre clair et s'estompent une fois secs. Fraîche, elle dégage une odeur fétide bien perceptible pour de si petites plantes. On le trouve sur les bâtons et les feuilles pourries des bois. Par temps pluvieux ou après de fortes pluies, il est assez courant dans les bois autour de Chillicothe.

Trouvé de juillet à octobre.

On l'appelle aussi Héliomyces fœtens (Pat.) et est ainsi classé par le professeur Morgan dans son très excellent monogramme sur les espèces nord-américaines de Marasmius .

Marasme vélutipes . AVANT JC.

F IGURE 105. — Marasme vélutipes .

Velutipes signifie aux pieds de velours, de la tige veloutée. Le chapeau est mince, sous-membrané , lisse, convexe ou élargi, roux grisâtre lorsqu'il est humide, cinéré lorsqu'il est sec, large d'un demi à un pouce et demi.

Les branchies sont très étroites, encombrées, blanchâtres ou grisâtres.

La tige est mince, longue de trois à cinq pouces, égale, creuse, recouverte d'un tomentum dense et velouté grisâtre. *Picorer.*

Ils poussent généralement dans des conditions très denses, de nombreuses plantes poussant à partir d'un seul tapis de mycélium. C'est une plante assez commune chez nous, qu'on trouve dans les bois humides ou autour d'un endroit marécageux. Le chapeau chez nous est convexe. Certaines autorités parlent d'une casquette ombilicale. La plante est assez rustique et facilement identifiable grâce à sa tige longue et fine, avec le tomentum grisâtre à la base. Trouvé de juillet à octobre.

Les spécimens de la figure 105 ont été trouvés à Ashville, Ohio.

Marasme cohærens . (Fr.) Brès.

M ARASMIUS À TIGES MASSÉES . C OMESTIBLE.

FIGURE 106. — Marasme cohærens . Deux tiers de la taille naturelle, montrant comment les tiges sont regroupées.

Cohærens signifie tenir ensemble, faisant référence aux tiges regroupées.

Le chapeau est charnu, fin, convexe, campanulé, puis élargi, parfois légèrement umboné, chez les spécimens âgés le bord retourné ou ondulé, velouté, de couleur beige rougeâtre, plus foncé au centre, indistinctement strié.

Les branchies sont plutôt serrées, étroites, adnées, parfois libres de la tige, reliées par de légères nervures, de couleur cannelle pâle, devenant un peu plus foncées avec l'âge, la variation de couleur étant due au nombre de cystides dispersées à la surface des branchies. et à leur bord. Spores, ovales, blanches, petites, 6×3μ.

La tige est creuse, longue, rigide, uniforme, lisse, brillante, brun rougeâtre, devenant plus pâle ou blanchâtre vers le chapeau, un certain nombre de tiges poussant ensemble à la base avec un tomentum mycéloïde blanchâtre présent.

La plante pousse en grappes denses parmi les feuilles et dans le bois bien pourri . Je l'ai trouvé assez souvent à propos de Chillicothe. On l'appelle Mycène cohærens , Fr., Collybia lachnophylla , Berk., Collybia spinulifera , Pk. Les plantes de la figure 106 ont été trouvées près d'Ashville, Ohio. Septembre aux gelées.

Marasme candidus . Boulon.

LE MARASME BLANC .

FIGURE 107. — Marasme candidus . Taille naturelle.

Candidus signifie blanc brillant. Cette espèce délicate pousse dans les endroits humides et ombragés des bois. Il pousse sur des brindilles, son habitat et sa structure sont pleinement illustrés dans la Figure 107.

Le chapeau est plutôt membraneux , hémisphérique, puis plan ou déprimé, pellucide, ridé, nu, entièrement blanc.

Les branchies sont annexées , ventriceuses, distantes, non entières.

La tige est fine, farcie, blanchâtre, légèrement pruineuse, base teintée de brun. Les spores sont elliptiques, 4×2μ.

Cette plante est largement répandue dans ce pays. Les spécimens représentés ont été collectés par HH York près de Sandusky, Ohio, et ont été photographiés par le Dr Kellerman. Je les ai trouvés à divers endroits dans l'Ohio.

Marasmius rotule. Le P.

LE MARASMIUS À COLLIER .

Photo de CG Lloyd.

FIGURE 108. — Marasmius rotula. Taille naturelle. Casquettes blanches ou chamois pâle.

Rotula signifie une petite roue.

Le chapeau est large d'une à trois lignes, hémisphérique, ombiliqué et finement ombiliqué, tressé, lisse, membraneux , à marge crénelée, blanche ou chamois pâle, avec un ombilic foncé.

Les branchies sont larges, distantes, peu nombreuses, égales, ou parfois avec quelques courtes, de la couleur du chapeau, attachées à un collier libre derrière.

La tige est sétiforme, légèrement flexueuse, blanche dessus, puis fauve, brun foncé brillant à la base, striée, creuse, fréquemment ramifiée et sarmenteuse , avec ou sans pilei abortif. — MJB Cette plante est très commune dans les bois sur rameaux tombés. Les plantes de la figure 108 ont été récoltées près de Cincinnati. Cette plante a une large distribution. C'est dans tous nos bois de l'Ohio.

Marasme scorodonius . Le P.

MARASMIUS AU PARFUM FORT . COMESTIBLE.

FIGURE 109. — Marasme scorodonius .

Scorodonius vient d'un mot grec signifiant ail.

Le chapeau est large d'un demi-pouce ou plus, rougeâtre lorsqu'il est jeune, mais devenant pâle, blanchâtre ; un peu charnu, coriace; uniforme, bientôt plat, rugueux même jeune, enfin rugueux et croustillant.

Les branchies sont attachées à la tige, souvent se séparant, reliées par des nervures, croustillantes en séchant, blanchâtres.

La tige a au moins un pouce de longueur, creuse, égale, bien lisse, brillante, rougeâtre. Les spores sont elliptiques, 6×4µ.

On le trouve dans les bois poussant sur des bâtons et dans le bois pourri. C'est très odorant. On l'associe fréquemment à d'autres plantes pour donner une saveur d'ail au plat. Trouvé de juillet à octobre.

Marasme calopus . Le P.

Calopus vient de deux mots grecs signifiant beau et pied, ainsi appelé en raison de sa belle tige.

Le chapeau est plutôt charnu, coriace, convexe, plan puis déprimé, uniforme, enfin rugueux, blanchâtre.

Les branchies sont émarginées, annexées , fines, blanches, groupées par 2 à 4.

La tige est creuse, égale, lisse, non racinaire, brillante, laurier rougeâtre. On le trouve poussant sur les brindilles et les feuilles mortes, dans les bois. Plus petit que M. Scorodonius mais avec une tige plus longue.

Marasme prasiosmus . Le P.

MARASMIUS PARFUMÉ AUX POIREAUX .

Prasiosmus signifie sentir le poireau ; de, *prason* , un poireau. Le chapeau est large d'un demi à un pouce, quelque peu membraneux , coriace, en forme de cloche, jaune pâle ou blanchâtre, le disque souvent plus foncé et ridé.

Les branchies sont annexées , un peu rapprochées, blanches.

La tige est dure, creuse, pâle et lisse dessus, dilatée à la base, tomenteuse et brune. On le trouve dans les bois adhérant aux feuilles de chêne après de fortes pluies. Il est très proche de M. porreus mais en diffère par ses branchies blanches et ses calottes non striées. Il diffère de M. terginus principalement par son habitat et son odeur de poireau.

Marasme anomalie . Pk.

Anomalie , non conforme à la règle, irrégulière. Le chapeau est large d'un à deux pouces, quelque peu charnu, coriace, convexe, uniforme, gris rougeâtre.

La tige mesure deux à trois pouces de long, creuse, égale, lisse, pâle dessus, brun rougeâtre dessous.

Les branchies sont rotondes , fermées, étroites, blanchâtres ou pâles. *Morgan.*

C'est une très jolie plante qui pousse sur des bâtons parmi les feuilles des bois. Il est plus grand que la plupart des petits Marasmii trouvés dans des habitats similaires.

***Marasme semi-hirtipes . Pk.**

Semihirtipes signifie un pied ou une tige légèrement poilue.

Le chapeau est fin, coriace, presque plan ou déprimé, lisse, parfois strié sur le bord, hygrophane , brun rougeâtre lorsqu'il est humide, alutacé lorsqu'il est sec, le disque parfois plus foncé.

Les branchies sont subdistantes , atteignant la tige, légèrement reliées par des veines , sous-crénelées sur le bord, blanches.

La tige est égale, régulière ou finement striée, creuse, lisse dessus, veloutée-tomenteuse vers la base, brun rougeâtre. *Picorer.*

Ces plantes sont très petites et souvent négligées par le collectionneur. Ils sont grégaires dans leur mode de croissance.

***Marasme longipes . Pk.**

Longipes signifie longue tige ou pied.

Le chapeau est fin, convexe, lisse, finement strié sur le bord, rouge fauve.

Les branchies ne sont pas encombrées, attachées, blanches.

La tige est haute, droite, creuse, égale, recouverte d'un repas duveteux, racinaire, de couleur brune ou fauve, blanche au sommet.

Ces plantes sont assez petites et élancées, parfois de quatre à cinq pouces de hauteur. Ils sont plutôt communs dans nos bois après une pluie.

***Marasme graminée . Beurk.**

Graminum est le gén. PL. de *gramen* , qui signifie herbe.

Le chapeau est petit, membraneux , convexe, puis presque plan, umboné, profondément et distinctement strié ou sillonné, teinté de roux, les sillons plus pâles, le disque brun.

Les branchies sont attachées à un collier libre autour de la tige, peu nombreux, légèrement ventrizeux, de couleur crème.

La tige est courte, élancée, égale, lisse, brillante, noire, blanchâtre dessus.

Les spores sont globuleuses, 3—4 μ.

Cette espèce est très proche de M. rotula mais elle peut être facilement distinguée par son chapeau roux pâle, nettement sillonné, et par sa croissance sur l'herbe. Je l'ai souvent trouvé sur la pelouse du lycée de Chillicothe.

***Marasmius siccus. Schw .**

MARASMIUS EN FORME DE CLOCHE .

FIGURE 111. — Marasmius siccus. Taille naturelle. Coiffes profondément ridées et rosées.

C'est une très belle plante que l'on trouve dans les bois après une pluie et qui pousse à partir des feuilles. On les trouve seuls, mais généralement en groupes.

Le chapeau est d'abord presque conique, puis campanulé, membraneux , sec, lisse, avec des sillons rayonnant presque au centre, s'agrandissant à mesure qu'ils se rapprochent du bord, rouge ocre, le disque un peu plus foncé.

Les branchies sont libres ou légèrement attachées, peu nombreuses, distantes, larges, rétrécies vers la tige, blanchâtres.

La tige est creuse, dure, lisse, brillante, brun noirâtre, longue de deux à trois pouces. Le chapeau mesure environ un demi-pouce de large.

La plante est assez commune dans nos bois. Je ne l'ai pas trouvé ailleurs. Les plantes sur la photographie représentent la forme rose, qui n'est pas aussi commune que le rouge ocre. Dans la forme rose, le centre du chapeau et le sommet de la tige sont d'un rose délicat, ce qui donne à la plante une belle apparence.

Trouvé de juin à octobre. Je ne l'ai pas testé mais je n'ai aucun doute sur ses qualités exceptionnelles.

Marasme faginéus . Morgan.

Fagineus signifie appartenir à<u>beech.</u>

Chapeau un peu charnu, convexe puis plan ou déprimé, enfin un peu repand, rugueux-strié, rougeâtre-pâle ou alutacé .

Les branchies sont courtes-adnées, quelque peu croustillantes, fermées, rougeâtre pâle.

La tige est courte, creuse, pubescente, épaissie vers le haut, concolore ; la base quelque peu tuberculose . *Morgan* , Myc. Flore MV

Cette plante est assez fréquente dans nos bois et pousse sur l'écorce au pied des hêtres vivants. Son habitat, sa calotte rougeâtre ou alutacée et ses branchies plus pâles permettront d'identifier clairement l'espèce.

Marasme péronatus . Le P.

MARASMIUS MASQUÉ .

FIGURE 112. — Marasme péronatus . Taille naturelle. Bonnet chamoisé rougeâtre. Branchies crémeuses ou brun rougeâtre clair.

Peronatus vient de *pero* , une botte.

Le chapeau est rouge chamoisé, convexe, légèrement aplati au sommet, assez ridé lorsqu'il est vieux ; diamètre, à pleine expansion, entre un et deux pouces, marge striée.

Les branchies sont fines et bondées, crémeuses, devenant légèrement brun rougeâtre, se poursuivant le long de la tige par une courte courbe.

La tige est fibreuse, pâle, densément recouverte à la base de poils raides jaunâtres.

Il pousse dans les bois, parmi les feuilles mortes, de mai jusqu'aux gelées.

Il est généralement solitaire mais on le trouve parfois en grappes. Il a été fréquemment consommé sans dommage, mais la plupart des écrivains le qualifient de toxique. C'est assez âcre, mais cela disparaît en cuisine. Les poils jaunes denses à la base de la tige semblent constituer le caractère distinctif. Trouvé de juillet à octobre.

Marasme raméalis . Le P.

FIGURE 113. — Marasme raméalis . Taille naturelle.

Ramealis signifie une branche ou un bâton ; ainsi appelé parce que la plante pousse sur des bâtons, dans les bois ouverts.

Le chapeau est très petit, un peu charnu, plan ou un peu déprimé, obtus, non strié, légèrement rugueux, opaque.

Les branchies sont attachées à la tige, quelque peu distantes, étroites, blanches.

La tige mesure environ un pouce de long, farcie, farineuse, blanche, tendance à être roux à la base.

Les spores sont elliptiques, $4\times2\mu$.

C'est une très jolie plante, mais facilement négligée. On le trouve sur les branches de chênes et de hêtres, fréquemment en grands groupes. La figure 113 illustre leur mode de croissance et aidera le collectionneur à identifier les espèces. Pas toxique, mais trop petit pour être récolté. Trouvé de juillet à octobre. Les spécimens de la figure 113 ont été trouvés à Haynes' Hollow près de Chillicothe et photographiés par le Dr Kellerman.

Marasme saccharinus . Batsch.

MARASME GRANULAIRE . COMESTIBLE.

Saccharinus vient du *saccharum* , du sucre ; on l'appelle ainsi parce que le chapeau blanc ressemble beaucoup à du sucre en pain.

Le chapeau est entièrement blanc, membraneux , convexe, quelque peu papillé, lisse, sillonné et plissé.

Les branchies sont largement et fermement attachées à la tige, étroites, épaisses, très éloignées, réunies par des nervures, blanchâtres.

La tige est assez fine, filiforme, atténuée vers le haut, d'abord floculeuse , puis devenant lisse, insérée obliquement, rougeâtre, pâle à l'apex. Spores, 5×3μ.

Assez commun par temps humide sur les branches mortes des chênes dans les bois. Cette plante diffère de M. epiphyllus par son habitat, par la forme papillaire de son chapeau et la tige floculeuse , puis lisse ; également en ce que les branchies sont unies de manière réticulée. Commun. Juillet à octobre.

Marasme épiphyllus . Le P.

LE MARASME DES FEUILLES . COMESTIBLE.

Epiphyllus signifie pousser sur des feuilles.

Le chapeau est blanc, membraneux , presque plan, longuement ombiliqué, lisse, ridé, plissé.

Les branchies sont fermement attachées à la tige, blanches, reliées par des nervures, entières, distantes, peu nombreuses.

La tige est plutôt cornée, bai, finement veloutée, apex pâle, inséré. Les spores mesurent 3×2μ. Cette plante est abondante partout, sur les feuilles tombées dans les bois par temps pluvieux. Juillet à octobre.

Marasme les délectans . Morgan.

FIGURE 114. — Marasme les délectans . Taille naturelle. Casquettes blanches. Branchies larges et distantes.

Delectans signifie agréable ou délicieux.

Le chapeau est sous-coriacé , convexe, puis élargi et déprimé, glabre, ruguleux, blanc, évoluant en séchant vers un alutacé pâle .

Les branchies sont moyennement larges, inégales, assez distantes, trabéculées entre elles, blanches, émarginées, annexées ; les spores sont lancéolées, hyalines, 7–9×4µ.

La tige, issue d'un abondant mycélium floceux blanc, est longue, élancée, légèrement effilée vers le haut, lisse, brune et brillante, blanche à l'apex.

On le trouve poussant sur de vieilles feuilles dans les bois. Les plantes de la figure ont été récoltées dans les bois de Sugar Grove, Ohio, par RA Young, le 28 juillet 1906, et photographiées par le Dr Kellerman. Trouvé de juillet à octobre.

Marasmius nigripes. Schw .

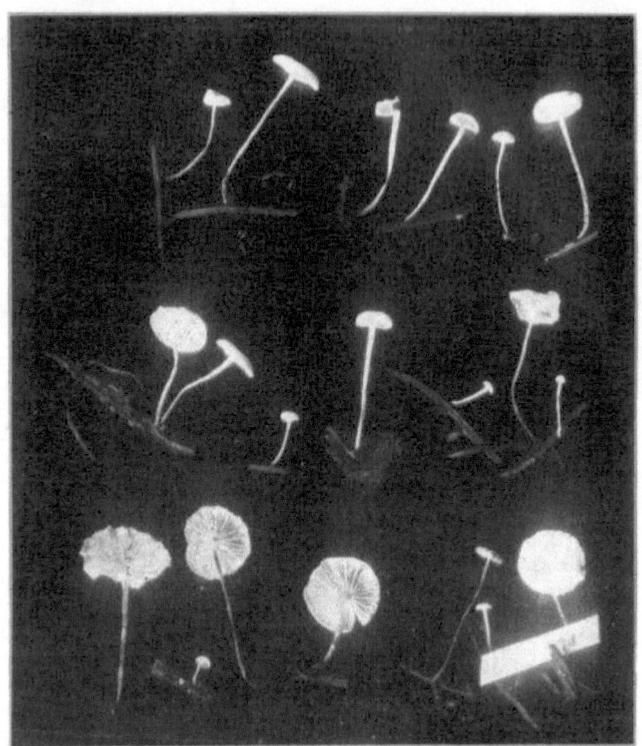

FIGURE 115. — Marasmius nigripes. Taille naturelle. Chapeaux et branchies blancs, tiges noires.

Nigripes signifie pied noir, ainsi appelé parce que les tiges sont noires.

Tremmeloïde . Chapeau très fin, blanc pur, pruineux, ruguleux-sulcaté, convexe puis élargi.

Les branchies sont d'un blanc pur, inégales, certaines fourchues, adnées, les interstices veineux.

La tige est la plus épaisse au sommet, effilée vers le bas, noire, blanc-pruineuse, la base insiticieuse . *Morgane* .

On le trouve sur les vieilles feuilles, les bâtons, les vieux glands et les noix de caryer. Une fois sèche, la tige perd sa couleur noire et les branchies deviennent couleur chair. Il est assez commun dans les bois clairs et ouverts. Les spores sont hyalines et étoilées, à 3–5 rayons. Trouvé de juillet à octobre.

C'est ce que certains auteurs appellent Heliomyces nigripes.

Pleurote. Le P.

Pleurotus vient de deux mots grecs signifiant côté et oreille, faisant allusion à sa manière de croître sur une bûche. Ce genre est très commun partout dans l'Ohio, et est facilement déterminé par sa tige excentrique, latérale ou même absente, mais il doit avoir des spores blanches, et les caractéristiques des Agaricini .

Chapeau charnu chez les plus grandes espèces et membraneux chez les plus petites formes, mais ne devenant jamais ligneux. Tige principalement latérale ou voulante ; lorsqu'il est présent, continu avec le capuchon. Branchies avec sinus ou largement décurrentes, dentées.

Pousse dans les bois.

Pleurote ostreatus. Jacques.

LE PLEUROTE. COMESTIBLE.

FIGURE 116 .— Pleurotus ostreatus. Deux tiers grandeur nature. Devenant souvent très grand.

Chapeau de deux à six pouces de large, mou, charnu, convexe ou légèrement déprimé derrière, subordonné, souvent imbriqué de manière cespiteuse , humide, lisse, marge en développante ; blanchâtre, cinéreux ou brunâtre; chair blanche, toute la surface brillante et satinée une fois sèche.

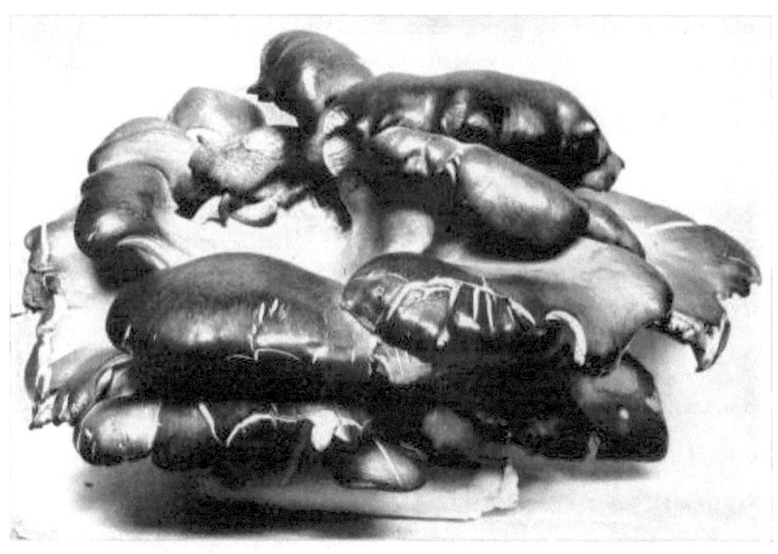

PLANCHE XVIII. FIGURE 117.— PLEUROTUS OSTREATUS.
Deux tiers grandeur nature.

Branchies larges, décurrentes, subdistantes , ramifiées à la base, blanches ou blanchâtres. La tige lorsqu'elle est présente est très courte, ferme, latérale, parfois rugueuse avec des poils raides, poilue à la base. Spores oblongues, blanches, de 0,0003 à 0,0004 pouce de long, 0,00016 pouce de large.

C'est l'un de nos champignons les plus abondants et le plus facile à identifier pour le débutant. Dans les figures 116 et 117, vous verrez la plante pousser sous forme imbriquée, apparemment sans tige. La figure 118 montre une variété qui a une tige prononcée, montrant comment les tiges poussent ensemble à la base, les légères rainures sur les tiges, ainsi que les branchies décurrentes. Dans la plupart de ces plantes, les tiges sont clairement latérales, mais quelques-unes semblent centrales. Il sera difficile de le distinguer du champignon Sapid et, pour les besoins de la table, il n'est guère nécessaire de les séparer. Dans l'Ohio, le pleurote est très répandu partout. J'ai vu des arbres de soixante à soixante-dix pieds de haut simplement chargés de ce champignon. Si l'on localise quelques bûches ou souches sur lesquelles pousse le pleurote, on peut y trouver une quantité abondante (lorsque les conditions sont favorables à la croissance du champignon) pendant toute la saison. C'est presque universellement un favori parmi les mangeurs de champignons, mais il doit être soigneusement et soigneusement cuit. Il pousse très gros et souvent en grandes masses. J'ai souvent trouvé des spécimens dont les calottes mesuraient huit à dix pouces de large. On le trouve de mai à décembre.

FIGURE 118. — Pleurotus ostreatus. La moitié de la taille naturelle, montrant les branchies et les tiges.

Pleurote salignus . Le P.

Salignus , de *salix* , un saule. Le chapeau est compact, presque divisé en deux, horizontal, d'abord en forme de coussin, régulier, puis avec le disque déprimé, substrigeux , blanc ou fuligineux. La tige, excentrique ou latérale, parfois obsolète, courte, blanc-tomenteuse. Les branchies sont décurrentes, quelque peu ramifiées, érodées, distinctes à la base, presque de la même couleur. Spores 0,00036 par 0,00015 pouce. Frites.

J'ai trouvé cette espèce près de Bowling Green sur des souches de saule. Tous les dix jours environ, les souches m'offraient un plat très excellent, meilleur que ce qu'aucun marché de viande ne pouvait se permettre. Septembre à novembre.

Pleurote ulmarius . Taureau.

L'ORME PLEUROTE. COMESTIBLE.

CHIFFRE 119.— Pleurote ulmarius . Un tiers de taille naturelle.

Ulmarius , de *ulmus* , un orme. Il tire son nom de son habitude de pousser sur des ormes et des rondins. Il apparaît à l'automne et peut être trouvé en compagnie du pleurote, fin décembre, congelé solidement. Cette espèce est fréquemment observée sur les ormes, morts ou vivants, sur les arbres vivants où ils ont été coupés ou blessés d'une manière ou d'une autre. On le voit souvent sur les ormes des villes, où l'orme est un arbre d'ombrage commun. Sa calotte est grande, épaisse et ferme, lisse et largement convexe, parfois jaune pâle ou chamois. Fréquemment, l'épiderme au centre de la calotte se fissure, donnant à la surface un aspect tesselé comme sur la figure 119. La chair est très blanche et assez compacte. Les branchies sont blanches ou devenant souvent fauves à maturité, larges, arrondies ou échancrées, peu rapprochées, parfois presque décurrentes. La tige est ferme et solide, de longueur variable, parfois très courte, inclinée pour être épaisse à la base et courbée pour que la plante soit dressée, comme le montre la figure 119.

Le capuchon mesure de trois à six pouces de large. Un spécimen mesurant plus de dix pouces de diamètre a été trouvé à environ trente pieds de haut dans un arbre. Même s'il était très grand, il était assez tendre et permettait de préparer plusieurs repas pour deux familles. Mais cette espèce ne se limite pas entièrement à l'orme. Je l'ai trouvé sur du caryer, à propos de Chillicothe. Il y a quelques rondins d'orme au gré de mes promenades qui m'offrent de beaux spécimens avec une grande régularité. Les insectes ne semblent pas l'infester comme l'ostreatus et le sapidus. Parfois, lorsque la plante pousse à partir du sommet d'une bûche ou de la surface coupée d'une souche, la tige sera plus longue, droite et au centre du chapeau. Cette forme est appelée par certains auteurs var. verticalité .

Pour mon propre usage, je pense que le champignon d'orme, lorsqu'il est correctement préparé, est très délicieux. Comme tous les champignons arboricoles, il doit être consommé jeune. Il se sèche facilement et se conserve pour une utilisation hivernale. Trouvé de septembre à novembre.

Pleurote pétaloides . Taureau.

Le pleurote pétaloïde. Comestible.

FIGURE 120. — Pleurotus petaloides .

Cette espèce est ainsi appelée en raison de sa ressemblance avec les pétales d'une fleur. Chapeau charnu, spatulé, entier ; marge en première développante, finalement complètement développée ; villeux, déprimé. La tige est comprimée et villeuse, souvent canalisée , presque dressée. Les branchies sont fortement décurrentes, bondées, étroites et blanches ou blanchâtres. Spores finement globuleuses, .0003 par .00015.

La plante varie considérablement en forme et en taille. Sa principale caractéristique est la présence de nombreuses cystides blanches et courtes dans l'hyménium, qui parsèment la surface de l'hyménium et, sous une lentille de poche ordinaire, donnent aux branchies une sorte d'apparence floue. Souvent, il aura l'apparence de pousser à partir du sol, mais un examen attentif révélera un morceau de bois quelconque, qui sert d'hôte au mycélium. J'ai trouvé cette plante mais à quelques reprises, elle semble être assez rare dans notre état, surtout dans le sud de l'état. Les plantes de la figure 120 ont été photographiées par le professeur GD Smith d'Akron, Ohio.

Pleurote sapidus. Kalchb .

LE PLEUROTE SAPIDE. COMESTIBLE.

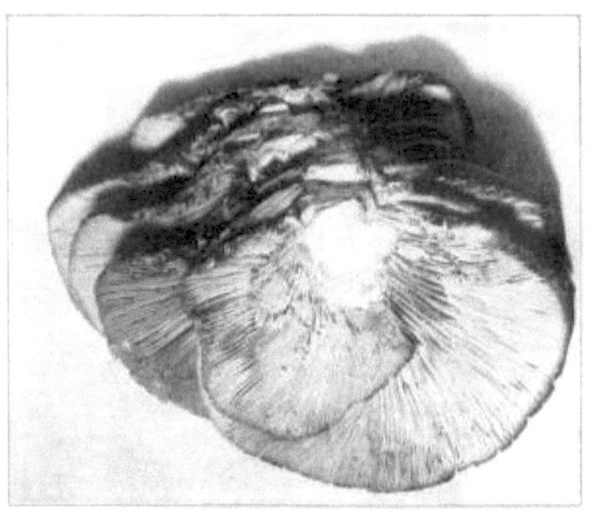

FIGURE 121. — Pleurotus sapidus. Un tiers de taille naturelle, montrant une croissance imbriquée. Spores lilas.

FIGURE 122. — Pleurotus sapidus.

Sapidus, savoureux. Cette plante pousse en grappes dont les tiges sont plus ou moins unies à la base comme sur la figure 121. Les chapeaux, lorsqu'ils sont densément serrés, sont souvent irréguliers. Ils sont lisses et de couleur très variable , blanchâtre, gris cendré, brunâtre, gris jaunâtre.

La chair est épaisse et blanche. Les branchies sont blanches ou blanchâtres, plutôt larges, descendant sur la tige et légèrement reliées, parfois, par des branches obliques ou transversales. La tige est généralement courte, solide, plusieurs jaillissant généralement d'une base épaissie, blanche ou blanchâtre et reliées latéralement ou excentriquement au chapeau.

Cette plante est classée parmi les espèces à spores blanches, mais ses spores, après une courte exposition à l'air, présentent réellement une teinte lilas pâle. Cela n'est visible que lorsque les spores sont en quantité suffisante et reposent sur une surface appropriée.

La taille de la plante varie, le chapeau mesurant généralement de deux à cinq pouces de long. Il pousse dans les bois et les lieux découverts, sur des souches et des rondins de toutes sortes. Sa qualité comestible est tout aussi bonne que celle du pleurote. La seule façon de le distinguer du P. ostreatus est ses spores teintées lilas. On le trouve de juin à novembre.

Photo de CG Lloyd.

PLANCHE XX. FIGURE 123.— PLEUROTUS SAPIDUS.

Pleurote serotinoides . Pk.

LE PLEUROTE JAUNÂTRE. COMESTIBLE.

FIGURE 124. — Pleurotus serotinoides . Un tiers de taille naturelle.

Serotinoides , comme serotinus, qui signifie arrivée tardive ; dès son apparition en hiver.

Le chapeau est charnu, large d'un à trois pouces, compact, convexe ou presque plan, visqueux lorsqu'il est jeune et humide, en forme de demi-rein, arrondi, solitaire ou encombré et imbriqué, de couleurs variées, jaune terne, brun rougeâtre, verdâtre. -brun ou olivacé, la marge d'abord en développante.

Les branchies sont rapprochées, déterminées, blanchâtres ou jaunâtres.

La tige est très courte, latérale, épaisse, jaunâtre dessous et finement duveteuse ou écailleuse avec des pointes noirâtres.

Les spores sont minuscules, elliptiques, 0,0002 pouce de long et 0,0001 pouce de large.

Il n'y a probablement aucune différence entre cette espèce et P. serotinus, l'espèce européenne. C'est une belle plante. La couleur et la taille sont assez variables. Je l'ai trouvé sur Ralston's Run et dans les bois de Baird sur Frankfort Pike. On le trouve de septembre à janvier.

Pleurote applicateur . Batsch.

PETIT PLEUROTE GRIS.

FIGURE 125. — Pleurotus applicatus . Taille naturelle.

Applicatus signifie allongé sur ou à proximité de ; ainsi nommé du chapeau sessile. Le chapeau mesure un tiers de pouce de diamètre, lorsqu'il est jeune, en forme de coupe, cinéré foncé, quelque peu membraneux , assez ferme, résupiné, puis réfléchi, quelque peu strié, légèrement pruineux, villeux à la base.

Les branchies sont épaisses, larges proportionnellement à la taille de la calotte, distantes, rayonnantes, grises, le bord plus clair, parfois les branchies sont aussi foncées que le chapeau.

Parfois, il n'est attaché que par le centre du chapeau ; parfois, poussant sur le côté d'un rondin d'étagère, il est attaché latéralement. Il n'est pas aussi abondant que certaines autres formes de Pleurotus. Il diffère de P. tremulus par l'absence de tige distincte.

Pleurotus cyphellæformis . Beurk.

Cyphellæformis signifie en forme de creux des oreilles. Le chapeau est en forme de coupe, pendant, duveteux ou farineux, la couche supérieure gélatineuse, grise, très finement poilue, surtout à la base, bord plus clair.

Les branchies sont étroites, plutôt éloignées, d'un blanc pur, les alternes étant plus courtes. Ce sont de très petites plantes, que l'on trouve uniquement dans les endroits humides sur des plantes herbacées mortes. Ils ressemblent à une Cyphella griseo -pallida en habitude.

Pleurote abscondensé . Pk.

FIGURE 126. — Pleurotus abscondens . Plante entière blanche.

Abscondens signifie rester hors de vue. On l'appelle ainsi parce qu'il persiste à pousser dans des endroits où il est caché.

Le chapeau est souvent large de deux pouces et demi, d'un blanc délicat, avec une forte odeur stridente, généralement pruineuse, avec un bord légèrement incurvé.

Les branchies sont attachées à la tige, plutôt serrées, très blanches, un peu étroites.

La tige est courte, solide, pruineuse, généralement latérale et courbée.

La plante pousse généralement dans des souches creuses ou des rondins, et dans ce cas la tige est toujours latérale et la plante pousse de la même manière que le P. ostreatus, sauf qu'elles ne sont pas imbriquées. Parfois, la plante se trouve au fond d'une bûche creuse et dans ce cas, le chapeau est central et considérablement déprimé au centre. Je ne l'ai jamais vu pousser sauf dans une souche creuse ou une bûche. Son mode de croissance et sa forme délicate de couleur blanche serviront à l'identifier. On le trouve d'août à novembre.

Pleurote circinatus . Le P.

Circinatus signifie faire rond, en référence à la forme du chapeau.

Le chapeau est large de deux à trois pouces, blanc, plan, orbiculaire, convexe d'abord, uniforme, recouvert d' un éclat soyeux-pruineux .

Les branchies sont adnées-décurrentes, plutôt serrées, assez larges, blanches.

La tige est égale, lisse, longue d'un à deux pouces, bourrée, centrale ou légèrement excentrique, enracinée à la base.

La forme de ces plantes est assez constante et les calottes rondes et blanches feront d'abord penser à un Collybia . Les branchies blanches et sa forme décurrente le distingueront du P. lignatilis . C'est un plat tout à fait délicieux lorsqu'il est bien cuit. J'ai trouvé de beaux spécimens sur une bûche de hêtre pourrie à Poke Hollow. Trouvé en septembre et octobre.

Lactaire . Le P.

Lactarius signifie relatif au lait. Il y a une caractéristique de ce genre qui devrait facilement le marquer, la présence de jus laiteux ou coloré qui s'écoule d'une blessure ou d'un endroit cassé sur une plante fraîche. Ce caractère à lui seul suffit à distinguer le genre, mais il existe d'autres points qui servent à rendre la détermination plus certaine.

La chair, bien qu'elle semble assez solide et ferme, est très cassante. La fracture est toujours régulière, nette et non irrégulière comme dans les substances plus fibreuses.

Les plantes sont charnues et robustes, et ressemblent en ce point aux Clitocybes , mais la fragilité de la chair, le jus laiteux et le marquage du chapeau les distingueront facilement.

De nombreuses espèces ont une saveur très âcre ou poivrée. Si une personne en goûte une crue, elle ne l'oubliera pas de sitôt. Cette acidité se perd généralement lors de la cuisson.

Le chapeau chez toutes les espèces est charnu, devenant plus ou moins déprimé, à marge d'abord involutée, souvent marquée de zones concentriques.

La tige est grosse, souvent creuse lorsqu'elle est vieille, confluente avec le chapeau.

Les branchies sont généralement inégales, à bord aigu, décurrentes ou adnées, laiteuses ; chez presque toutes les espèces, le lait est blanc, se changeant en jaune soufre , rouge ou violet lorsqu'il est exposé à l'air.

Lactaire Torminosus . Le P.

LACTAIRE LAINEUX . TOXIQUE.

FIGURE 127. — Lactaire Torminosus . Trois quarts grandeur nature. Chapeaux rouge jaunâtre ou ocre teinté de rouge, bord incurvé.

Torminosus , plein de grippages, provoquant des coliques. Le chapeau est large de deux à quatre pouces, convexe, puis déprimé, lisse ou presque, à l'exception de la marge involute qui est plus ou moins hirsute, quelque peu zonée, visqueuse lorsqu'elle est jeune et humide, rouge jaunâtre ou ocre pâle, teintée de rouge. .

Les branchies sont fines, rapprochées, plutôt étroites, presque de la même couleur que le chapeau, mais plus jaunes et plus pâles, légèrement fourchues, subdécurrentes .

La tige est longue d'un à deux pouces, plus pâle que le chapeau, égale ou légèrement effilée vers le bas, bourrée ou creuse, parfois tachetée, recouverte d'un duvet très infime.

Le lait est blanc et très âcre. Les spores sont échinulées, subglobuleuses , 9–10×7–8μ.

Cela diffère de L. cilicioides par son chapeau zoné et son lait blanc. La plupart des autorités le qualifient de dangereux. Le capitaine McIlvaine dit que les Russes le conservaient dans du sel et le mangeaient assaisonné d'huile et de vinaigre. Ils poussent dans les bois, dans les espaces ouverts et dans les champs. Les spécimens de la figure 127 ont été trouvés dans le Michigan et photographiés par le Dr Fischer.

Lactaire piperatus . Le P.

FIGURE 128. — Lactaire piperatus . Un tiers de taille naturelle.

Piperatus — ayant un goût poivré. Le chapeau est blanc crème, charnu, ferme, convexe, puis élargi, déprimé au centre, sec, jamais visqueux et assez large.

Les branchies sont blanc crème, étroites, rapprochées, inégales, fourchues, décurrentes, adnées, exsudant un suc laiteux lorsqu'elles sont meurtries, blanc laiteux, très âcres.

La tige est blanc crème, courte, épaisse, solide, lisse, arrondie à l'extrémité, légèrement effilée à la base. Spores généralement avec un apicule de 0,0002 sur 0,00024 pouce.

La plante se trouve dans toutes les régions de l'Ohio, mais la plupart des gens en ont peur en raison de son goût très poivré. Bien qu'il puisse être consommé sans danger, il ne deviendra jamais un favori.

On le trouve dans les bois ouverts de juillet à octobre. En sa saison, c'est l'une des plantes les plus communes dans tous nos bois.

Lactaire pergame . Le P.

Pergamenus vient de *pergamena* , parchemin. Le chapeau est convexe, puis élargi, plan, déprimé, ondulé, ridé, sans zones, souvent repand, lisse, blanc.

Les branchies sont adnées, très étroites, teintées de couleur paille, souvent blanches, ramifiées, très serrées, horizontales.

La tige est lisse, farcie, décolorée, pas longue. Le lait est blanc et âcre. Spores, 8×6. Il diffère de L. piperatus par ses branchies étroites et encombrées et sa tige plus longue. Trouvé dans les bois d'août à octobre.

Lactaire trompeur . Pk.

Tromper Lactaire . Comestible

FIGURE 129. — Lactaire trompeur .

Deceptivus signifie tromper.

Le chapeau est large de trois à cinq pouces, compact, d'abord convexe et ombiliqué, puis élargi et centralement déprimé ou subinfundibuliforme , obsolètement tomenteux ou glabre sauf sur la marge, blanc ou blanchâtre, souvent varié de souches jaunâtres ou sordides, la marge à d'abord involutée et revêtue d'un tomentum cotonneux dense et doux, puis étalé ou surélevé et plus ou moins fibrilleux.

Les branchies sont plutôt larges, distantes ou subdistantes , adnées ou décurrentes, certaines d'entre elles, fourchues, blanchâtres, devenant crème.

La tige mesure un à trois pouces de long, égale ou rétrécie vers le bas, solide, pruineuse-pubescente, blanche. Les spores sont blanches, 9–12,7 µ. Blanc de lait, goût âcre.

Cette plante se plaît dans les bois et les bosquets ouverts, notamment sous les conifères. C'est une grande espèce charnue et blanche âcre, avec un tomentum épais, doux et cotonneux sur le bord du chapeau de la jeune plante.

Le spécimen photographié m'a été envoyé du Massachusetts par Mme Blackford. Il pousse en juillet, août et septembre. Son âcreté se perd à la cuisson, mais comme tous les Lactarius âcres , il est grossier et peu bon.

Lactaire indigo. (Schw .) Le P.

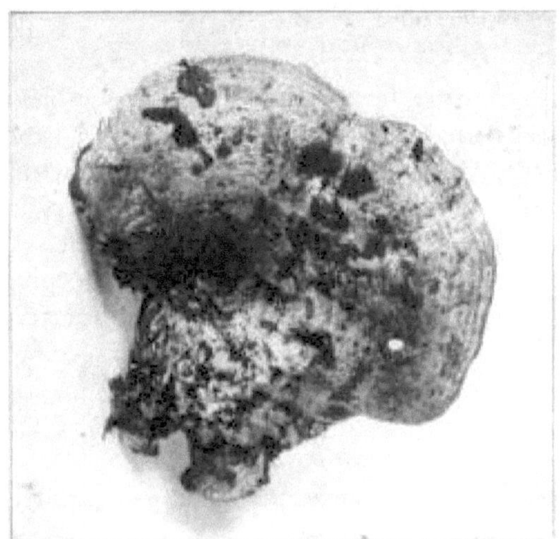

FIGURE 130. — Lactaire indigo. Un tiers de taille naturelle. Plante entière bleu indigo.

FIGURE 131. — Lactaire indigo. Un tiers de taille naturelle, montrant des branchies.

C'est l'une de nos plantes les plus frappantes. Personne ne peut manquer de le reconnaître, en raison du bleu indigo profond qui imprègne toute la plante. Je ne l'ai trouvé qu'à un seul endroit, près de ce qu'on appelle la colline des arbres solitaires, près de Chillicothe. Je l'y ai trouvé à plusieurs reprises.

Le chapeau a de trois à cinq pouces de large, les très jeunes plantes semblent ombilicales avec le bord fortement incurvé, puis déprimé ou en forme d'entonnoir ; à mesure que la plante vieillit, la marge est élevée et parfois ondulée. La plante entière est bleu indigo et la surface du capuchon a un aspect gris argenté à travers lequel la couleur indigo est visible. La surface de la calotte est marquée d'une série de zones concentriques de teinte plus foncée, comme on le voit sur la figure 130 notamment sur la marge ; parfois tacheté, devenant plus pâle et moins nettement zoné avec l'âge ou en séchant.

Les branchies sont bondées, bleu indigo, devenant jaunâtres et parfois verdâtres avec l'âge.

La tige mesure un à deux pouces de long, courte, presque égale, creuse, souvent tachetée de bleu, colorée comme le chapeau.

C'est comestible mais plutôt grossier. Trouvé dans les bois ouverts en juillet et août.

Lactaire royal. Pk.

FIGURE 132. — *Lactarius regalis*. Taille naturelle. Casquettes blanches, teintées de jaune.

Regalis signifie royal ; ainsi nommé en raison de sa grande taille. Le chapeau est large de quatre à six pouces, convexe, profondément déprimé au centre ; visqueux lorsqu'il est humide; souvent ondulé sur la marge ; blanc, teinté de jaune.

Les branchies sont fermées, décurrentes, blanchâtres, certaines fourchues à la base.

La tige mesure deux à trois pouces de long et un pouce d'épaisseur, courte, égale et creuse. Le goût est âcre et le lait clairsemé, blanc, vire rapidement au jaune soufre . Les spores mesurent 0,0003 pouce de diamètre. *Picorer.*

Il s'agit souvent d'une très grande plante, ressemblant en apparence à L. piperatus mais facilement reconnaissable en raison de son chapeau visqueux et de son lait restant virant au jaune, comme chez L. chrysorrhæus . Il pousse au sol dans les bois, en août et septembre. Je le trouve ici principalement sur les coteaux. Les spécimens de la figure 132 ont été trouvés dans le Michigan et photographiés par le Dr Fischer.

Lactaire scrobiculé . Le P.

LACTAIRE À TIGE TACHETÉE .

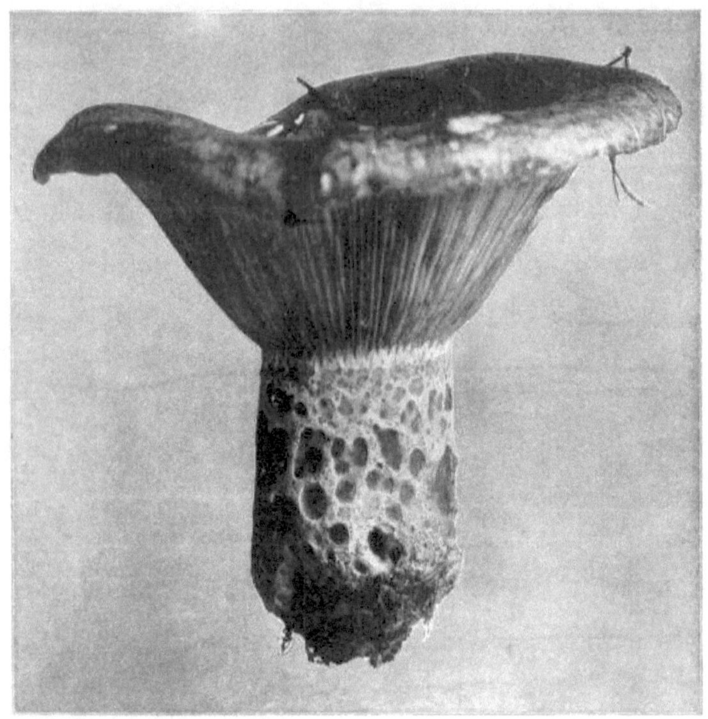

Photo de CG Lloyd.

FIGURE 133. — Lactaire scrobiculé . Taille naturelle. Casquettes jaune rougeâtre, zonées. Marge très incurvée, tige piquée.

Scrobiculatus vient de *scrobis* , une tranchée, et *ferro* , porter, en référence à l'état piqué de la tige. Le chapeau est convexe, centralement déprimé, plus ou moins zoné, jaune rougeâtre, visqueux, le bord très incurvé, duveteux.

Les branchies sont adnées ou légèrement décurrentes, blanchâtres et souvent très recourbées, à cause de l'état incurvé de la calotte au début.

La tige est égale, farcie, ornée souvent de noyaux de couleur plus foncée.

Les spores sont blanches, le jus blanc, puis jaunâtre.

La plante est très âcre au goût et solide. Trop chaud pour être mangé. Je ne l'ai trouvé que quelques fois sur les collines du canton de Huntington, près de Chillicothe. La teinte jaunâtre et la marge nettement incurvée permettront d'identifier la plante. Trouvé en août et septembre.

Lactaire triviale . Le P.

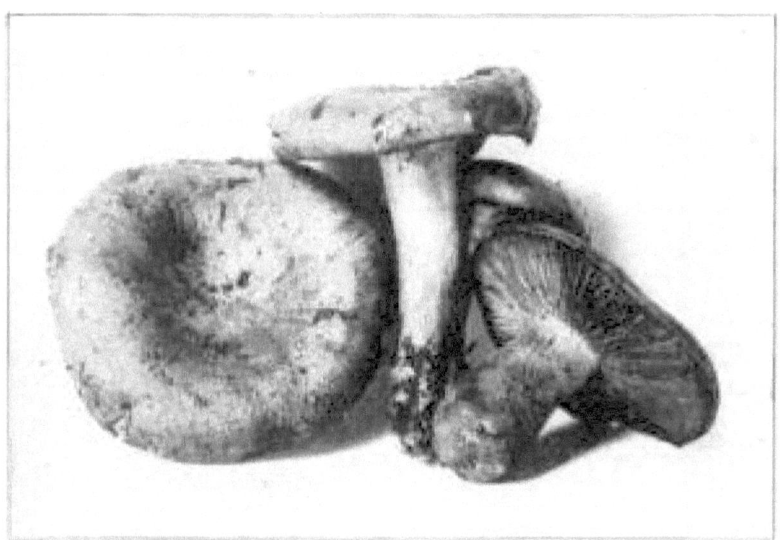

FIGURE 134. — Lactaire triviale . Une moitié grandeur nature. Capuchons bronzés clairs avec une teinte rosée. Très âcre.

Trivialis signifie commun.

Le chapeau est large de trois à quatre pouces, généralement humide ou aqueux, parfois assez visqueux, brillant lorsqu'il est sec, convexe, puis élargi, déprimé au centre, bord d'abord incurvé, régulier, lisse ; un bronzage chaud et doux, plutôt clair, et parfois une très légère teinte rosée prédomine. La chair est solide et persistante.

Les branchies sont plutôt encombrées, légèrement décurrentes, d'abord blanchâtres, puis jaune clair, beaucoup n'atteignant pas la tige, aucune n'est fourchue. La tige a de trois à quatre pouces de long, de la même couleur que le chapeau, souvent d'une teinte beaucoup plus claire ; se rétrécissant du capuchon à la base, lisse, bourré et enfin creux. La plante est assez pleine de lait, d'abord blanche, puis virant au jaunâtre.

La plante est très âcre et poivrée. Il est assez abondant le long des cours d'eau du comté de Ross , dans l'Ohio. Ce n'est pas toxique, mais il semble trop chaud pour être mangé. On le rencontre après les pluies de juillet à octobre, dans les bois mixtes où il est humide.

Lactaire insulsus . Le P.

FIGURE 135. — Lactaire insulsus . Un tiers de taille naturelle. Casquettes de couleur jaunâtre ou paille. Très âcre.

Insulsus , fade ou insipide. C'est une plante très attrayante. Assez solide et conserve sa forme pendant plusieurs jours ; Le chapeau est large de deux à quatre pouces, convexe, déprimé au centre, puis en forme d'entonnoir, lisse, visqueux lorsqu'il est humide, plus ou moins zoné, les zones beaucoup plus étroites que L. scrobiculatus , de couleur jaunâtre ou paille, marge légèrement incurvée et nue.

Les branchies sont fines, plutôt encombrées, adnées et parfois décurrentes, certaines fourchues à la base, blanchâtres ou pâles. Spores subglobuleuses , rugueuses, $10{\times}8\mu$.

La tige mesure un à deux pouces de long, égale ou légèrement effilée vers le bas, farcie, blanchâtre, généralement tachetée. Lait, blanc.

La plupart des autorités la classent comme plante comestible, mais elle est si piquante et sa chair si solide que je ne l'ai jamais essayée. J'ai trouvé deux plantes qui répondaient pleinement à la description des plantes européennes. Les zones étaient jaune orangé et rouge brique. Depuis, j'ai visité cet endroit à plusieurs reprises, mais je n'ai jamais pu en trouver un autre. Ce n'est pas une plante abondante chez nous. Trouvé de juillet à octobre, dans les bois ouverts.

Lactaire lignyotus . Le P.

LE LACTAIRE FULIGINEUX . COMESTIBLE.

PLANCHE XXI. FIGURE, 136.— LACTAIRE LIGNYOTUS .
Taille naturelle. Coiffe une terre d'ombre fuligineuse. Chair douce au goût.

Lignyotus est issu *du lignum* , du bois. Le chapeau a un à quatre pouces de diamètre, charnu, convexe, puis élargi, parfois légèrement umboné, souvent légèrement déprimé en âge, lisse ou souvent ridé, pruinosé velouté, terre d'ombre fuligineuse, la marge des vieilles plantes ondulée et distinctement tressée ; la chair est blanche et douce au goût.

Les branchies sont attachées à la tige ; inégal; blanc comme neige ou blanc jaunâtre, changeant lentement en couleur rouge rosé ou saumon lorsqu'on le froisse; lointain dans les vieilles plantes.

La tige mesure un à trois pouces de long, égale, brusquement rétrécie à l'apex, lisse, bourrée, de la même couleur que le chapeau. Blanc de lait, goût doux ou tardivement âcre. Les spores sont globuleuses, jaunâtres, de 9 à 11,3 µ.

C'est ce qu'on appelle le Sooty Lactarius et est très facile à identifier. On le retrouvera fréquemment associé au Smoky Lactarius auquel il ressemble beaucoup. Il semble se plaire dans les bois marécageux et humides. On dit

que c'est l'un des meilleurs des Lactarii . Les spécimens de la figure 136 ont
été collectés à Sandusky, Ohio, et photographiés par le Dr Kellerman.

Lactaire cinereus. Pk.

FIGURE 137. — Lactarius cinereus.

Cinereus vient de _cineres_ , cendres ; ainsi appelé à cause de la couleur de la
plante.

Le chapeau est large de un à deux pouces et demi, sans zone, quelque peu
visqueux, floconneux-écailleux, déprimé au centre, marge fine, uniforme,
chair fine et blanche, douce au goût, gris cendré.

Les branchies sont adnées, plutôt rapprochées, parfois fourchues
(généralement près de la tige), inégales, blanches ou blanc crème, blanc lait,
peu nombreuses.

La tige mesure deux à trois pouces de long, effilée vers le haut, légèrement
rembourrée, finalement creuse, souvent floquée à la base.

Cette plante est assez commune de septembre à novembre, poussant par
temps humide sur les feuilles des bois mixtes. Il a un goût doux. Même si je
ne l' ai pas mangé, je n'ai aucun doute sur sa comestibilité. La couleur du
chapeau est parfois assez foncée.

__Lactaire griseus. Pk.__

Lactaire gris .

Figure 138. — Lactaire griseus.

Griseus signifie gris.

Le chapeau est mince, presque plan, largement ombiliqué ou déprimé au centre, parfois infundibuliforme, généralement avec un petit umbo ou papille, tomenteux finement squamuleux, gris ou gris brunâtre, devenant plus pâle avec l'âge.

Les branchies sont fines, fermées, adnées ou légèrement décurrentes, blanchâtres ou jaunâtres.

La tige est élancée, égale ou légèrement effilée vers le haut, plutôt fragile ; farci ou creux; en général villose ou tomenteuse à la base ; plus pâle ou coloré comme le chapeau.

Les spores mesurent 0,0003 à 0,00035 pouce ; blanc laiteux, goût subâcre . Le chapeau a 6 à 18 lignes de large, une tige de 1 à 2 pouces de long et 1 à 3 lignes d'épaisseur. *Picorer.*

Il ressemble à L. mammosus et L. cinereus. Il diffère du premier par l'absence de branchies ferrugineuses et de tiges pubescentes, et du second par sa plus petite taille, son chapeau densément pubescent et son habitat. Il pousse sur des bûches moussues ou dans des marécages moussus. La base de l'une des plantes de la figure 138 est recouverte de mousse dans laquelle elle a poussé.

Ces plantes ont été trouvées dans le marais du Purgatoire, près de Boston, par Mme Blackford. Ils poussent de juillet à septembre.

Lactaire distances . Pk.

LACTAIRE À BRANCHIES LOINTAINES . COMESTIBLE.

Distans signifie lointain, ainsi appelé parce que les branchies sont très écartées.

Le chapeau est ferme, largement convexe ou presque plan, ombiliqué ou légèrement déprimé au centre ; avec une petite pruinosité veloutée ; fauve jaunâtre ou orange brunâtre.

Les branchies sont plutôt larges, distantes, adnées ou légèrement décurrentes, blanches ou jaune crème, interstices veinées ; blanc laiteux, doux.

La tige est courte, égale ou effilée vers le bas, solide, pruineuse, colorée comme le chapeau.

Les spores sont subglobuleuses , larges de 9 à 11µ. *Peck* , rapport de New York, 52.

Je confonds souvent cette plante avec L. volemus lorsqu'elle pousse dans le sol, mais les branchies largement séparées distinguent la plante dès qu'elle est récoltée. La tige est courte et ronde, effilée vers le bas, solide, colorée comme le chapeau. Le lait est à la fois blanc et doux. Je le trouve sur presque toutes les collines boisées de Chillicothe. On le trouve de juillet à septembre.

Lactaire atroviridus . Pk.

LACTAIRE VERT FONCÉ .

FIGURE 139. — Lactaire atroviridus . Chapeau et tige vert foncé. Casquette déprimée au centre. Branchies blanches.

Atroviridus vient de *ater* , noir ; *viridus* , vert; ainsi appelé de la couleur du chapeau et de la tige de la plante.

Le chapeau est convexe, plan, puis déprimé au centre, avec une pellicule adhérente, verdâtre avec des écailles plus foncées, à marge en développante.

Les branchies sont légèrement décurrentes, blanchâtres, larges, distantes ; blanc laiteux mais pas copieux comme chez beaucoup de Lactarii .

La tige est assez courte, effilée vers le bas, vert foncé, écailleuse.

La tige est si courte que le chapeau semble être posé directement sur le sol, ce qui fait qu'il est très facile de l'oublier. On ne le trouve qu'occasionnellement sur les coteaux moussus, où il n'y a pas trop de feuilles. La plante de la figure 139 a été trouvée à Haynes' Hollow, près de Chillicothe. J'ai trouvé la plante au sommet du mont. Logan. On le trouve de juillet à octobre. Je ne connais pas sa comestibilité. Tous les spécimens que j'ai trouvés, je les ai envoyés à mes amis mycologiques. Il faut le déguster avec prudence.

Lactaire subdulcis . Le P.

LE DOUX LACTAIRE . COMESTIBLE.

FIGURE 140. — Lactaire subdulcis .

Subdulcis signifie presque sucré ou sucré.

Le chapeau est large de deux à trois pouces, plutôt fin, papillaire, convexe, puis déprimé, lisse, régulier, sans zone, rouge cannelle ou rouge fauve, marge parfois ondulée.

Les branchies sont plutôt étroites, fines, serrées, blanchâtres, souvent rougeâtres ou teintées de rouge. Spores, 9–10μ.

La tige est bourrée, puis creuse, égale, légèrement effilée vers le haut, grêle, lisse, parfois villeuse à la base. Le lait est blanc, parfois assez âcre et désagréable au goût lorsqu'il est cru. Il faut le cuire longtemps pour qu'il soit bon.

On le trouve probablement n'importe où, mais il préfère les endroits humides. Les plantes que nous trouvons chez nous semblent toutes avoir des branchies rouges ou rouge cannelle, surtout avant que les spores ne commencent à tomber. On les trouve poussant au sol, parmi les feuilles, ou sur du bois bien pourri et parfois sur le sol nu. Trouvé de juillet à novembre.

Lactaire serifluus . Le P.

Serifluus signifie couler du sérum, la partie aqueuse du lait.

Le chapeau est charnu, déprimé au centre, sec, lisse, non zoné, brun fauve, à marge fine, incurvée.

Les branchies sont bondées, brun clair ou jaunâtres, le lait est rare et aqueux.

La tige est solide, égale, plus pâle que le chapeau. Spores, 7–8μ.

Il diffère de L. subdulcis par sa tige solide et peut-être par une couleur plus foncée. Trouvé dans les bois, de juillet à novembre.

Lactaire corrugis . Pk.

LACTAIRE RIDÉ . COMESTIBLE.

FIGURE 141. — Lactaire corrugis . Casquettes ridées, brun fauve. Branchies brun orangé.

Corrugis signifie ridé.

Le chapeau est convexe, plan, élargi, légèrement déprimé au centre ; surface du bonnet ridée, sèche, brun bai ; marge à la première développante.

Les branchies sont annexées , larges, jaunâtres ou jaune brunâtre, devenant plus pâles avec l'âge. La tige est plutôt courte, égale, solide, pruineuse, de la même couleur que le chapeau. Les spores sont subglobuleuses , 10–13μ.

Cette espèce ressemble beaucoup à L. volemus , et sa seule différence essentielle réside dans la forme ridée et la couleur du chapeau. Le lait sec est très collant et devient plutôt noir. Il y a juste une touche d'acidité.

Quiconque détermine cette espèce ne manquera pas de noter le nombre de cystides ou soies brunes , dans l'hyménium, qui dépassent de la surface des branchies. Elles sont si nombreuses et si proches du bord des branchies qu'elles leur donnent un aspect duveteux. La qualité de cette espèce est encore meilleure que celle de L. volemus , même si elle n'est pas aussi abondante ici que cette dernière. Trouvé dans les bois clairs d'août à septembre. La photographie, figure 141, a été réalisée par le professeur HC Beardslee.

Lactaire volème . Le P.

LACTAIRE ORANGE-BRUN . COMESTIBLE.

Photo du professeur Atkinson.

FIGURE 142. — Lactaire volème . Taille naturelle. Casquettes fauve doré. Lait copieux, comme on le verra là où la plante a été piquée.

Volémus de volema pira , une sorte de poire , ainsi appelée à cause de la forme de sa tige. Le chapeau est large, à chair épaisse, compacte, rigide, plan, puis élargi, obtus, sec, fauve doré, enfin quelque peu ridé.

Les branchies sont bondées, adnées ou légèrement décurrentes, blanches, puis jaunâtres ; lait copieux, sucré.

La tige est solide, dure, émoussée, généralement courbée comme une tige de poire ; sa couleur est celle du chapeau mais en teinte plus claire. Spores globuleuses, blanches.

Le lait de cette espèce est très abondant et plutôt agréable au goût. Il devient assez collant en séchant sur les mains. Cette plante a une bonne réputation parmi les mangeurs de champignons, tant dans ce pays qu'en Europe.

Il n'y a aucun risque de s'y tromper. Les plantes poussent dans les bois humides de juillet à septembre. On les trouve seuls ou en parcelles. On en a trouvé en abondance à Salem, dans l'Ohio, ainsi qu'à Chillicothe.

Lactaire délicieux . Le P.

LE DÉLICIEUX LACTAIRE . COMESTIBLE.

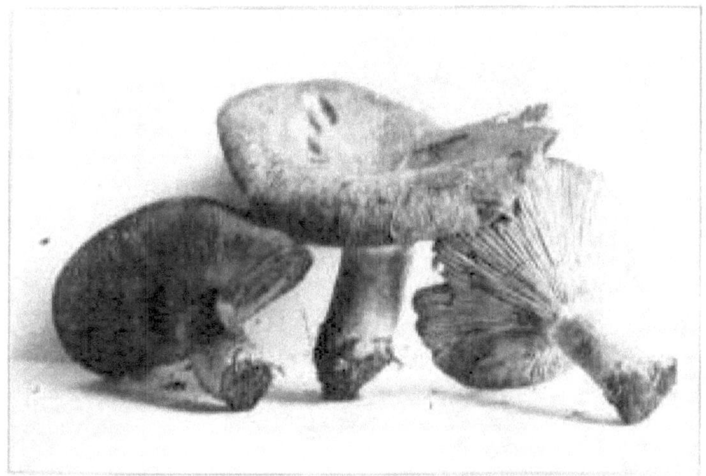

FIGURE 143. — Lactaire délicieux . Un tiers de taille naturelle. Casquettes jaune rougeâtre clair. Couleur orange lait.

Délicieux , délicieux. Le chapeau a une largeur de trois à cinq pouces ; couleur variant du jaune à l'orange terne voire jaune brunâtre avec des zones concentriques marbrées de couleur plus foncée, surtout chez les plantes plus jeunes, parfois un jaune rougeâtre clair, sans zones apparentes (comme c'est le cas de celles de la figure 143) ; convexe, une fois élargi, devenant très déprimé ; en forme d'entonnoir ; lisse, humide, parfois irrégulière, ondulée ; chair cassante, crémeuse, plus ou moins teintée d'orange.

Les branchies sont légèrement décurrentes chez les spécimens déprimés, quelque peu serrées, fourchues au niveau de la tige, les plus courtes commençant à la marge ; lorsqu'il est meurtri, il exsude une abondante quantité de jus laiteux de couleur orange ; de couleur beige pâle, virant au vert avec l'âge ou en séchant. Les spores sont échinulées, 9–10×7–8μ.

La tige mesure deux à trois pouces ou plus, égale, lisse, creuse, légèrement pruineuse, plus pâle que le chapeau, parfois tachetée d'orange, teintée de vert chez les vieilles plantes.

Le goût de la plante crue est légèrement poivré. Il pousse dans les bois humides et est parfois assez commun. Son nom suggère l'estime dans laquelle il est tenu par tous ceux qui l'ont mangé. Comme tous les Lactarii il doit être bien cuit. Les spécimens de la figure 143 ont été récoltés sur Cemetery Hill, à proximité des pins et en compagnie de Boletus Americanus. Trouvé de juillet à novembre. J'ai trouvé la plante sous une forme plus typique à Salem, Ohio.

Lactaire uvidus . Le P.

FIGURE 144. — Lactaire uvidus .

Uvidus vient de *uva* , raisin, ainsi appelé parce que lorsqu'il est exposé à l'air, il prend la couleur d'un raisin.

Le chapeau est large de deux à quatre pouces, chair plutôt fine, convexe, parfois légèrement umbonée, puis déprimée au centre, non zoné, visqueux, ocre pâle terne-bronzage, marge d'abord involutée, nue, laiteux d'abord doux puis devenant âcre. , le blanc se change en lilas.

Les branchies sont fines, légèrement décurrentes, encombrées, les plus courtes très obtuses et tronquées en arrière, reliées par des veines, blanches, devenant lilas lorsqu'elles sont blessées.

La tige est bientôt creuse, longue de deux à trois pouces, visqueuse, pâle.

Les spores sont rondes, 10μ.

Non seulement le lait se transforme en lilas une fois coupé, mais la chair elle-même. On les trouve dans les bois humides en août et septembre. Les plantes de la figure 144 ont été trouvées près de Boston, par Mme Blackford. Ces plantes poussaient dans le marais du Purgatoire. La mousse de sphaigne sera visible à la base de la plante dressée.

Lactaire chrysorrhée . Le P.

LACTAIRE À JUS JAUNE .

Chrysorrhée de deux mots grecs ; *chrysos* , jaunes ou dorés ; *reo* , je coule, car le jus vire vite au jaune doré.

Le chapeau est plutôt charnu, déprimé, puis en forme d'entonnoir, de couleur chair jaunâtre, marqué de zones ou de taches sombres.

La tige est bourrée, puis creuse, égale ou effilée en dessous, plus pâle que le chapeau, parfois piquée.

Les branchies sont décurrentes, fines, encombrées, jaunâtres, blanc laiteux, puis jaune d'or, très âcres.

Le lait est blanc, assez âcre, a un goût particulier et change aussitôt lorsqu'on l'expose à un beau jaune. Il s'agit d'une espèce commune à Salem, dans l'Ohio, et sa taille est assez variable. Trouvé dans les bois et bosquets de juillet à octobre. Je ne sais pas si sa qualité comestible a déjà été testée. Lorsque je l'ai découvert il y a quelques années , j'avais moins confiance dans les champignons qu'aujourd'hui.

Lactaire vellereus . Le P.

LACTAIRE BLANC LAINEUX . COMESTIBLE.

Vellereus de vellus, une toison. Le chapeau est blanc, compact, charnu, déprimé ou convexe, tomenteux, sans zone, à marge en première involute, blanc laiteux et âcre.

Les branchies sont blanches ou blanchâtres, distantes, fourchues, adnées ou décurrentes, reliées par des veines, en forme d'arc, peu laiteuses.

La tige est solide, émoussée, pubescente, blanche, effilée vers le bas. Spores blanches et presque lisses, 0,00019 sur 0,00034 pouce.

Cette espèce est assez commune ; et bien que très âcre au goût, cette âcreté se perd entièrement à la cuisson. Il sera facilement reconnaissable à la couverture duveteuse de son capuchon. Trouvé dans les bois minces et les marges des bois. Juillet à octobre.

Russule . Pers.

Russula , rouge ou rougeâtre. Le débutant n'aura guère de difficulté à déterminer ce genre. Il y a un air de famille si fort que, en en trouvant un, il dira aussitôt que c'est une Russula . Le contour du chapeau, la fragilité de sa chair et de sa tige, les branchies fragiles et l'incapacité d'une quelconque partie de la plante à exsuder un jus laiteux ou coloré, les nombreuses couleurs gaies, tout cela aidera à déterminer le genre.

De nombreuses espèces de Russula ressemblent fortement à celles du genre Lactarius , en taille, en forme et en texture. Les spores, elles aussi, sont assez semblables, mais l'absence de suc laiteux marquera immédiatement la différence.

Le bonnet peut être rouge, violet, violet, rose, bleu, jaune ou vert. Les zones colorées souvent observées chez les Lactarii n'apparaissent pas ici. Le débutant aura peut-être du mal à identifier les espèces, en raison des variations de taille et de couleur. Les spores sont blanches à jaune très pâle, généralement épineuses. Le chapeau est charnu, convexe, puis élargi et enfin déprimé. La tige est cassante, robuste et lisse, généralement spongieuse à l'intérieur et confluent avec le chapeau. Les branchies sont sans lait , à bord aigu et très tendres.

Le capitaine McIlvaine, dans son livre très précieux, One Thousand American Fungi, dit : « Les auteurs de ce genre ont fait une injustice particulière ; il n'y a pas une seule espèce parmi eux connue pour être toxique, et où ils ne soient pas trop forts en écorce de cerisier et d'autres substances très aromatisées, elles sont toutes comestibles, pour la plupart préférées. Je peux témoigner du fait que beaucoup d'entre eux sont favoris, même si quelques-uns sont très poivrés et qu'il faut du courage pour les attaquer.

On les retrouve tous au sol dans les bois ouverts, du début de l'été à la fin de l'automne.

Russule délica . Le P.

RUSSULA SEVRÉE . COMESTIBLE.

Delica signifie sevré, ainsi appelé parce que, bien qu'il ressemble à Lactarius vellereus en apparence, il est dépourvu de lait.

Le chapeau est assez gros, charnu, ferme, déprimé, régulier, brillant, à bord en développante, lisse, non strié.

Les branchies sont décurrentes, fines, distantes, inégales, blanches.

La tige est solide, compacte, blanche, courte.

On trouvera des spécimens qui ressemblent à Lactarius piperatus et L. vellereus , mais ils peuvent être facilement distingués car ils n'ont pas de lait dans leurs branchies et leur goût est doux. Ils ne sont pas égaux à la plupart des Russulas . Trouvé dans les bois d'août à octobre.

Russule adusta . Pers.

La Russula fumée . Comestible.

FIGURE 145. — Russule adusta .

Adusta signifie brûlé.

Le chapeau est fuligineux, cinéreux, à chair compacte, à bord régulier et infléchi, déprimé au centre.

Les branchies sont attachées à la tige, décurrentes, fines, serrées, inégales, blanches, ne rougissant pas au froissement.

La tige est obèse, solide, de la même couleur que le chapeau, ne rougissant pas lorsqu'on la froisse.

La plante ressemble à R. nigricans, mais peut facilement s'en distinguer en raison de ses branchies fines et encombrées et de son incapacité à devenir rouge lorsqu'elle est coupée ou meurtrie. Les spores sont subglobuleuses , presque lisses, de 8 à 9 μ ; pas de cystides. On le trouve dans les bois en août et septembre. Comestible mais pas de première classe. C'est une plante très largement répandue.

Russula nigricans. Le P.

FIGURE 146. — Russula nigricans.

Nigricans signifie noirâtre.

Le chapeau est large de deux à quatre pouces, brun grisâtre foncé, noir avec l'âge, charnu, compact, chair devenant rouge lorsqu'on le meurtrit ou convexe, aplati puis déprimé, en longueur en forme d'entonnoir, marge entière, sans strie, marge à d'abord incurvés, les jeunes spécimens sont légèrement visqueux lorsqu'ils sont humides, uniformes, sans pellicule séparable ; blanchâtre au début, bientôt olive fuligineuse, finissant par se briser en écailles et en noir; chair ferme et blanche, devenant rougeâtre lorsqu'elle est cassée.

Les branchies sont arrondies en arrière, légèrement annexées , épaisses, distantes, larges, inégales, les plus courtes parfois très rares, fourchues, rougissantes au toucher.

La tige est plutôt courte, épaisse, solide, égale, pâle lorsqu'elle est jeune, puis noire. Les spores sont subglobuleuses , rugueuses, de 8 à 9 μ.

La plante est assez compacte, inodore, devenant entièrement noire avec l'âge. Il se distingue facilement de R. adusta par sa chair devenant rougeâtre lorsqu'elle est meurtrie et par ses branchies beaucoup plus épaisses et plus éloignées. Il est très proche de R. densifolia mais s'en distingue par ses branchies plus éloignées et par son goût doux.

J'ai le plaisir de présenter à mes lecteurs, dans la figure 146, une photographie d'une plante qui poussait en Suède dans la localité où le professeur Fries a réalisé son excellent travail d'étude et de recherche sur les champignons. C'est un spécimen typique de cette espèce. Il a été rassemblé et photographié par M. CG Lloyd.

On le trouve de juin à octobre. Pas toxique, mais pas bon.

Russule foetens . Le P.

Russula fétide . Non comestible.

Photo de CG Lloyd.

Figure 147. — Russule foetens .

Fœtens signifie puant.

Le chapeau est large de quatre à six pouces, blanc sale ou jaunâtre ; chair fine; d'abord hémisphérique, puis élargi, presque plan, souvent déprimé au centre ; recouvert d'une pellicule adnée; visqueux par temps humide; largement strié-tuberculé sur la marge, qui est d'abord incurvée.

Les branchies sont annexées , reliées par des veines, serrées, irrégulières, souvent fourchues, plutôt larges, blanchâtres, devenant ternes lorsqu'elles sont meurtries, exsudant d'abord des gouttes aqueuses.

La tige est grosse, farcie, puis creuse, concolore, longue de deux à quatre pouces. Les spores sont petites, échinulées, presque rondes.

J'ai trouvé les plantes très généralement répandues dans tout l'État. C'est très grossier et peu attrayant. Son odeur et son goût sont mauvais. Trouvé de juillet à octobre. Ces plantes sont largement répandues et généralement assez abondantes.

Russule alutacée . Le P.

RUSSULA DE COULEUR BEIGE . COMESTIBLE.

FIGURE 148. — Russule alutacée . Deux tiers grandeur nature. Casquettes couleur chair. Branchies larges et jaunâtres.

Alutacea , cuir tanné. Le chapeau est de couleur chair, parfois rouge ; chair blanche; en forme de cloche, puis convexe ; élargi, avec une couverture visqueuse, devenant pâle ; légèrement déprimé; même; marge inclinée à fine, striée.

Les branchies sont larges, ventriques, libres, épaisses, un peu éloignées, égales, jaunes, puis ocres.

La tige est grosse, solide et régulière ; blanc, bien que certaines parties de la tige soient rouges, parfois violettes ; ridé dans le sens de la longueur ; spongieux. Les spores sont jaunes.

Le goût est doux et agréable lorsqu'il est jeune, mais assez âcre lorsqu'il est vieux. L'Alutacea sera surtout connue par son goût doux, ses branchies larges et jaunes. Il est assez commun, mais ne pousse pas en groupe. C'est sucré et noisette.

De juillet à octobre.

Russule ochrophylle . Pk.

OCREY GILLED RUSSULA . COMESTIBLE.

Ochrophylla vient de deux mots grecs signifiant *ocre* et *feuille* , en raison de ses branchies de couleur ocre.

Le chapeau est large de deux à quatre pouces, ferme, convexe, devenant presque plan ou légèrement déprimé au centre ; même, ou rarement très légèrement strié sur la marge lorsqu'il est vieux ; violet ou rouge violacé foncé; chair blanche, violacée sous la cuticule adnée ; goût doux.

Les branchies sont entières, quelques-unes fourchues à la base, subdistantes , adnées au début jaunâtres, devenant brillantes, ocre-chamois à maturité et saupoudrées par les spores, les espaces intermédiaires quelque peu veneux .

La tige est égale ou presque, solide ou spongieuse à l'intérieur, teintée de rougeâtre ou de rose, plus pâle que le chapeau. Les spores sont brillantes, ocre chamois, globuleuses, verruculeuses , larges de 0,0004 pouce . *Picorer.*

C'est l'une des Russulas les plus faciles à déterminer en raison de sa calotte violette ou rouge violacé, de ses branchies entières, d'abord jaunâtres, puis chamois brillant ocre à maturité. Le goût est doux et la saveur assez bonne.

Il existe également une plante au chapeau violacé et à la tige blanche, appelée Russula. ochrophylle albipes . Pk. Il s'accorde tout à fait avec le premier dans ses qualités comestibles.

R. ochrophylla se rencontre dans les bois, notamment sous les chênes, en juillet et août.

Russule lépide . Le P.

RUSSULA SOIGNÉE . COMESTIBLE.

FIGURE 149. — Russule lépide . Deux tiers grandeur nature. Chapeaux rouge violacé avec plus ou moins de brun.

Lepida, de *lepidus* , soigné.

Le chapeau ferme, solide ; variant en couleur du rouge vif au violacé terne et atténué avec un brun distinct ; compact; convexe, puis déprimé, sec et non poli ; marge uniforme, parfois craquelée et écailleuse, non striée.

Les branchies sont blanches, larges, principalement régulières, parfois fourchues, très cassantes, arrondies, quelque peu encombrées, reliées par des nervures, parfois rouges sur le bord, surtout près de la marge.

La tige est solide, blanche, généralement teintée et striée de rose, compacte et régulière.

La surface est mate, comme avec une fine poussière ou une fleur semblable à une prune, et donc sans polissage. Souvent, la surface paraît presque veloutée. Les teintes de la chair et des branchies seront uniformes. La plante crue a un goût sucré et semblable à celui d'une noix. C'est une belle espèce, dont la couleur est en moyenne sous la teinte générale d'un rouge foncé et tamisé, tendant vers le marron. C'est tout simplement délicieux lorsqu'il est bien cuit. Trouvé dans les bois de juillet à septembre.

Russule cyanoxantha . Le P.

RUSSULA BLEUE ET JAUNE . COMESTIBLE.

Cyanoxantha , issu de deux mots grecs, bleu et jaune, désignant la couleur de la plante.

Le chapeau est de couleur assez variable, allant du lilas ou violacé au verdâtre ; disque jaunâtre, marge bleuâtre ou violet livide ; convexe, puis plan, déprimé au centre ; marge légèrement striée, parfois ridée.

Les branchies sont arrondies derrière, reliées par des veines, fourchues, blanches, légèrement encombrées.

La tige est solide, spongieuse, bourrée, creuse à l'âge adulte, égale, lisse et blanche.

La couleur du capuchon est assez variable mais la combinaison particulière de couleurs aidera l'élève à le distinguer. C'est une belle plante et l'une des meilleures Russulas à manger. Le mangeur de champignons s'estime en effet chanceux lorsqu'il peut trouver un panier plein de cette espèce après que « l'écureuil menuisier » ait satisfait son amour pour cette bonne chose particulière. Il est assez commun dans les bois d'août à octobre.

Russule vesca . Le P.

RUSSULE COMESTIBLE . COMESTIBLE.

Vesca de vesco , pour se nourrir. Le chapeau a une largeur de deux à trois pouces ; chair rouge, disque plus foncé ; charnu; ferme; convexe, avec une légère dépression au centre, puis en forme d'entonnoir ; légèrement ridé; marge égale ou légèrement striée.

Branchies adnées, plutôt encombrées, inégales, fourchues et blanches.

La tige est ferme, solide, parfois particulièrement réticulée, effilée à la base. Les spores sont globuleuses, épineuses et blanches. Je l'ai fréquemment trouvé près de Salem, O., dans de minces bois de châtaigniers et dans des pâturages sous ces arbres. Un amateur de champignons sera largement payé pour ses longs vagabonds s'il trouve un panier rempli de ces friandises. Il est doux et sucré lorsqu'il est cru. On le trouve dans les bois clairs et en lisière des bois, parfois sous les arbres des pâturages, d'août à octobre.

Russula virescens. Le P.

LA RUSSULE VERTE . COMESTIBLE.

FIGURE 150. — Russula virescens. Deux tiers grandeur nature. Casquettes vert pâle. Branchies blanches.

Virescens, étant vert. Le Chapeau est vert grisâtre ; d'abord globuleux, puis élargi, convexe, enfin déprimé au centre ; ferme, ornée de taches squameuses verdâtres ou jaunes, produites par le craquelage de la peau ; deux à quatre pouces de large, marge striée, souvent blanche.

Les branchies sont blanches, moyennement fermées, libres ou presque, étroites à mesure qu'elles se rapprochent de la tige, certaines étant fourchues, d'autres non ; très fragile, se brisant au moindre contact.

La tige est plus courte que le diamètre du chapeau, lisse, blanche et solide ou spongieuse. Les spores sont blanches, rugueuses et presque globuleuses.

Cette plante a un goût particulièrement sucré et noisette lorsqu'elle est jeune et non fanée. Toutes les Russulas doivent être consommées fraîches. J'ai trouvé la plante dans tout l'état de manière assez générale. C'est un favori des écureuils. Vous les retrouverez souvent à moitié mangés par ces petits grignoteurs. Trouvé dans les bois ouverts de juillet à septembre. C'est l'un des champignons les plus agréables à manger et très facilement identifiable. C'est assez courant à Chillicothe, Ohio. Sa couleur moisie n'est pas aussi attrayante que les teintes plus vives de nombreux champignons beaucoup moins délicieux, mais elle résiste à l'épreuve d'utilisation.

Russule variable . Interdire.

RUSSULE VARIABLE . COMESTIBLE.

Le chapeau est ferme, convexe, devenant déprimé au centre ou quelque peu en forme d'entonnoir, visqueux, même sur la fine marge, violet rougeâtre, souvent panaché de vert, vert pois parfois varié de violet, chair blanche, goût âcre ou tardivement âcre.

Les branchies sont fines, étroites, rapprochées, souvent fourchues, effilées vers chaque extrémité, adnées ou légèrement décurrentes, blanches.

La tige est égale ou presque, solide, parfois caverneuse, blanche. Les spores sont blanches, subglobuleuses , de 0,0003 à 0,0004 pouce de long et de 0,0003 de large. *Peck* , représentant Bot d'État, 1905.

Cette plante pousse dans les hêtraies ouvertes, plutôt humides, et apparaît en juillet et août. Les calottes sont souvent violet foncé, souvent teintées de rouge, et parfois les calottes contiennent des nuances de vert. J'ai trouvé ces plantes en abondance à Woodland Park, près de Newtonville , Ohio, en juillet 1907. Nous les avons mangées à plusieurs reprises et les avons trouvées très bonnes. La marge verdâtre et le centre violacé marqueront la plante.

Russula intégrale. Le P.

RUSSULE ENTIÈRE . COMESTIBLE.

Integra, entière ou entière. Le chapeau a trois ou quatre pouces de diamètre, charnu ; généralement rouge, mais changeant de couleur ; élargie, déprimée, avec une cuticule visqueuse, pâlissant. Marge fine, sillonnée et tuberculée. Chair blanche, parfois jaunâtre dessus.

La tige est d'abord courte et conique, puis en forme de massue ou ventrique, parfois de trois pouces de longueur et jusqu'à un pouce d'épaisseur ; spongieux, farcis, généralement striés ; uniforme et blanc brillant.

Les branchies sont quelque peu libres, très larges, parfois de trois quarts de pouce ; égales ou bifides au niveau de la tige, assez distantes et reliées par des nervures ; pâle ou blanc, longuement jaune clair, poudré de jaune avec les spores.

Bien que son goût soit doux, il est souvent astringent. L'une des espèces les plus changeantes de toutes, notamment par la couleur du chapeau, qui, bien que typiquement rouge, tend souvent vers le bleu azur, le brun bai, l'olivacé, etc. Il arrive parfois que les branchies soient stériles et restent blanc. *Fries.*

Les spores sont sphéroïdes, épineuses, ocre pâle.

R. integra ressemble si étroitement à R. alutacea que pour les distinguer, il faut connaître les deux plantes, et même dans ce cas, on peut ne pas en être tout à fait sûr ; mais peu importe car ils sont tout aussi bons. Ses branchies poudreuses aideront à distinguer R. integra de R. alutacea . Trouvé de juillet à octobre.

Russule des roses . (secr) Bres.

RUSSULA À TIGE ROSE . COMESTIBLE.

FIGURE 151. — Russule des roses . Taille naturelle.

Roseipes vient de *rosa* , une rose ; *pes* , un pied; ainsi appelé en raison de sa tige rose ou rosâtre.

Le chapeau est large de deux à trois pouces, convexe, devenant presque plan ou légèrement déprimé ; d'abord visqueux, bientôt sec, devenant légèrement strié sur le bord ; rouge rosé diversement modifié par des teintes roses, oranges ou ochracées, devenant parfois plus pâle avec l'âge ; goût doux.

Les branchies sont moyennement fermées, presque entières, arrondies en arrière et légèrement annexées , ventriceuses, blanchâtres devenant jaunes.

La tige mesure un à trois pouces de long, légèrement effilée vers le haut, bourrée ou quelque peu caverneuse, blanche teintée de rouge. Les spores sont jaunes, rondes. *Peck* , 51 R.

Cette plante est largement répandue du Maine à l'Ouest. Il pousse mieux dans les bois de pins et de pruches, mais on le trouve parfois dans les bois mixtes. On le trouve en juillet et août.

Russula fragile. Le P.

LA TENDRE RUSSULA .

FIGURE 152. — Russula fragilis.

Fragilis signifie fragile.

Le chapeau est plutôt petit, couleur chair ou rouge, ou rougeâtre ; mince, charnu seulement au niveau du disque ; d'abord convexe et souvent umbonée, puis plane, déprimée ; cuticule fine, devenant pâle, visqueuse par temps humide, bord tuberculé-strié.

Les branchies sont fines, ventriceuses, blanches, légèrement annexées , égales, serrées, parfois légèrement érodées au bord. Les spores mesurent minutieusement echinulate, 8–10×8μ.

La tige est farcie, creuse, d'un blanc brillant.

Tout aussi âcre que R. emetica , à laquelle il ressemble à bien des égards, notamment aux plantes plus petites. Il se distingue par ses calottes plus fines, ses branchies plus fines et plus encombrées, plus ventricieuses et souvent légèrement érodées au bord. Il est généralement classé parmi les champignons vénéneux ; mais le capitaine Charles McIlvaine dit dans son livre : "Bien qu'il soit du genre poivré , je n'ai pas, après quinze ans de consommation, eu de raison de remettre en question sa comestibilité." Je devrais conseiller la prudence. Mangez-en avec parcimonie jusqu'à être sûr de ses effets. Trouvé dans les bois de juillet à octobre.

Russule émétique . Le P.

RUSSULA ÉMÉTIQUE .

FIGURE 153. — Russule émétique . Deux tiers grandeur nature. Casquettes rose-rouge à jaune-rouge. Branchies blanches.

Emetica signifie rendre malade, inciter à vomir. Le chapeau est charnu, assez visqueux, expansé, poli, brillant, ovale ou en cloche lorsqu'il est jeune ; sa couleur est très variable du rose-rouge au jaune-rouge voire violet ; marge ridée, chair blanche.

Les branchies sont libres, égales, larges, distantes, blanches. Les spores sont rondes, 8μ.

La tige est grosse, solide, quoique parfois spongieuse, farcie, uniforme, blanche ou rougeâtre. Les spores sont blanches, rondes et épineuses.

Cette espèce se reconnaît à son goût très âcre et à ses branchies libres. Un canal distinct sera visible entre les branchies et la tige. Ce très joli champignon est assez commun dans la plupart des régions de l'Ohio. Je l'ai trouvé en abondance à Salem, Bowling Green, Sidney et Chillicothe, tous dans cet état.

Le capitaine McIlvaine déclare qu'il en a mangé à plusieurs reprises et cite un certain nombre d'autres qui en ont mangé sans mauvais résultats, même si le poids de l'autorité le qualifierait de réprouvé. Je suis heureux de rapporter quelque chose en sa faveur, car c'est une belle plante, mais je dois conseiller la prudence dans son utilisation.

On le trouve dans les bois ouverts ou dans les pâturages sous les arbres, de juillet à octobre. Son capuchon visqueux le distinguera.

Russule furcata . Le P.

RUSSULA À BRANCHIES FOURCHUES . COMESTIBLE.

FIGURE 154. — Russule furcata . Deux tiers grandeur nature. Coiffes d'ombre verdâtre à rougeâtre.

Furca, une fourchette, ainsi appelée à cause de la fourche des branchies. Ceci n'est cependant pas particulier à cette espèce. Le chapeau a une largeur de deux à trois pouces ; verdâtre, généralement terre d'ombre verdâtre, parfois rougeâtre ; charnu; compact; presque ronde, puis élargie, déprimée au centre ; même; lisse; souvent parsemée d'un éclat soyeux, pellicule séparable, marge d'abord infléchie, puis élargie, toujours régulière, parfois tournée vers le haut. La chair est ferme, blanche, sèche, un peu ringarde.

Les branchies sont adnées ou légèrement décurrentes, quelque peu encombrées, larges, rétrécies aux deux extrémités, beaucoup fourchues et d'un blanc brillant. Les spores, 7–8×9μ.

La tige mesure deux à trois pouces de long, solide, blanche, plutôt ferme, égale, égale ou effilée vers le bas. Les spores sont rondes et épineuses.

Je l'ai trouvé fréquemment sur les coteaux boisés de l'État. Le goût cru est doux au début, mais développe rapidement une légère amertume qui se perd cependant à la cuisson. Frits au beurre, ils sont excellents. Juillet à octobre.

Russula rubra, P.

RUSSULE ROUGE .

FIGURE 155. — Russula rubra. Deux tiers grandeur nature. Coiffes vermillon brillant. Branchies fourchues et teintées de rouge.

Rubra signifie rouge, ainsi appelé parce que le chapeau est un vermillon concolore et brillant ; voyante, devenant pâle avec l'âge, le centre de la calotte généralement plus foncé ; compact, dur, fragile, convexe, expansé, quelque peu déprimé, sec, sans pellicule, souvent fissuré avec l'âge. La chair est blanche, souvent rougeâtre sous la cuticule.

Les branchies sont adnées, plutôt encombrées, blanches d'abord, puis jaunâtres, beaucoup fourchues et quelques courtes entremêlées, fréquemment teintées de rouge sur le bord. Spores 8–10µ, cystides pointues.

La tige mesure deux à trois pouces de long, solide, uniforme, blanche, souvent avec une légère teinte rougeâtre. Les spores sont presque rondes et blanches.

Son goût est très âcre, et à cause de cette âcreté, on le considère généralement comme un poison, mais le capitaine McIlvaine dit qu'il n'hésite pas à le cuisiner seul ou avec d'autres Russulae . On le trouve très généralement dans l'état et il est assez abondant dans les bois autour de Chillicothe, de juillet à octobre.

Russule purpurine . Quel et Schulz.

La Russule Pourpre . Comestible.

FIGURE 156. — Russule purpurine . Deux tiers grandeur nature. Casquettes rose rosé à jaune clair. Branchies jaunâtres en âge.

Purpurina signifie violet. Le chapeau est charnu, à bord aigu, subglobuleux , puis plan, longuement déprimé au centre, légèrement visqueux par temps humide, non strié, souvent fendu, pellicule séparable, rose rosé, pâle à jaune clair.

Les branchies sont nombreuses chez les jeunes, puis subdistantes , blanches, jaunâtres avec l'âge, atteignant la tige, peu rétrécies en arrière, presque égales, non fourchues.

La tige est bourrée, spongieuse, très variable, cylindrique, atténuée dessus, rose rosé, devenant plus pâle vers la base, de couleur obscure avec l'âge. La chair est fragile, blanche, rougeâtre sous la peau ; odeur légère et goût doux. Les spores sont blanches, globuleuses, parfois subelliptiques , longues de 4 à 8μ, finement verruqueuses . *Peck* , 42 Rept., Bot de l'État de New York.

Ce n'est pas une grande plante, mais elle peut être facilement identifiée par sa tige rouge ou rougeâtre, son goût doux et ses spores blanches. Trouvé dans les bois ouverts en juillet et août.

Russule densifolia . Gillet.

FIGURE 157. — Russule densifolia . Deux tiers grandeur nature. Casquettes blanchâtres, devenant gris fuligineux. Chair devenant rouge lorsqu'elle est exposée à l'air.

Densifolia fait référence à l'encombrement des branchies.

Le chapeau est de trois à quatre pouces de large, charnu, assez compact, convexe, expansé, puis déprimé, bord infléchi, lisse, non strié, blanc ou blanchâtre, devenant fuligineux, gris ou brunâtre, bien noir au centre, rouge chair quand cassé.

Les branchies sont attachées à la tige, quelque peu décurrentes, inégales, fines, serrées, blanches ou blanchâtres, avec une teinte rosée. Spores, 7–8µ.

La tige est courte, légèrement farineuse, blanche, puis grise, enfin noirâtre, lisse, ronde, devenant rouge ou brune à la manipulation.

Il diffère de *R. nigricans* par sa taille beaucoup plus petite et ses branchies bondées. Il diffère de *R. adusta* par sa chair virant au rouge lorsqu'elle est cassée. La chair ou la substance est d'abord blanche, virant au rouge lorsqu'elle est exposée à l'air, puis noirâtre. Cette plante n'est pas abondante dans cet état. J'ai trouvé un certain nombre de plantes sur Cemetery Hill, où du schiste avait été déversé sous un grand hêtre. Trouvé en juillet et août.

Cantharellus. Adanson .

Cantharellus signifie une petite tasse à boire ou un vase. Ce genre se distingue de tous les autres genres par le caractère de ses branchies qui sont assez émoussées sur le bord, comme des plis, polies et pour la plupart fourchues ou ramifiées. Chez certaines espèces, les branchies varient en épaisseur et en nombre. Elles sont décurrentes, repliées, plus ou moins épaisses et renflées.

Les spores sont blanches. Ils poussent sur le sol, sur du bois pourri et parmi la mousse. Ils semblent se plaire dans les endroits humides et ombragés.

Cantharellus cibarius. Le P.

LE CANTHARELLUS COMESTIBLE.

PLANCHE XXII. FIGURE 158.— CANTHARELLUS CIBARIUS.
Taille naturelle. Plante entière jaune d'oeuf.

Cibarius signifie relatif à la nourriture. Cette plante est fréquemment appelée Chanterelle. La plante entière est d'un riche jaune d'œuf. Le chapeau est charnu, d'abord convexe, puis plat, large de trois à cinq pouces, déprimé au centre, enfin en forme d'entonnoir ; jaune vif à foncé; ferme, lisse, mais souvent irrégulière, son bord souvent ondulé ; chair blanche, le capuchon a l'apparence d'un cône inversé.

Les branchies sont décurrentes, peu profondes et cannelées, ressemblant à des veines gonflées, ramifiées, plus ou moins interconnectées et effilées vers le bas sur la tige, de couleur identique à celle du chapeau.

La tige est solide, de longueur variable, souvent courbée, s'effilant vers la base, plus pâle que le chapeau et les branchies.

Il pousse dans les bois et dans les endroits plutôt ouverts. Je l'ai trouvé en grande abondance dans les bois de Stanley, près de Damas, Ohio. Je l'ai trouvé très souvent à propos de Chillicothe. La plante a une forte odeur de pruneau ; lorsqu'ils sont dégustés crus, ils sont poivrés et piquants mais sucrés et tout à fait délicieux une fois cuits. Mes amis et moi-même l'avons mangé et l'avons déclaré très bon. Les plantes de la figure 158 ont été récoltées près de Columbus, Ohio, et photographiées par le Dr Kellerman.

L'espèce est assez commune dans l'État et se rencontre de juin à septembre.

Cantharellus aurantiacus . Le P.

Fausse Chantarelle.

Photo de CG Lloyd.

Figure 159. — Cantharellus aurantiacus . Un tiers de taille naturelle. Casquettes jaune orangé. Branchies jaunes et fourchues.

Aurantiacus signifie jaune orangé. Le chapeau est charnu, mou, déprimé, duveteux, le bord fortement incurvé lorsqu'il est jeune, chez les plantes matures il est ondulé ou lobé ; couleur jaunâtre terne, généralement brunâtre.

Les branchies sont serrées, droites, orange foncé, ramifiées, avec une bifurcation régulière.

La tige est de couleur plus claire que le chapeau, solide au début, spongieuse, bourrée, creuse, inégale, effilée vers le haut et quelque peu courbée.

On le qualifie généralement de toxique, mais certaines autorités compétentes affirment qu'il est sain. Je ne l'ai jamais mangé plus loin que cru. Elle se distingue facilement des espèces comestibles par sa calotte orange terne et ses branchies orange, plus fines, plus rapprochées et plus régulièrement fourchues que celles de la Chantarelle comestible. Il pousse dans les bois et les lieux ouverts. Trouvé de juillet à septembre.

Cantharellus floccosus . Schw .

LE CANTHARELLUS LAINEUX. COMESTIBLE.

Photo de CG Lloyd.

PLANCHE XXIII. FIGURE 160.— CANTHARELLUS FLOCCOSUS .

Floccosus signifie floconneux ou laineux.

Le chapeau au sommet mesure de un à deux pouces de large, charnu, allongé en forme d'entonnoir ou de trompette, floccose- squameux , jaune ocre.

Les branchies sont veineuses, proches, très anastomosées au-dessus, longues décurrentes et subparallèles en dessous, concolores.

La tige est très courte, épaisse et assez profondément enracinée. Les spores sont elliptiques, 12,5–15×7,6 μ. *Peck* , 23e Rep., New York

Cette plante est en forme d'entonnoir presque jusqu'à la base de la tige. C'est une petite plante, ne dépassant jamais quatre pouces de hauteur. Je l'ai trouvé à Haynes's Hollow, dans des bois plutôt ouverts, sur des collines moussues. Juillet et Août.

Cantharellus brevipes . Pk.

Le Cantharellus à tige courte. Comestible.

Brevipes vient de *brevis* , court ; *pes* , pied; ainsi appelé en raison de sa tige courte.

Le chapeau est charnu, obconique, glabre, alutacé ou terne, de couleur crème, le mince bord dressé , souvent irrégulier et lobé, teinté de lilas chez le jeune plant ; plis nombreux, presque droits dans la marge, abondamment anastomosés en dessous ; terre d'ombre pâle, teintée de lilas.

La tige est courte, tomenteuse-pubescente, de couleur cendrée, solide, souvent effilée vers le bas. Spores jaunâtres, oblongues-elliptiques, uninucléées, 10–12×5μ. *Peck* , 33e représentant, New York

La plante est petite ; chez nous, pas plus de trois pouces de haut et le chapeau pas plus de deux pouces de large au sommet. Il diffère quelque peu par la couleur, par le caractère des plis et matériellement par la forme du bord du chapeau. Trouvé occasionnellement sur les flancs des collines du canton de Huntington, près de Chillicothe, de juillet à août.

Cantharellus cinnabarinus . Schw .

LE CINABRE CANTHARELLUS. COMESTIBLE.

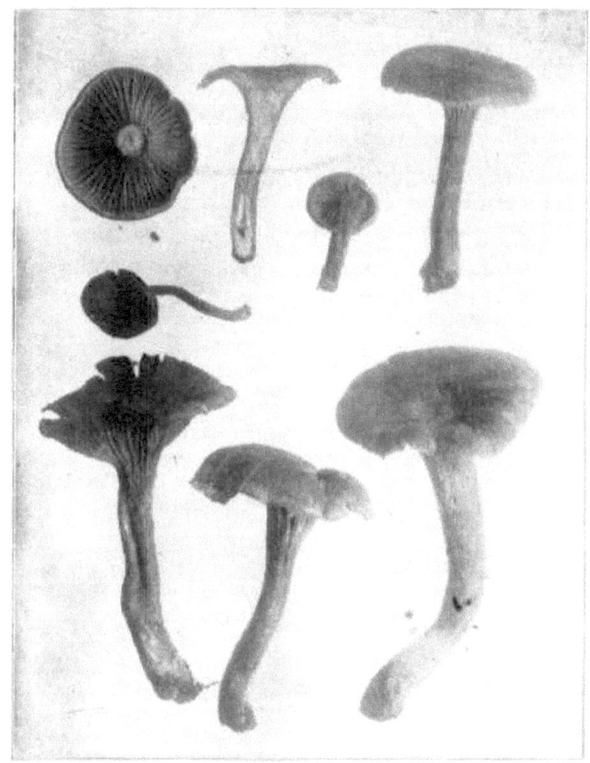

FIGURE 161. — Cantharellus cinnabarinus . Chapeau et tige cinibar rouge, chair blanche. Taille naturelle.

Cinnabarinus signifie rouge cinabre, en référence à la couleur de la plante.

Le chapeau est ferme, convexe ou légèrement déprimé au centre, souvent irrégulier avec un bord ondulé ou lobé ; glabre, rouge cinabre, chair blanche.

Les branchies sont étroites, distantes, ramifiées, décurrentes, de la même couleur que la calotte, ternes sur le bord.

La tige est égale ou effilée vers le bas, glabre, solide, parfois bourrée, rouge cinabre.

Les spores sont elliptiques, de 8 à 10 μ de long et de 4 à 5 μ de large.

Personne n'aura de difficulté à identifier cette plante, puisque sa couleur suggère d'emblée son nom. C'est assez courant à Chillicothe et dans tout l'État. On le trouve fréquemment avec Craterellus cantharellus . C'est une très jolie plante, poussant dans les bois ouverts ou au bord des chemins dans les bois. Il se conservera un certain temps après sa récolte. On le trouve de juillet à octobre.

Cantharellus infundibuliformis . Le P.

Cantharellus en forme d'entonnoir.

Infundibuliformis signifie en forme d'entonnoir.

Le chapeau est large d'un à deux pouces et demi, quelque peu membraneux , ombiliqué, puis infundibuliforme, généralement perforé à la base et s'ouvrant dans la cavité de la tige, rugueux et floconneux en surface, gris jaunâtre ou fumé lorsqu'il est humide, pâle une fois sec, devenant ondulé.

Les branchies sont décurrentes, épaisses, distantes, régulièrement fourchues, droites, jaunes ou cénerées , longuement pruineuses.

La tige a deux à trois pouces de long, creuse, régulière, lisse, toujours jaune, légèrement épaissie à la base. Les spores sont elliptiques, lisses, 9–10×6µ.

Ils poussent sur le sol, surtout là où le bois s'est décomposé et est devenu une partie du sol. Ils poussent également sur du bois pourri. On les trouve de juillet à octobre.

Nyctalis . Le P.

Nyctalis vient d'un mot grec signifiant nuit.

Chapeau symétrique, chez certaines espèces portant de grosses conidies à sa surface.

Les branchies sont adnées ou décurrentes, épaisses, molles, à bord obtus.

La tige est centrale, sa substance se poursuit avec la chair du chapeau. Les spores sont incolores, lisses, elliptiques ou globuleuses. *Frites.*

Nyctalis astérophore . Le P.

Photo de CG Lloyd.

FIGURE 162. — Nyctalis astérophore .

Asterophora signifie porteur d'étoiles.

Le chapeau est large d'environ un demi-pouce et charnu ; conique, puis hémisphérique ; flocculose et plutôt farineuse, en raison des grandes conidies étoilées ; blanchâtre, puis teinté de couleur fauve.

Les branchies sont adnées, distantes, étroites, quelque peu fourchues, droites, ternes.

La tige mesure environ un demi-pouce de long, mince, tordue, farcie, blanche puis brunâtre, plutôt farineuse. Les spores sont elliptiques, lisses, 3×2μ. *Frites, Hym.*

J'ai trouvé, vers la fin août, ces plantes poussant sur des spécimens en décomposition de Russula nigricans, le long de Ralston's Run, près de Chillicothe.

Hygrophore . Le P.

Hygrophorus vient de deux mots grecs signifiant porter de l'humidité. Ainsi appelé parce que les membres de ce genre peuvent être connus grâce à leurs calottes humides et à la nature cireuse des branchies, qui les distinguent de tous les autres. Comme chez le Pleurotus, les branchies de certaines espèces sont arrondies ou échancrées à l'extrémité près de la tige, mais chez d'autres elles sont décurrentes sur celle-ci ; par conséquent, chez certaines espèces, elles ressemblent aux branchies du Tricholoma dans leur fixation, chez d'autres elles descendent sur la tige comme chez le Clitocybe . Dans beaucoup d'entre eux, le chapeau et la tige sont très visqueux, caractéristique que l'on ne retrouve pas chez les Clitocybes ; et les branchies sont généralement plus épaisses et beaucoup plus espacées que dans ce genre. Un certain nombre d'espèces sont magnifiquement colorées.

Hygrophorus pratensis. Le P.

L' HYGROPHORE DES PÂTURAGES . COMESTIBLE.

PLANCHE XXIV. FIGURE 163.— HYGROPHORUS PRATENSIS.

Pratensis, de pratum , une prairie. Le chapeau mesure un à deux pouces de large ; quand ils sont jeunes, ils sont presque hémisphériques, puis convexes, cornés ou presque plats, le centre plus ou moins convexe, comme umboné ; marge souvent craquelée, fréquemment contractée ou lobée ; blanc ou diverses nuances de jaune, chamois -rougeâtre ou brunâtre. Chair blanche, épaisse au centre, fine en marge. La tige est bourrée, atténuée vers le bas. Les branchies sont épaisses, distantes, blanches ou jaunâtres, en forme d'arc, décurrentes et reliées par des plis en forme de veines. Les spores sont blanches, largement elliptiques, longues de 0,00024 à 0,00028 pouce.

L' hygrophore des pâturages est un petit champignon d'apparence plutôt trapue. Il pousse au sol dans les pâturages, les terrains vagues, les clairières et les bois clairs, de juillet à septembre. Parfois tout blanc ou gris.

Var. cinereus, le P. Chapeau et branchies gris. La tige blanchâtre et élancée.

Var. pallidus, B. & Br. Chapeau déprimé, bord ondulé, entièrement ocre pâle.

Cette espèce diffère principalement de H. leporinus en ce que ce dernier est assez floconneux sur le chapeau.

Hygrophore éburnéus . Taureau.

Hygrophore blanc brillant . Comestible.

Photo de CG Lloyd.

Figure 164. — Hygrophore éburnéus .

Eburneus vient de *l'ebur* , l'ivoire. Le chapeau est large de deux à quatre pouces, parfois mince, parfois quelque peu compact, blanc ; très visqueux ou gluant par temps humide et glissant au toucher ; marge inégale, parfois ondulée ; lisse et brillant. Lorsqu'il est jeune, la marge est incurvée.

Les branchies sont fermes, distantes, droites, fortement décurrentes, avec des élévations en forme de veines près de la tige. Les spores sont blanches, plutôt longues.

La tige est inégale, tantôt longue, tantôt courte ; farcies, puis creuses, effilées vers le bas, ponctuées au-dessus d'écailles granuleuses. L'odeur et le goût sont plutôt agréables. On le trouve dans les bois et les pâturages de toutes les régions de l'Ohio, mais il n'est abondant nulle part. Je ne l'ai trouvé que dans les bois humides de Chillicothe. Août à octobre.

Hygrophore cossus . Truie.

Cossus, parce qu'il sent la chenille, Cossus ligniperda .

Le chapeau est petit, assez visqueux, brillant une fois sec, blanc avec une teinte jaune, bord nu, très parfumé.

Les branchies sont quelque peu décurrentes, fines, distantes, droites et fermes.

La tige est bourrée, presque égale, ponctuée de scorbut vers le haut. Spores 8×4. Trouvé dans les bois. La forte odeur servira à identifier l'espèce.

Hygrophore chlorophane . Le P.

HYGROPHORE JAUNE VERDÂTRE .

Chlorophanus vient de deux mots grecs signifiant apparaître jaune verdâtre.

Le chapeau est large d'un pouce, généralement jaune soufre brillant , parfois teinté d'écarlate, ne changeant pas de couleur ; légèrement membraneuse , très fragile, souvent irrégulière, à bord fendu ou lobé, d'abord convexe, puis élargi ; lisse, visqueux, marge striée.

Les branchies sont émarginées, annexées , assez ventricieuses, avec une fine dent décurrente, fine, subdistante , distincte, jaune pâle.

La tige mesure deux à trois pouces de long, creuse, égale, ronde, visqueuse lorsqu'elle est humide, brillante lorsqu'elle est sèche, entièrement unicolore, d'un jaune clair riche.

Les spores sont légèrement elliptiques, 8×5μ.

Cette espèce ressemble en apparence à H. ceraceus , mais elle peut être identifiée par ses branchies émarginées et sa forme un peu plus grande. La plante a une large distribution, ayant été trouvée depuis les États de la Nouvelle-Angleterre jusqu'au Middle West. On le trouve dans les endroits humides et moussus d'août à octobre. Je n'ai aucun doute sur sa comestibilité. Il a un goût doux et agréable lorsqu'il est consommé cru.

Hygrophore cantharellus . Schw .

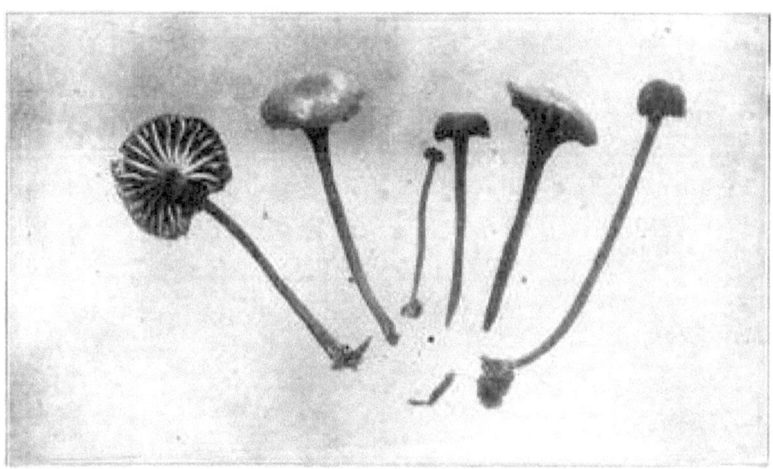

FIGURE 165. — Hygrophore cantharellus . Taille naturelle. Casquettes rouge vif.

Cantharellus signifie un petit vase.

Le chapeau est mince, convexe, longuement ombiliqué ou déprimé au centre, finement squamuleux, humide, rouge vif, devenant orange ou jaune.

Les branchies sont distantes, subarquées , décurrentes, jaunes, parfois teintées de vermillon.

La tige mesure un à trois pouces de long, lisse, égale, sous-solide, devenant parfois creuse, concolore, blanchâtre à l'intérieur. *Picorer.*

J'ai trouvé sur Chillicothe un certain nombre de variétés données par le Dr Peck.

Var. saveur. Chapeau et tige jaune pâle. Branchies arquées, fortement décurrentes.

Var. flavipes . Chapeau rouge ou rougeâtre. Tige jaune.

Var. flaviceps . Chapeau jaune. Tige rougeâtre ou rouge.

Var. rose. Le chapeau est-il élargi et la marge ondulée est festonnée.

Trouvé de juillet à septembre.

Hygrophore cocciné . Le P.

L' Hygrophore écarlate . Comestible.

Coccineus , relatif à l'écarlate. Le chapeau est fin, convexe, obtus, visqueux, écarlate, devenant pâle, lisse, fragile.

Les branchies sont attachées à la tige, avec une dent décurrente, reliées par des nervures de couleurs variées.

La tige est creuse et comprimée, plutôt régulière, non glissante, écarlate près du chapeau, jaune à la base.

Cette plante, lorsqu'elle est jeune, est d'un écarlate brillant, mais elle vire rapidement au jaune clair avec l'âge. Il est assez fragile et sa taille varie très fortement selon les localités. Trouvé dans les bois et les pâturages de juillet à octobre.

Hygrophore conique . Le P.

HYGROPHORE CONIQUE . COMESTIBLE.

FIGURE 166. — Hygrophore conique .

Le chapeau est d'un à deux pouces de large, extrêmement conique, sous-membrané , lisse, quelque peu lobé, longuement élargi et rimeux ; devenant noir, comme le fait la plante entière lorsqu'elle est cassée ou meurtrie; orange, jaune, écarlate, marron, sombre.

Les branchies sont libres ou annexées , épaisses, atténuées, ventriceuses, jaunâtres avec souvent une teinte cinéreuse, ondulées, plutôt encombrées.

La tige mesure trois à quatre pouces de long, creuse, cylindrique, fibrilleuse, striée, colorée comme le chapeau, devenant noire lorsqu'on la manipule.

Cette plante est assez fragile. Il peut être identifié par sa couleur noire lorsqu'il est meurtri. Elle apparaît parfois au début du printemps et se poursuit jusqu'à la fin de l'automne. Il n'est pas abondant mais on ne le trouve qu'occasionnellement au sol dans les bois et les lieux découverts.

Hygrophore flavodiscus . Gel.

HYGROPHORUS À DISQUE JAUNE . COMESTIBLE.

FIGURE 167. — Hygrophore flavodiscus . Taille naturelle. Le gluten est représenté reliant le bord du capuchon à leur tige.

Flavodiscus signifie disque jaune.

Le chapeau est large d'un demi à trois pouces, charnu, convexe ou presque plan, glabre, très visqueux ou gluant, blanc, jaune pâle ou jaune rougeâtre au centre, chair blanche.

Les branchies sont adnées ou décurrentes, subdistantes , blanches, parfois légèrement teintées de couleur chair, les espaces intermédiaires parfois veineux .

La tige mesure un à trois pouces de long, solide, subégale, très visqueuse ou gluante, blanche au sommet, blanche ou jaunâtre ailleurs. Les spores sont elliptiques, blanches, de 0,00025 à 0,0003 pouce de long et de 0,00016 à 0,0002 de large.

Ces champignons font un plat délicieux. Les spécimens sur la photographie ont été rassemblés à West Gloucester, Massachusetts, par Mme EB Blackford, de Boston. Je les ai trouvés à propos de Chillicothe. Ils sont très visqueux, comme le montrent les plantes de la figure 167. Les coiffes sont épaisses et la marge enroulée . On les trouve en octobre et novembre.

Hygrophore speciosus . Pk.

HYGROPHORE VOYANT . COMESTIBLE.

FIGURE 168. — Hygrophore speciosus .

Speciosus signifie beau, voyant ; ainsi appelé à cause de la couleur écarlate de l'umbo. Le chapeau a un à deux pouces de diamètre, largement convexe, souvent avec un petit umbo central ; glabre, très visqueux ou gluant lorsqu'il est humide ; jaune, généralement rouge vif ou écarlate au centre ; chair blanche, jaune sous la pellicule fine et séparable.

Les branchies sont distantes, décurrentes, blanches ou légèrement teintées de jaune.

La tige mesure de deux à quatre pouces de long, presque égale, solide, visqueuse, légèrement fibrilleuse, blanchâtre ou jaunâtre. Les spores sont elliptiques, longues de 0,0003 pouce et larges de 0,0002. *Picorer.*

C'est une plante très belle et voyante. Il pousse dans les endroits marécageux et sous les mélèzes laricins. Les spécimens de la figure 168 ont été trouvés dans le Massachusetts par Mme Blackford et photographiés par le Dr Kellerman. On le trouve en septembre et août.

Hygrophore fuligineus . Gel.

Hygrophore fuligineux . Comestible.

FIGURE 169. — Hygrophore fuligineus . Taille naturelle. Le spécimen à droite est H. caprinus .

Fuligineus signifie fuligineux ou enfumé.

Le chapeau est large d'un à quatre pouces, convexe ou presque plan, glabre, très visqueux ou gluant, brun grisâtre ou fuligineux, le disque souvent plus foncé ou presque noir.

Les branchies sont subdistantes , adnées ou décurrentes, blanches.

La tige mesure de deux à quatre pouces de long, solide, visqueuse ou gluante, blanche ou blanchâtre. Les spores sont elliptiques, de 0,0003 à 0,00035 pouce de long et de 0,0002 de large. *Peck* , n° 4, vol. 3.

Cette espèce est fréquemment associée à H. flavodiscus , à laquelle elle ressemble de très près, sauf en termes de couleur. Lorsqu'ils sont humides, le chapeau et les tiges sont recouverts d'une épaisse couche de gluten, et lorsque les chapeaux sont secs, cela leur donne un aspect verni. Je ne les trouve pas abondants ici. Les plantes de la figure 169 ont été trouvées par Mme Blackford près de West Gloucester, Massachusetts. On les trouve en octobre et novembre.

Hygrophore caprin . Portée.

L' HYGROPHORE DE CHÈVRE . COMESTIBLE.

Caprinus signifie appartenir à une chèvre ; on l'appelle ainsi à cause des fibrilles ressemblant à des poils de chèvre.

Le chapeau est large de deux à trois pouces, charnu, fragile, conique, puis aplati et umboné, plutôt ondulé, fuligineux, fibrilleux.

Les branchies sont très larges, assez distantes, profondément décurrentes, blanches puis glauques.

La tige mesure de deux à quatre pouces de long, solide, fibrilleuse, fuligineuse, souvent striée ou striée, comme le montre la figure 169, page 212.

Les spores mesurent 10×7–8μ.

Ces plantes poussent dans les pinèdes en compagnie de H. fuligineus et H. flavodiscus . Le spécimen de droite sur la figure 169 a été trouvé près de West Gloucester, Massachusetts, par Mme Blackford. On le trouve de septembre jusqu'aux fortes gelées.

Hygrophore Laurae . Morg .

FIGURE 170. — Hygrophore Laurae .

C'est une belle plante, trouvée parmi les feuilles, et si complètement recouverte de particules de feuilles et de terre qu'il est difficile de les nettoyer. Ils sont très visqueux, tant sur la tige que sur le chapeau. On ne les trouve qu'occasionnellement dans notre État.

Le chapeau a une largeur de deux à trois pouces ; brun rougeâtre au centre, passant à un bronzage très clair sur les bords ; très visqueux; convexe; marge d'abord légèrement incurvée, puis élargie.

Les branchies sont adnées, légèrement décurrentes, peu encombrées, inégales, jaunâtres.

La tige est farcie, effilée vers le bas, blanchâtre, furfureuse près du chapeau.

J'ai trouvé cette plante à plusieurs reprises à Poke Hollow, près de Chillicothe, également dans le comté de Gallia , Ohio. Je ne l'ai pas trouvé ailleurs dans les environs. Même si je ne l'ai pas trouvé en quantité suffisante pour l'essayer

, je n'ai aucun doute sur ses qualités comestibles. Je ne l'ai trouvé que vers la fin septembre et le premier octobre. Il pousse dans les bois plutôt denses sur les flancs nord des collines, où il est constamment ombragé et humide. Nommé en l'honneur de l'épouse du professeur Morgan.

Hygrophore micropus . Pk.

HYGROPHORE À TIGE COURTE . COMESTIBLE.

Micropus signifie à tige courte. Le chapeau est fin, fragile, convexe ou centralement déprimé, ombiliqué ; soyeux, gris, souvent avec une ou deux zones étroites sur la marge ; goût et odeur farineux.

Les branchies sont étroites, rapprochées, adnées ou légèrement décurrentes, grises, devenant de couleur saumon avec l'âge.

La tige est courte, solide ou légèrement creuse, souvent légèrement épaissie au sommet, pruineuse, grise, avec un tomentum mycélioïde blanc à la base. Les spores sont anguleuses, uninucléées, de couleur saumon, de 0,0003 à 0,0004 pouce de long et de 0,00025 à 0,0003 de large. *Picorer.*

Il s'agit d'une très petite plante, peu répandue, mais largement répandue. Je l'ai toujours trouvé dans les endroits herbeux ouverts par temps humide. Les calottes sont fines, souvent nettement déprimées. Son aspect soyeux et ses zones étroites sur le bord du chapeau, ainsi que ses branchies assez rapprochées, largement attachées à la tige, d'abord grises puis saumonées, permettront d'identifier l'espèce. Juillet à septembre.

Hygrophore miniatus . Le P.

HYGROPHORE VERMILLON . COMESTIBLE.

FIGURE 171. — Hygrophore miniatus . Chapeau et tiges rouge vermillon. Branchies jaunâtres et teintées de rouge vif.

Miniatus vient du minium , plomb rouge.

C'est une espèce petite mais très commune, très colorée et très attrayante. Le chapeau et la tige sont rouge vif et souvent vermillon. Le chapeau est d'abord convexe, mais lorsqu'il est complètement déployé, il est presque ou tout à fait plat, et par temps humide, il est même concave par l'élévation de la marge, lisse ou finement écailleux, souvent ombiliqué. Sa couleur varie du rouge vif ou vermillon ou rouge sang à des teintes orange pâle.

Les branchies sont jaunes et souvent fortement teintées de rouge, distantes, attachées à la tige et parfois échancrées.

La tige est généralement courte et mince, colorée comme le chapeau ou un peu plus pâle; solide lorsqu'il est jeune, mais devenant bourré ou creux avec l'âge. Les spores sont elliptiques, blanches, longues de 8μ.

Le champignon vermillon pousse dans les bois et en plein champ. Il est plus abondant par temps humide. Il semble pousser mieux là où les bûches de châtaigniers sont pourries. On peut le trouver dans de tels endroits en quantité suffisante pour être consommé. Peu de champignons sont plus tendres ou ont une saveur plus délicate. Il existe deux autres espèces à calotte rouge, Hygrophorus coccineus et H. puniceus , mais les deux sont comestibles et aucune erreur ne pourrait causer de mal. On les trouve de juin à octobre. Ceux de la figure 171 ont été trouvés à Poke Hollow le 29 septembre.

Hygrophore miniatus sphagnophile . Pk.

PLANCHE XXV. FIGURE 172.— HYGROPHORE MINIATUS SPHAGNOPHILE
.

Taille naturelle.

Sphagnophilus signifie qui aime la sphaigne, ainsi appelé parce qu'on le trouve poussant sur la sphaigne.

Le chapeau est largement convexe, subombilicat , rouge.

Les branchies sont adnées, blanchâtres, devenant jaunâtres ou parfois teintées de rouge, parfois rouges sur le bord.

La tige est colorée comme le chapeau, blanchâtre à la base, elle et le chapeau sont très fragiles.

Celle-ci est plus fragile que la forme typique et conserve mieux sa couleur en séchant. *Peck* , 43e Rép.

C'est une belle plante qui pousse, comme le montre la figure 172, sur la partie inférieure morte des tiges de mousse des tourbières ou de sphaigne. Il pousse très abondamment dans le lac Buckeye. La photographie a été réalisée par le

Dr Kellerman. On le trouve de juillet à octobre. Ces plantes cuisent facilement, ont une excellente saveur et, grâce à leur couleur, constituent un plat invitant. J'en ai mangé copieusement plusieurs fois.

Hygrophore marginatus . Pk.

HYGROPHORE MARGINAL . COMESTIBLE.

FIGURE 173. — Hygrophore marginatus .

Marginatus , ainsi appelé à cause des fréquentes branchies bordées de vermillon.

Le chapeau est fin, fragile, convexe, sous-campanulé ou presque plan, souvent irrégulier, parfois largement omboné, glabre, brillant, striatulé sur le bord, jaune d'or brillant.

Les branchies sont assez larges, subdistantes , ventriceuses, émarginées, annexées , jaunes, devenant parfois orangées ou vermillon sur le bord, les espaces veneux .

La tige est fragile, glabre, souvent flexible , comprimée ou irrégulière, creuse, jaune pâle ; spores largement elliptiques, de 0,00024 à 0,0003 pouce de long, de 0,00024 à 0,0002 de large. *Peck* , New York, 1906.

Cette plante a le plus beau jaune que j'ai jamais vu chez un champignon. Ce jaune doré vif et la couleur orange ou vermillon sur la marge ou le bord des branchies caractériseront toujours la plante.

Le spécimen de la figure 173 m'a été envoyé par Mme Blackford, de Boston, Massachusetts, le dernier août. Ils n'étaient pas dans le meilleur état lorsqu'ils ont été photographiés.

Hygrophore ceracée . Le P.

HYGROPHORE CIREUX . COMESTIBLE.

FIGURE 174. — Hygrophore ceracée . Coiffes cireuses jaunes.

Ceraceus est issu de *cera* , de la cire. Le chapeau est d'un pouce ou moins large, jaune cireux, brillant, fragile, fin, parfois subumboné , légèrement charnu, légèrement strié.

Les branchies sont fermement attachées à la tige, subdécurrentes , distantes, larges, ventriceuses souvent reliées par des nervures, presque triangulaires, jaunes.

La tige mesure un à deux pouces de long, creuse, souvent inégale, flexueuse, parfois comprimée, jaune, parfois orange à la base, cireuse. Les spores $8\times6\mu$.

C'est une très belle plante fragile, que l'on trouve généralement dans l'herbe. Il se distingue facilement par sa couleur jaune cireux. Les plantes photographiées ont été trouvées sur la colline du cimetière. On les trouve d'août à octobre.

Hygrophore virginie . Wulf.

HYGROPHORE À COIFFE D'IVOIRE . COMESTIBLE.

FIGURE 175. — Hygrophore virginie . Deux tiers grandeur nature. Plante entière blanche.

Virgineus , vierge ; ainsi appelé à cause de sa blancheur. Le chapeau est charnu, convexe, puis plan, obtus, enfin déprimé ; humide, parfois craquelée en plaques, flocage une fois sèche.

Les branchies sont décurrentes, distantes, plutôt épaisses, souvent fourchues.

La tige est courte, bourrée, ferme, atténuée à la base, devenant extérieurement plane et nue. Spores 12×5–6μ. *Frites.*

La plante est entièrement blanche et jamais grande. Il se confond facilement avec H. niveus et parfois difficile à distinguer des formes blanches de H. pratensis. Cette plante est assez commune dans les pâturages, aussi bien au printemps qu'à l'automne. J'ai trouvé les spécimens de la figure 175 sur Cemetery Hill, sous les pins, le 11 novembre. Ils ont été photographiés par le Dr Kellerman.

Hygrophore niveus .

Hygrophore Blanche-Neige . Comestible.

Niveus, blanc comme neige. La plante est entièrement blanche. Le chapeau est à peine large d'un pouce, un peu membraneux , en forme de cloche, convexe, puis ombiliqué, lisse, strié, visqueux lorsqu'il est humide, non craquelé lorsqu'il est sec, chair fine, partout égale.

Les branchies sont décurrentes, fines, distantes, aiguës, bien entières.

La tige est creuse, fine, égale, lisse. Spores 7×4μ. Trouvé dans les pâturages.

Hygrophorus sordidus. Pk.

L' HYGROPHORE TERNE . COMESTIBLE.

FIGURE 176. — Hygrophorus sordidus.

Sordidus signifie un blanc sale, ou terne, en référence à la couleur des calottes, ainsi constituées de terre adhérente.

Le chapeau est largement convexe ou presque plan, glabre, légèrement visqueux, blanc, mais généralement souillé par de la saleté adhérente ; la marge est d'abord fortement involutée, puis étalée ou réfléchie ; chair ferme quand elle est jeune, dure quand elle est vieille.

Les branchies sont subdistantes , adnées ou décurrentes, blanches ou blanc crème.

La tige mesure cinq à dix cm. long, ferme, solide, blanc.

Les spores sont elliptiques, 6,5–7,5×4–5μ. *Picorer.*

Les spécimens que j'ai trouvés étaient d'un blanc clair, poussant parmi les feuilles et particulièrement exempts de terre. Les tiges étaient courtes et légèrement ventricieuses. Le Dr Peck dit que « cette espèce se distingue de H. penarius par sa couleur blanc clair, bien que celle-ci soit généralement obscurcie par la saleté adhérente entraînée par la croissance du champignon ». Les jeunes plantes en croissance étaient fortement involutées, mais les plantes plus âgées étaient réfléchies, donnant aux plantes une apparence en forme d'entonnoir et donnant aux branchies une apparence décurrente beaucoup plus forte. Trouvé le 26 octobre.

Hygrophorus serotinus. Pk.

H YGROPHORE TARDIF .

F IGURE 177. — Hygrophorus serotinus.

Serotinus signifie en retard. Ainsi appelé parce que c'est tard dans la saison.

Le chapeau est charnu mais mince, convexe ou presque plan, souvent avec une fine marge courbée vers le haut, glabre ou avec quelques fibrilles innées obscures, rougeâtre au centre, blanchâtre sur la marge, chair blanche, goût doux.

Les branchies sont fines, subdistantes , adnées ou décurrentes, blanches, les espaces légèrement veineux .

La tige est égale, bourrée ou creuse, glabre, blanchâtre. Les spores sont blanches, elliptiques, longues de 0,0003 pouce et larges de 0,0002.

Le chapeau a une largeur de 8 à 15 lignes ; tige d'environ 1 pouce de long, 1,5 à 2,5 lignes d'épaisseur. *Picorer.*

Quelques spécimens de cette espèce m'ont été envoyés de Boston par Mme Blackford, mais après une étude minutieuse, je n'ai pas pu les localiser. Elle les envoya ensuite au Dr Peck, qui leur donna leur nom très approprié. Ceux de la figure 177 m'ont été envoyés en décembre 1907.

Ils poussent en nombre dans la même localité et fréquemment en groupes rapprochés ou en touffes. Ils semblent se délecter des bois de chênes et de pins. Le Dr Peck observe que cette espèce est similaire à Hygrophorus queletii , Bres., tant en taille qu'en couleur, mais les caractéristiques générales des plantes ne concordent pas. Il dit également qu'il est similaire en taille et en couleur à H. subrufescens , Pk., mais diffère sensiblement dans la description spécifique.

Panus. Le P.

Panus signifie gonflement. Les espèces de ce genre sont des plantes coriaces, ayant les tiges latérales et parfois manquantes. Ils sèchent mais reprennent vie avec l'humidité. Les branchies sont simples et plus fines que celles du Lentinus, mais avec un bord entier et aigu. Il existe quelques espèces qui donnent une lumière phosphorescente lorsqu'elles poussent sur des bûches pourries. Le genre ressemble beaucoup à Lentinus mais peut être facilement reconnu grâce aux branchies aux bords lisses . Un certain nombre de bonnes autorités ne les séparent pas mais les donnent toutes deux sous le nom de Lentinus. Ce genre abonde partout où se trouvent des souches et des bois tombés.

Panus stypticus . Le P.

LE PANUS STYPTIQUE. TOXIQUE.

Photo de CG Lloyd.

FIGURE 178. — Panus stypticus . Deux tiers grandeur nature. Couleur cannelle.

Stypticus signifie astringent, styptique. Le chapeau est coriace, réniforme, couleur cannelle, pâlissant, cuticule se fragmentant en écailles, bord entier ou lobé, surface presque uniforme, parfois zonée.

Les branchies sont fines, encombrées, reliées par des nervures, de la même couleur que le chapeau, déterminées, assez étroites.

La tige est latérale, assez courte, renflée dessus, solide, comprimée, pruineuse, plus pâle que les branchies.

On le trouve en très grande quantité sur les bûches et les souches pourries, et ses manifestations sont parfois assez phosphorescentes. Il a un goût astringent extrêmement désagréable. Autant manger un navet indien que cette espèce. Un simple avant-goût le trahira. Trouvé de l'automne à l'hiver.

Panus strigosus . AVANT JC.

LE PANUS POILU. COMESTIBLE.

Strigosus , couvert de poils raides. Le chapeau est parfois assez gros, excentrique, couvert de poils raides, à marge fine, blanche.

Les branchies sont larges, distantes, décurrentes, de couleur paille.

La tige est grosse, longue de deux à quatre pouces, poilue comme le chapeau.

L'hôte préféré de cette espèce est le pommier. J'ai trouvé une belle grappe sur un pommier à Chillicothe. Sa blancheur crémeuse, son chapeau poilu et sa tige courte et poilue le distingueront de tous les autres champignons arboricoles. Il est comestible jeune, mais devient vite ligneux.

Panus conchatus . Le P.

LE PANUS COQUILLE.

Conchatus signifie en forme de coquille. Le chapeau est fin, inégal, coriace, charnu, excentrique, dimidié ; cannelle, puis pâle ; devenir squameux; mou; marge souvent lobée.

Les branchies sont étroites, formant des lignes décurrentes sur la tige, souvent ramifiées, rosâtres puis ocres.

La tige est courte, inégale, solide, plutôt pâle, à base duveteuse.

Cette espèce se trouvera fréquemment imbriquée et très généralement confluente. Sa forme en forme de coquille, sa substance dure et son mince chapeau sont ses signes distinctifs. Le goût est agréable mais sa substance est très dure. Trouvé de septembre aux gelées.

Panus rudis . Le P.

FIGURE 179. — Panus rudis .

C'est une plante très abondante à Chillicothe et on la trouve partout aux États-Unis, bien qu'elle soit une plante rare en Europe. Il est généralement donné en mycologie américaine sous le nom de Lentinus Lecomtei . Il pousse sur des rondins et des souches. La forme de la plante est très différente lorsqu'elle pousse au sommet d'une bûche ou d'une souche, de celle qui pousse sur le côté. Celles situées à l'extrême gauche de la figure 179 poussaient sur le côté de la bûche, tandis que celles du centre poussaient sur le dessus, auquel cas la plante a généralement une apparence en forme d'entonnoir.

Le chapeau est coriace, rougeâtre ou brun rougeâtre, déprimé, sinué, hérissé de touffes de poils, le bord assez fortement incurvé, céspiteux .

Les branchies sont étroites et encombrées, décurrentes, considérablement plus pâles que la calotte.

La tige est courte, poilue, fauve ; parfois la tige est presque obsolète.

La plante présente une légère teinte d'amertume à l'état cru, mais à la cuisson, celle-ci disparaît. Lorsqu'il est préparé pour la nourriture, il doit être haché finement et bien cuit. Il peut être séché pour une utilisation hivernale. On le trouve du printemps à la fin de l'automne.

Panus torulosus . Le P.

LE PANUS TORDU. COMESTIBLE.

Photo de CG Lloyd.

FIGURE 180. — Panus torulosus .

Torulosus signifie touffe de cheveux. Le chapeau est large de deux à trois pouces, charnu, puis coriace ; plan, puis en forme d'entonnoir, ou dimidié ; même; lisse; couleur presque chair, variant à rougeâtre-livide, parfois teintée de violet.

Les branchies sont décurrentes, plutôt distantes, distinctes derrière, séparées, simples, rouges, puis de couleur beige.

La tige est courte, grosse, oblique, grise, recouverte d'un duvet violacé. Les spores mesurent $6\times3\mu$.

La plante est variable tant en forme qu'en couleur. Parfois très légèrement nuancé de rose. Ce n'est pas très courant ici. J'ai trouvé de très beaux spécimens poussant sur une bûche près de Spider Bridge, Chillicothe.

C'est comestible mais assez dur.

Panus Lévis . AVANT JC.

LE PANUS LÉGER. COMESTIBLE.

Lévis, léger. Chapeau de deux à trois pouces de large, orbiculaire, quelque peu déprimé, blanc, recouvert d'une dense touffe de poils ; marge infléchie et marquée par des crêtes triangulaires.

Les branchies sont larges, entières, décurrentes.

La tige mesure deux à trois pouces de long, atténuée vers le haut, excentrique, latérale, solide, poilue en dessous comme le chapeau. Les spores sont blanches.

C'est certainement une très belle plante qui retiendra l'attention du collectionneur. Ce n'est pas courant chez nous. Je ne l'ai trouvé que sur des bûches de caryer. On dit qu'il a bon goût et qu'il se cuisine facilement.

Lentin. Le P.

Lentinus signifie dur. Le chapeau est charnu, liégeux, coriace, dur et sec, reprenant vie lorsqu'il est humide.

La tige est centrale ou latérale et souvent manquante, mais lorsqu'elle est présente, elle est continue avec le capuchon.

Les branchies sont coriaces, inégales, fines, normalement dentées, plus ou moins décurrentes, à marge aiguë. Les spores sont lisses, blanches et orbiculaires.

Toutes les espèces, à ma connaissance, poussent sur le bois. Ils prennent des formes très diverses. Ce genre est très étroitement apparenté à Panus par la nature sèche et coriace du chapeau et des branchies, mais il peut être facilement reconnu par le bord denté des branchies.

Lentinus vulpinus. Le P.

Vulpinus au parfum fort.

Planche XXVI. Figure 181.— Lentinus vulpinus.
Un tiers de taille naturelle.

Vulpinus vient de *vulpes* , un renard.

Il s'agit d'une plante assez grande et massive, poussant de manière sessile et imbriquée. Il est apparu en grande quantité depuis quatre ans sur un orme, très légèrement pourri, mais dans un endroit assez humide et sombre. Le lecteur aura une idée de la taille de la plante entière dans la figure 181 s'il considère que chaque chapeau mesure cinq à six pouces de large. Ils sont superposés et se chevauchent comme des bardeaux sur un toit.

Le chapeau est charnu mais coriace, en forme de coquille, conné derrière, longitudinalement rugueux, costé, ondulé, de couleur beige et la marge est fortement incurvée.

Les branchies sont larges, presque blanches, de couleur chair près de la base, grossièrement dentées.

La tige est généralement obsolète, mais dans certains cas, elle est apparente.

Les spores sont presque rondes et très petites, 0,00006 pouce de diamètre. Dans toutes les plantes que j'ai trouvées, l'odeur est assez forte et le goût est piquant. Il pousse dans les bois en septembre et octobre.

Lentinus lepideus . Le P.

LE LENTINUS ÉCAILLEUX. COMESTIBLE.

FIGURE 182. — Lentinus lepideus .

Lepideus vient de *lepis* , une écaille.

Le chapeau est charnu, compact, convexe, puis déprimé, inégal, fragmenté en écailles sombres, à chair blanche, coriace.

Les branchies sont sinueuses, décurrentes, larges, déchirées, striées transversalement, blanchâtres ou à bords blancs, irrégulièrement dentées.

La tige est grosse, centrale ou latérale, tomenteuse ou écailleuse, souvent tordue, enracinée, blanchâtre, solide, égale ou effilée à la base.

C'est une plante particulière, qui pousse parfois jusqu'à atteindre des formes immenses. Il pousse sur le bois, apparemment pour avoir un faible pour les traverses de chemin de fer auxquelles son mycélium est très nuisible. J'ai fréquemment trouvé la plante à Salem, Ohio. Les spécimens en demi-teinte ont été trouvés près d'Akron, Ohio, et photographiés par le professeur Smith. En tant qu'esculent, il rivalise presque avec le Pleuroti . On le trouve du printemps à l'automne. J'ai trouvé une belle grappe sur une souche de chêne près de Chillicothe, en cherchant des morilles, vers la fin avril.

Lentinus cochléatus . Le P.

Photo de CG Lloyd.

FIGURE 183. — Lentinus cochleatus .

Cochleatus vient de *la cochlée* , un escargot, en raison de sa ressemblance avec sa coquille.

Le chapeau est large de deux à trois pouces, coriace, flasque, irrégulier, déprimé, parfois en forme d'entonnoir, parfois lobé ou contorsionné, de couleur chair, devenant pâle.

Les branchies sont bondées, joliment dentelées, blanc rosé.

La tige est solide, de longueur variable, parfois centrale, fréquemment excentrique, souvent latérale, lisse. Les spores sont presque rondes, 4µ.

C'est une belle plante mais que l'on trouve avec parcimonie chez nous. J'ai trouvé une jolie grappe au pied d'une souche d'érable à Poke Hollow. La forme dentelée des branchies attirera immédiatement l'attention. On le trouve en août et septembre.

Lenzites . Le P.

Lenzites , du nom de Lenz, un botaniste allemand. Le chapeau est liégeux, dimidié, sessile. Les branchies sont liégeuses, fermes, inégales, ramifiées, à bord obtus. Il est très commun dans les bois, recouvrant parfois presque les souches et les bûches.

Lenzites bétuline . Le P.

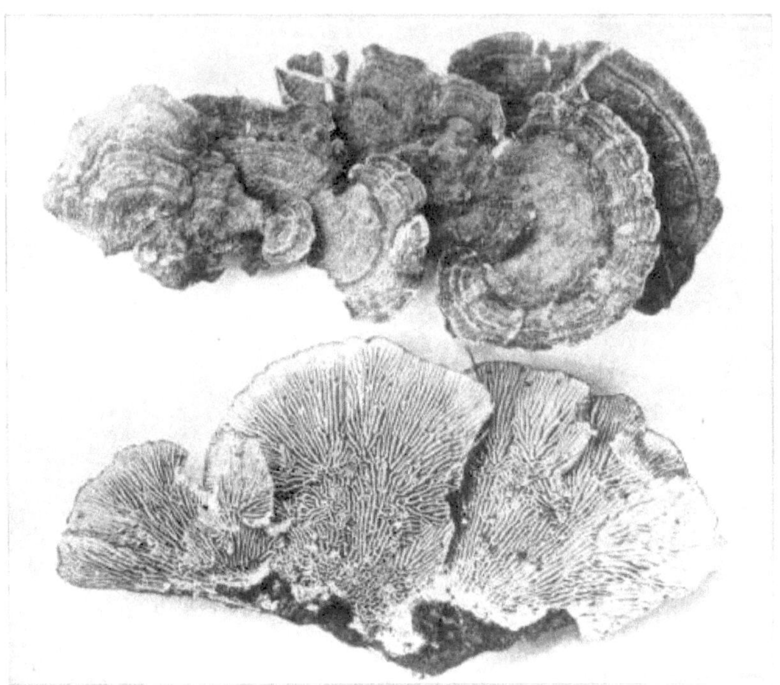

Photo de CG Lloyd.

PLANCHE XXVII. FIGURE 184.— LENZITES BÉTULINE .

FIGURE 185. — Lenzites bétuline .

Betulina , de *betula* , un bouleau. Celui-ci a une calotte un peu liégeuse, coriace, ferme et sans zones, laineuse, sessile, profondément cannelée concentriquement, marge de la même couleur.

Les branchies sont radiales, quelque peu ramifiées et se rejoignent, d'un blanc sordide ou de couleur beige.

Cette espèce est largement répandue et assez variable. Il pousse sous forme de parenthèses. La figure 185 a été photographiée par le Dr Kellerman.

Lenzites Séparie . Le P.

Lenzites au chocolat .

Le chapeau est constitué de coquilles liégeuses et coriaces, avec la surface supérieure marquée de zones rugueuses de diverses nuances de brun ; marge jaunâtre.

Les branchies sont plutôt épaisses, ramifiées, les unes dans les autres ; jaunâtre. Tige obsolète. Poussant sur les branches et les branches, notamment celles du sapin.

Lenzites flasque . Le P.

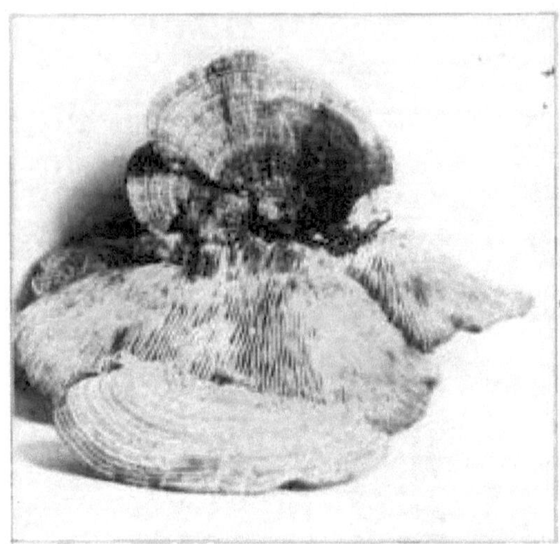

FIGURE 186. — Lenzites flasque . Deux tiers grandeur nature.

Flaccida signifie mou, flasque. Le chapeau est coriace, fin, flasque, inégal, poilu, zoné, pâle, plus ou moins flabelliforme, imbriqué.

Les branchies sont larges, serrées, droites, inégales, ramifiées, blanches, devenant pâles. Les spores sont 5×7.

C'est une plante très attrayante et assez commune. Il se heurte presque imperceptiblement aux Lenzites bétuline . On le trouve sur les souches et les troncs.

Lenzites vialis . Pk.

Le chapeau est liégeux, presque boisé, ferme, zoné.

Les branchies sont épaisses, fermes et serpentines.

Tige, aucune.

Schizophyllum . Le P.

Schizophyllum vient de deux mots grecs signifiant fendre et feuille.

Le chapeau est charnu et aride. Les branchies sont liégeuses, en éventail, ramifiées, réunies au-dessus par la pellicule tomenteuse, bifides, fendues longitudinalement au bord. Les spores sont un peu rondes et blanches.

Les deux lèvres du bord fendu des branchies sont généralement révolutées. Ce genre est très éloigné du type d' Agaricini . Il pousse sur le bois et est très commun. *Stevenson.*

FIGURE 187. — Commune de Schizophyllum .

C'est une plante très commune, poussant dans les bois sur les branches et le bois pourri, où on la trouve aussi bien en hiver qu'en été.

Le chapeau est mince, adné en arrière, quelque peu étendu, plus ou moins en forme d'éventail ou de rein, simple, souvent très lobé, rétréci en arrière jusqu'au point d'attache ; blanchâtre, duveteux, puis strigeux.

Les branchies sont radiées, grises, puis violet brunâtre, et parfois blanches, ramifiées, fendues sur les bords et assez profondément enroulées vers l'arrière. Les spores sont presque rondes, 5–6 µ.

C'est une espèce très commune partout dans le monde. Je l'ai trouvé au cours de l'hiver 1907 sur des arbres d'ombrage pourris le long des rues de Chillicothe. Il semble avoir un faible pour le bois d'érable. Certains appellent cela S. alneum . Il est très facilement identifiable grâce à ses branchies violettes fendues.

Trogie . Le P.

Trogia est ainsi appelée en l'honneur du botaniste suisse Trog.

Le chapeau est presque membraneux , mou, assez coriace, flasque, sec, flexible, fibrilleux, revivifiant lorsqu'il est humide.

Les branchies sont repliées, veneuses , étroites, irrégulières, croustillantes.

Trogie croustillante . Le P.

Crispa signifie croustillant ou frisé. Le chapeau est coriace, en forme de coupe, réfléchi, lobé, villeux, blanchâtre ou rougeâtre vers l'attache, souvent de couleur beige.

Les branchies sont assez étroites, veineuses, irrégulières, plus ou moins ramifiées, émoussées sur le bord, blanches ou gris bleuté, assez croustillantes, bord non canalisé.

Les calottes sont généralement très encombrées et imbriquées. Il revit par temps humide et se rencontre toute l'année, généralement sur les branches de hêtre de nos bois.

CHAPITRE III.
Les agarics à spores roses.

Les spores de cette série sont d'une grande variété de couleurs, notamment rosées, roses, saumonées, chair ou rougeâtres. Chez Pluteus, Volvaria et la plupart des Clitopilus , les spores sont de forme régulière, comme dans la série à spores blanches ; dans les autres genres, ils sont généralement irréguliers et anguleux. Il n'y a pas autant de genres que dans les autres séries et moins d'espèces comestibles.

Pluteus. Le P.

Pluteus signifie un hangar, en référence aux hangars utilisés pour couvrir les assiégeants dans leur travail, afin qu'ils puissent être protégés des missiles de l'ennemi.

Ils n'ont pas de volve, ni d'anneau sur la tige. Les branchies sont exemptes de tige, d'abord blanches puis couleur chair.

Pluteus cervinus . Schæff.

PLUTEUS DE COULEUR FAUVE. COMESTIBLE.

Photo de CG Lloyd.

PLANCHE XXVIII. FIGURE 188.— PLUTEUS CERVINUS .
Taille naturelle.

Cervinus vient de cervus , un cerf. Le chapeau est charnu, en cloche, élargi, visqueux par temps humide, lisse, sauf quelques fibrilles radieuses lorsqu'il est jeune, bord entier, chair molle et blanche ; couleur du capuchon brun clair ou fauve, parfois fuligineuse, souvent plus de trois pouces à travers le capuchon.

Les branchies sont libres de tige, larges, ventriceuses, de longueur inégale, presque blanches lorsqu'elles sont jeunes, de couleur chair à maturité à cause de la chute des spores. La tige est solide, légèrement effilée vers le haut, ferme, cassante, blanche, recouverte de quelques fibrilles sombres, généralement tordues. Les spores sont largement elliptiques. Les cystides de l'hyménium des branchies intéresseront ceux qui possèdent un microscope.

C'est un champignon très commun à Chillicothe. On le retrouve sur les bûches, les souches, et surtout sur les vieux tas de sciures. Notez avec quelle facilité la tige se retire du capuchon. Cela le distinguera du genre Entoloma . Vous ne pouvez rien trouver sur le marché qui puisse faire de meilleurs alevins que Pluteus cervinus ; frit au beurre, c'est tout simplement délicieux. Trouvé de mai à octobre.

FIGURE 189. — Pluteus cervinus .

Pluteus granulaire . Pk.

Photo de CG Lloyd.

FIGURE 190. — Pluteus granularis .

Le chapeau est convexe, puis élargi, légèrement ombré, ridé, parsemé de minuscules granules noirâtres, de couleur variant du jaune au brun.

Les branchies sont plutôt larges, fermées, ventriceuses, libres, blanchâtres, puis de couleur chair.

La tige est égale, solide, pâle ou brune, généralement plus pâle au sommet, veloutée avec un poil court et serré.

Les spores sont subglobuleuses et mesurent environ 0,0002 pouce de diamètre. La plante mesure deux à trois pouces de haut, le chapeau un à deux pouces de large et une tige d'une à deux lignes d'épaisseur. *Peck* , 38e représentant de l'État de New York Bot.

C'est une espèce beaucoup plus petite que P. cervinus , mais ses qualités d'esculence sont tout aussi bonnes. Trouvé de juillet à octobre.

Pluteus eximius . Forgeron.

Eximius , choix, distingué. Le chapeau est charnu, en forme de cloche lorsqu'il est jeune, élargi, joliment frangé sur le bord, plus grand que le col de l'utérus

.

Les branchies sont libres, larges, ventriceuses, blanches d'abord, puis roses, chair blanche et fermes.

La tige est épaisse, solide et recouverte de fibres. Dr Herbst, Flore fongique de la vallée de Lehigh.

J'ai trouvé de beaux spécimens dans la glacière de George Mosher. Je suis vraiment désolé de ne pas les avoir photographiés.

Volvarie . Le P.

Les spores de ce genre sont régulières, ovales, à spores roses. Le voile est universel, formant une volve parfaite, distincte de la cuticule du chapeau. La tige est facilement séparable du chapeau. Les branchies sont libres, arrondies derrière, d'abord blanches, puis roses, molles. La plupart des espèces poussent sur le bois. Quelques-unes sur sol humide, riche en moisissures, dans les jardins et dans les serres. L'un est un parasite sur Clitocybe nebularis et monadelphus .

Volvarie bombycine . (Pers.) Le P.

VOLVARIA SOYEUSE . COMESTIBLE.

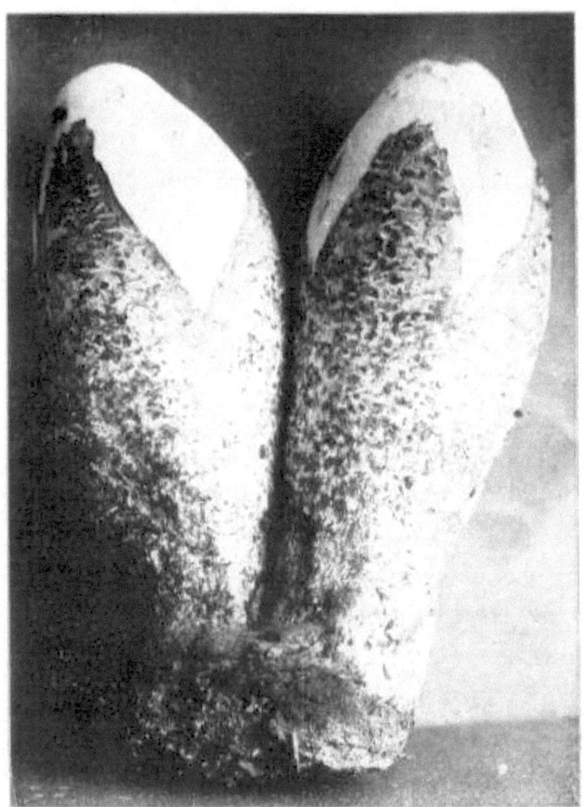

PLANCHE XXIX. FIGURE 191.— VOLVARIE BOMBYCINE .
La forme ovoïde du V. bombycina montrant le voile universel ou volve éclatant à l'apex. Ce sont des spécimens inhabituellement grands.

FIGURE 192. — Volvarie bombycine . Deux tiers grandeur nature. Plante entière blanche et soyeuse.

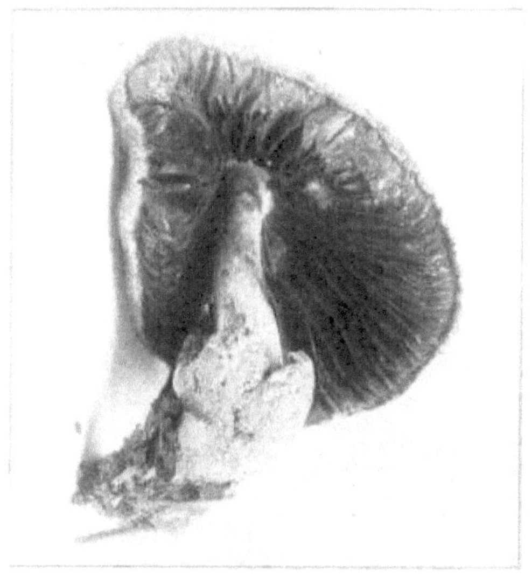

FIGURE 193. — Volvarie bombycine . Deux tiers grandeur nature, montrant les branchies qui sont roses puis brun foncé.

Bombycina vient du *bombyx* , *la soie* . Cette plante est ainsi appelée en raison du bel éclat soyeux de la plante entière. Le chapeau est large de trois à huit pouces, globuleux, puis en forme de cloche, enfin convexe et quelque peu umboné, blanc, toute la surface soyeuse, chez les spécimens plus âgés plus ou moins écailleux, parfois lisse au sommet. La chair est blanche et peu épaisse.

Les branchies sont libres, très encombrées, larges, ventriques, de couleur chair, n'atteignant pas le bord, dentées. La tige mesure de trois à six pouces de long, effilée vers le haut, solide, lisse, la volva dure restant comme une coupe à la base. Les spores sont de masse rose, lisses et elliptiques. La volve est grande, membraneuse , quelque peu visqueuse.

La plante de la figure 192 a été trouvée le 16 août sur un érable dont une branche avait été cassée, sur North High Street, à Chillicothe. De nombreuses personnes étaient passées par là et avaient profité de l'ombre des arbres, mais sa découverte est restée pour Miss Marian Franklin, dont les yeux sont entraînés à voir les oiseaux, les fleurs et tout ce qui est beau dans la nature.

J'ai trouvé fréquemment la plante autour de Chillicothe, généralement solitaire ; mais une fois, j'ai trouvé trois spécimens sur un tronc, apparemment issus de la même masse mycélienne. Les casquettes de deux d'entre eux mesuraient chacune cinq pouces de diamètre. Il pousse généralement sur l'érable et le hêtre. Si vous observez un hêtre creux, ou un chicot à sucre dont un côté est cassé, quittant le lieu de nidification abrité mais ouvert, vous trouverez très probablement, confortablement installés dans son cœur en décomposition, un ou plusieurs spécimens de ces belles plantes soyeuses. La volve est assez épaisse et souvent la plante, à l'état d'œuf, a l'apparence d'une phalloïde . Trouvé de juin à octobre.

Volvarie umbonata . Picorer.

LA VOLVARIA D'UMBONATE .

FIGURE 194. — Volvarie umbonata . Deux tiers grandeur nature. Plante entière blanche et soyeuse.

Umbonata , ayant un umbo ou une projection conique comme le boss d'un bouclier. Cette plante est assez commune sur les pelouses richement fumées de Chillicothe. Je l'ai trouvé de juin à octobre. Le chapeau est blanc ou blanchâtre, parfois grisâtre, souvent enfumé sur l'umbo ; globuleux lorsqu'il est jeune, en forme de cloche, plan lorsqu'il est complètement développé, umboné, lisse ; légèrement visqueux lorsqu'il est humide, brillant lorsqu'il est sec, large d'un pouce à un pouce et demi. La chair est blanche et très molle.

Les branchies sont libres, blanches d'abord, puis de couleur chair à une teinte rougeâtre à cause des spores de couleur rose ; certaines branchies sont dimidiées, quelque peu encombrées, plus larges au milieu.

La tige mesure de deux pouces à deux pouces et demi de long, effilée de la base vers le haut, lisse, cylindrique, creuse et ferme. La volve est toujours présente, libre, diversement déchirée, blanche et parfois grisâtre.

La plante entière est soyeuse une fois sèche. Je l'ai trouvé en train de pousser dans mon hangar à poussettes. Ce n'est pas abondant, bien qu'assez commun. Je ne l'ai jamais mangé, mais je ne doute pas de sa comestibilité.

Volvarie pusille . Pers.

FIGURE 195. — Volvarie pusille .

Le chapeau est explicatif, blanc, fibrilleux, sec, strié, centre légèrement déprimé à maturité.

Les branchies sont blanches, devenant couleur chair, à cause de la couleur des spores, libres, distantes.

La tige est blanche, lisse, avec une volve divisée à la base en quatre segments presque égaux. Les spores sont largement elliptiques, de 5 à 6 mc.

C'est la plus petite espèce de Volvaria . Il pousse au sol parmi les mauvaises herbes et a tendance à échapper à l'attention du collectionneur à moins qu'il ne connaisse son habitat. Il est fort probable que V. parvula soit la même plante que celle-ci. Même V. temperata , bien qu'il ait un habitat différent, semble être très proche de cette espèce. Les plantes de la figure 195 ont été récoltées au Michigan et photographiées par le Dr Fischer. La volve a l'extrémité brune comme le montre la figure donnée.

Volvarie volvacée . Taureau.

LE POÊLE VOLVARIA .

On l'appelle "Le Poêle Volvaria " car on l'a retrouvé dans d'anciens poêles inutilisés. Chapeau charnu, mou, en cloche, puis élargi, obtus, vierge, à fibrilles noires enfoncées. Les branchies sont libres, de couleur chair et ont tendance à se déliquer. La tige est solide, subégale, blanche. La volve lâche, blanchâtre. Les spores sont lisses, elliptiques.

C'est une plante beaucoup plus petite que le V. bombycina et qui pousse dans le sol. On le trouve souvent dans les serres et les caves.

Entolome . Le P.

Entoloma vient de deux mots grecs ; *entos* , à l'intérieur ; *loma* , une frange, faisant référence au caractère intérieur du voile, qui est rarement apparent. Les membres de ce genre ont des spores roses très anguleuses. Il n'y a ni volve, ni anneau. Les branchies sont attachées à la tige ou entaillées près de la jonction des branchies et de la tige. Le chapeau est charnu et le bord incurvé, surtout lorsqu'il est jeune. La tige est charnue, fibreuse, parfois cireuse, en continuité avec le chapeau. Cela correspond à Hypholoma , Tricholoma et Hebeloma . Il peut toujours être séparé des genres à spores roses par ses branchies échancrées. Les spores et les branchies de couleur chair distinguent l' Entoloma de l' Hebeloma , qui en a des sporées ocres, et du Tricholoma , qui en a des blanches.

Toutes les espèces, autant que je sache, ont une odeur plutôt agréable, et c'est pour cette raison qu'il est très nécessaire que le genre et l'espèce soient bien connus, car ils sont tous dangereux.

Entolome Rhodopolium . Le P.

ENTOLOME ROSE-GRIS .

FIGURE 196. — Entolome Rhodopolium . Trois quarts grandeur nature.

Rhodopolium est composé de deux mots grecs, rose et gris.

Le chapeau est de deux à cinq pouces de large, hygrophane ; lorsqu'elle est humide, brun terne ou livide, devenant pâle lorsqu'elle est sèche, isabelline-livide, soyeuse ; légèrement charnu, en forme de cloche lorsqu'il est jeune, puis élargi et quelque peu umboné, ou gibbeux, enfin plutôt plat et parfois déprimé ; fibrilleux lorsqu'il est jeune, lisse à l'âge adulte ; marge d'abord courbée vers l'intérieur et lorsqu'elle est grande, ondulée. Chair blanche.

Les branchies sont adnées, puis se séparent, un peu sinueuses, légèrement distantes, larges, blanches, puis roses.

La tige mesure de deux à quatre pouces de long, creuse ; égal lorsqu'il est plus petit, lorsqu'il est plus grand, atténué vers le haut ; pruiné blanc à l'apex, sinon lisse ; légèrement strié, blanc, souvent rougeâtre à cause des spores. Spores 8–10×6–8μ. *Frites* .

La plante se trouve dans les bois mixtes et est plutôt commune. Le capitaine McIlvaine le rapporte comme comestible, mais je n'ai jamais mangé d' Entolomas . Certains d'entre eux ont mauvaise réputation. Trouvé en septembre et octobre.

Entolome grayanum . Pk.

FIGURE 197. — Entolome grayanum . Une moitié grandeur nature.

Le chapeau est convexe à élargi, parfois largement umboné, de couleur terne, la surface ridée ou rugueuse et d'apparence aqueuse. La chair est fine et le bord incurvé.

Les branchies sont d'abord de couleur terne, mais plus claires que le chapeau, devenant rosâtres avec l'âge. Les spores sur le papier sont de couleur saumon très clair. Ils sont globuleux ou arrondis, avec un angle de 5 à 7, avec un globule d'huile de 8 à 10 µ de diamètre.

La tige est de la même couleur que le chapeau, mais plus claire, striée, creuse, quelque peu tordue et élargie en dessous. La description précise ci-dessus est tirée des études d'Atkinson sur les champignons américains. Les plantes ont été trouvées près d'une ardoise coupée sur le chemin de fer B. & O. près de Chillicothe. Non comestible. Cette espèce et E. grisea sont très étroitement apparentées. Ce dernier est de couleur plus foncée, avec des branchies plus étroites et possède un habitat différent.

Entolome sous-costat . Atkinson n. sp.

Plantes matures présentant de larges branchies et une chair très fine, ainsi que des tiges striées fibreuses.

Subcostatum signifie quelque peu côtelé, en référence aux branchies.

Plantes grégaires ou en groupes ou en grappes, de 6–8 cm. haut; chapeau 4–8 cm. large; tiges 1–1,5 cm. épais.

Le chapeau est gris foncé à brun ou brun olive, souvent subvirgé avec des lignes plus foncées ; branchies de couleur saumon clair, devenant ternes; tige colorée comme le chapeau, mais plus pâle ; en séchant, les tiges deviennent généralement aussi foncées que le chapeau.

Chapeau subvisque lorsqu'il est humide, convexe à expansé, plan ou subgibbeux , non ombré, irrégulier, repand, marge incurvée ; chair blanche, plutôt fine, très fine vers le bord.

Les branchies sont larges, de 1 à 1,5 cm. large, rétréci vers le bord du chapeau, profondément sinué, les angles généralement arrondis, annexés , se libérant facilement, bord généralement pâle, parfois relié par des veines, parfois costé, surtout vers le bord du chapeau.

Basides à quatre spores. Spores subglobuleuses , d'environ six angles, de 8 à 10μ de diamètre, certaines légèrement plus longues en direction de l'apicule, rose pâle au microscope.

Tige uniforme, fibreuse striée, écorce externe sous-cartilagineuse, chair blanche, farcie, devenant fistuleuse .

Odeur un peu de vieille farine et de noisette, peu agréable ; goût similaire.

Lié à E. prunuloides , Fr., et E. clypeatum , Linn. Diffère du premier par une tige sombre et un chapeau inégal, diffère du second par le fait qu'il est subvisque , avec une tige égale, et un chapeau non ombré et beaucoup plus irrégulier, et diffère des deux par les branchies sous-costales . *Atkinson* .

Les spécimens de la planche XXX poussaient dans un sol herbeux sur le campus de l'Ohio State University, à Columbus, Ohio. Ils ont été collectés par RA Young et photographiés par le Dr WA Kellerman, et grâce à sa courtoisie, je les publie. Les plantes ont été trouvées le dernier octobre 1906.

Entolome salmonée . Pk.

FIGURE 199. — Entolome salmonée .

Chapeau mince, conique ou campanulé, subaigu, rarement avec une minuscule papille au sommet, lisse, d'une couleur particulièrement douce et ocre, légèrement teintée de couleur saumon ou chair.

Les branchies et la tige sont colorées comme le chapeau. *Picorer.*

Le Dr Peck déclare : « C'est avec une certaine hésitation que cette plante est proposée comme espèce, sa ressemblance avec une autre espèce étant si proche. La seule différence se trouve dans sa couleur et dans l'absence de la pointe proéminente de cette plante. chez les espèces, le chapeau est si fin que chez les spécimens bien séchés, des lignes minces, sombres et rayonnantes marquent la position des lamelles en dessous, bien que dans la plante vivante, celles-ci ne soient pas visibles. La plante de la figure 199 a été trouvée dans le marais du Purgatoire, près de Boston, par Mme Blackford. On les trouve en août et septembre.

Entolome clypéatum . Linn.

ENTOLOME BUCKLER .

Clypeatum , un bouclier ou un bouclier. Le chapeau est légèrement charnu, sinistre lorsqu'il est humide, lorsqu'il est sec gris et plutôt brillant, strié, tacheté, campanulé, puis élargi, umboné, lisse, aqueux.

Branchies atteignant juste la tige, arrondies, ventriques, un peu éloignées, finement dentées, couleur chair sale.

La tige est bourrée, puis creuse, égale, ronde, vêtue de petites fibres, devenant pâle, recouverte d'une infime substance poudreuse. La chair est blanche une fois sèche. Cette plante se distinguera généralement par la quantité de mycélium blanc à la base de la tige. Le Dr Herbst remarque qu'il s'agit d'un véritable Entoloma . C'est certainement une belle plante une fois pleinement développée. On le trouve dans les bois et dans les sols riches de mai à septembre. Étiquetez-le comme toxique jusqu'à ce que sa réputation soit établie.

Clitopile . Le P.

Clitopilus vient de *clitos* , une déclivité ; pilos , une casquette. Ce genre n'a ni volve ni anneau. Elle est souvent plus ou moins excentrique, marge en première développante ; tige charnue, diffusée vers le haut dans le chapeau ; les branchies sont d'abord blanches, puis roses ou saumonées à mesure que la plante mûrit et que les spores commencent à tomber ; décurrent, jamais encoché. Le chapeau est plus ou moins déprimé, plus foncé au centre. Les spores sont de couleur saumon, dans certains cas plutôt pâles, lisses ou verruqueuses . Clitopilus est étroitement apparenté au Clitocybe , ce dernier ayant des branchies blanches, le premier rose. Il diffère d' Entoloma tout comme Clitocybe diffère de Tricholoma . On peut toujours la distinguer d'

Eccilia car la tige n'est jamais cartilagineuse en surface. Il diffère du genre Flammula principalement par la couleur des spores.

Clitopile prunule . Portée.

LE CLITOPILUS DE PRUNE . COMESTIBLE.

FIGURE 200. — Clitopilus prunule .

Prunulus signifie une petite prune ; ainsi appelé à cause de la floraison blanche qui recouvre la plante.

Le chapeau est large de deux à quatre pouces, charnu et ferme ; d'abord convexe, puis élargi, devenant enfin légèrement déprimé, souvent excentrique, comme on le voit sur la figure 200 ; blanchâtre, souvent recouvert d'une pruine givrée, à marge souvent ondulée, courbée vers l'arrière.

Les branchies sont fortement décurrentes, relativement peu nombreuses, de pleine longueur, blanches, puis couleur chair.

La tige est solide, blanche, nue, striée, courte. Spores, 7–8×5.

C'est l'une des plantes les plus intéressantes en raison des différentes formes qu'elle présente.

Je l'ai trouvé dans diverses parties de l'État et fréquemment autour de Chillicothe. Il a un goût agréable et une odeur rappelant un nouveau repas. Il est tendre et sa saveur est excellente.

On le trouve dans les bois ou les bois ouverts, surtout là où ils sont humides, et sous les hêtres ainsi que les chênes. Trouvé de juin à octobre.

Les plantes de la figure 200 ont été collectées près d'Ashville, en Caroline du Nord, et photographiées par le professeur HC Beardslee.

Clitopile orcellus . Taureau.

Clitopilus au pain sucré . Comestible.

Figure 201. — Clitopilus orcellus .

Orcellus est un diminutif signifiant un petit tonneau ; d' *orque* , un tonneau.

Le chapeau est charnu, mou, plan ou légèrement déprimé, souvent irrégulier, même jeune ; légèrement soyeux, quelque peu visqueux lorsqu'il est humide ; blanche ou blanc jaunâtre, chair blanche, goût et odeur farineux.

Les branchies sont profondément décurrentes, fermées, blanchâtres, puis couleur chair.

La tige est courte, solide, floculeuse , souvent excentrique, épaissie au dessus. Les spores sont elliptiques, 9–10×5μ. *Peck* , 42e représentant NY

Cette plante ressemble beaucoup au champignon prune, C. prunulus , de très près en apparence, en goût et en odeur, mais elle est considérablement plus petite. Il pousse par temps humide, en plein champ et sur les pelouses. Il est assez largement distribué dans notre État, on l'a trouvé à Salem, Bowling

Green, Sidney et Chillicothe. Je le trouve fréquemment associé à Marasmius oréades . Les spécimens de la figure 201 ont été trouvés près d'Ashville, en Caroline du Nord, et ont été photographiés par le professeur HC Beardslee. Trouvé de juillet à octobre.

Clitopile abortif . B. et C.

CLITOPILUS AVORTÉ . COMESTIBLE.

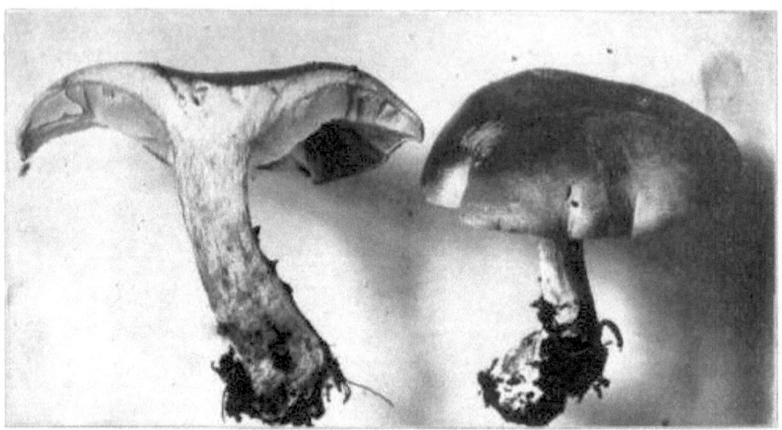

FIGURE 202. — Clitopilus abortif . Deux tiers de taille naturelle, montrant le chapeau brun grisâtre et la tige solide.

Abortivus signifie avorté ou imparfaitement développé ; ainsi appelé en raison de ses nombreuses formes irrégulières et sous-développées.

Le chapeau est charnu, ferme, convexe ou presque plan, régulier ou irrégulier, sec, recouvert d'un minuscule tomentum soyeux, devenant plus lisse avec l'âge, gris ou brun grisâtre, chair blanche, goût et odeur sous-farineux .

Les branchies sont légèrement ou profondément décurrentes, d'abord blanchâtres ou gris pâle, puis de couleur chair. Spores irrégulières, 7,5–10×6,5μ.

La tige est presque égale, solide, finement floculeuse , parfois fibreuse, striée, plus pâle que le chapeau. *Peck* , 42e rapport NY

Il existe souvent trois formes de cette plante ; une forme parfaite, une forme imparfaite et une forme abortive comme on le verra sur la figure 203. Les formes abortives semblent être plus courantes, surtout dans cette localité. Ils seront d'abord considérés comme une sorte de boule-ballon. On les trouve dans les bois ouverts et dans les ravins. J'ai trouvé de très beaux spécimens sous des hêtres sur Cemetery Hill. Ils sont cependant largement répartis dans tout l'État et aux États-Unis. Les spécimens de la figure 203 ont été collectés près d'Ashville et photographiés par le professeur Beardslee.

FIGURE 203. — Clitopilus abortif . Formes avortées. Comestible.

Clitopile subvilis . Pk.

Clitopilus au capuchon soyeux . Comestible.

Subvilis signifie très bon marché, insignifiant.

Le chapeau est mince, déprimé au centre ou ombiliqué, avec le bord courbé, hygrophanus , brun foncé, strié sur le bord lorsqu'il est humide, goût farineux.

Les branchies sont subdistantes , adnées ou légèrement décurrentes, blanchâtres lorsqu'elles sont jeunes, puis de couleur chair.

La tige est grêle, cassante, assez longue, bourrée ou creuse, glabre, colorée comme le chapeau ou un peu plus pâle.

Les spores sont anguleuses, de 7,5 à 10 μ. *Peck* , 42e Rept.

Cette plante se distingue du Clitopilus villosités par son chapeau brillant, ses branchies largement séparées et son goût farineux. Trouvé sur Ralston's Run et à Haynes' Hollow, près de Chillicothe, de juillet à octobre.

Clitopile Novéboracensis . Pk.

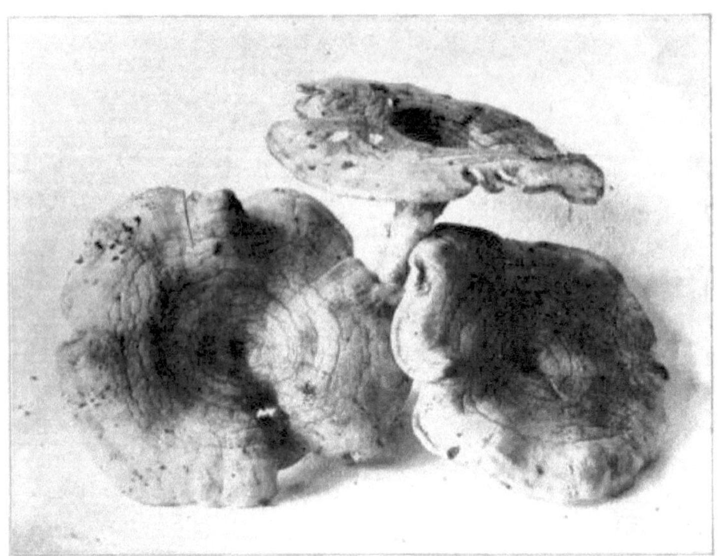

FIGURE 204. — Clitopilus Novéboracensis . Deux tiers grandeur nature.

Noveboracensis , le Clitopilus de New York . Chapeau fin, convexe, puis élargi ou légèrement déprimé ; blanc terne, fissuré par zones ou rivulose concentriquement, parfois obscurément zoné ; odeur farineuse, goût amer.

Branchies étroites, fermées, profondément décurrentes, certaines fourchues, blanches, devenant ternes, teintées de jaune ou de couleur chair.

Tige égale, solide, colorée comme le chapeau, le mycélium blanc, formant souvent des fibres blanches, ramifiées, ressemblant à des racines. Spores globuleuses.

Le professeur Beardslee pense que cette espèce est sans doute identique au *C. popinalis* d'Europe. Il a soumis des spécimens et des photographies à des mycologues européens qui partagent ce point de vue.

J'ai trouvé cette plante assez abondante sur les Huntington Hills après de fortes pluies en août. Leur saison s'étend d'août à octobre. Les spécimens de la figure 204 ont été trouvés poussant parmi les feuilles après une forte pluie le 10 octobre. Les plantes ont tendance à noircir si elles sont meurtries lors de leur manipulation.

Var. bref. C'est ainsi qu'on l'appelle à cause de sa tige courte. Le bord du chapeau est d'un blanc pur lorsqu'il est humide. Branchies attachées à la tige ou légèrement décurrentes.

Eccilia . Le P.

Eccilia vient d'un verbe grec qui signifie « je creuse » ; ainsi appelé parce que la tige cartilagineuse creuse se dilate vers le haut en un chapeau membraneux , dont le bord est d'abord incurvé. Branchies décurrentes, atténuées en arrière.

Ce genre correspond à Omphalia et est séparé de Clitopilus par la tige cartilagineuse et lisse.

Eccilia carneo -grisea. B. & Br.

Eccilia gris chair . Comestible.

Figure 205. — Eccilia carneo -grisea. Casquettes de couleur gris foncé ou ardoise. Branchies roses.

Carneo -grisea signifie gris charnu.

Le chapeau est d'un pouce ou plus de large, ombiliqué, de couleur chair gris foncé ou grisâtre, finement strié, avec un bord noirci par des particules micacées.

Les branchies sont distantes, adnées, décurrentes, roses, légèrement ondulées, à bord irrégulièrement noirci.

La tige mesure un à deux pouces de long, mince, lisse, creuse, ondulée, de la même couleur que le chapeau, tomenteuse blanche à la base.

Spores irrégulièrement oblongues, rugueuses, 7×5μ.

On le trouve de la Nouvelle-Écosse jusqu'au Middle West. On le signale couramment dans les bois de sapins et de pins, mais je le trouve sur les flancs des collines autour de Chillicothe, dans les bois mixtes. On le trouve fréquemment ici associé à Boletinus poreux .

Trouvé en juillet, août et septembre.

Eccilia politique . Pers.

Polita signifie avoir été meublé.

FIGURE 206. — Eccilia politique . Taille naturelle. Coiffes à poils bruns à olive, ombilicales.

Le chapeau est large d'un pouce ou plus, convexe, ombiliqué, quelque peu membraneux , aqueux, livide ou brun à olive, lisse, brillant une fois sec, finement strié sur la marge.

Les branchies sont légèrement décurrentes, encombrées, irrégulières ou inégales, de couleur chair.

La tige est cartilagineuse, bourrée ou creuse, de couleur plus claire que le chapeau, égale ou parfois légèrement élargie à la base, polie d'où est dérivé le nom spécifique.

Il s'agit d'une plante plus grande que E. carneo -grisea ; et il diffère sensiblement par le caractère de ses spores, qui sont fortement inclinées et certaines carrées, de 10 à 12 µ de diamètre, avec un mucron proéminent à un angle. On le trouve dans les bois de septembre jusqu'aux gelées.

Leptonie . Le P.

Leptonia signifie mince, mince.

Les spores sont de couleur saumon et irrégulières. Le chapeau n'est jamais vraiment charnu, la cuticule toujours déchirée en écailles, le disque ombiliqué, et souvent plus foncé que le bord qui est d'abord incurvé. Les branchies sont attachées à la tige et se séparent facilement chez les vieilles plantes. La tige est rigide, à écorce cartilagineuse, creuse ou bourrée, lisse, brillante, souvent bleu foncé, confluente avec le chapeau.

Leptonie incana . Le P.

Leptonia cendrée .

Incana signifie cendré ou blanc grisâtre.

Le chapeau est d'environ un pouce de large, quelque peu membraneux , convexe, puis plan, déprimé au centre, lisse, avec un éclat soyeux , à marge striée.

Les branchies sont attachées à la tige, larges, un peu distantes, blanches, puis verdâtres.

La tige est creuse, brillante, lisse, vert brunâtre. Les spores sont très irrégulières, jaunâtres ternes, roses, rugueuses, 8–9 µ.

On le trouve fréquemment dans les pâturages après des pluies chaudes. Ils poussent en grappes et dégagent une odeur de souris à un degré marqué.

Leptonie serrulata . Pers.

Vu Leptonia .

FIGURE 207. — Leptonie serrulata .

Serrulata signifie porteur de scie, ainsi nommé en raison du caractère dentelé des branchies.

Le chapeau est bleu foncé, à chair fine, ombiliqué, déprimé, sans strié, squamuleux.

Les branchies sont attachées à la tige, avec un bord dentelé foncé.

La tige est fine, cartilagineuse, plus pâle que le chapeau.

Nolanée . Le P.

Nolanea signifie une petite cloche, ainsi appelée à cause de la forme du chapeau.

Ses spores sont roses. La tige est cartilagineuse et creuse. Le chapeau est sous-membrané , fin, en forme de cloche, papillé, à bord droit, pressé contre la tige. Les branchies sont libres et non décurrentes. On les trouve poussant au sol dans les bois et les pâturages.

Nolanée pascua . P.

LE PÂTURAGE NOLANEA .

Pascua signifie pâturage.

Le chapeau est membraneux , conique, puis élargi, légèrement ombré, lisse, strié, aqueux ; une fois sec, brillant comme de la soie.

Les branchies sont presque libres, ventricieuses, encombrées, grisâtres sales.

La tige est creuse, fragile, soyeuse-fibreuse, striée. Les spores sont irrégulières, 9–10. On les trouve dans les pâturages en été et en automne, après une pluie.

Nolanée conique . Pk.

LE CÔNE NOLANEA .

Le chapeau est mince, membraneux , conique, avec un minuscule umbo ou papille, couleur cannelle, striatulé lorsqu'il est humide.

Les branchies sont de couleur chair claire, presque libres.

La tige est fine, droite et creuse.

Trouvé dans les bois humides.

Claude . Forgeron.

Claudopus vient de deux mots grecs : *claudos* , boiteux ; *pus* , pied.

Le chapeau est excentrique ou latéral comme le Pleuroti . Les espèces étaient autrefois placées dans les Pleuroti et Crepidoti , auxquelles elles ressemblent beaucoup, sauf par la couleur des spores. Ce genre comprenait autrefois les plantes qui ont des spores lilas, mais le professeur Fries l'a limité à celles qui ont des spores roses. Les spores de certaines espèces sont régulières et chez d'autres, rugueuses et anguleuses. La tige est soit manquante, soit très courte, d'où son nom. Tous se trouvent sur du bois pourri.

Claudeopus niduliens . Pers.

FIGURE 208. — Claudeopus niduliens . Une moitié grandeur nature. Casquette jaune ou chamois. Branchies jaune orangé.

Nidulans vient de *nidus* , un nid.

Le chapeau est sessile, parfois rétréci vers l'arrière en une base courte en forme de tige, les calottes se chevauchant souvent, en forme de rein, assez duveteuses, la marge involutée, poilue vers la marge, d'une riche couleur jaune ou chamois.

Les branchies sont larges, moyennement fermées, jaune orangé.

Les spores sont régulières, 3–5×1µ, allongées, quelque peu courbées, d'un rose délicat. C'est assez commun dans les bois autour de Chillicothe. Une bûche d'érable dans laquelle j'ai récupéré le spécimen photographié à la figure 208 était entièrement recouverte et offrait une belle vue. Son odeur est assez forte et désagréable. Il est comestible, mais généralement coriace, et doit être haché très finement et bien cuit. On le trouve dans les bois, sur les rondins et les souches, d'août à novembre.

Claudopus variable. Pers.

Variabilis, variable ou modifiable. Le chapeau est blanc, mince, résupiné, c'est-à-dire que la plante semble être sur le dos, les branchies étant tournées vers le haut vers la lumière, assez duveteuses même, étant attachées au centre à une courte tige duveteuse.

Les branchies sont d'abord blanches, puis de la couleur des spores.

On le trouve sur les branches et les branches en décomposition dans les bois. C'est assez courant partout.

CHAPITRE IV.
Les agarics à spores rouillées.

Les spores sont de différentes nuances de jaune ocre, rouille, brun rouille, marron, brun jaunâtre. L'hyménophore n'est jamais exempt de tige dans la série à spores rouillées, et il n'y a pas non plus de volve.

Pholiote . Le P.

Pholiota , une échelle. Les membres de ce genre ont des spores rouillées. Ceux-ci peuvent être brun sépia, brun jaunâtre vif ou rouge clair. Il n'y a pas de volve, mais il existe un anneau parfois persistant, friable et fugace. À cet égard, il correspond à l'Armillaria parmi les agarics à spores blanches. Le chapeau est charnu. Les branchies sont attachées à la tige et parfois entaillées d'une dent décurrente, de couleur fauve ou rouille à cause de la chute des spores. De nombreuses espèces poussent sur le bois, les bûches, les souches et les branches d'arbres, bien que d'autres poussent sur le sol.

Pholiote précox . Pers.

LE DÉBUT DE PHOLIOTA . COMESTIBLE.

FIGURE 209. — Pholiote précox . Deux tiers grandeur nature. Casquettes blanchâtres, souvent teintées de jaune.

Précox , précoce. Le chapeau est charnu, mou, convexe, puis élargi, enfin lisse, régulier, à bord d'abord incurvé ; humide mais non collant, blanchâtre, souvent avec une légère teinte jaune ou beige ; lorsque la plante est complètement mûre, elle est souvent retournée et cannelée.

Les branchies sont attachées à la tige et légèrement décurrentes par une dent, moyennement larges, serrées, inégales, blanc crème puis brun rouille. Spores brunâtres, 8–13×6–7μ.

La tige est farcie, puis creuse, souvent striée au-dessus de l'anneau, plutôt grêle, parfois farineuse, la peau se desquame facilement, blanchâtre. Les spores sont brun rouille et elliptiques. Les chapeaux mesurent de un à deux pouces de largeur et la tige mesure de deux à trois pouces de longueur. Le voile est tendu comme une peau de tambour depuis la tige jusqu'au bord du chapeau. La manière de se briser varie ; parfois il se sépare du bord du chapeau et forme un anneau autour de la tige ; encore une fois, il en reste peu sur la tige et beaucoup sur le bord du capuchon.

Il apparaît chaque année sur la pelouse du lycée de Chillicothe. Les branchies sont blanc crème lorsque le capuchon s'ouvre pour la première fois, mais elles virent rapidement au brun rouille. Cela arrive en mai. Je ne l'ai jamais trouvé après juin. Je suis toujours ravi de le retrouver car il est toujours appétissant à cette saison. Recherchez-les sur les pelouses, les pâturages et dans les champs de céréales.

Pholiote dure. Boulon.

Pholiote dure . Comestible.

FIGURE 210. — Pholiota dura. Une moitié grandeur nature. Casquettes de couleur fauve.

Dura, dur ; ainsi appelé parce que la surface du capuchon devient assez dure et fissurée. Le chapeau est de trois à quatre pouces ou plus de large, très compact, convexe, puis plan, cuticule souvent très craquelée, marge uniforme, fauve, couleur beige, parfois assez brune.

Les branchies sont solidement attachées à la tige, quelque peu décurrentes avec une dent, ventriceuses, livides, puis de couleur brun rouille. Spores elliptiques, 8–9×5–6μ.

La tige est bourrée, dure, fibreuse extérieurement, épaissie vers l'apex, parfois ventriceuse, souvent de forme irrégulière.

Le 6 juin 1904, j'ai trouvé le jardin de M. Dillman sur Hickory Street , Chillicothe, blanc avec cette plante. Certains étaient très grands et très beaux et j'ai eu une excellente occasion d'observer l'irrégularité de la forme de la tige. Quelques années auparavant, j'avais trouvé un jardin à Sidney, Ohio, tout aussi rempli. À l' automne 1905, on m'a demandé de parcourir environ sept milles de Chillicothe pour voir un champ de blé, le dernier octobre, blanc de champignons. Je les ai trouvés de cette espèce.

Seules les jeunes plantes doivent être utilisées, car les plus âgées sont un peu coriaces.

Pholiote adipeux . Le P.

PHOLIOTA GRASSE OU ANANAS . COMESTIBLE.

FIGURE 211. — Pholiote adipeux . Deux tiers grandeur nature. Casquettes jaune safran.

Adiposa vient de *adeps* , gros. Le chapeau est voyant, jaune foncé, compact, convexe, obtus, légèrement umboné, assez visqueux lorsqu'il est humide, brillant lorsqu'il est sec ; cuticule unie ou brisée en écailles brun foncé, à bord incurvé ; la chair est jaune safran, épaisse au centre et s'éclaircie vers le bord.

Les branchies sont solidement attachées à la tige, parfois légèrement échancrées, fermées, jaunes puis rouille avec l'âge. Spores elliptiques, $7 \times 3\mu$.

La tige est égale, farcie, coriace, épaissie à la base, brune en dessous et jaune dessus, assez écailleuse.

La belle apparence des touffes ou des grappes dans lesquelles poussent les Ananas Pholiotas attirera l'attention d'un spectateur habituellement non observateur. Les écailles du capuchon semblent se contracter et remonter de la surface et parfois disparaître avec l'âge. Les chapeaux des champignons ne doivent généralement pas être épluchés avant la cuisson, mais il est préférable d'éplucher celui-ci.

L'anneau est léger et les spécimens représentés ici ont été trouvés sur une souche dans la cour de Miss Effie Mace, sur Paint Street, Chillicothe.

Pholiote Capérata . Pers.

PHOLIOTE RIDÉE . COMESTIBLE.

PLANCHE XXXI. FIGURE 212.- PHOLIOTE CAPÉRATA .

Caperata signifie ridé.

Le chapeau est large de trois à quatre pouces, charnu, variant d'une couleur argileuse à une couleur jaunâtre, d'abord un peu ovoïde, puis élargi, obtus, ridé sur les côtés, la calotte entière et surtout au centre est recouverte d'un blanc flocs superficiels .

Les branchies sont adnées ou attachées à la tige, plutôt serrées, ceci, quelque peu dentées sur leurs bords, de couleur argile-cannelle. Spores elliptiques, 12×4,5μ.

La tige est longue de quatre à cinq pouces, solide, grosse, ronde, quelque peu bulbeuse   à
la base, blanche, écailleuse au-dessus de l'anneau, qui est souvent très léger, souvent seulement une trace, comme on le voit sur la plante de gauche dans la figure. 212.

Les spores sont ferrugineuses foncées lorsqu'elles sont capturées sur du papier blanc, mais plus pâles sur du papier foncé.

Les flocons superficiels blancs marqueront la plante. Il a une large distribution dans tous les États. Je l'ai trouvé dans un certain nombre d'endroits dans l'Ohio et il est assez abondant à Chillicothe. C'est un favori en Allemagne et le peuple l'appelle " Zigeuner ", un Tsigane.

On le trouve en septembre et octobre.

Pholiote unicolor. Fl. Dan.

CHIFFRE 213.— Pholiota unicolor. Taille naturelle.

Unicolor signifie une seule couleur.

Le chapeau est campanulé à convexe, subumboné , hygrophane , bai, puis ocre, presque uniforme, jamais complètement déployé.

Les branchies sont subtriangulaires, adnées, sécantes, larges, ocre-cannelle. Spores 9–10×5μ.

La tige est bourrée, puis creuse, colorée comme le chapeau, presque lisse, anneau fin mais entier.

Ils poussent tardivement et se trouvent sur des bûches bien pourries. Ils sont assez communs dans nos bois. Trouvé en novembre. Les plantes de la figure 213 ont été trouvées le 24 novembre, à Haynes' Hollow.

Pholiote mutablis . Schaff.

Pholiota modifiable . Comestible.

Mutablis signifie changeant, variable. Le chapeau de deux à trois pouces de large, charnu ; cannelle profonde lorsqu'elle est humide, plus pâle lorsqu'elle est sèche; marge plutôt fine, transparente ; convexe, puis élargi, parfois obtusément ombré, et parfois légèrement déprimé ; uniforme, assez lisse, à chair blanchâtre et de goût doux.

Les branchies sont larges, adnées, légèrement décurrentes, fermées, couleur terre d'ombre pâle, puis cannelle.

La tige est longue de deux à trois pouces, mince, bourrée, devenant creuse, lisse dessus ou minutieusement pulvérulente, et pâle, dessous légèrement écailleuse jusqu'à l'anneau, et plus foncée à la base, anneau membraneux , extérieurement écailleux. Les spores sont ellipsoïdes, $9{-}11{\times}5{-}6\mu$.

Je trouve ce spécimen poussant de manière céspiteuse sur du bois pourri. C'est assez courant ici en fin de saison. J'ai trouvé de très gros spécimens le jour de Thanksgiving , 1905, dans le comté de Gallia, Ohio. C'est l'une des dernières plantes comestibles.

Pholiote hétéroclite . Le P.

Pholiota à tige bulbeuse .

CHIFFRE 214.— Pholiote hétéroclite . Taille naturelle. Casquettes blanchâtres ou jaunâtres.

Hétéroclite signifie se pencher d'un côté, hors du centre.

Le chapeau est large de trois à six pouces, compact, convexe, élargi, très obtus, plutôt excentrique, marqué d'écailles éparses, innées, enfoncées, blanchâtres ou jaunâtres, parfois lisses lorsqu'elles sont sèches, visqueuses si humides.

Les branchies sont très larges, d'abord pâles, puis ferrugineuses, arrondies, annexées .

La tige a trois à quatre pouces de long, solide, dure, bulbeuse à la base, fibrilleuse, blanche ou blanchâtre ; voile apical, anneau fugace, appendiculé. Les spores sont subelliptiques , 8–10×5–6μ.

Cette espèce a une odeur forte et âcre qui rappelle celle du raifort. Il pousse sur le bois et ses hôtes préférés sont le peuplier et le bouleau. On le trouve presque à tout moment de l'automne. Les spécimens de la figure 214 ont été trouvés dans le Michigan et photographiés par le Dr Fischer, de Detroit.

Pholiote aurevel . Batsch.

PHOLIOTE DORÉE .

Aurevella vient de *auri -vellus* , une toison dorée.

Le chapeau a deux à trois pouces de diamètre, en forme de cloche, convexe, gibbeux, jaune fauve, avec des écailles plus foncées, plutôt visqueuses.

Les branchies sont serrées, échancrées en arrière, fixes, très larges, planes, olive pâle, longuement ferrugineuses.

La tige est bourrée, presque égale, dure, de longueur variable, courbée, avec des squamules enfoncées rouillées , un anneau assez éloigné. Sur les troncs d'arbres à l'automne, généralement solitaire. Pas très courant.

Pholiote courbes . Le P.

Curvipes , avec un pied ou une tige courbée. Le chapeau est plutôt charnu, convexe, puis élargi, déchiré en écailles floconneuses enfoncées.

Les branchies sont adnées, larges, blanches, puis jaunâtres, enfin fauves.

La tige est un peu creuse, fine, incurvée (d'où son nom), fibrilleuse, jaune, tout comme l'anneau floconneux. Spores 6–7×3–4. *Cooke.*

J'ai trouvé plusieurs spécimens de cette espèce à différentes époques sur une bûche de hêtre bien pourrie à Ralston's Run, mais je n'ai pu le trouver sur aucune autre bûche dans aucun bois près de Chillicothe. J'ai eu du mal à le placer jusqu'à ce que le professeur Atkinson m'aide. Je l'ai trouvé d'août à novembre.

Pholiota spectabilis. Le P.

PHOLIOTA VOYANT .

Spectabilis, d'apparence remarquable, à voir. Le chapeau est compact, convexe, puis plan, sec, déchiré en écailles soyeuses disparaissant vers le bord, de couleur orangé doré, chair jaune.

Les branchies sont annexées , arrondies près de la tige, légèrement décurrentes, serrées, étroites, jaunes, puis ferrugineuses.

La tige est solide, de trois à quatre pouces de hauteur, assez épaisse, coriace, spongieuse, épaissie vers la base, uniforme, bulbeuse, quelque peu enracinée. Bague inférieure. J'ai trouvé les spécimens en octobre et novembre. Il peut croître plus tôt. Trouvé sur des souches de chêne pourries.

Pholiota marginée. Batsch.

PHOLIOTE MARGINALE . COMESTIBLE.

CHIFFRE 215.— Pholiota marginata. Deux tiers grandeur nature. Casquettes de couleur miel et beige.

marginata signifie bordé, bordé ; ainsi appelé des stries périphériques du chapeau.

Le chapeau est plutôt charnu, convexe, puis plan, lisse, humide, aqueux, strié sur le bord, de couleur miel lorsqu'il est humide, de couleur beige lorsqu'il est sec.

Les branchies sont fermement attachées à la tige, serrées, inégales ; à maturité, d'un brun rougeâtre foncé dû à l'excrétion des spores. Spores 7–8×4μ.

La tige est cylindrique, lisse, creuse, de la même couleur que le chapeau, recouverte d'une pruine givrée au-dessus de l'anneau, qui est éloigné du sommet de la tige et disparaît souvent entièrement.

C'est assez courant, on le trouve sur presque toutes les bûches pourries de nos bois. Cela arrive tôt et dure jusqu'à la fin de l'automne. Les casquettes sont excellentes lorsqu'elles sont bien préparées.

Pholiote ægerita . Le P.

Ægerita est le nom grec du peuplier noir ; ainsi appelé parce qu'il pousse sur des rondins de peuplier pourris. Le chapeau est charnu, convexe, puis plan, plus ou moins déchiqueté ou ondulé, ridé, fauve, bord de la calotte plutôt pâle.

Les branchies sont adnées, avec une dent décurrente, plutôt rapprochée, pâle, puis de plus en plus foncée.

La tige est farcie, égale, blanc soyeux, anneau supérieur, fibrilleuse, tumidante. Spores 10×5μ.

On le trouve en octobre et novembre, dans les bois partout où se trouvent des rondins de peuplier pourris.

Pholiote squarrosoïdes . Pk.

COMME LE PHOLIOTA ÉCAILLEUX . COMESTIBLE.

CHIFFRE 216.— Pholiote squarrosoïdes . Deux tiers grandeur nature. Casquettes jaunes ou jaunâtres.

Squarrosoides signifie comme Squarrosa . Le chapeau est assez ferme, convexe, visqueux, surtout lorsqu'il est humide ; d'abord densément recouvert d'écailles dressées papilleuses ou subépineuses fauves , qui se séparent rapidement les unes des autres, révélant la couleur blanchâtre ou jaunâtre du bonnet et son caractère visqueux.

Les branchies sont rapprochées, émarginées, d'abord blanchâtres, puis cannelle pâle ou terne.

La tige est égale, ferme, farcie, rugueuse, avec d'épaisses écailles squarrose, blanches au-dessus de l'épais anneau floconneux, pâles ou fauves en dessous. Les spores sont minuscules, elliptiques, 0,0002 pouce de long et 0,00015 pouce de large.

Ils poussent en touffes sur des troncs morts et de vieilles souches, notamment celles de l'érable à sucre. Ils ressemblent beaucoup à P. squarrosa . Trouvé à la fin de l'automne. Son repaire préféré est l'intérieur d'une souche ou la protection d'une bûche.

Pholiote squarrosa . Réfléchir.

PHOLIOTE ÉCAILLEUSE . COMESTIBLE.

Photo de CG Lloyd.

PLANCHE XXXII. FIGURE 217.- PHOLIOTE SQUARROSA .

Squarrosa signifie écailleux. Le chapeau est large de trois à quatre pouces, charnu, en forme de cloche, convexe, puis élargi ; obscurément ombré, jaune fauve, recouvert d'écailles brunes riches ; chair jaune près de la surface.

Les branchies sont attachées à la tige, avec une dent décurrente, d'abord jaunâtre, puis olive pâle, virant au brun rouille, serrées et étroites. Les spores sont elliptiques, 8×4µ.

La tige a de trois à six pouces de haut, jaune safran, bourrée, vêtue de petites fibres, écailleuses comme le chapeau, atténuées à la base à cause de la manière de sa croissance. L'anneau est proche de l'apex, duveteux, d'un brun riche, tirant sur l'orange.

C'est un champignon assez commun et voyant. On le trouve sur le bois pourri, sur ou à proximité des souches, poussant à partir d'une racine souterraine, et on le trouve souvent au pied des arbres. Seuls les chapeaux des jeunes spécimens doivent être consommés. On le trouve du mois d'août jusqu'aux gelées tardives.

Inocybe . Le P.

Inocybe vient de deux mots grecs signifiant fibre et tête ; ainsi appelé du voile fibrilleux, concret avec la cuticule du chapeau, souvent libre au bord, en forme de cortina . Les branchies sont quelque peu sinueuses, bien qu'elles soient parfois adnées, et chez deux espèces, elles sont décurrentes ; changeant de couleur mais non saupoudré de cannelle. Les spores sont souvent rugueuses mais chez d'autres spécimens, elles sont uniformes, de couleur rouille plus ou moins brunâtre. *Stevenson.*

Inocybe scabre . Réfléchir.

INOCYBE RUGUEUX . NON COMESTIBLE.

Scaber signifie rugueux. Le chapeau est charnu, conique, convexe, obtusement gibbeux, parsemé d'écailles fibreuses enfoncées ; marge entière, brun grisâtre.

Les branchies sont arrondies près de la tige, assez serrées, brun pâle et terne.

La tige est solide, blanchâtre ou plus pâle que le chapeau, vêtue de petites fibres égales, voilées. Les spores sont elliptiques, lisses, 11×5μ.

On le trouve au sol dans les bois humides. Pas bon.

Inocybe dentellera . Le P.

INOCYBE DÉCHIRÉ .

Lacera signifie déchiré. Le chapeau est un peu charnu, convexe, puis élargi, obtus, umboné, recouvert d'écailles fibreuses.

Les branchies sont libres, larges, ventriceuses, blanches, teintées de rouge, gris clair. Les spores sont obliquement elliptiques, lisses, 12×6μ.

La tige est fine, courte, bourrée, vêtue de petites fibres, nue dessus, rougeâtre à l'intérieur.

On le trouve sur les terrains où le sol est argileux ou pauvre. Pas bon.

Inocybe subochracée Burtii . Picorer.

FIGURE 218. — Inocybe subochracée Burtii . Taille naturelle.

C'est une espèce très intéressante. Elle est ainsi décrite par le Dr Peck : « Voile bien visible, palmé fibrilleux, bord du chapeau plus fibrilleux ; tige plus longue et plus visiblement fibrilleuse. Le voile bien développé et la tige plus longue sont les caractères distinctifs de cette variété.

Les plantes se trouvent dans des zones moussues sur les flancs des collines nord de Chillicothe. Le jaune ocre pâle et les chapeaux et tiges très fibrilles attireront immédiatement l'attention du collectionneur. Les chapeaux mesurent un à deux pouces et demi de large et la tige mesure de deux à trois pouces de long.

Inocybe subochracée . Picorer.

Chapeau fin, conique ou convexe, parfois élargi, généralement umboné, squamuleux fibrilleux, jaune ocre pâle.

Les branchies sont plutôt larges, attachées, émarginées, blanchâtres, devenant jaune brunâtre.

La tige est égale, blanchâtre, légèrement fibrilleuse, solide. *Picorer.*

Il s'agit d'une petite plante d'un à deux pouces de haut dont le chapeau mesure à peine plus d'un pouce de large. Il pousse dans des bosquets ouverts où le sol est sableux. On le trouve sur Cemetery Hill de juin à octobre.

Inocybe géophylla , var. violée. Tapoter.

FIGURE 219. — Inocybe géophylla , var. violée.

C'est une petite plante et possède toutes les caractéristiques d' Inocybe geophylla à l'exception de la couleur du capuchon et des branchies.

Le chapeau est large d'un pouce à un pouce et demi, hémisphérique au début, puis élargi, umboné, uniforme, soyeux-fibrilleux, lilas, devenant plus pâle avec l'âge.

Les branchies sont annexées , d'abord lilas, puis colorées par les spores. Spores 10×5.

La tige égale, ferme, creuse, légèrement violacée.

Cette plante pousse en septembre dans les bois mixtes parmi les feuilles mortes. Sa couleur violet vif attirera immédiatement l'attention.

Inocybe dulcamara. COMME.

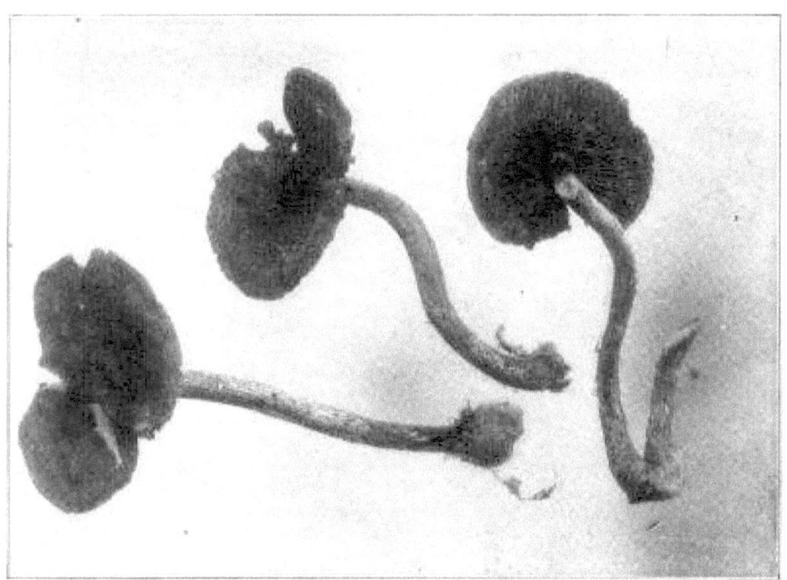

Dulcamara signifie doux-amer. Le chapeau a un diamètre d'un pouce à un pouce et demi, plutôt charnu, convexe, umboné, pileux et écailleux .

Les branchies sont arquées, ventriques, olivacées pâles.

La tige est un peu creuse, fibrilleuse et squamuleuse à cause du voile, farineuse à l'apex. Spores 8–10×5μ.

Trouvé de juillet à septembre, dans les endroits herbeux.

Inocybe cincinnata . Le P.

CHIFFRE 221.— Inocybe cincinnata . Deux tiers grandeur nature. Casquettes
écailleuses, foncées ou brun grisâtre.

Cincinnata signifie avec les cheveux bouclés. C'est une petite plante assez
intéressante. On le trouve sur Cemetery Hill, à Chillicothe, sous les pins et le
long des allées où il y a peu d'herbe. C'est une plante grégaire et assez rustique.

Le chapeau est charnu, convexe, puis plan, assez écailleux , un peu foncé ou
brun grisâtre.

Les branchies sont brun grisâtre avec parfois une teinte violette ; annexées ,
assez serrées, ventricieuses.

La tige est solide, mince, écailleuse, un peu plus légère que le chapeau. Les
spores mesurent 8 à 10 × 5μ.

Cette plante semble pousser tardivement. Je ne l'ai trouvé que vers le 15
octobre et cela a continué jusqu'au dernier novembre. J'avais trouvé deux
autres espèces sur la même colline plus tôt dans la saison. Non, les Inocybes
sont bons à manger.

Inocybe pyriodora . Pers.

Pyriodora , qui sent la poire. Le chapeau est large d'un à deux pouces, assez
fortement umboné, d'abord conique, élargi, couvert d'écailles fibreuses
adprimées, chez les vieilles plantes la marge est retroussée, fumée ou brun-
ocre devenant pâle.

Les branchies sont entaillées au niveau de la tige, peu encombrées, d'un blanc terne, devenant presque brun cannelle, quelque peu ventricieuses.

La tige est longue de deux à trois pouces, farcie, ferme, égale, pâle, apex pruineux, voile très fugace. Chair teintée de rouge.

Commun dans les bois en septembre et octobre. La plante n'est pas comestible.

Inocybe rimosa . Taureau.

INOCYBE FISSURÉ .

Rimosa , fissuré. Le chapeau est large d'un à deux pouces, brillant, satiné, fibrilleux enfoncé, jaune brun, campanulé, puis élargi, fissuré longitudinalement.

Les branchies sont libres, quelque peu ventricieuses, d'abord blanches, de couleur argileuse brunâtre.

La tige mesure un à deux pouces de haut, éloignée du chapeau, solide, ferme, presque lisse, bulbeuse et blanche farineuse dessus. Spores lisses, 10–11×6μ.

I. eutheles diffère de cette espèce en étant umbonate ; I. pyriodora dans sa forte odeur. De nombreuses plantes se trouvent souvent au même endroit dans les bois ouverts ou dans les endroits dégagés. Leur pilei radié et fissuré, avec la substance interne jaune à travers les fissures, aidera à distinguer l'espèce. Trouvé de juin à septembre.

Hébelome . Le P.

Hebeloma vient de deux mots grecs signifiant jeunesse et frangé. Voile partiel fibrilleux ou absent. Le chapeau est lisse, continu, quelque peu visqueux, avec un bord incurvé. Les branchies sont échancrées adnées, bord de couleur différente, blanchâtres. Les spores sont de couleur argileuse. Le tout retrouvé sur le terrain.

Hébelome glutinosum . Linn.

Glutinosum , riche en colle. Le chapeau est large d'un à trois pouces, jaune clair, le disque plus foncé, charnu, convexe, puis plan, recouvert d'un gluten visqueux par temps humide ; la chair est blanche, devenant jaune.

Les branchies sont attachées à la tige, échancrées, légèrement décurrentes, serrées, pâles, jaune clair puis argileuses. Spores elliptiques, 10–12×5μ.

La tige est farcie, ferme, quelque peu bulbeuse, couverte d'écailles blanches et farineuse au sommet. Il y a un voile partiel en forme de cortina .

Trouvé parmi les feuilles dans les bois. Par temps humide, le gluten est abondant. Même si ce n'est pas toxique, ce n'est pas bon.

Hébelome fastible . Le P.

OCRE HÉBELOME . TOXIQUE.

Fastibilis signifie nauséeux, désagréable ; ainsi appelé en raison de son goût et de son odeur piquants.

Le chapeau mesure un à trois pouces de diamètre, convexe, plan, ondulé, visqueux, lisse, beige jaunâtre pâle, à marge involutée et duveteuse.

Les branchies sont échancrées, assez éloignées, pâles, puis cannelle ; lacrymogène.

La tige mesure de deux à quatre pouces de long, solide, subbulbeuse , blanche, fibreuse et écailleuse, parfois tordue, devenant souvent creuse, voile évident. Les spores sont en forme de pépin, 10×6µ.

L'odeur est à peu près la même que chez H. crustuliniforme mais elle en diffère par un voile manifeste et des branchies plus éloignées. Trouvé dans les bois de juillet à octobre.

Hébelome crustuliniforme . Taureau.

L'ANNEAU HEBELOMA . NON COMESTIBLE.

Crustuliniforme signifie la forme d'un gâteau ou d'un petit pain.

Le chapeau est convexe, puis élargi, lisse, un peu visqueux, souvent ondulé, rouge jaunâtre, de taille assez variable.

Les branchies sont échancrées, fines, étroites, blanchâtres puis brunes, bondées, à bord crénelé et avec des perles d'humidité.

La tige est solide ou farcie, ferme, subbulbeuse , blanchâtre, avec de minuscules taches blanches recourbées.

On le trouve dans les bois ou autour des vieux tas de sciure. Les plantes poussent parfois en anneaux. Septembre à novembre.

Hébelome pascuense . Pk.

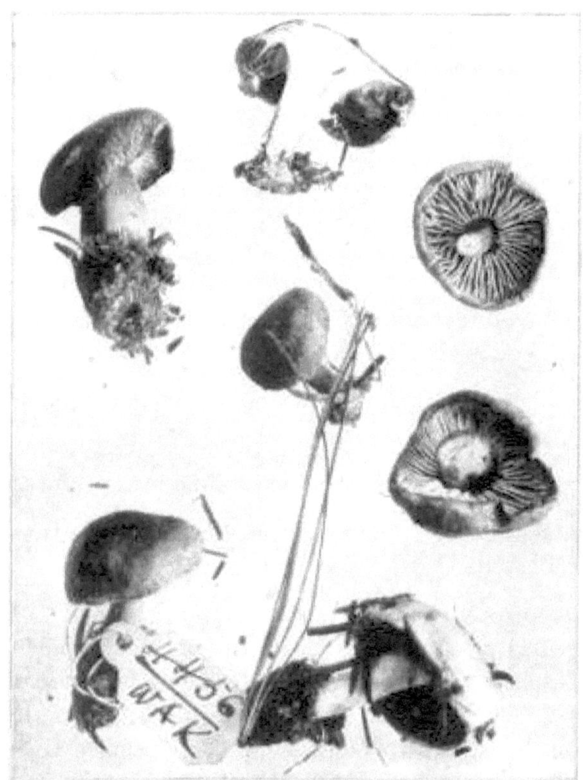

CHIFFRE 222.— Hébelome pascuense . Taille naturelle. Casquettes de couleur marron.

Pascuense , relatif aux pâturages ; faisant référence à son habitat.

Le chapeau est convexe, devenant presque plan, visqueux lorsqu'il est humide, obscurément fibrilleux de manière innée ; argile brunâtre, souvent plus foncée ou roux au centre, la marge chez la jeune plante légèrement blanchie par le mince voile palmé ; le bord du chapeau plus ou moins irrégulier, chair blanche, goût doux, odeur faible.

Les branchies sont rapprochées, arrondies en arrière, annexées , blanchâtres, devenant ocre pâle.

La tige est courte, ferme, égale, solide, fibrilleuse, légèrement farineuse au sommet, blanchâtre ou pâle.

Les spores sont ocre pâle, subelliptiques . J'ai trouvé les plantes de la figure 222 sur Cemetery Hill à la fin novembre. C'est une plante très basse, poussant sous les pins et se tenant à proximité des allées. La marge blanchie de la jeune plante est un très bon signe auriculaire pour connaître cette espèce.

Plutéole . Le P.

Plutéole signifie un petit hangar. C'est le diminutif de *pluteus* , hangar ou penthouse, de par sa calotte conique.

Le chapeau est plutôt charnu, visqueux, conique ou campanulé, puis élargi ; marge d'abord droite, collée à la tige. Tige quelque peu cartilagineuse, distincte de l'hyménophore. Branchies libres, arrondies derrière.

Plutéolus reticulatus. Pers.

Reticulatus signifie fait comme un filet ; de *rete* , un filet, ainsi appelé à cause de l'apparence en forme de filet des veines sur le capuchon.

Le chapeau est légèrement charnu, campanulé, puis élargi, rugoso -réticulé, visqueux, à marge striée, violacée pâle.

Les branchies sont libres, ventriceuses, serrées, jaune safran à ferrugineuses.

La tige mesure un à deux pouces de long, creuse, fragile, fibrilleuse, tendance à être farineuse au sommet, blanche.

Je n'ai trouvé que quelques plantes de cette espèce dans notre état. Cela semble être rare. Les nervures anastomosées de la calotte et sa couleur violacée pâle marqueront l'espèce. Je l'ai toujours trouvé sur du bois pourri. Le capitaine McIlvaine parle d'en trouver en quantité sur les tiges des mauvaises herbes tombées et dit qu'il était tendre et de saveur fine. Septembre.

Galère. Le P.

Galera signifie une petite casquette. Le chapeau est plus ou moins en forme de cloche, à bord droit, d'abord déprimé jusqu'à la tige, hygrophane , presque régulier, atomisé lorsqu'il est sec, plus ou moins membraneux .

Les branchies sont attachées à la tige ou avec une dent décurrente, comme chez Mycena .

La tige est cartilagineuse, creuse, confluente avec le chapeau, mais de texture différente. Le voile manque souvent, mais lorsqu'il est présent, il est fibreux et fugace. Les spores sont ferrugineuses ochracées.

Galera hypnorum . Batsch.

La Galera qui aime la mousse.

Hypnorum signifie mousses; de *l'hypna* , de la mousse.

Le chapeau est membraneux , conique, campanulé, lisse, strié, aqueux lorsqu'il est humide, pâle lorsqu'il est sec, cannelle.

Les branchies sont attachées à la tige, larges, assez distantes, de couleur cannelle, blanchâtres sur le bord.

La tige est fine, ondulée, de même couleur que le chapeau, pruineuse à l'apex. Cette plante ressemble beaucoup à G. tenera , mais en beaucoup plus petite et dans un habitat très différent. Trouvé dans les mousses de juin à octobre.

Galère tenera . Schaeff .

La Galera élancée. Comestible.

Photo de CG Lloyd.

Chiffre 223.— Galera tenera .

Tenera est la forme féminine de *tener* , élancée, délicate.

Le chapeau est quelque peu membraneux , d'abord en forme de cône, partiellement élargi, en forme de cloche, hygrophane , ochracé une fois sec.

Les branchies sont attachées à la tige, serrées, assez larges, ascendantes, brun cannelle, les bords blanchâtres, parfois légèrement dentés.

La tige est droite, creuse, fragile, plutôt brillante ; trois à quatre pouces de long, égaux ou parfois inclinés à s'épaissir vers le bas, à peu près de la même couleur que le chapeau. Les spores sont elliptiques et de couleur rouille foncée, 12–13×7μ.

Vous rencontrerez fréquemment une variété dont le chapeau et la tige sont bien pubescents mais dont les autres caractéristiques concordent avec G. tenera . Le professeur Peck l'appelle G. tenera var. piloselle .

Trouvé dans les pelouses et les pâturages richement fumés. C'est assez courant. Les casquettes, seules, sont bonnes.

Galère latéritique . Le P.

LA GALERA ROUGE BRIQUE. COMESTIBLE.

Lateritia signifie fait de brique, de *plus tard* , une brique ; ainsi appelé parce que les capuchons sont de couleur brique.

Le chapeau est quelque peu membraneux , conique, puis en cloche, obtus, régulier, hygrophane , plutôt jaune pâle lorsqu'il est mouillé, ocre lorsqu'il est sec.

Les branchies sont presque libres, annexées au sommet du cône, linéaires, très étroites, fauves ou ferrugineuses.

La tige mesure trois à quatre pouces de long, creuse, légèrement effilée vers le haut, droite, fragile, pruineuse blanche, blanchâtre. Les spores sont elliptiques, 11–12 × 5–6 μ.

Cette plante ressemble à G. ovalis, dont elle se distingue par ses branchies linéaires ascendantes et l'absence de voile.

On le trouve sur le fumier et dans les pâturages richement fumés, de juillet jusqu'aux gelées.

Galerie Kellermani . Pk. sp. nov.

CHIFFRE 224.— Galère Kellermani . Montrant de jeunes plantes.

CHIFFRE 225.— Galère Kellermani . Montrant des plantes plus anciennes.

Kellermani est nommé en l'honneur du Dr WA Kellerman, de l'Ohio State University.

Le chapeau est très mince, subovale ou subconique , devenant bientôt plan ou presque ; striatulé presque jusqu'au centre lorsqu'il est humide, plus ou moins ondulé et strié de manière persistante sur la marge lorsqu'il est sec, finement granuleux ou farineux lorsqu'il est jeune, non poli à l'âge adulte, souvent avec quelques squamules floconneuses éparses lorsqu'il est jeune, et parfois avec quelques légers fragments de un voile adhérant au bord qui apparaît comme finement entaillé par les extrémités saillantes des branchies ; brun aqueux lorsqu'il est humide, brun grisâtre lorsqu'il est sec, un peu plus foncé au centre ; goût léger, odeur faible, comme celle du bois en décomposition.

Les branchies sont fines, rapprochées, adnées, d'un délicat brun cannelle devenant plus foncées avec l'âge. La tige mesure de deux ans et demi à quatre cm. long, mince, égal ou légèrement effilé vers le haut ; finement strié, minutieusement scorbuté ou farineux, du moins lorsqu'il est jeune ; creux, blanc. Les spores sont ferrugineuses brunâtres avec une légère teinte rosée en masse, elliptiques, 8–12×6–7μ. *Picorer.*

Le Dr Peck dit que les caractéristiques distinctives de cette espèce sont son chapeau brun grisâtre largement élargi ou plat, avec sa surface granuleuse ou farineuse, sa marge striée persistante et ses branchies très étroites devenant brunâtres avec l'âge. J'ai vu la plante pousser dans les lits de culture de la serre de l'Ohio State University. C'est une belle plante. Les plantes de tous âges sont représentées dans les figures 224 et 225.

Galère croustillante . Longue année.

CHIFFRE 226.— Galera croustillante . Taille naturelle. Bonnet brun ocre.

Crispa signifie croustillant ; le nom spécifique est basé sur le caractère particulier des branchies qui sont toujours croustillantes dès que le chapeau est élargi.

Le chapeau mesure 1,5 à 3,5 cm. large, membraneux , constamment conico -campanulé, subaigu, inégal et quelque peu rivulose, brun ocre sur le disque, plus clair vers la marge qui devient crénelée et retournée chez les spécimens plus âgés ; légèrement pruineux au début, ruguleux et un peu plus pâle une fois sec.

Les branchies sont annexées , peu encombrées, plutôt étroites, entrecoupées de veines anastomosées ; très croustillant; d'abord presque blanche, puis devenant ferrugineuse à cause des spores.

La tige mesure 7 à 10 cm. longue, effilée à partir d'une base quelque peu bulbeuse, blanc jaunâtre, pruineuse à la base, creuse, fragile. Les spores mesurent 8 à 10 μ de large et 12 à 16 μ de long. *Longue année.*

On les trouve dans l'herbe des pelouses et dans les pâturages, en juin et juillet.

Le Dr Peck, à qui les spécimens ont été référés, a suggéré qu'il pourrait s'agir d'une variété de G. lateritia , à moins que le caractère particulier des branchies ne se révèle constant. Le professeur Longyear a fréquemment trouvé la plante dans le Michigan et il l'a trouvée dans le City Park de Denver, Colorado, en juillet 1905.

Son caractère distinctif est suffisamment constant pour que la reconnaissance de l'espèce soit facile. Les plantes de la figure 226 ont été photographiées par le professeur BO Longyear.

Galère ovale. Le P.

La Galère Ovale.

Le chapeau est quelque peu membraneux , ovale ou en forme de cloche, uniforme, aqueux, de couleur rouille sombre, un peu plus grand que celui de G. tenera .

Les branchies sont presque libres, ventriques, très larges, de couleur rouille.

La tige est droite, égale, légèrement striée, presque de la même couleur que le chapeau, longue d'environ trois pouces. Trouvé dans les pâturages où se trouvaient les animaux. Je l'ai trouvé dans le pâturage Dunn, sur le brochet Columbus, comté de Ross, O.

Crépidote . Le P.

Crepidotus vient d'un mot grec signifiant pantoufle. Les spores sont foncées ou brun jaunâtre. Il n'y a pas de voile. Le chapeau est excentrique , dimidié ou résupiné. La chair est molle. La tige est latérale ou manquante, lorsqu'elle est présente, elle est continue avec le capuchon. Ils poussent généralement sur du bois.

Crépidote contre . Pk.

CHIFFRE 227.— Crépidote contre . Taille naturelle. Casquettes blanc pur.

Il s'agit d'une petite plante très modeste qui pousse sous des bûches ou des écorces pourries, échappant ainsi sans aucun doute à l'attention de beaucoup. Parfois, on peut le trouver poussant sur le côté d'une bûche, auquel cas il pousse sous forme d'étagère. Lorsqu'elle pousse sous la bûche, la face supérieure du chapeau est contre le bois et on dit qu'elle est résupinée.

Le chapeau est en forme de rein, assez petit, fin, d'un blanc pur, recouvert d'un doux duvet blanchâtre.

Les branchies sont rayonnées à partir du point d'attache du capuchon, non encombrées, blanchâtres, puis ferrugineuses à cause des spores.

Crépidote mollis . Schaeff .

CRÉPIDOTE MOU .

Le chapeau est entre sous-gélatineux et charnu ; un à deux pouces de large ; tantôt solitaire, tantôt imbriqué ; flasque, uniforme, lisse, réniforme, subsessile, pâle, puis grisâtre.

Les branchies sont décurrentes de la base, encombrées, linéaires, blanchâtres puis aqueuses cannelle. Les spores sont elliptiques, ferrugineuses, 8–9×5–6µ.

Cette espèce est largement répandue et assez commune sur les bûches et souches pourries, de juillet à octobre.

Naucorie . Le P.

Naucoria , une coquille de noix. Le chapeau est d'une certaine nuance de jaune, convexe, infléchi, lisse, floculent ou écailleux. Les branchies sont attachées à la tige, parfois presque libres, jamais décurrentes. La tige est cartilagineuse, confluente avec le chapeau mais de texture différente, creuse ou bourrée. Le voile est absent ou parfois de petites traces peuvent être observées fixées au bord du chapeau, chez les jeunes plants, sous forme d'écailles. Les spores sont de différentes nuances de brun, ternes ou brillantes. Ils poussent au sol sur les pelouses et les riches pâturages. Certains sur bois.

Naucoria hamadryas. Le P.

LA NYMPHE NAUCORIA . COMESTIBLE.

Hamadryas, une des nymphes dont la vie dépendait de l'arbre auquel elle était attachée.

Le chapeau est large d'un à deux pouces, plutôt charnu, convexe, élargi, gibbeux, uniforme, bai-ferrugineux lorsqu'il est jeune et humide, jaunâtre pâle lorsqu'il est vieux.

Les branchies sont atténuées, annexées , presque libres, rouillées, légèrement ventricieuses, un peu encombrées.

La tige est creuse, égale, fragile, lisse, pâle, longue de deux à trois pouces. Les spores sont elliptiques, de couleur rouille, $13{-}14{\times}7\mu$.

C'est une espèce assez commune, poussant souvent seule le long des trottoirs, sous l'ombre des arbres et dans les bois. Les casquettes seules sont bonnes. Trouvé de juin à novembre.

Naucorie pédiades . Le P.

NAUCORIA DE COULEUR BEIGE . COMESTIBLE.

CHIFFRE 228.— Naucorie pédiades . Taille naturelle.

Pediades vient d'un mot grec signifiant plaine ou champ, faisant référence à sa présence sur les pelouses et les pâturages.

Le chapeau est un peu charnu, convexe, puis plan, obtus ou déprimé, sec, enfin opaque, souvent enclin à être finement ondulé.

Les branchies sont attachées à la tige mais ne s'y adnent pas, larges, subdistantes , seulement quelques brunâtres entières, puis un cannelle terne.

La tige est moelleuse ou bourrée, plutôt ondulée et soyeuse, jaunâtre, base légèrement bulbeuse. Les spores sont de couleur brun-rouille, $10–12×4–5\mu$.

Si l'on examine le petit bulbe situé à la base de la tige, on constate qu'il est formé principalement de mycélium enroulé autour de la base. On le trouve sur les pelouses et les pâturages richement fumés de mai à novembre. Utilisez uniquement les capuchons. Cette plante est généralement connue sous le nom de semiorbiculaire .

Naucorie paludoselle . Atkinson n. sp.

PLANCHE XXXIII. FIGURE 229.— NAUCORIE PALUDOSELLE .
Montrant le mode de croissance, des écailles brun argileux sur les chapeaux.

Paludosella est un diminutif de *palus* , gén. paludis , un marécage ou un marais.

Plantes de six à huit cm. haut; chapeau de deux et demi à trois cm. large; tige de trois à quatre mm. épais.

Chapeau visqueux lorsqu'il est humide, convexe à expansé, quelque peu déprimé avec l'âge ; couleur argileuse, plus foncée au centre, souvent avec des écailles brun argileux appprimées de couleur plus foncée.

Branchies terre d'ombre crue à marron de Mars (R), émarginées, adnées parfois à une dent décurrente, devenant facilement libres.

cellules hyalines à parois minces, sous-ventriceuses , parfois presque cylindriques, brusquement rétrécies à chaque extrémité avec un léger sinus autour du milieu.

Spores subovales à subelliptiques , subinéquilatérales , lisses, 7–9×4–5μ, ferrugineuses fusceuses, ocracées ternes au microscope.

Tige de la même couleur que le chapeau mais plus pâle, cartilagineuse ; flocage à partir de fils lâches ou, dans certains cas, de fils abondants sur la surface ; devenant creuses, base bulbeuse, l'extrême base recouverte de mycélium blanchâtre.

Voile assez épais, floconneux, disparaissant, laissant un reste sur la tige et le bord du chapeau lorsqu'il est frais. *Atkinson.*

Le Dr Kellerman et moi avons découvert cette plante poussant sur de la sphaigne vivante, d'autres mousses et sur du bois pourri sur l'île Cranberry, à Buckeye Lake, Ohio. La figure 229 illustrera son mode de croissance, et la plante la plus âgée, au chapeau retourné, montrera les écailles bien visibles de couleur brun argileux du chapeau. Les plantes se trouvent en septembre et octobre.

Flamula . Le P.

Flammula signifie une petite flamme ; ainsi appelé parce que de nombreuses espèces ont des couleurs vives. Les spores sont ferrugineuses, parfois jaune clair. Le chapeau est charnu et au début généralement enroulé , de couleur vive ; voile filamenteux, souvent manquant. Les branchies sont décurrentes ou attachées avec une dent. La tige est charnue, fibreuse et du même caractère que le chapeau.

Les espèces de Flammula se trouvent principalement sur le bois. Quelques-uns se trouvent au sol.

Flamula flavide . Schaeff .

FLAMULA JAUNE .

Flavida signifie jaune.

Le chapeau est charnu, convexe, expansé, plan, également lisse, humide, à bord d'abord enroulé .

Les branchies sont fermement attachées à la tige, jaunes, devenant légèrement ferrugineuses.

La tige est bourrée, un peu creuse, fibrilleuse, jaune, ferrugineuse à la base.

Ces plantes sont d'un jaune voyant et se trouvent fréquemment dans nos bois sur des bûches pourries. On les trouve en juillet et août.

Flamula carbonaire . Le P.

FLAMMULA VISQUEUSE .

CHIFFRE 230.— Flamula carbonaire .

La carbonaria est ainsi appelée parce qu'elle se trouve sur du charbon de bois ou sur de la terre brûlée.

Le chapeau est assez charnu, jaune fauve, d'abord convexe, puis devenant plan, régulier, fin, visqueux, bord de la calotte d'abord enroulé , jaune chair.

Les branchies sont fermement attachées à la tige, de couleur argileuse ou brune, moyennement fermées.

La tige est bourrée ou presque creuse, fine, rigide, squamuleuse, pâle, assez courte.

Les spores sont brun ferrugineux, elliptiques, $7{\times}3{,}5\mu$.

J'ai trouvé assez fréquemment cette espèce là où une vieille souche avait été brûlée. C'est grégaire. Je ne l'ai trouvé que de septembre à novembre mais les spécimens de la figure 230 m'ont été envoyés en mai, depuis Boston. On les a trouvés en grande abondance dans le marais du Purgatoire, où l'herbe et la végétation avaient été brûlées.

Flamula fusus . Batsch.

Fusus signifie un fuseau ; ainsi appelé à partir de la tige en forme de fuseau.

Le chapeau est compact, convexe, puis élargi, uniforme, plutôt visqueux, rougeâtre, à chair jaunâtre.

Les branchies sont quelque peu décurrentes, jaune pâle, devenant ferrugineuses.

La tige est farcie, ferme, colorée comme le chapeau, fibrilleuse, striée, atténuée et quelque peu fusiforme, enracinée. Les spores sont largement elliptiques, 10×4μ.

Trouvé sur des bûches bien pourries ou sur un sol constitué en grande partie de bois pourri. Trouvé de juillet à octobre.

Flamula Fillius . Le P.

Le chapeau est large de deux à trois pouces, uniforme, lisse, avec une cuticule plutôt visqueuse, rouge orangé pâle avec le disque rougeâtre.

Les branchies sont attachées à la tige, arquées, assez serrées, blanches, puis pâles ou jaune fauve.

La tige mesure de trois à cinq pouces de long, creuse, lisse, pâle et rougeâtre à l'intérieur. Les spores sont elliptiques, 10×5μ.

Trouvé au sol dans les bois de juillet à octobre.

Flamula squale . Pk.

CHIFFRE 231.—— Flamula squale .

Le chapeau mesure un à un pouce et demi de large, charnu, convexe ou plan, ferme, viscose, glabre, terne-jaunâtre ou roux, chair blanchâtre mais de couleur similaire au chapeau sous la cuticule séparée.

Les branchies sont plutôt larges, adnées, pâles, devenant ferrugineuses foncées.

La tige mesure un pouce et demi à trois pouces de long, une à deux lignes épaisses, mince, généralement flexible , creuse et fibrilleuse, pâle ou brunâtre, jaune pâle au sommet lorsqu'elle est jeune ; les spores sont brunâtres-ferrugineuses, 0,0003 pouce de long et 0,00016 de large. *Picorer.*

On le trouve dans les endroits broussailleux et marécageux. Le Dr Peck dit qu'il est étroitement lié au F. spumosa . Son aspect terne, son port élancé, la couleur plus uniforme et plus foncée du chapeau et la couleur plus foncée des lamelles . Il pousse en groupe. La plante de la figure 231 a été trouvée dans le marais du Purgatoire, par Mme Blackford. Trouvé en août et septembre.

Paxille . Le P.

Paxillus signifie un petit pieu ou une cheville. Les spores ainsi que la plante entière sont ferrugineuses. Le chapeau, à marge involutée, se déploie progressivement. Il peut être symétrique ou excentrique. La tige est en continuité avec l'hyménophore. Les branchies sont coriaces, molles, persistantes, décurrentes, ramifiées, membraneuses , se séparant généralement facilement de l'hyménophore.

Les caractéristiques distinctives de ce genre sont la marge involutée et les branchies molles, coriaces et décurrentes qui sont facilement séparables de l'hyménophore. Certains poussent au sol, d'autres sur des souches et de la sciure de bois.

Paxille involutus . Le P.

CHIFFRE 232.— Paxille involutus .

Involutus signifie roulé vers l'intérieur. Le chapeau est large de deux à quatre pouces, charnu, compact, convexe, plan, puis déprimé ; visqueux lorsqu'il est humide, le capuchon étant recouvert d'une fine substance duveteuse, de sorte que lorsque le bord du capuchon se déroule, les marques des branchies sont assez proéminentes ; jaunâtre ou fauve-ocre, tacheté lorsqu'il est meurtri.

Les branchies sont décurrentes, ramifiées ; anastomosées derrière, près de la tige ; se séparant facilement de l'hyménophore.

La tige est plus pâle que le chapeau, charnue, solide, ferme, épaissie vers le haut, tachetée de brun.

La chair est jaunâtre, virant au rougeâtre ou au brunâtre lorsqu'on la froisse. Les spores sont de couleur rouille et elliptiques, de 8 à 10 μ. On le trouve sur le sol et sur les souches pourries. Lorsqu'elle est trouvée sur le côté d'une souche pourrie ou d'une bûche recouverte de mousse, la tige est généralement excentrique, mais dans d'autres cas, elle est généralement centrale.

On le trouvera autour des endroits marécageux dans les bois ouverts . J'ai trouvé des spécimens assez gros autour d'un marécage dans les bois de M. Shriver près de Chillicothe, mais ils étaient trop loin pour être photographiés. C'est comestible mais grossier. Il apparaît d'août à novembre. Certains auteurs l'appellent la Chantarelle brune.

Paxille atrotomenteux . Le P.

Atrotomentosus vient de *l'ater* , noir, et *du tomentum* , laineux ou duveteux.

Le chapeau est large de trois à six pouces, de couleur rouille ou brun rougeâtre, charnu de manière compacte, excentrique, convexe puis plan ou déprimé, à marge fine, souvent finement ondulée, parfois tomenteuse au centre, chair blanche, teintée de brun sous la cuticule. .

Les branchies sont attachées à la tige, légèrement décurrentes, serrées, ramifiées à la base, fauve jaunâtre, avec des espaces veineux .

La tige est longue de deux à trois pouces, grosse, solide, élastique, excentrique ou latérale, enracinée, recouverte sauf à l'apex d'un duvet velouté brun foncé. Les spores sont elliptiques, 5–6×3–4µ.

J'ai trouvé le spécimen de la figure 233 au pied d'un vieux pin à flanc de colline à Sugar Grove, Ohio. J'ai fréquemment trouvé la plante à Salem, Ohio. Il pousse là où le pin est originaire. Ce n'est pas toxique. Je ne le trouve pas très bon. Trouvé en août et septembre.

Paxille rhodoxanthus . Schw .

PAXILLE JAUNE . COMESTIBLE.

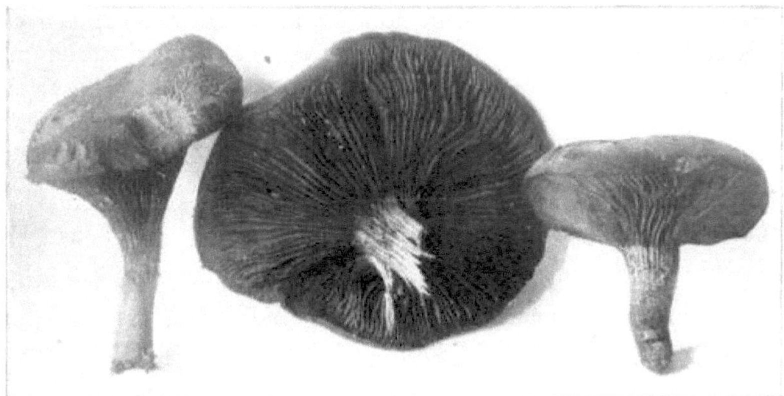

CHIFFRE 234.— Paxille rhodoxanthus . Deux tiers grandeur nature. Chapeau jaune rougeâtre ou brun châtain. Branchies jaunes.

Rhodoxanthus signifie une rose jaune. Le chapeau est large d'un à deux pouces, convexe, puis élargi, en forme de coussin, l'épiderme du capuchon souvent craquelé montrant la chair jaune, ressemblant beaucoup à Boletus subtomentosus ; jaune rougeâtre ou brun châtain. La chair est jaune et le chapeau sec.

Les branchies sont décurrentes, quelque peu distantes, robustes, jaune chrome, parfois fourchues à la base ; veines anastomosées assez saillantes, les cystides étant très visibles.

La tige est ferme, grosse, de la même couleur que le chapeau, peut-être plus pâle et plus jaune à la base. Les spores sont oblongues, jaunes, 8–12×3–5µ.

C'est l'une des plantes les plus gênantes dont nous devons déterminer le genre. Un de mes amis mycologues m'a conseillé de l'omettre complètement du genre. Il a été placé dans divers genres, mais j'ai suivi le professeur Atkinson et je l'ai classé sous Paxillus . La plante est largement distribuée. Je le trouve fréquemment à propos de Chillicothe. C'est comestible. Trouvé en août, septembre et octobre. Une discussion complète de la plante se trouve dans le livre du professeur Atkinson.

Cortinaire . Le P.

Cortinarius vient de *cortina* , un rideau, faisant allusion à un voile de toile d'araignée que l'on voit uniquement chez les plantes relativement jeunes. Parfois, des parties paraîtront plus substantielles, restant un certain temps sur le bord du chapeau ou sur la tige. La couleur du chapeau varie et sa chair et celle de la tige sont continues. L'hyménophore et les branchies sont continues. Les branchies sont attachées à la tige, fréquemment échancrées, membraneuses , persistantes, de couleur changeante, sèches, poudreuses, avec des spores jaune rouille qui tombent lentement. Le voile et les branchies sont les principales marques de distinction. Le premier est arachnéen et séparé de la cuticule, et le second est toujours en poudre. Il est toujours essentiel de noter la couleur des branchies de la jeune plante, car la couleur est variable et ne montre parfois que la moindre trace sur la tige, colorée par la chute des spores.

La plupart des autorités divisent le genre en six tribus, d'après l'apparence du chapeau. Ils sont les suivants :

I. Phlegmacium , signifiant une humidité brillante ou moite. Le chapeau a une pellicule continue, visqueuse lorsqu'elle est humide, tige sèche, voile en toile d'araignée.

II. Myxacium , signifiant mucus, mucus ; ainsi appelé du voile gluant. Le chapeau est charnu, gluant, plutôt fin ; les branchies sont attachées à la tige, légèrement décurrentes ; la tige est visqueuse, polie une fois sèche, légèrement bulbeuse.

III. Inoloma , signifiant frange fibreuse ; de *is* , génitif *inos* , une fibre ; et *loma* , une frange.

Le chapeau est charnu, sec, non hygrophane ni visqueux, soyeux avec des écailles innées ; les branchies peuvent être violacées, brun rosé, jaunes d'abord, puis dans tous les cas couleur cannelle à cause des spores ; la tige est charnue et quelque peu bulbeuse ; voile simple.

IV. Dermocybe , signifiant skinhead ; du *derma* , la peau, et *du cybe* , une tête.

Le chapeau fin et charnu, entièrement sec, d'abord recouvert d'un duvet soyeux, devenant lisse chez les plantes matures. Les branchies sont de couleur variable. La tige est égale ou effilée vers le bas, bourrée, parfois creuse, lisse.

V. Telamonia , signifiant un bandage ou une charpie. Le chapeau est humide, aqueux, lisse ou parsemé de fibres superficielles blanchâtres , restes du voile en forme de toile. La chair est fine, un peu plus épaisse au centre. La tige est annelée et souvent écailleuse à cause du voile universel, légèrement voilée à l'apex, donc presque à double voile. Les plantes sont généralement assez grandes.

VI. Hydrocybe , signifiant tête d'eau ou tête humide. Le chapeau est humide, non visqueux, lisse ou parsemé d'une fibrille superficielle blanchâtre, la chair changeant de couleur lorsqu'elle est sèche, et plutôt fine. La tige est quelque peu rigide et nue. Voile fin, fibrilleux, formant rarement un anneau. Les branchies sont également minces.

TRIBU I. PHLEGMACIUM.

Cortinarius purpurascens. Le P.

Purpurascens signifie devenir violet ou violacé ; ainsi nommé parce que les branchies bleues deviennent violettes lorsqu'elles sont meurtries.

Le chapeau est large de quatre à cinq pouces, brun bai, visqueux, compact, ondulé, tacheté lorsqu'il est vieux ; souvent déprimé à la marge, parfois courbé en arrière ; la chair bleue.

Les branchies sont largement échancrées, encombrées, de couleur beige bleuâtre, puis cannelle, devenant violacées lorsqu'elles sont meurtries.

La tige est solide, bulbeuse, vêtue de petites fibres , bleues, très compactes, juteuses ; devenant violacé lorsqu'on le frotte. Les spores sont elliptiques, 10–12×5–6 µ.

C'est l'un des champignons délicieux à manger, la tige étant aussi tendre que les chapeaux. Je l'ai trouvé dans les bois de Tolerton, à Salem, Ohio, et à Poke Hollow près de Chillicothe. Septembre à novembre.

Cortinaire tourmalis . Le P.

Turmalis signifie ou appartenant à une troupe ou à un escadron, turma ; ainsi appelé parce qu'il se produit en groupe et non en solitaire.

Le chapeau est large de deux à quatre pouces, visqueux lorsqu'il est mouillé, jaune ocre, lisse, discoïde, à chair molle ; voile s'étendant du bord du chapeau jusqu'à la tige en délicats fils arachnoïdiens, mieux visible chez les jeunes plantes.

Les branchies sont émarginées, décurrentes, selon l'âge de la plante ; dense, quelque peu denté, blanchâtre au début, puis jaune brunâtre-ochracé. Les restes du voile apparaîtront généralement au-dessus du milieu de la tige sous la forme d'une zone de minuscules stries , plus foncées que la tige.

J'ai trouvé des spécimens sur Cemetery Hill sous des pins. Septembre à novembre.

Cortinaire olivaceo-stramineus . Kauff. n. Sp.

Olivaceo-stramineus signifie une couleur olive paille.

Chapeau 4–7 cm. large, visqueux à partir d'une cuticule gluante, largement convexe, légèrement déprimée au centre lorsqu'elle est dilatée ; marge incurvée depuis un certain temps ; jaune pâle avec une teinte olivacée, légèrement teintée de roux avec l'âge ; lisse ou soyeux-fibrillosé, disque parfois recouvert de minuscules squamules , lambeaux du voile partiel attachés à la marge lors de l'expansion. Chair très épaisse, devenant brusquement fine vers le bord, blanche, terne-jaunâtre avec l'âge, bientôt molle et spongieuse. Branchies plutôt étroites, 7 mm. large, sinueuse-annexée , blanchâtre au début, puis cannelle pâle, serrée, bord dentelé et plus pâle. Tige 6–8 cm. longue, avec un léger bulbe lorsqu'elle est jeune, du bord duquel naît le voile partiel dense ; blanc et très pruiné au-dessus du voile, qui reste sous forme de fibrilles ternes tachées par les spores ; spongieux et mou à l'intérieur, devenant quelque peu creux. Voile blanc avec une teinte olive. Spores, 10–12×5,5–6,5μ, granuleuses à l'intérieur, presque lisses. Odeur agréable.

Kauffman dit que cela ressemble à C. herpeticus , sauf que les branchies lorsqu'elles sont jeunes ne sont jamais teintées de violet.

J'ai trouvé cette plante à Poke Hollow, près de Chillicothe. Je ne le savais pas et je l'ai envoyé au Dr Kauffman de l'Université du Michigan pour qu'il le détermine. Je l'ai trouvé sous les hêtres, en octobre et novembre.

Cortinaire divers . Le P.

CORTINARIUS VARIABLE . COMESTIBLE.

Varius—Variable , ainsi appelé parce qu'il varie en stature, sa couleur et son port sont immuables. Le chapeau mesure environ deux pouces de large ; compacte, hémisphérique, puis élargie ; marge régulière, légèrement visqueuse, fine au début incurvée, parfois avec des fragments du voile en forme de toile adhérant.

Les branchies sont échancrées, fines, encombrées, bien entières, violacées, enfin de couleur argile ou cannelle.

La tige est solide, courte, couverte de fils, blanchâtre, bulbeuse, longue d'un pouce et demi à deux pouces et demi.

La plante est de taille assez variable mais de couleur constante. On le trouve dans les bois. J'ai trouvé des spécimens à Salem, Ohio, et à Bowling Green, Ohio. Septembre à novembre.

Cortinaire cærulescens . Le P.

CORTINARIUS BLEU AZUR . COMESTIBLE.

Cærulescens , bleu azur. Chapeau charnu, convexe, élargi, uniforme, visqueux, bleu azur, chair molle, ne changeant pas de couleur au froissement.

Les branchies sont attachées à la tige, légèrement arrondies en arrière, serrées, bien entières, d'abord d'un bleu foncé pur, puis rouillées par les spores.

La tige est solide, atténuée vers le haut, ferme, violet vif, devenant pâle, blanchâtre, le bulbe s'amenuisant avec l'âge, fibrilleux à partir de la nervure. Spores elliptiques. Ni la chair ni les branchies ne changent de couleur lorsqu'elles sont meurtries. Ce fait le distingue de C. purpurascens. Lorsqu'elle est jeune, la plante entière est plus ou moins bleue, ou violet bleuâtre, et la couleur ne quitte jamais entièrement la plante. Avec l'âge, il devient quelque peu tacheté de jaune. La chair est un peu dure et doit être cuite pendant un certain temps. Trouvé dans les bois de Whinnery, Salem, Ohio. De septembre à octobre.

TRIBU II. MYXACIUM.

Cortinaire collinite . Le P.

CORTINARIUS ENDUIT . COMESTIBLE.

FIGURE 235. — Cortinaire collinite . Une moitié grandeur nature. Casquettes brun violacé, montrant également un voile.

Collinitus signifie barbouillé. Le chapeau est d'abord hémisphérique, convexe, puis élargi, obtus ; lisse, uniforme, gluant, brillant une fois sec ; violacé lorsqu'il est jeune, puis brunâtre ; d'abord incurvé.

Les branchies sont attachées à la tige, plutôt larges, blanc terne ou beige grisâtre lorsqu'elles sont jeunes, puis cannelle.

La tige est solide, cylindrique, visqueuse ou gluante lorsqu'elle est humide, se fissurant transversalement lorsqu'elle est sèche, blanchâtre ou plus pâle que le chapeau. Les spores sont elliptiques, 12×6µ. J'ai trouvé cette espèce dans les bois de Tolerton, Salem, Ohio, les bois de St. John's, Bowling Green, Ohio, également sur Ralston's Run près de Chillicothe, où les spécimens de la figure 235 ont été trouvés. Le capuchon et la tige sont recouverts d'un gluten épais. Ils poussent, chez nous, dans les bois parmi les feuilles. La jeune plante présente un développement qui lui est propre. La couleur du capuchon varie considérablement. La chair est blanche ou blanchâtre. Les branchies particulières d'un blanc bleuâtre de la jeune plante attireront immédiatement l'attention. On le trouve de septembre à novembre.

TRIBU III. INOLOME.

Cortinaire automnal . Pk.

LE CORTINARIUS D'AUTOMNE . COMESTIBLE.

FIGURE 236. — Cortinaire automnal . Deux tiers grandeur nature. Chapeau d'un jaune rouille terne, montrant également une tige bulbeuse.

Autumnalis se rapportant à l'automne. Le chapeau est charnu, convexe ou élargi, jaune rouille terne, panaché ou strié de fibrilles innées de couleur rouille.

Les branchies sont plutôt larges, avec une émargination large et peu profonde
.

La tige est égale, solide, ferme, bulbeuse, un peu plus pâle que le chapeau.

La hauteur est de trois à quatre pouces, la largeur du chapeau de deux à quatre pouces. *Picorer.*

La plante a été nommée ainsi par le Dr Peck parce qu'elle a été découverte à la fin de l'automne. J'ai trouvé la plante à plusieurs reprises en septembre 1905. Elle poussait avec parcimonie dans une forêt mixte sur un flanc de colline nord.

Cortinaire alboviolaceus . Pers.

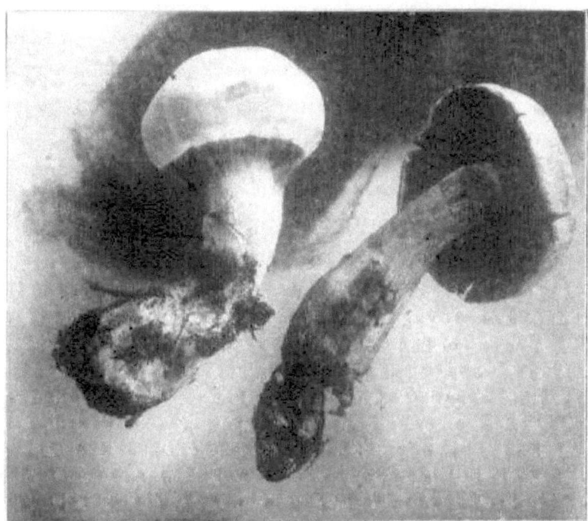

FIGURE 237. — Cortinaire alboviolaceus . Les calottes sont violettes.

Alboviolaceus signifie violet blanchâtre.

Le chapeau est large de deux à trois pouces, charnu, plutôt mince, convexe, puis élargi, parfois largement subumboné ; lisse, soyeuse, blanchâtre, teintée de lilas ou de violet pâle.

Les branchies sont généralement dentelées, violet blanchâtre, puis couleur cannelle.

La tige est longue de trois à quatre pouces, égale ou effilée vers le haut, solide, soyeuse, blanche, tachée de violet, surtout au sommet, légèrement bulbeuse, le bulbe s'effilant progressivement dans la tige. Spores, 12×5–6μ. Le rapport *de Peck* .

Parfois, la tige a une zone médiane en forme d'anneau, violette au-dessus de la zone et blanche en dessous. Le voile en forme d'araignée apparaît très clairement dans le spécimen de gauche dans la figure 237. Dans la plante de droite est représentée la tige effilée de la base à l'apex. Ces plantes ont été trouvées à Poke Hollow, le 21 septembre. Ils sont assez abondants là-bas et ailleurs autour de Chillicothe. Ils sont très bons mais n'ont pas la même saveur que C. violaceus. On les trouve dans les bois mixtes. Septembre aux gelées.

Cortinaire lilas . Pk.

CORTINARIUS DE COULEUR LILAS . COMESTIBLE.

Le chapeau est large de deux à trois pouces, ferme, hémisphérique, puis convexe, minutieusement soyeux, de couleur lilas.

Les branchies sont rapprochées, lilas, puis cannelle.

La tige mesure quatre à cinq pouces de long, grosse, bulbeuse, soyeuse-fibrilleuse, solide, blanchâtre, teintée de lilas. Spores nucléées, 10×6µ. *Picorer.*

J'ai trouvé cette plante dans un seul endroit près de Chillicothe. À Poke Hollow, sur une colline au nord , j'ai trouvé un certain nombre de spécimens rares. Tous ont été identifiés par le Dr Kauffman de l'Université du Michigan. Tous ont été trouvés sous des hêtres dans un très petit rayon. Septembre et octobre.

Cortinaire bolaris . Le P.

LE CORTINARIUS À COLLIER .

Le chapeau est charnu, obsolète, umboné, pâlissant, panaché d'écailles rouge safran, enfoncées, innées, pileuses.

Les branchies sont subdécurrentes , encombrées et aqueuses cannelle.

La tige mesure deux à trois pouces de long, d'abord bourrée, puis creuse, presque égale, squameuse .

Trouvé sous les hêtres. On ne le trouve qu'occasionnellement ici.

Cortinarius violaceus. Le P.

LA VIOLETTE CORTINARIUS . COMESTIBLE.

FIGURE 238. — Cortinarius violaceus. Deux tiers grandeur nature. Casquettes violet foncé. Tiges bulbeuses. Branchies violettes.

Violaceus, couleur violette. Le chapeau est convexe, devenant presque plan, sec, orné de nombreuses touffes ou écailles poilues persistantes ; violet foncé.

Les branchies sont plutôt épaisses, distantes, arrondies ou profondément échancrées à l'extrémité interne ; coloré comme le chapeau chez la jeune plante, brun-cannelle chez la plante mature.

La tige est solide, vêtue de petites fibres ; bulbeux, coloré comme le chapeau. Les spores sont légèrement elliptiques.

Le Violet Cortinarius est un très beau champignon et facile à reconnaître. Au début, la plante entière est uniformément colorée, mais avec l'âge, les branchies prennent une teinte ocre terne ou brun-cannelle. Le chapeau est généralement bien formé et régulier, et est joliment orné de petites écailles ou touffes velues. Ceux-ci sont rarement représentés dans les chiffres de l'usine européenne, mais ils sont assez visibles dans l'usine américaine et ne doivent pas être négligés. La chair est plus ou moins teintée de violet. *Picorer.* 50e représentant de l'État de New York Bot.

Personne ne peut manquer de reconnaître cette plante. Le voile en forme de toile de la jeune plante, la tige bulbeuse et la teinte violette partout la distingueront facilement. Il pousse dans les riches régions vallonnées. Il pousse en solitaire et dans les bois ouverts.

TRIBU IV. DERMOCYBE.

Cortinaire cannelle . Le P.

Le Cortinarius à la cannelle . Comestible.

FIGURE 239. — Cortinaire cannelle . Deux tiers grandeur nature. Casquettes brun cannelle. Tiges jaunes.

Le chapeau est mince, convexe, presque élargi, parfois presque plan, parfois légèrement ombré, parfois le chapeau est brusquement courbé vers le bas ; sec, fibrilleux au moins lorsqu'il est jeune, souvent avec des rangées d'écailles concentriques sur le bord, brun cannelle, chair jaunâtre.

Les branchies sont fines, serrées, solidement attachées à la tige, légèrement échancrées, décurrentes avec une dent, se séparant facilement de la tige, brillantes, jaunâtres, puis jaune fauve.

La tige est grêle, égale, bourrée ou creuse, fine, vêtue de petites fibres , jaunes, ainsi que la chair. Les spores sont elliptiques. Cette plante est ainsi appelée en raison de sa couleur, la plante entière étant de couleur cannelle. Parfois, il y a des taches de cinabre sur le chapeau. Il semble pousser mieux sous les pins, mais je l'ai trouvé dans les bois mixtes. Mon attention a été attirée sur lui par les petits garçons bohèmes qui le ramassaient alors qu'ils n'étaient dans ce pays que quelques jours et ne parlaient pas un mot d'anglais. C'est évidemment comme l'espèce européenne. Il existe également un Cortinarius qui a des branchies rouge sang. C'est var. semi- sanguineus , le P. Juillet à octobre.

Les plantes de la figure 239 ont été trouvées sur Cemetery Hill, Chillicothe, O.

Cortinaire ochroleucus . Le P.

CORTINARIA PÂLE .

FIGURE 240. — Cortinaire ochroleucus . Deux tiers de taille naturelle, montrant un voile et une tige bulbeuse.

Ochroleucus , signifiant jaunâtre et blanc, en raison de la couleur du capuchon. Le chapeau a une largeur d'un pouce à deux pouces et demi et est charnu ; convexe, parfois quelque peu déprimé au centre, restant souvent convexe ; sec; au centre finement tomenteux à finement écailleux, parfois les écailles sont disposées en rangées concentriques autour du chapeau ; assez charnu au centre, s'éclaircissant vers la marge ; la couleur est crémeuse à chamois foncé, considérablement plus foncée au centre.

Les branchies sont attachées à la tige, clairement échancrées, quelque peu ventricieuses ; chez les plantes matures, un peu encombrées, pas entières, nombreuses et courtes, d'abord pâles, puis ocre argileux.

La tige mesure trois pouces de long, solide, ferme, souvent bulbeuse, effilée vers le haut, devenant souvent creuse, de couleur chamois crémeux.

Le voile, assez beau et fortement persistant, forme une cortina de la même couleur que la calotte mais se décolorant par la chute des spores. Dans la figure 240, la cortina et la forme bulbeuse de la tige sont visibles.

Trouvé le long de Ralston's Run. Dans les hêtraies de septembre à novembre.

FIGURE 241. — Cortinaire ochroleucus . Deux tiers grandeur nature, montrant la plante développée.

TRIBU V. TÉLAMONIA.

Cortinaire Morrisii . Pk.

FIGURE 242. — Cortinaire Morrisii .

Morrisii est nommé en l'honneur de George E. Morris, Ellis, Mass.

Chapeau charnu, sauf le bord fin et longuement réfléchi ; convexe, irrégulier, hygrophane , ochracé ou fauve-ochracé ; chair fine, colorée comme le chapeau ; odeur faible, comme celle des radis.

Les branchies sont larges, peu éloignées , érodées ou inégales sur le bord ; arrondi derrière, annexé , jaune pâle quand il est jeune, devenant plus foncé avec l'âge.

La tige est presque égale, fibrilleuse, solide, blanchâtre ou jaune pâle et soyeuse au sommet, colorée comme le chapeau en dessous et fibrilleuse ; irrégulièrement strié et subréticulé , le double voile blanchâtre ou blanc jaunâtre et formant parfois un anneau imparfait.

Les spores sont fauve-ocre, subglobuleuses ou largement elliptiques, nucléées, 8 à 10 μ de long et 6 à 7 μ de large. *Picorer.*

Chapeau 3–10 cm. large; tige 7–10 cm. longue, 1 à 2 cm. épais.

Ils nécessitent des endroits humides et ombragés et la présence de pruches. On les trouve d'août à octobre. Les plantes de la figure 242 ont été trouvées près de Boston par Mme EB Blackford.

Cortinaire armillaire . Le P.

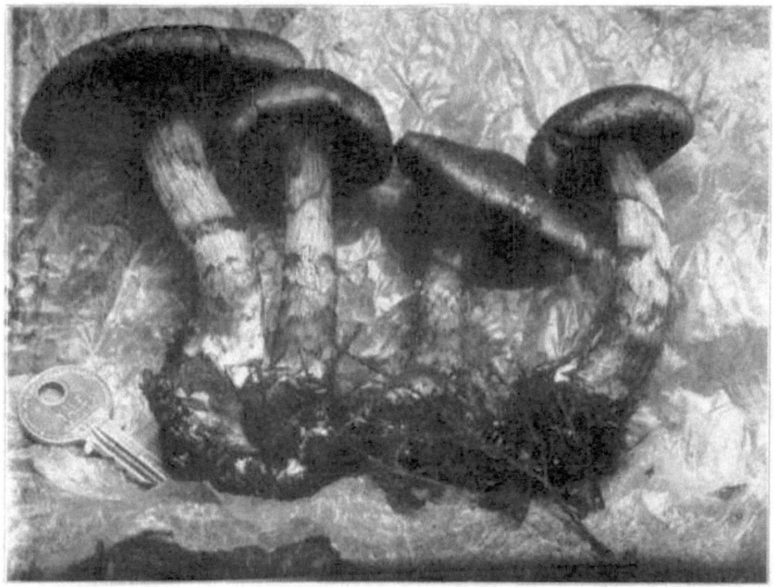

FIGURE 243. — Cortinaire armillaire . Deux tiers grandeur nature, montrant les anneaux sur la tige.

Armillatus signifie annelé ; ainsi appelé parce que la tige est entourée d'un ou plusieurs anneaux, ou bandes rouges. Le chapeau est large de deux à quatre pouces, charnu, non compact, en forme de cloche, puis élargi, bientôt fibrilleux de manière innée et déchiré en écailles, lisse lorsqu'il est jeune, de couleur brique rougeâtre, marge fine, chair terne-pâle.

Les branchies sont très larges, distantes, adnées, légèrement arrondies, pâles, puis cannelle foncé.

La tige est assez longue, solide, bulbeuse, blanchâtre, avec deux ou trois zones rouges, un peu fibrilleuses. Les spores $10\times6\mu$.

Il s'agit d'un très grand et beau Cortinarius et il présente un si grand nombre de marques auriculaires frappantes qu'il peut être facilement reconnu. La marge fine et généralement inégale du chapeau et une à quatre bandes rouges autour de la tige, la supérieure étant la plus brillante, distingueront cette espèce de toutes les autres. On le trouve dans les bois en septembre et octobre. Chez les spécimens assez jeunes, le collectionneur remarquera deux voiles arachnoïdiens bien définis, celui du bas étant beaucoup plus dense . Le professeur Fries en parle ainsi : "Voile extérieur tissé, rouge, disposé en 2 à 4 zones de cinabre distantes encerclant la tige ; voile partiel continu avec la zone supérieure, arachnoïde, blanc rougeâtre." Les spécimens de la figure 243 ont été collectés dans le Michigan et photographiés par le Dr Fischer de Detroit. Un certain nombre de ces espèces constituent un prix de table.

Cortinaire Atkinsonianus . Kauff.

FIGURE 244. — Cortinaire Atkinsonianus . Chapeaux jaune cireux, tige bulbeuse, voile en forme d'araignée.

Atkinsonianus est nommé en l'honneur du professeur Geo. F. Atkinson.

Le chapeau mesure 8 cm. large, expansé, *jaune cire* ou *jaune calculs biliaires* à *argileux et fauve* (Ridg .), couleurs très frappantes et parfois plusieurs présentes à la fois ; visqueux, lisse, uniforme, légèrement brillant une fois sec. Chair épaisse, sauf au niveau du bord, blanc bleuâtre comme la tige, ou plus pâle, ne s'altérant presque pas ou pas au froissement.

Les branchies sont relativement étroites, 6–8 mm, de largeur uniforme sauf près de l'extrémité externe, adnées, devenant légèrement sinueuses, *violacées* à jaunes, puis cannelle.

La tige est *bleu violaceus* , 8 cm. longue, 12 à 15 mm. épais, égal ou légèrement effilé vers le haut, bulbeux par un bulbe assez épais et marginalisé de 3 cm. épais, tendu de fils fibrilleux du voile universel, qui est d'un beau jaune pâle et habille le bulbe même à maturité ; Bleu violacé à l'intérieur, solide. Spores 13–15μ×7–8,5μ, *très tuberculées . Kauff.*

Les spécimens de la figure 244 ont été trouvés à Poke Hollow, près de Chillicothe. Je les ai retrouvés à plusieurs reprises. Ils sont comestibles et de très bonne saveur. Trouvé de septembre aux gelées. Les spécimens illustrent le voile en forme d'araignée qui donne naissance au genre.

Cortinaire Umidicola . Kauff.

FIGURE 245. — Cortinaire Umidicola . Une moitié grandeur nature. Casquettes chamois rosé.

Umidicola signifie habiter dans des endroits humides. Chapeau jusqu'à 16 cm. large (généralement 6–7 cm une fois déployé), hémisphérique, puis convexe et élargi, avec la marge pendant longtemps nettement incurvée ; jeune chapeau héliotrope-violacé avec un disque d'ombre sur le disque, ou légèrement fauve, passant très rapidement au chamois rosé, état dans lequel on le trouve habituellement ; marge lorsqu'elle est jeune avec d'étroites bandes de fibrilles soyeuses provenant du voile universel ; chapeau vieux, recouvert de fibrilles innées, blanchâtres, soyeuses, hygrophanes ; surface ponctuée, même jeune. Chair de la tige et du chapeau lavande lorsqu'ils sont jeunes mais s'estompant rapidement pour devenir d'un blanc sordide, épais sur le disque, brusquement mince vers la marge, bientôt caverneux à cause des larves. Les branchies sont très larges, jusqu'à 2 cm ; d'abord lavande, bientôt beige très pâle à cannelle ; assez distantes, épaisses, émarginées avec une dent ; d'abord plan, puis ventriceux ; bord légèrement denté , concolore. Tige jusqu'à 13 cm. long (généralement 8 à 10 cm), 1 à 2 cm. épais, généralement épaissi en dessous et s'effilant légèrement vers le haut, le plus souvent plus épais également au sommet, rarement atténué à la base, parfois courbé, toujours gros, solide, lavande au-dessus du voile universel tissé, blanc sordide, qui recouvre d'abord la partie inférieure comme un gaine, mais se brise rapidement de manière à laisser un anneau en forme de bande à mi-chemin ou plus bas sur la tige. L'anneau est rapidement effacé, laissant une tige nue. Cortina blanc violacé. Spores 7–9×5–6, presque lisses. *Kauffmann.*

Les spécimens de la figure 245 ont été rassemblés à Détroit, Michigan, et photographiés par le Dr Fischer. Ils poussent en groupe dans les endroits humides, préférant les pruches.

Cortinaire crocécolore . Kauff. sp. nov.

Cortinarius de couleur safran . (Télamonia .)

Croceocolor signifie couleur safran.

Chapeau 3–7 cm. larges, convexes puis élargies, jaune safran, avec des squamules denses, brun foncé et dressées sur le disque ; toute la surface a un aspect et un toucher veloutés, à peine hygrophanes , même ; chair du chapeau blanc jaunâtre, assez fine sauf sur le disque, légèrement hygrophane , scisile.

Branchies jaune cadmium (Ridg .), moyennement espacées, plutôt épaisses, émarginées, plutôt larges, 8–9 mm., de largeur uniforme sauf devant où elles se rétrécissent rapidement jusqu'à une pointe.

Tige 4–8 cm. longue, effilée vers le haut à partir d'une base épaissie, *c'est-à-dire* clavée-bulbeuse, 9–15 mm. épais en dessous, peronné aux trois quarts de sa longueur par le voile jaune chrome à safran, plus pâle au-dessus du voile, solide, safran à l'intérieur, hygrophane , bientôt terne ; attaché à des brins de mycélium jaunâtre. Spores subsphéroïdes à courtes elliptiques, 6,5–8×5,5–6,5μ, échinulées à maturité.

Trouvé sous les hêtres à Poke Hollow près de Chillicothe. Trouvé en octobre.

Cortinaire éternel . Le P.

Evernius vient d'un mot grec signifiant bien germer, s'épanouir.

Le chapeau est large d'un à trois pouces, plutôt fin, entre membraneux et charnu, d'abord conique, devenant en forme de cloche, et enfin élargi, très légèrement umboné, partout recouvert d'un voile soyeux et pressé, généralement violacé lorsqu'il est lisse, brique - rouge lorsqu'elle est sèche, puis ocre pâle lorsqu'elle est vieille, enfin craquelée et déchirée en fibrilles, très fragile, chair fine et colorée comme le chapeau.

Les branchies sont attachées à la tige, assez larges, ventriceuses, un peu éloignées, violet-violacé, devenant pâles, enfin cannelle.

La tige a trois à cinq pouces de longueur, égale ou atténuée vers le bas, souvent légèrement striée, molle, violacée, écailleuse à cause des restes du voile blanc. Les spores sont elliptiques, granuleuses, $10 \times 7\mu$.

Ils poussent dans les pinèdes humides. Les spécimens sur la photographie ont été rassemblés dans le marais du Purgatoire, près de Boston, et m'ont été envoyés par Mme Blackford. On les trouve en août et septembre.

TRIBU VI. HYDROCYBE.

Cortinaire Castaneus . Taureau.

CORTINARIUS DE COULEUR MARRON . COMESTIBLE.

FIGURE 247. — Cortinaire Castaneus . Deux tiers grandeur nature.

Castaneus , un châtaignier. Le chapeau est large d'un pouce ou plus, d'abord assez petit et globuleux, avec un délicat voile fibrilleux, qui fait paraître le bord argenté ; bai foncé ou violet sale, souvent avec une teinte fauve ; bientôt élargi, largement umboné, chapeau souvent fissuré sur la marge et légèrement retourné.

Les branchies sont fixes, plutôt larges, un peu serrées, teintées de violet, puis brun cannelle, ventriceuses. Spores, 8×5µ.

La tige a un à trois pouces de hauteur, tendance à être cartilagineuse, bourrée, puis creuse, uniforme, teintée de lilas au sommet, blanche ou blanchâtre au-dessous du voile, la tige entière joliment fibrilleuse, voile blanc.

Cette plante est très abondante sur Cemetery Hill, poussant sous les pins. Les chapeaux sont petits, mais ils poussent à une telle profusion qu'il ne serait pas difficile d'en obtenir suffisamment pour un repas. Ils se comparent très avantageusement au champignon Fairy Ring en termes de saveur. Ils ont peu ou pas d'odeur. Trouvé en octobre et novembre.

CHAPITRE V.
AGARICS À SPORÉES POURPRE-BRUN.

Agaricus. Linn. (*Psalliota . Fr.*)

Le chapeau est charnu, mais la chair de la tige est de texture différente de celle du chapeau, voile universel, concret avec la cuticule du chapeau, et fixé à la tige, formant un anneau qui disparaît bientôt chez certaines espèces ; la tige se sépare facilement du chapeau et les branchies sont libres de la tige ou légèrement annexées , blanches d'abord, puis roses, puis brun pourpre.

Toutes les espèces poussent dans des sols riches, et cela comprend bon nombre de nos précieux champignons alimentaires.

Agaricus campestris. Linn.

LE CHAMPIGNON DES PRÉS. COMESTIBLE.

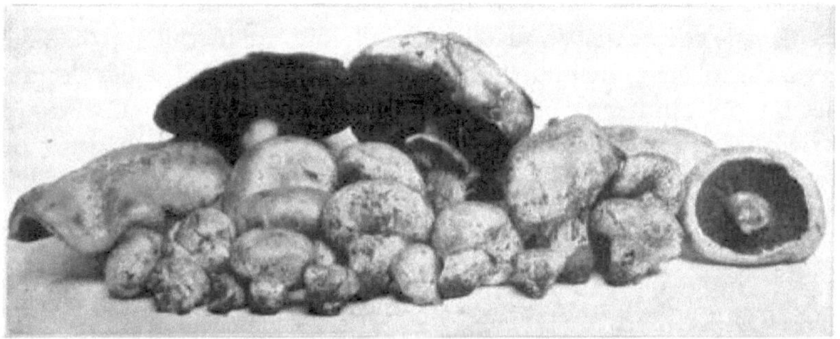

FIGURE 248. — Agaricus campestris. Deux tiers grandeur nature.

Campestris, du campus, un champ. C'est peut-être le plus connu de tous les champignons, familièrement connu sous le nom de « champignon à branchies roses ». C'est l'espèce que l'on trouve sur les marchés. C'est la seule espèce qui répondra avec certitude aux méthodes de culture.

C'est la même espèce qui s'achète en conserve au magasin.

Chez les très jeunes plantes, le chapeau est quelque peu globulaire, comme on le voit chez les petites plantes de la première rangée de la figure 248. Le bord est relié à la tige par le voile ; puis rond, convexe, puis en expansion, devenant presque plat ; surface sèche, duveteuse, uniforme, assez écailleuse, de couleur variant du blanc crème au brun clair ; marge s'étendant au-delà des branchies, comme on le verra sur la figure 249 dans celle d'extrême droite.

Les branchies, lorsqu'elles sont révélées pour la première fois par la séparation du voile, sont d'une teinte rose délicate, mais avec l'âge, celle-ci s'approfondit généralement pour devenir brun foncé ou brun noirâtre.

La tige est plutôt courte, presque égale, blanche ou blanchâtre ; la substance au centre est plus spongieuse que l'extérieur, c'est pourquoi on dit qu'elle est bourrée. Parfois, le collier se ratatine tellement qu'il est à peine perceptible et peut même disparaître complètement chez les vieilles plantes. Les spores sont de masse brune. Le chapeau de ce champignon mesure de trois à quatre pouces de diamètre et la tige de un à trois pouces de long.

C'est le premier champignon qui a cédé à la culture. Il est cultivé en grande quantité, non seulement dans ce pays, mais surtout en France, au Japon et en Chine. Nul doute que d'autres espèces et genres seront produits avec le temps.

Cette espèce pousse dans les endroits herbeux, dans les pâturages et les terrains richement fumés, jamais dans les bois. Je l'ai trouvé en grande abondance dans le comté de Wood, dans des champs qui n'avaient jamais été labourés et où le sol était inhabituellement riche. Là, il semblait se développer en groupes ou en grands groupes. On le trouve généralement seul. Trouvé d'août à octobre. Les plantes représentées ici ont été trouvées près de Chillicothe.

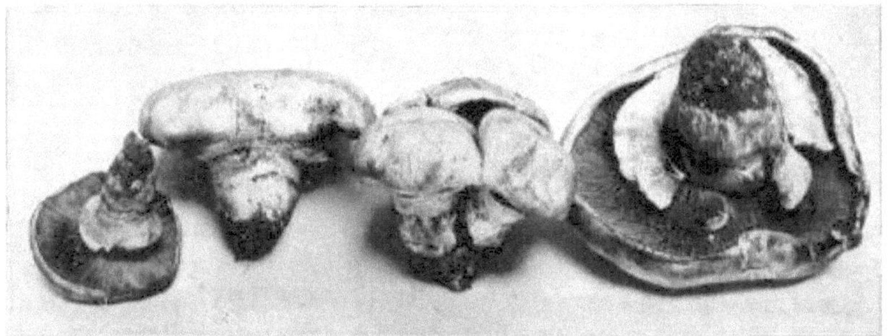

FIGURE 249. — Agaricus campestris. Deux tiers grandeur nature.

Agaricus Rodmani . Pk.

CHAMPIGNON DE RODMAN. COMESTIBLE.

FIGURE 250. — Agaricus rodmani . Deux tiers grandeur nature.

Le chapeau est crémeux, avec des taches brunâtres, ferme, sec en surface. Les spécimens matures ont souvent la surface de la calotte brisée en grandes écailles brunâtres.

Les branchies sont blanchâtres, puis roses, devenant brun foncé ; étroit, proche et inégal.

La tige est charnue, solide, courte, épaisse, longue d'environ deux pouces. Le collier, lorsqu'il est bien développé, présente une caractéristique frappante. Il semble qu'il y ait deux colliers séparés par un espace. Ses spores sont largement elliptiques et mesurent de 0,0002 à 0,00025 pouce de long.

Il se distingue facilement de l'agaric commun par l'époque à laquelle on le trouve, sa chair épaisse et ferme, ses branchies étroites, presque blanches au début, et son double collier. J'ai vu des gens en manger, en supposant qu'ils mangeaient le champignon commun.

On le trouve dans les endroits herbeux et notamment entre les pavés le long des caniveaux des villes. Les spécimens de la figure 250 ont été trouvés à Chillicothe dans les gouttières. C'est une plante charnue et on peut vite la reconnaître à son seul poids. On le trouve en mai et juin. Il est tout aussi bon à manger que le champignon commun. Macadam parle de le trouver à l'automne, mais je n'ai jamais réussi à le trouver au-delà de juin.

Agaricus silvicola . Vitt.

L'AGARIC SYLVAIN. COMESTIBLE.

FIGURE 251. — Agaricus silvicola . Une moitié grandeur nature.

Silvicola , de silva, bois et colo , habiter. Le chapeau est convexe, parfois élargi ou presque plan, lisse, brillant, blanc ou jaunâtre.

Les branchies sont serrées, fines, libres, arrondies derrière, généralement rétrécies vers chaque extrémité, d'abord blanches, puis rosâtres, enfin brun noirâtre.

La tige est longue, cylindrique, bourrée ou creuse, blanche, bulbeuse ; anneau épais ou fin, entier ou lacéré. Spores elliptiques, 6–8×4–5. La plante mesure quatre à six pouces de haut. Chapeau de trois à six pouces de large. *Picorer.* 36e Bot de l'État de New York.

A. silvicola est très étroitement apparenté au champignon commun. Ses principales différences résident dans son lieu de croissance, sa minceur et sa tige creuse quelque peu bulbeuse à la base. Je l'ai trouvé plusieurs fois dans les bois autour de Chillicothe, même si je n'ai jamais réussi à en trouver plus d'un ou deux à la fois. Je les ai toujours associés à des espèces comestibles et je les ai mangés ainsi cuisinés avec d'autres.

En raison de la ressemblance qu'elle présente, dans ses premiers stades, avec l'Amanite mortelle, on ne peut pas prendre trop de soin à l'identifier. Il pousse dans les bois et se rencontre de juillet à octobre.

Agaricus arvensis. Schaeff .

LE CHAMPIGNON DES CHAMPS OU DU CHEVAL. COMESTIBLE.

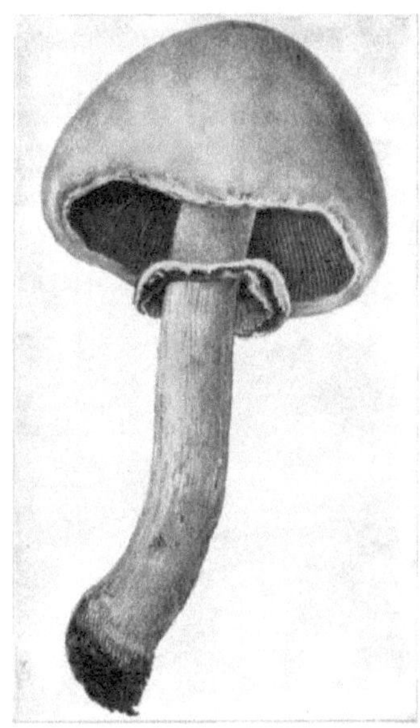

FIGURE 252. — Agaricus arvensis. Deux tiers grandeur nature, montrant le voile.

Arvensis, relatif à un champ. Le chapeau est lisse, blanc ou jaunâtre, convexe ou conique, en cloche, puis élargi, plus ou moins farineux. Les branchies sont serrées, libres, généralement plus larges vers la tige ; d'abord blanchâtre, puis rosâtre, enfin brun noir.

La tige est grosse, égale, légèrement épaissie à la base, lisse, creuse ou bourrée, avec un anneau assez large et épais, la partie supérieure membraneuse et blanche, tandis que la surface inférieure ou extérieure est plus épaisse, duveteuse, radicalement fendue et jaunâtre.

Les spores sont elliptiques et mesurent de 0,0003 à 0,0004 pouce de long.

Cette plante pousse beaucoup plus grande que le champignon commun et se distingue par le collier composé de deux parties étroitement liées l'une à l'autre formant une double membrane, la partie inférieure étant beaucoup plus épaisse, de texture plus douce et divisée de manière étoilée en larges et des rayons jaunes, comme le montre la figure 252.

Je l'ai trouvé très abondant dans le comté de Wood, Ohio, et en quantités dans la cour du Dr Manville à Bowling Green, Ohio. Je les mangeais fréquemment et les donnais à mes amis, qui les qualifiaient tous de délicieux.

Lorsque la tige est coupée pour la première fois, il s'échappe de la plaie un liquide jaunâtre qui est une marque d'oreille tout à fait sûre de cette espèce.

Il existe une tradition selon laquelle les spores ne germeront que si elles traversent le tube digestif du cheval ou d'un animal. Quoi qu'il en soit, on le retrouve fréquemment là où aucune trace du cheval ne peut être trouvée. Il apparaît de juillet à septembre. Je l'ai trouvé dans le comté de Fayette, Ohio, en grands anneaux, ressemblant au champignon Fairy-Ring, seul l'anneau est très grand, ainsi que les champignons.

PLANCHE XXXIV. FIGURE 253.— AGARICUS ARVENSIS.

Agaricus abruptus . Pk.

COMESTIBLE.

FIGURE 254. - Agaricus abruptus .

Abruptus signifie se détacher, en référence à la rupture du voile du bord du bonnet.

Le chapeau est blanc crème, sec et soyeux, de forme assez irrégulière lorsqu'il est jeune, jaunissant lorsqu'on le froisse ou lorsque la tige est coupée.

Les branchies sont légèrement rosées lorsque le voile se brise pour la première fois, devenant progressivement d'un rose plus foncé, chez les spécimens matures devenant brunâtres, molles, libres de la tige, assez rapprochées, inégales.

La tige est blanc crème, beaucoup plus foncée vers la base, creuse, plutôt raide, assez cassante, fréquemment fendue dans le sens de la longueur, ventrique, se rétrécissant vers le chapeau.

Le voile est plutôt fragile, une partie adhérant souvent au capuchon et une autre partie formant un anneau sur la tige.

Grâce à la courtoisie du capitaine McIlvaine, je suis en mesure de présenter une excellente image de cette espèce. Le débutant aura quelques difficultés à le distinguer de A. silvicola . Cette espèce, comme l'A. silvicola , est étroitement apparentée au champignon des prés, mais peut en être facilement séparée. Ceci aussi, comme l'A. silvicola , lorsqu'on l'observe de loin dans les bois, ressemble à l'Amanite, mais un coup d'œil attentif aux branchies détectera la différence.

Les branchies de la très jeune plante peuvent paraître blanches, mais elles développeront bientôt une teinte rosâtre qui la distinguera de l'Amanite. On le trouve dans les bois clairs de juillet à octobre.

Agaricus comptulus . Le P.

Comptulus signifie embelli ou luxueusement décoré ; ainsi appelé à cause de l' éclat soyeux de son capuchon.

Le chapeau est d'abord convexe, puis élargi, plutôt charnu, plus fin au bord et incurvé, généralement avec une finition soyeuse appliquée à la surface du capuchon qui donne lieu à son nom spécifique.

Les branchies sont libres, très arrondies vers le bord et la tige, blanches d'abord, puis grisâtres, rosâtres, brun pourpre chez les plantes âgées.

La tige est creuse, effilée de la base au chapeau, légèrement bulbeuse, blanche puis jaunâtre, charnue, fibreuse. Le voile est plus délicat que chez A. silvaticus , on en retrouve souvent des parties chez les jeunes plantes sur le bord du chapeau, formant un anncau sur la tige qui disparaît bientôt presque. Spores petites, 4–5×2–3µ.

La surface du capuchon, l'arrondi des branchies à l'avant et à l'arrière, ainsi que la tendance à virer au bleu ou au bleuâtre du papier blanc lorsque la chair du capuchon entre en contact avec lui, aideront à déterminer cette espèce.

On le trouve dans les endroits herbeux des bois ouverts, notamment à proximité des pins, en octobre et novembre.

Agaricus placomyces . Pk.

Planche **XXXV**. Figure **255**.— Agaricus placomyces .

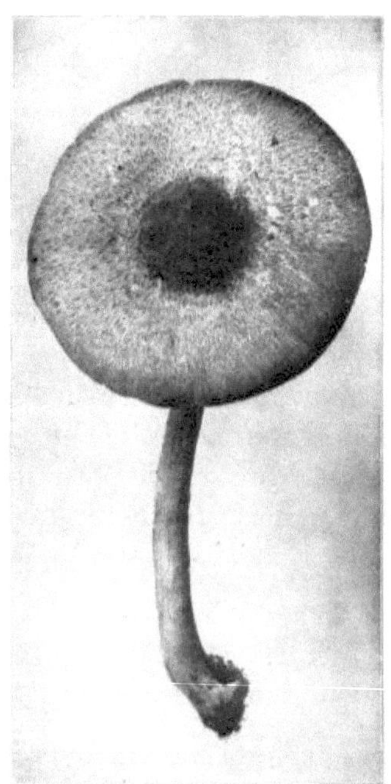

FIGURE 256. — Agaricus placomyces . Deux tiers grandeur nature.

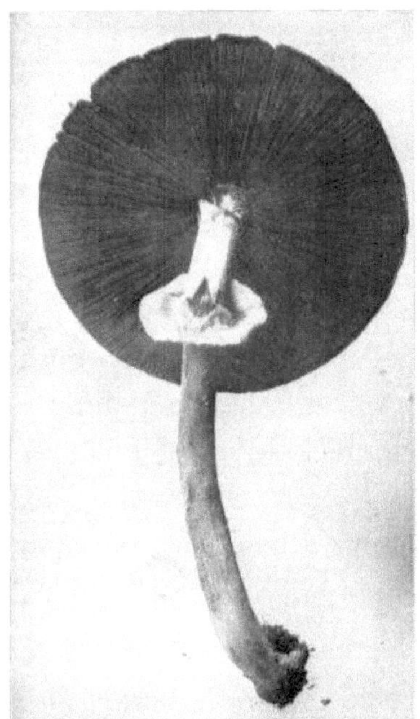

CHIFFRE 257.— Agaricus placomyces . Deux tiers grandeur nature.

Placomyces signifie un champignon plat. C'est l'une de nos plus jolies plantes.

Le chapeau est largement ovale, plutôt fin, d'abord convexe, mais lorsqu'il est complètement déployé, il est assez plat, blanchâtre, brun au centre, comme on le voit sur la figure 256, mais il est recouvert d'une écaille brune persistante.

Les branchies sont d'abord blanches, puis roses, virant au brun noirâtre, assez encombrées.

La tige est plutôt longue et mince, cylindrique bourrée, quelque peu bulbeuse à la base, généralement blanchâtre mais porte parfois des taches jaunes vers la base, se rétrécissant vers le chapeau. Le voile est assez intéressant. Il est large et double, vaguement relié par des fils, le voile inférieur ou extérieur se brisant d'abord en portions rayonnantes régulières. Les spores sont elliptiques, longues de 5 à 6,5 µ. Les chapeaux mesurent de deux à quatre pouces de large et la tige mesure de trois à cinq pouces de long.

On les trouve dans les pelouses ou dans les bois clairs. Ils sont beaucoup plus abondants dans les bois de pruches, bien qu'ils soient fréquemment trouvés dans les bois mixtes où se trouvent des pruches. Le comportement du voile est très similaire à celui d'A. arvensis et d'A. silvicola et en effet cette plante semble être très étroitement apparentée à ces espèces. On le trouve de juillet à septembre.

Agaricus cretaceus . Le P.

L'AGARIC DE CRAIE. COMESTIBLE.

Crétacé , relatif à la craie.

Le chapeau est entièrement blanc, charnu, obtus, sec ; parfois même, parfois marqué de fines lignes autour de la marge.

Les branchies sont libres, éloignées, assez ventricieuses, rétrécies vers la tige, serrées, blanches et ce n'est que chez les plantes matures qu'elles deviennent brunâtres. Spores, 5–6×3,5μ.

La tige est de deux à trois pouces de long, uniforme, lisse, ferme, effilée vers le chapeau, creuse ou remplie d'une fine moelle blanche.

On le trouve sur les pelouses et dans les endroits riches. Je le trouve plus fréquemment dans les champs de chaume riches. C'est un plat rare. Trouvé en août et septembre.

Agaricus subrufescens . Pk.

LE CHAMPIGNON LÉGÈREMENT ROUGE. COMESTIBLE.

Subrufescens , sous, sous; rufescens , devenant rouge. Le chapeau est d'abord incliné pour être hémisphérique, devenant convexe ou largement élargi ; fibrilleuse soyeuse et finement ou obscurément squameuse, blanchâtre, grisâtre ou brun rougeâtre terne, généralement lisse et plus foncée sur le disque. Chair blanche et immuable.

Les branchies sont d'abord blanches ou blanchâtres, puis roses et enfin brun noirâtre.

La tige est assez longue, souvent un peu épaissie ou bulbeuse à la base, d'abord bourrée, puis creuse, blanche, l'anneau est écailleux sur la face inférieure , le mycélium est blanchâtre, formant de minces cordons ramifiés ressemblant à des racines. Les spores sont elliptiques. *Peck* , 48e représentant de l'État de New York Bot.

La couleur brun rougeâtre est due à la couche de fibrilles qui recouvre le capuchon. Au centre, il ne se sépare pas en écailles, c'est pourquoi il est plus lisse et plus nettement brun rougeâtre que le reste. Son voile ressemble à celui de l'A. placomyces , mais au lieu que la surface inférieure se brise en parties radiales, il se brise en petits flocons ou écailles floqués.

Cette espèce se trouve autour des serres et se trouve fréquemment en grandes grappes.

Le Dr McIlvaine déclare : « Cette espèce est maintenant cultivée et présente des avantages évidents par rapport aux espèces commerciales : elle est plus facile à cultiver, très productive, produit moins de temps après la plantation du blanc, est exempte d'attaques d'insectes, se porte mieux et se conserve plus longtemps. ".

Les plates-bandes de champignons dans les caves deviennent très populaires et beaucoup obtiennent de très bons résultats.

Agaricus halophilus . Pk.

AGARICUS AMOUREUX DE LA MER COMESTIBLE.

PLANCHE XXXVI. FIGURE 258.— AGARICUS HALOPHILUS .
Montrant les calottes globuleuses, les branchies étroites, la tige solide et la marge incurvée particulière. Taille naturelle.

Halophilus vient de deux mots grecs signifiant mer et aimer, ou friand de.

C'est une grande plante charnue qui ne pourrit pas facilement. Au début, il est assez rond, puis devient largement convexe. Tous les spécimens que j'ai examinés étaient couverts d'écailles enfoncées de couleur brun rougeâtre, devenant brun grisâtre avec l'âge. La chair est blanche, devenant rose ou rougeâtre une fois coupée. La marge présente une courbure angulaire particulière, retenant souvent des parties du voile plutôt fragile.

Le goût est agréable et l'odeur est nettement celle du bord de mer.

Les branchies sont assez étroites, comme le montre la figure 258, très nombreuses, libres, rosâtres au début, devenant brun violacé à mesure que la plante mûrit. Le bord des branchies est blanchâtre.

La tige est courte, grosse, solide, ferme, égale ou parfois légèrement bulbeuse. L'anneau est plutôt délicat et chez les spécimens plus âgés, il manque souvent. Les spores sont largement elliptiques et brun violacé, 7–8×5–6μ.

Les spécimens de la figure 258 m'ont été envoyés de Boston, Massachusetts, par   Mme Blackford, et en ouvrant la boîte, l'odeur du bord de mer a été clairement remarquée. La chair, une fois coupée, prenait rapidement une teinte rosâtre ou rougeâtre et l'eau dans laquelle les plantes étaient préparées pour la cuisson prenait une teinte légèrement rose. Ces plantes m'ont été envoyées le premier juin, mais les tiges étaient exemptes de vers et se cuisinaient aussi facilement que les chapeaux. Je le considère comme l'un des meilleurs champignons de table, tout en étant facile à distinguer.

Il semble se plaire dans les sols sableux proches de l'eau salée. On l'appelait autrefois Agaricus maritimus.

Pilosace . Le P.

Pilosace vient de deux mots grecs, *pilos* , ressenti ; *sakos* , vêtement.

L'hyménophore est distinct de la tige. Les branchies sont libres et d'abord éloignées de la tige. Le voile général et partiel sont tous deux absents, il est donc sans anneau ni volva. Ce genre semble avoir l'habitude d'Agaricus mais pas d'anneau.

Pilosace eximie . Pk.

FIGURE 259. — Pilosace eximie .

Eximia signifie choix, distinction.

Le chapeau est charnu, mince, convexe ou largement campanulé, longuement élargi et subumboné , lisse, brun fuligineux foncé.

Les branchies sont rapprochées, larges, ventriceuses, arrondies derrière, libres, rouge terne ou rose brunâtre, puis brunes.

La tige est fine, creuse, un peu plus épaisse à la base, de couleur rouge terne. Les spores sont elliptiques et mesurent 0,004 pouce de long.

Ces plantes sont petites et assez rares, mais j'ai trouvé ces plantes à Haynes' Hollow à trois occasions différentes. Le Dr Peck écrit que c'est une plante très rare. Il pousse sur de vieilles souches et des bûches pourries. Les plantes représentées sur la figure 259 ont été trouvées à Haynes' Hollow et photographiées par le Dr Kellerman.

Strophaire. Le P.

Stropharia vient du grec strophos , ceinture d'épée. Les spores sont de couleur brun-violet vif, brunes ou ardoise. La chair de la tige et du chapeau est continue. Le voile, une fois rompu, forme un anneau sur la tige. Les branchies sont arrondies et ne sont pas libres.

Le genre se distingue de tous les genres de plantes à spores violettes à l'exception des Agarics par la présence d'un anneau et par la chair unie de la tige et du chapeau et par l'attache des branchies. Ils poussent au sol ou sont elliptiques.

Stropharia semiglobata . Batsch.

LA STROPHAIRE SEMI-GLOBULEUSE . COMESTIBLE.

CHIFFRE 260.— Stropharia semiglobata .

Semiglobata : semi, moitié ; globus, une balle. Le chapeau est un peu charnu au centre, mince à la marge, hémisphérique, non élargi, uniforme, visqueux lorsqu'il est humide.

La tige est creuse, grêle, droite, lisse, gluante, jaunâtre, à voile abrupt.

Les branchies sont fermement attachées à la tige, larges, planes, parfois inclinées à ventriques, assombries de noir.

Cette plante est très commune sur la ferme Dunn, sur Columbus Pike, au nord de Chillicothe, mais on la trouve partout dans les endroits herbeux récemment fumés ou sur le fumier.

Cette plante est interdite depuis plusieurs années, mais comme beaucoup d'autres, sa mauvaise réputation a disparu. Trouvé de mai à novembre.

Strophaire Hardii . Atkinson n. sp.

CHIFFRE 261.— Stropharia Hardii .

Hardii doit son nom au collectionneur et auteur de ce livre.

Plantez 10 cm. haut; chapeau 9 cm. large; tige 1½ cm. épais.

Chapeau ocre pâle et brillant ; branchies brunâtres, proches du brun de Prout
(R) ; tige teintée de jaune pâle.

Chapeau convexe à élargi, épais au centre, fin vers le bord, lisse ; chair teintée
de jaune.

Branchies subelliptiques à subventriceuses en arrière, largement émarginées,
annexées . Basides à 4 spores. Spores suboblongues , lisses, 5–9×3–5μ, brun-
violet au microscope.

Cystidies peu nombreuses sur le côté des branchies, variant de clavées à sous-
ventriceuses et sublancéolées , l'extrémité libre plus ou moins irrégulière
lorsqu'elle est étroite, rarement ramifiée en dessous de l'apex, et généralement
avec un apicule large proéminent ou avec deux ou plusieurs processus courts.
Cellules similaires au bord des branchies, mais un peu plus petites et plus
régulières.

Tige même à la base, se rétrécissant en une racine courte, transversalement
floquée, écailleuse au-dessus et au-dessous de l'anneau. L'anneau
membraneux , peu proéminent mais néanmoins évident, d'environ 2 cm. du
sommet. *Atkinson.*

Les spécimens de la figure 261 sont des plantes très anciennes. Pendant que
la plante était en saison, je ne l'ai pas photographiée, mais lorsque le
professeur Atkinson l'a nommée, je me suis empressé de trouver de bons
spécimens, mais seulement deux avaient survécu suffisamment pour être

photographiés. Ils ont été retrouvés le 15 octobre 1906 dans la ferme de M. Miller à Poke Hollow, près de Chillicothe.

Strophaire stercoraire . Le P.

LA BOUSE STROPHARIA. COMESTIBLE.

Stercoraria vient de stercus , bouse. Le chapeau est légèrement charnu au centre mais fin à la marge ; hémisphérique, puis élargi, régulier, lisse, discoïde, légèrement strié sur le bord.

Les branchies sont fermement attachées à la tige, légèrement serrées, larges, blanches, terre d'ombre, puis noir olive.

La tige mesure trois pouces ou plus de long, farcie d'une moelle fibreuse, égale, anneau près du capuchon, flocculose en dessous de l'anneau, visqueuse lorsqu'elle est humide, jaunâtre.

Cette espèce se distingue du S. semiglobata par la substance moelleuse distincte dont la tige est remplie, ainsi que par le fait que le chapeau n'est jamais complètement déployé. On le trouve sur les tas de fumier et de fumier, dans les champs richement fumés et parfois dans les bois.

Stropharia aeruginosa . Sec.

LA STROPHAIRE VERTE.

Æruginosa vient de ærugo , vert-de-gris. Le chapeau est charnu, plan-convexe, subumboné , recouvert d'une bave verte évanescente, devenant plus pâle à mesure que la bave disparaît.

Les branchies sont fermement attachées à la tige, molles, brunes, teintées de violet, légèrement ventricieuses, peu encombrées.

La tige est creuse, égale, fibrilleuse ou squameuse en dessous de l'anneau, teintée de bleu.

Cette espèce est assez variable en forme et en couleur. Les formes les plus typiques se trouvent à l'automne, par temps très humide et dans les bois ombragés. C'est l'une des espèces pour lesquelles l'interdiction n'a pas été levée, mais son apparition n'amènera personne à se soucier de la connaître plus loin que de la nommer. La plupart des auteurs prétendent qu'il est toxique. Trouvé dans les prairies et les bois, de juillet à novembre.

Hypholome . Le P.

Hypholoma vient de deux mots grecs, signifiant toile et frange, faisant référence au voile en forme de toile qui adhère fréquemment au bord du chapeau, ne formant pas d'anneau sur la tige et pas toujours apparent sur les vieux spécimens.

Le chapeau est charnu, à bord d'abord incurvé. Les branchies sont attachées à la tige, parfois échancrées au niveau de la tige. La tige est charnue, de substance semblable à celle du chapeau.

Ils poussent principalement en grappes épaisses sur le bois, au-dessus ou sous le sol. Les spores sont brun-violet, presque noires.

Ce genre diffère du genre Agaricus par le fait que ses branchies sont attachées à la tige et que sa tige est dépourvue d'anneau.

Hypholome incertum . Pk.

HYPHOLOME INCERTAIN . COMESTIBLE.

Avec la permission du capitaine McIlvaine.

PLANCHE XXXVII. FIGURE 262.— HYPHOLOME INCERTUM .

Incertum , incertain. Le professeur Peck, qui a nommé cette espèce, ne savait pas s'il ne s'agissait pas d'une forme de H. candolleanum , à laquelle elle semblait très étroitement apparentée ; mais comme les branchies de cette plante sont d'abord violacées et de celle-ci d'abord blanches, il conclut à risquer l'incertitude sur une nouvelle espèce.

Le chapeau est fin, ovale, largement étalé, fragile, blanchâtre, au bord souvent ondulé et souvent orné de fragments du voile blanc laineux, opaque lorsqu'il est sec, transparent lorsqu'il est humide.

Les branchies sont fines, étroites, serrées, fixées à la tige à leur extrémité interne, blanches d'abord, puis brun violacé, aux bords souvent inégaux.

La tige est égale, droite, creuse, blanche, mince, longue d'au moins un à trois pouces. Les spores sont brun violacé et elliptiques. On le trouve dans les pelouses, les jardins, les pâturages et les bois clairs. Il est petit mais pousse à une telle profusion qu'on peut en obtenir des quantités. Les bouchons sont très tendres et délicieux. Il apparaît dès le mois de mai.

Hypholome appendiculatum . Taureau.

HYPHOLOME APPENDICULAIRE . COMESTIBLE.

Appendiculatum , un petit appendice. C'est ainsi qu'on l'appelle à cause des fragments du voile adhérant au bord du bonnet.

Le chapeau est mince, ovale, expansé, aqueux, lorsqu'il est sec, recouvert d'atomes secs ; marge fine et souvent fendue, avec un voile blanc ; la couleur lorsqu'elle est humide est brun foncé, lorsqu'elle est sèche, presque blanche, souvent avec des écailles floconneuses sur le capuchon.

Les branchies sont fermement attachées à la tige, serrées, blanches, puis brun rosé et enfin brun terne.

La tige est creuse, lisse, égale, blanche, fibreuse, farineuse à l'apex. Le voile est très délicat et visible uniquement sur des plantes assez jeunes.

La plante pousse au printemps et en été et se retrouve sur les souches et parfois sur les pelouses. C'est un champignon préféré de ceux qui le connaissent. La plante peut être séchée pour une utilisation hivernale et conserve remarquablement sa saveur.

Hypholome candolleanum , Fr., ressemble à H. appendiculatum par de nombreux traits, mais les branchies sont violacées, devenant brun cannelle et chez les vieilles plantes, presque exemptes de tige. Il a plus de substance. Les chapeaux sont cependant très tendres et délicieux. Trouvé en grappes.

Hypholome lacrymabundum . Le P.

HYPHOLOME PLEUREUR .

FIGURE 264. — Hypholome lacrymabundum .

Lacrymabundum – plein de larmes. Cette plante est ainsi appelée parce que le matin ou par temps humide, le bord des branchies retient de très petites gouttes d'eau. La plante de la figure 263 a été photographiée dans l'après-midi, mais on peut voir un certain nombre de ces minuscules gouttes.

Le chapeau est charnu, campanulé, puis convexe, parfois largement ombré, tacheté d'écailles velues ; chair blanche.

Les branchies sont étroitement attachées à la tige, échancrées, serrées, quelque peu ventricieuses, inégales, blanchâtres puis brun-violet, distillant d'infimes gouttes de rosée par temps humide ou le matin.

La tige est creuse, quelque peu épaissie à la base, assez écailleuse avec des fibrilles, devenant souvent rouge brunâtre, longue de deux à trois pouces. Les spores sont violet brunâtre.

Je n'ai jamais trouvé la plante ailleurs que sur la pelouse du lycée de Chillicothe, et pas en nombre suffisant pour tester ses qualités comestibles. Quand je le ferai, je l'essaierai avec prudence, mais avec la pleine foi qu'il me sera permis d'en essayer d'autres. Trouvé au sol et sur du bois pourri. Il pousse souvent en grappes. De septembre à octobre.

Hypholome sublatérite . Schaeff .

HYPHOLOMA ROUGE BRIQUE . COMESTIBLE.

FIGURE 265. — Hypholome sublatérite . Taille naturelle.

Le sublateritium vient du sous, du dessous et plus tard d'une brique. Le chapeau est rouge brique, avec une bordure jaunâtre pâle ; la surface est recouverte de fines fibres soyeuses ; charnu, humide et ferme; le capuchon a de deux à quatre pouces de largeur ; des restes de voile sont souvent visibles sur la marge ; chair crémeuse, ferme et amère.

Les branchies sont crémeuses lorsqu'elles sont jeunes, olive lorsqu'elles sont vieilles ; attaché à la tige à l'extrémité interne, plutôt étroit, encombré et inégal.

La tige est crémeuse lorsqu'elle est jeune, partie inférieure légèrement teintée de rouge, creuse ou bourrée, présentant en surface des fibres soyeuses, longues de deux à quatre pouces, souvent incurvées à cause de la position. Les spores sont brun suie et elliptiques.

Il pousse en grandes grappes autour de vieilles souches. Il est particulièrement abondant à Chillicothe. Il n'est pas égal à beaucoup d'autres Hypholomas en tant qu'esculent. Parfois, il est amer même après cuisson. Le capitaine McIlvaine donne une raison plausible lorsqu'il affirme que cela pourrait être dû au passage de larves à travers la chair de la plante. On le trouve de septembre au début de l'hiver.

Hypholome perplexe . Pk.

HYPHOLOME DÉROUTANT . COMESTIBLE.

FIGURE 266. — Hypholome perplexe . Une moitié grandeur nature. Casquettes brunes, avec une marge jaune pâle .

Perplexum signifie perplexe ; ainsi appelé parce qu'il est assez difficile de le distinguer de H. sublateritium , également de H. fascicularis . De ce dernier, il peut être reconnu par son chapeau plus rouge, sa chair blanchâtre, la teinte brun pourpre des branchies matures et sa saveur douce. Sa plus petite taille, la teinte verdâtre et violacée des branchies et la fine tige creuse aideront à le distinguer de H. perplexum .

Le chapeau est complexe, charnu, élargi, lisse, parfois largement et légèrement ombré, brun avec une marge jaune pâle, le disque parfois rougeâtre.

Les branchies sont arrondies, échancrées, se séparant facilement de la tige, jaune pâle, couleur cendrée verdâtre, enfin brun violacé, fines, assez rapprochées.

La tige est presque égale, ferme, creuse, légèrement fibrilleuse, jaunâtre ou blanchâtre dessus et brun rougeâtre dessous. Les spores sont elliptiques et brun violacé.

Cette plante est très abondante dans l'Ohio. Il pousse sur de vieilles souches, mais son habitat préféré semble être les vieux tas de sciure. Je l'ai trouvé après avoir connu un temps glacial considérable. Les plantes sur la figure étaient gelées lorsque je les ai trouvées, le 27 novembre. Le Dr McIlvaine dit dans son livre : « Si le collectionneur est perplexe, comme il le fera, à propos d'une ou de toutes ces espèces, parce qu'aucune description ne correspond, il peut aiguiser sa patience et son appétit en l'appelant H. perplexum et en le mangeant gracieusement. ".

Psilocybe . Pers.

Psilocybe vient de deux mots grecs, nu et tête. Les spores sont de couleur brun-violet ou ardoise. Le chapeau est lisse, d'abord incurvé, brunâtre ou violet. La tige est cartilagineuse, sans anneau, dure, creuse ou farcie, souvent enracinée. Poussant généralement au sol.

Psilocybe fœnisecii . Pers.

LE PSILOCYBE BRUN .

Photo de CG Lloyd.

FIGURE 267. — Psilocybe fœnisecii . Une moitié grandeur nature.

Fœnisecii signifie foin tondu.

Le chapeau est un peu charnu, brun fumé ou brunâtre, convexe, campanulé d'abord, puis élargi ; obtus, sec, lisse.

Les branchies sont fermement attachées à la tige, ventriques, non encombrées, brun-ombre.

La tige est creuse, droite, régulière, lisse, non enracinée, blanche, couverte de poussière, puis brunâtre.

Assez commun dans les pelouses et les champs herbeux après les pluies estivales. Je n'en ai jamais mangé, mais je n'ai aucun doute sur ses qualités esculentes.

Psilocybe spadicée . Schaeff .

LE PSILOCYBE DE LA BAIE . COMESTIBLE.

Spadicea signifie laurier ou dattier brun.

Le chapeau est charnu, plan convexe, obtus, uniforme, humide, hygrophane , brun bai brillant, plus pâle une fois sec.

Les branchies sont arrondies en arrière, attachées à la tige, s'en séparant facilement, étroites, sèches, serrées, blanches, puis brun rosé ou couleur chair.

La tige est creuse, dure, pâle, égale, lisse, longue d'un à deux pouces. Ils poussent en grappes denses là où se trouvaient de vieilles souches ou là où le bois est pourri. Les casquettes sont petites mais très bien. On les retrouve de septembre jusqu'aux gelées ou par temps glacial.

Psilocybe ammophile . Mont.

FIGURE 268. — Psilocybe ammophile . Deux tiers grandeur nature, montrant le sable sur la base.

Ammophila vient de deux mots grecs ; munitions, sable et philos , aimant ; ainsi appelé parce que les plantes semblent aimer pousser dans un sol sablonneux.

Le chapeau est petit, convexe, élargi, ombiliqué, d'abord hémisphérique, plutôt charnu, jaune, teinté de rouge, fibrilleux.

Les branchies sont de couleur fumée, avec une dent décurrente, poudrée de spores noirâtres.

La tige est molle, plutôt courte, creuse, à moitié inférieure clavée et enfoncée dans le sable, striée. Les spores sont 12×8.

On les trouve en août et septembre. Ils se plaisent dans les sols sableux, comme leur nom spécifique l'indique. Les plantes sur la photographie ont été trouvées près de Columbus et photographiées par le Dr Kellerman. C'est assez courant dans les sols sableux. Je ne pense pas que ce soit comestible. Je dois conseiller une grande prudence dans son utilisation.

CHAPITRE VI.
Les AGARICS À SPORATIONS NOIRES.

Les genres appartenant à cette série possèdent des spores noires. Il y a une absence totale de nuances violettes ou brunes. Le genre Gomphidius , placé dans cette série pour d'autres raisons, possède des spores ternes-olivacées.

Coprin. Pers.

Coprinus vient d'un mot grec signifiant bouse. Ce genre peut être facilement reconnu grâce aux spores noires et à la déliquescence des branchies et du capuchon en une substance d'encre. De nombreuses espèces poussent dans le fumier, comme leur nom l'indique, ou sur un sol récemment fumé. Certains poussent dans des terrains plats et riches, ou là où il y a eu un remblai, ou dans des décharges ; certains poussent sur le bois et autour de vieilles souches.

Le chapeau se sépare facilement de la tige. Les branchies sont membraneuses , étroitement pressées les unes contre les autres. Les spores, à quelques exceptions près, sont noires. La plupart des espèces sont comestibles, mais beaucoup sont de si petite taille qu'elles passent facilement inaperçues.

Coprinus comatus . Le P.

LE COPRINUS À CRINIÈRE HIRSUTE. COMESTIBLE.

Photo du professeur Shaftner .

FIGURE 269. — Coprinus comatus .

FIGURE 270. — Coprinus comatus . Une moitié grandeur nature.

Comatus vient du coma, a les cheveux longs et hirsutes. On l'appelle ainsi à cause d'une ressemblance imaginaire avec une perruque sur le bloc d'un barbier. Une description n'est guère nécessaire avec une photographie devant nous. Ils nous rappellent toujours une congrégation d'œufs d'oie debout. Cette plante ne peut être confondue avec aucune autre, et celui qui la trouve est l'heureux possesseur d'un morceau riche et savoureux qui ne peut être reproduit sur aucun marché.

Le chapeau est charnu, humide, d'abord ovoïde, cylindrique, puis en cloche, rarement élargi, se fendant en marge le long de la ligne des branchies, orné d'écailles jaunâtres éparses, teintées de noir violacé, parfois entièrement blanches. ; surface hirsute.

Les branchies sont libres, encombrées, égales, d'un blanc crème, devenant roses, brunes, puis noires et dégoulinantes d'un liquide d'encre.

La tige mesure de trois à huit pouces de long, creuse, lisse ou légèrement fibrilleuse, effilée vers le haut, blanc crème, cassante, se séparant facilement du chapeau, légèrement bulbeuse à la base. L'anneau est rarement adhérent ou mobile chez les jeunes plantes, puis repose sur le sol à la base de la tige ou disparaît complètement. Les spores sont noires et elliptiques et se dispersent sous forme de gouttes liquides.

Trouvé dans les sols riches et humides, les jardins, les pelouses riches, les basses-cours et les décharges. Ils poussent souvent en grandes grappes. On les trouve partout en grande abondance, de mai jusqu'aux gelées tardives. Un estomac faible peut digérer n'importe quel Coprini alors que presque n'importe quel autre aliment lui causera des problèmes. Je suis toujours heureux d'offrir un plat de n'importe quel Coprini à un invalide.

Coprinus atramentarius . Le P.

LE COPRINUS INKY. COMESTIBLE.

FIGURE 271. — Coprinus atramentarius . Deux tiers grandeur nature.

Atramentarius signifie encre noire. Le chapeau est d'abord ovoïde, gris ou brun grisâtre, lisse, sauf qu'il présente un léger aspect écailleux ; souvent recouverte d'une pruine marquée, à marge nervurée, souvent échancrée, molle, tendre, s'élargissant lorsqu'elle fond dans un fluide d'encre.

Les branchies sont larges, fermées, ventriceuses, blanc crème chez les jeunes spécimens, devenant gris rosé, puis noires, humides, fondant en gouttes d'encre.

La tige est mince, de deux à quatre pouces de longueur, creuse, lisse, effilée vers le haut, se séparant facilement du chapeau, avec un léger vestige d'un collier près de la base lorsqu'elle est jeune mais disparaissant rapidement. Les spores sont elliptiques, 12×6 μ., et noires, tombant en gouttes.

Je l'ai trouvé en abondance dans tout l'État, de mai jusqu'aux gelées tardives. Sur la figure 271, celle du centre montrera les écailles en forme de taches ; sur les autres, la floraison dont il est question est tout à fait apparente ; la section de droite montre les larges branchies ventriceuses – blanc crème bien que légèrement teintées de rose – ainsi que la forme de la tige. L'usine d'extrême droite s'est agrandie et a commencé à se dégrader. C. atramentarius est très abondant et pousse dans les sols riches, les pelouses, les endroits remplis et les jardins.

PLANCHE XXXVIII. FIGURE 272.— COPRINUS ATRAMENTARIUS .

Coprinus micacéus . Le P.

LE COPRINUS SCINTILLANT. COMESTIBLE.

FIGURE 273. — Coprinus micaceus . Deux tiers grandeur nature.

Micaceus vient de *micare* , pour briller, et fait référence aux petites écailles du chapeau qui ressemblent à des écailles de mica. Le chapeau est jaune fauve, beige ou chamois clair, ovale, en forme de cloche ; ayant des stries rayonnant du centre du disque jusqu'à la marge ; des écailles scintillantes ressemblant à du mica recouvrant de jeunes spécimens intacts ; la marge quelque peu révolutée ou ondulée.

Les branchies sont serrées, plutôt étroites, blanchâtres, puis teintées de brun rosé ou violacé puis noires.

La tige est fine, fragile, creuse, soyeuse, régulière, blanchâtre, souvent tordue, longue d'un à trois pouces. Les spores sont noirâtres, parfois brunes, elliptiques, $10\times5\mu$.

Le Glistening Coprinus est une espèce petite mais commune et belle. On ne peut manquer de reconnaître un Coprinus sur une photographie. Il est quelque peu en forme de cloche et marqué de lignes ou de stries imprimées depuis la marge jusqu'au centre du disque ou au-delà et parsemé de granules micacés fugaces qui apparaissent tous dans la figure 273. Pour manger, c'est sans aucun doute le meilleur champignon qui pousse . Les spécimens de la figure 273 poussaient autour d'une vieille souche de pêcher dans la cour du Dr Miesse, à Chillicothe. Vous les trouverez autour de n'importe quelle souche, surtout juste avant une pluie. Si vous vous assurez un bon approvisionnement et souhaitez les conserver, faites-les cuire partiellement et réchauffez-les avant de les utiliser.

Coprinus ebulbosus . Pk.

FIGURE 274. — Coprinus ebulbosus . Une moitié grandeur nature.

Ebulbosus , sans être bulbeux. Cela semble être la différence entre les plantes américaines et européennes, ces dernières étant bulbeuses.

Le chapeau est membraneux , d'abord ovale, en forme de cloche, strié, panaché de larges écailles blanches ou de taches blanches ; un à deux pouces de large.

Les branchies sont libres, larges, ventricieuses, noir grisâtre, se déliquessant rapidement.

La tige est creuse, égale, fragile, lisse, longue de quatre à cinq pouces.

On le trouve généralement là où de vieilles souches ont été coupées sous terre, laissant les racines dans le sol. C'est très abondant. Le collectionneur n'aura aucune difficulté à le reconnaître sur la figure 274. On les retrouve de juin à octobre. Comestible, mais pas aussi bon que C. atramentarius .

Coprinus éphémère . Le P.

LE COPRINUS ÉPHÉMÈRE. COMESTIBLE.

Éphémère , d'une durée d'une journée. Cette plante ne dure que peu de temps. Il apparaît tôt le matin ou le soir et dès que les rayons du soleil le touchent, il se transforme en un fluide d'encre.

Le chapeau est membraneux , très fin, ovale, légèrement couvert d'écailles ressemblant à du son, disque surélevé et uniforme.

Les branchies sont annexées , distantes, blanchâtres, brunes, puis noires. La tige est mince, égale, pellucide, lisse, d'un à deux pouces de hauteur.

Lorsque cette plante est pleinement développée, c'est un très beau spécimen, strié du bord au centre. Trouvé sur les bouses et les tas de fumier et dans les parcelles herbeuses bien fumées de mai à octobre. Il faut le cuire en une seule fois. Sa principale valeur est son excellente saveur de champignon.

Coprinus ovale . Le P.

Le Coprinus ovale. Comestible.

Ovatus vient de l'ovule , un œuf. On l'appelle ainsi à cause de la forme du chapeau, qui est quelque peu membraneux , ovale, puis élargi, strié ; d'abord tissé en écailles densément imbriquées, épaisses et concentriques ; est bulbeuse, racinaire, flocculose , creuse au-dessus, l'anneau caduque ; branchies libres, éloignées, légèrement ventricieuses, parfois blanches, puis sombres-noirâtres.

Cette plante est beaucoup plus petite et moins frappante que le C. comatus , mais ses qualités comestibles sont les mêmes. Je l'ai mangé et je l'ai trouvé délicieux. On le trouve à peu près au même endroit où l'on s'attendrait à trouver le C. comatus .

Coprinus fimetarius . Le P.

Le Shaggy Dung Coprinus.

Photo de CG Lloyd.

PLANCHE XXXIX. FIGURE 275.— COPRINUS FIMETARIUS .

Fimetarius vient de fimetum , un fumier. Le chapeau est un peu membraneux , clavé, puis conique, enfin déchiré et révoluté ; d'abord rugueux avec des écailles floconneuses, puis nu ; fissuré et sillonné longitudinalement, même au sommet. La tige est encline à être écailleuse, épaissie à la base, solide. Les branchies sont libres, atteignant la tige, d'abord ventriques, puis linéaires, noir brunâtre. *Frites.*

C'est une plante assez variable. Il existe un certain nombre de variétés classées sous cette espèce. On dit qu'il a un excellent goût. Je n'en ai jamais mangé.

Panæolus . Le P.

Panæolus vient de deux mots grecs, tous ; panaché. Ce genre est ainsi appelé en raison de l'apparence marbrée des branchies. Le chapeau est un peu charnu, à marge régulière, mais jamais strié. La marge s'étend toujours au-delà des branchies et les branchies ne sont pas de couleur uniforme. L'aspect marbré des branchies est dû à la chute des spores noires. Les branchies ne se déliquent pas.

La tige est lisse, parfois écailleuse, parfois assez longue, creuse. Le voile, lorsqu'il est présent, est entrelacé.

Cette plante se rencontre sur les pelouses riches récemment fumées, mais principalement sur le fumier.

Il n'existe que deux espèces comestibles, P. retirugis et P. solidipes . Les autres espèces ne seraient pas susceptibles d'attirer l'attention du collectionneur ordinaire.

Panæolus retraités . Le P.

PANAEOLUS CÔTELÉ . COMESTIBLE.

Photo de CG Lloyd.

ASSIETTE XL. FIGURE 276.— PANÉOLUS RETRAITÉS .
Grandeur nature, montrant des portions du voile en marge.

Retirugis vient de rete, un filet ; ruga , une ride. Le chapeau a environ un pouce de diamètre, incliné pour être globuleux, puis hémisphérique, légèrement umboné, au centre plus foncé, avec des côtes unies surélevées, parfois parsemées d'atomes opaques ; voile déchiré, appendiculaire.

Les branchies sont fixes, ascendantes, larges au milieu ; et dans les formes élargies, les branchies s'écartent de plus en plus de la tige et apparaissent finalement plus ou moins triangulaires ; noir cinéré, souvent quelque peu trouble.

La tige est égale, couverte d'une pruine givrée, cylindrique, parfois tortueuse, cartilagineuse, devenant creuse, violet rosé, toujours plus foncée en dessous et plus pâle dessus, bulbeuse.

Le voile des plantes jeunes et non développées est assez fort et proéminent ; à mesure que la tige s'allonge, elle se détache de la tige et, à mesure que le capuchon se dilate, il se brise en segments, suspendus fréquemment au bord du capuchon. En observation attentive, on détectera parfois une bande noire sur la tige, provoquée par la chute des spores noires, lorsque la plante est humide, avant que le chapeau ne se soit séparé de la tige. Les spores sont noires et elliptiques.

Je l'ai trouvé à plusieurs reprises sur la pelouse du lycée de Chillicothe, surtout après qu'il ait été fertilisé en hiver. On le trouve principalement sur les bouses de juin à octobre. Je ne le recommande pas comme mets délicat.

Panæolus épimyces . Pk.

FIGURE 277. — Panæolus épimyces . Notez les spores noires au premier plan central. Notez également les énormes masses de substances avortées sur lesquelles il pousse.

Epimyces vient de *epi* , on ; *myces* , un champignon ; ainsi appelé parce qu'il parasite les champignons. Il existe un certain nombre d'espèces de champignons dont l'habitat se trouve sur d'autres champignons ou sur des pousses de champignons ; comme Collybia cirrhata , C. racemosa , C. tuberosa, Volvaria loveiana et les espèces de Nyctalis .

Le chapeau est charnu, d'abord subglobuleux , puis convexe, blanc, soyeux, fibrilleux, à chair blanche ou blanchâtre, molle.

Les branchies sont plutôt larges, un peu rapprochées, arrondies derrière, annexées , d'un blanc terne, devenant brunes ou noirâtres, avec un bord blanc.

La tige est courte, robuste, effilée vers le haut, fortement striée et finement farineuse ou pruineuse ; solide chez la jeune plante, creuse chez la plante mature, mais avec une petite cavité ; poilue ou substrigée à la base. Les spores sont elliptiques et noires, de 0,0003 à 0,00035 pouce de long, de 0,0002 à 0,00025 de large. *Picorer.*

Les plantes sont petites, d'environ deux tiers à un pouce de largeur et d'un pouce à un pouce et demi de hauteur. On l'appelle ce genre en raison de ses spores noires. Il présente d'autres caractéristiques qui semblent le placer mieux parmi les Hypholomas . Ce n'est pas courant. Trouvé en octobre et novembre. Les spécimens de la figure 277 ont été trouvés dans le Michigan et photographiés par le Dr Fisher.

Panæolus campanulé . Linn.

PANÉOLUS EN FORME DE CLOCHE .

Campanulatus vient de *campanula* , une petite cloche.

Le chapeau est large d'un pouce à un pouce et quart, ovale ou en forme de cloche, parfois légèrement umboné, lisse, un peu brillant, brun grisâtre, devenant parfois teinté de rougeâtre, le bord souvent frangé de fragments du voile.

Les branchies sont attachées, non larges, ascendantes, panachées de gris et de noir.

La tige mesure de trois à cinq pouces de long, creuse, élancée, ferme, droite, souvent couverte de fleurs givrées et souvent striée au sommet, le voile ne restant que peu de temps. Les spores sont subellipsoïdes , 8–9×6μ.

Les branchies ne se déliquent pas. Il est largement distribué et se trouve dans presque tous les pâturages pour chevaux.

Le capitaine McIlvaine dit dans son livre qu'il en a mangé en petites quantités, parce qu'il était impossible d'en obtenir de plus grandes, et avec pour seul effet agréable. Je l'ai trouvé assez fréquemment à propos de Chillicothe mais je ne l'ai jamais mangé. On le trouve de juin à août.

Panæolus fimicole . Le P.

LE BOUSIER PANAEOLUS .

Fimicolus vient de fimus , fumier ; colo , habiter. Le chapeau un peu charnu, en forme de cloche convexe, obtus, lisse, opaque ; marqué près de la marge avec une étroite zone brune ; la tige est fragile, allongée, égale, pâle, recouverte d'une floraison givrée au-dessus ; les branchies sont fermement attachées à la tige, larges, panachées de gris et de brun. *Frites.*

La plante est très petite et sans importance. On le trouve sur les bouses, comme son nom l'indique, de juin à septembre. Les capuchons semblent de couleur plus claire lorsqu'ils sont secs que lorsqu'ils sont mouillés.

Panæolus solidipes . Pk.

PANAEOLUS À PIED SOLIDE . COMESTIBLE.

Photo de CG Lloyd.

PLANCHE XLI. FIGURE 278.— PANÉOLUS SOLIDIPES .

Solidipes vient de solidus, solide ; pes, pied; et est ainsi appelé parce que la tige de la plante est solide. Le chapeau mesure deux à trois pouces de diamètre ; ferme; d'abord hémisphérique, puis sous-campanulé ou convexe ; lisse; blanc; la cuticule se brise enfin en écailles angulaires ternes-jaunâtres, plutôt grandes. Les branchies sont larges, légèrement attachées, blanchâtres, devenant noires. La tige mesure cinq à huit pouces de long et deux à quatre lignes épaisses, ferme, lisse, blanche, solide, légèrement striée au sommet. Les spores sont très noires avec une teinte bleuâtre. *Picorer.* 23e représentant de l'État de New York Bot.

C'est une grande et belle plante qui se distingue facilement grâce à sa tige solide, poussant sur le fumier. Parfois, de minuscules gouttes d'humidité seront visibles sur la partie supérieure de la tige. On dit que cette plante est l'un des meilleurs champignons à manger.

Panæolus Papilionaceus . Le P.

LE PANÉOLUS PAPILLON .

FIGURE 279. — Panæolus Papilionaceus . Taille naturelle.

Papilionaceus vient de *Papilio* , un papillon.

Le chapeau est large d'environ un pouce, un peu charnu, d'abord hémisphérique, parfois subumboné , la cuticule se fragmentant en écailles lorsqu'elle est sèche, comme on le voit sur la photographie, gris pâle avec une teinte jaune rougeâtre surtout sur le disque, parfois lisse.

Les branchies sont largement attachées à la tige, assez larges, longuement planes, noirâtres ou avec diverses teintes de noir.

La tige est longue de trois à quatre pouces, mince, ferme, égale, creuse, poudrée dessus, blanchâtre, parfois teintée de rouge ou de jaune, légèrement striée au sommet, comme on le voit sur la photographic avec un verre, généralement taché du spores.

Les spécimens de la figure 279 ont été trouvés dans un jardin fortement fumé. On le trouve généralement sur le fumier et sur les pelouses herbeuses en mai et juin. Le capitaine McIlvaine dans son livre parle de ce champignon produisant de l'hilarité ou une légère forme d'ivresse. Je devrais déconseiller son utilisation.

Anellarie . Karst.

Anellaria vient de *anellus* , un petit anneau. Ce genre est ainsi appelé en raison de la présence d'un anneau sur la tige.

Le chapeau est un peu charnu, lisse et uniforme. Les branchies sont annexées , de couleur ardoise foncée, panachées de spores noires. La tige est centrale, lisse, ferme, brillante, annulaire persistante ou formant une zone autour de la tige.

Anellaria séparée. Karst.

Separata signifie séparé ou distinct.

Le chapeau est un peu charnu, en cloche, obtus, uniforme, visqueux, d'abord ocre, puis blanc terne, brillant, lisse, ridé lorsqu'il est vieux.

Les branchies sont fermement attachées à la tige, larges, ventriceuses, fines, encombrées, troubles, cinéreuses, marge presque blanche, légèrement déliquescentes.

La tige est longue, droite, brillante, blanche, épaissie vers le bas, anneau éloigné, sommet quelque peu strié, bulbeux à la base. Les spores sont largement elliptiques-fusiformes, noires, opaques, $10{\times}7\mu$.

On le trouve sur les bouses de mai à octobre. Ce n'est pas toxique.

Bolbitius . Le P.

Bolbitius vient d'un mot grec signifiant bouse de vache, en référence à son lieu de croissance.

Le chapeau est membraneux , jaune, devenant humide ; branchies humides mais ne se déliquant pas, perdant finalement leur couleur et devenant poudreuses ; tige creuse et confluente avec l'hyménophore. Comme son nom générique l'indique, la plante pousse généralement sur du fumier, mais on la trouve parfois sur des feuilles et là où le sol a été fumé l'année précédente. Les spores sont de couleur rouge rouille.

Bolbitius fragile. (L.) Le P.

Fragilis signifie fragile.

Le chapeau est membraneux , jaune, puis blanchâtre, visqueux, à marge striée, disque quelque peu ombré.

Les branchies sont atténuées, annexées , presque libres, ventriceuses, jaunâtres, puis cannelle pâle.

La tige mesure deux à trois pouces de long, nue, lisse et jaune. Les spores sont de couleur rouille, $7{\times}3{,}5$, Massee. $14\text{-}15{\times}8\text{-}9\mu$. Saccardo.

Cette espèce est beaucoup plus délicate et fragile que B. Boltoni . Je le trouve souvent dans les pâturages laitiers. Il est bien parfumé et se cuisine facilement. Trouvé de juin à octobre.

Bolbitius Boltoni . Le P.

BOLBITIUS DE BOLTON . COMESTIBLE.

Le chapeau est un peu charnu, visqueux, d'abord lisse, puis le bord sillonné, le disque plus foncé et légèrement déprimé.

Les branchies sont presque adnées, jaunâtres, puis brun livide.

La tige est atténuée, jaunâtre, annulaire fugace. Ceci est plutôt courant dans les pâturages laitiers et se rencontre de mai à septembre.

Psathyrelle . Le P.

Psathyrella vient d'un mot grec signifiant fragile. Les membres de ce genre sont mébranacés , striés, à marge droite, d'abord pressés contre la tige, ne s'étendant pas au-delà des branchies. Branchies adnées ou libres, noires de suie, non panachées. La tige confluent avec la surface portant les spores, mais elle en diffère par son caractère. Voile peu visible et généralement absent.

Psathyrelle disséminé . Pers.

LA PSATHYRELLE EN GRAPPES . COMESTIBLE.

Photo de CG Lloyd.

FIGURE 280. — Psathyrelle disséminé . Taille naturelle.

Disseminata vient de *dissemino* , disperser. Le chapeau a environ un demi-pouce de diamètre, membraneux , ovale, en forme de cloche, d'abord scorbuteux, puis nu ; grossièrement strié, marge entière ; jaunâtre puis gris. Branchies adnées, étroites, blanchâtres, puis grises, enfin noirâtres. Tige longue d'un à un pouce et demi, plutôt courbée, farineuse puis lisse, fragile, creuse. *Massée.*

C'est une très petite plante, poussant sur les pelouses herbeuses, et très commune sur les vieux troncs et sur les souches en décomposition.

Un groupe d'environ deux mètres carrés se montre à intervalles réguliers tout l'été sur la pelouse du lycée de Chillicothe. L'herbe s'y révèle plus verte et plus économe grâce à la fertilisation par le champignon. La plante entière est très fragile et fond rapidement. J'ai mangé les bouchons crus plusieurs fois et ils ont une saveur riche. On les trouve de mai jusqu'aux gelées.

Psathyrelle Hirta . Pk.

FIGURE 281. — Psathyrelle Hirta .

Hirta signifie poilu, rugueux ou hirsute.

Chapeau fin, hémisphérique ou convexe, orné dans sa jeunesse de touffes dressées ou étalées de poils blancs, faciles à déterminer et rapidement évanescents ; hygrophane , brune ou brun rougeâtre et légèrement striatulée lorsqu'elle est humide, brun grisâtre pâle ou blanchâtre terne lorsqu'elle est sèche, chair subconcolore ; lamelles larges, moyennement serrées, adnées et souvent munies d'une dent décurrente, d'abord pâle, devenant brun noirâtre ou noire ; tige flexible , squameuse , creuse, brillante, blanche ; spores elliptiques, noires, de 0,0005 à 0,00055 pouce de long, de 0,00025 à 0,0003 de large.

Subcæspiteux ; chapeau de 4 à 6 lignes de large ; tige de 1 à 2 pouces de long pour 1 à 1 à 5 lignes d'épaisseur. Les spécimens de la figure 281 ont été trouvés dans la serre de l' Université d'État. Quand ils étaient très jeunes, les touffes de cheveux blancs étaient très visibles. Ils sont rarement observés chez les spécimens matures. Les plantes ont été photographiées par le Dr Kellerman.

Gomphide . Le P.

Gomphidius vient d'un mot grec signifiant un boulon ou une cheville en bois.

L'hyménophore est décurrent sur la tige. Les branchies sont décurrentes, distantes, molles, quelque peu mucilagineuses ; bord aigu, pruiné avec des spores fusiformes noirâtres ; voile viscoso -flocceux, formant un anneau imparfait autour de la tige.

Un genre petit mais distinct, avec de grandes différences entre les espèces ; intermédiaire par ses habitudes entre Cortinarius et Hygrophorus .

Gomphide visqueux . Le P.

GOMPHIDIUS VISQUEUX .

Le chapeau est large de deux à trois pouces, visqueux, convexe, puis déprimé autour du disque, obtus umboné, marge aiguë, brun rougeâtre à brun jaunâtre au centre, la marge couleur foie, chair brun jaunâtre.

Les branchies sont décurrentes, distantes, quelque peu ramifiées, fermes, élastiques, plutôt épaisses, brun pourpre avec une teinte olive.

La tige mesure deux à trois pouces de haut, subégale ou légèrement ventricieuse ; brun jaunâtre pâle, fibrilleux, ferme, solide, visqueux à cause des restes du voile, qui forment un anneau filamenteux obsolète .

Les spores sont allongées -fusiformes, $18–20 \times 6\mu$.

Son habitat préféré est sous les pins et les sapins. Son goût est sucré et il a une odeur de champignon. C'est comestible, mais pas de première qualité.

Trouvé en septembre et octobre.

CHAPITRE VII.
POLYPORACÉES. CHAMPIGNONS TUBULAIRES.

Dans cette famille, le capuchon n'a pas de branchies sur la surface supérieure, mais à la place, il y a de petits tubes ou pores. Cette classe de plantes peut être naturellement divisée en deux groupes : Les champignons périssables, dont les pores se séparent facilement du chapeau et les uns des autres, que l'on peut appeler Boletaceæ ; et les champignons coriaces, liégeux et ligneux, avec des pores unis en permanence au chapeau et entre eux, formant la famille des Polyporacées .

Dans chaque groupe, les spores sont portées sur la paroi des pores. Une empreinte de spores peut être réalisée de la même manière que celle des champignons dotés de branchies. La couleur des spores n'entre pas dans la classification comme dans le cas des Agaricini .

Les caractéristiques distinctives de ces genres peuvent être énoncées comme suit :

Pores compactés ensemble et formant une strate continue 1	
Les pores forment chacun un tube distinct, étroitement côte à côte	Fistulin
1. Tige centrale et strate de spores facilement séparable du capuchon	Bolet
1. Strate de tubes ne se séparant pas facilement, capuchon recouvert d'écailles grossières	Strobilomyces
Strate de tubes se séparant, mais pas facilement ; tubes disposés en lignes distinctes et rayonnantes. À Boletin porosus les tubes ne se séparent pas du bouchon	Boletin
Strate de pores non séparable du capuchon ; plante molle lorsqu'elle est jeune, mais devenant dure, liégeuse, stipitée, en étagère	Polypore

Bolet. Aneth.

Boletus, une motte . Il existe de très nombreuses espèces dans ce genre et le débutant aura beaucoup de mal à séparer les espèces avec un certain degré d'assurance. Le Boletus se distingue des autres champignons poreux par le fait que la strate des tubes est facilement séparable du chapeau. Chez le Polyporus, la strate des tubes ne peut être séparée.

Presque tous les Boleti sont terrestres et possèdent des tiges centrales. Ils poussent par temps chaud et pluvieux. Beaucoup sont très grands et lourds ; charnu et putrescent, pourrissant peu après maturité. Il est important de noter si la chair change de couleur lorsqu'elle est meurtrie et si le goût est agréable ou non. Lorsque j'ai commencé à étudier les Boleti, il n'y avait que peu d'espèces considérées comme comestibles, mais l'interdiction a été levée pour un très grand nombre, même pour le plus méchant, Boletus Satanus .

Gale de bolets . Le P.

LE BOLETUS À TIGE DURE. COMESTIBLE.

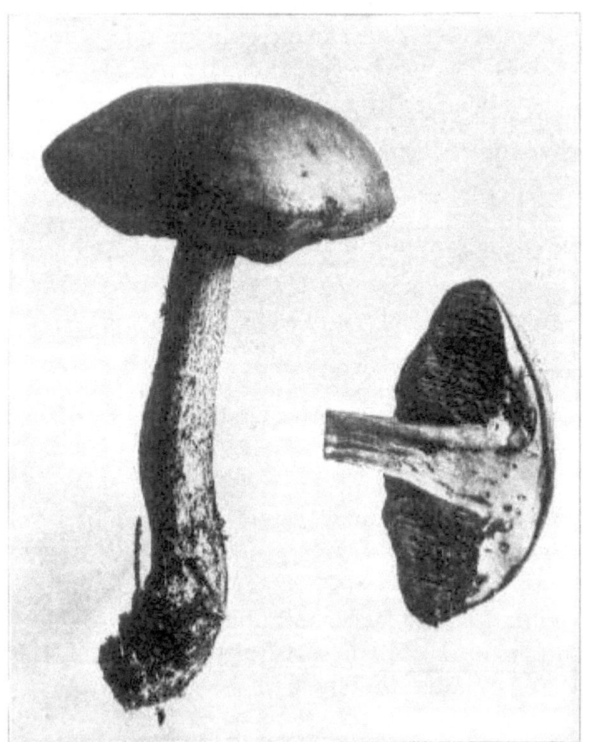

FIGURE 282. — Boletus scaber . Deux tiers grandeur nature.

Le chapeau a de deux à cinq pouces de diamètre, arrondi convexe, lisse, visqueux lorsqu'il est humide, finement laineux, velouté ou écailleux, de couleur presque blanche à presque noire, la chair blanche.

Les tubes sont libres de tige, blancs, longs, avec une bouche minuscule et ronde.

La tige est solide, légèrement effilée vers le haut, longue, d'un blanc terne ; rugueux avec des points ou des écailles brun noirâtre ou rougeâtres, ceci étant la caractéristique la plus prononcée permettant de distinguer l'espèce ; trois à cinq pouces de long. Les spores sont fusiformes oblongues et brunes.

Le professeur Peck a décrit un certain nombre de variétés de cette espèce, dont la plupart dépendent de la couleur du chapeau. Tous sont comestibles et bons.

C'est une plante commune, que l'on trouve habituellement dans les bois et les terrains vagues ombragés, de juin à octobre. Photographié par le professeur HC Beardslee.

Boletus granulé . L.

Les cèpes granulés. Comestible.

FIGURE 283. — Boletus granulatus . Une moitié grandeur nature.

Le chapeau est large de deux à trois pouces, hémisphérique, puis convexe ; d'abord recouvert d'un gluten brunâtre, puis virant au jaunâtre ; chair épaisse, jaunâtre, ne bleuit pas ; marge en développante au début.

Les tubes sont adnés ; d'abord blanc, puis jaune clair ; la marge distillant un fluide aqueux pâle qui, une fois sec, donne l'aspect granulé.

La tige est courte, d'un à deux pouces de haut, épaisse, solide, jaune pâle dessus, blanche dessous, granulée. Les spores sont fusiformes, jaune rouille.

Cette plante pousse abondamment dans les régions de pins, mais je l'ai trouvée là où seule une partie des arbres était constituée de pins. Le gluten brunâtre, toujours constant sur le chapeau, et le jus gommeux séchant sur la tige, comme des grains de sucre, seront des caractéristiques fortes permettant d'identifier l'espèce.

On les trouve de juillet à octobre.

Bolet bicolore. Pk.

LE BOLET BICOLORE. COMESTIBLE.

Le chapeau est convexe, lisse ou simplement duveteux, rouge foncé, s'estompant avec l'âge, souvent marqué de jaune ; chair jaune, virant lentement au bleu lorsqu'elle est meurtrie.

Les tubes sont jaune vif, attachés à la tige, la couleur virant au bleu lorsqu'on les froisse.

La tige est solide, rouge, généralement rouge au sommet, longue d'un à trois pouces.

Les spores sont de couleur brun rouille pâle.

Trouvé dans les bois et les lieux ouverts, de juillet à octobre.

Boletus sous-tomenteux . L.

LE BOLETUS CRAQUELÉ JAUNE. COMESTIBLE.

FIGURE 284. — Boletus sous-tomenteux . Une moitié grandeur nature.

Subtomentosus , légèrement duveteux. Le chapeau est de trois à six pouces de large, convexe et plan ; couleur brun jaunâtre, olive ou beige atténué; cuticule molle et sèche, à pubescence fine ; les fissures à la surface deviennent jaunes. La chair est blanc crème chez les spécimens matures, virant au bleu et enfin plombée lorsqu'elle est meurtrie.

La surface du tube est jaune ou vert jaunâtre, devenant bleuâtre lorsqu'elle est meurtrie ; ouverture des tubes large et anguleuse.

La tige est grosse, jaunâtre, finement rugueuse avec des points de scorbut ou légèrement rayée de brun. Les spores sont brun rouille.

Les fissures du capuchon deviennent jaunes, c'est pourquoi cette espèce est appelée Boletus à fissures jaunes. Le goût de la chair est doux et agréable. Palmer le compare au goût d'une noix. Il ne faut pas craindre la plante car sa chair devient bleue lorsqu'on la froisse. J'ai trouvé cette espèce pour la première fois dans les bois de Whinnery, à Salem, Ohio. Les spécimens de la figure 284 ont poussé près de Chillicothe et ont été photographiés par le Dr Kellerman. Juillet à août.

Boletus chrysenteron . Le P.

LE BOLET À CRAQUELURES ROUGES. COMESTIBLE.

FIGURE 285. — Boletus chrysenteron . Une moitié grandeur nature. Casquettes jaunâtres à rouges. Chair jaune.

Chrysenteron signifie or ou doré à l'intérieur. Le chapeau est large de deux à quatre pouces, convexe, devenant de plus en plus aplati, doux au toucher, variant du brun clair au brun jaunâtre ou rouge brique vif, plus ou moins fissuré de fissures rouges ; la chair est jaune, virant au bleu lorsqu'elle est meurtrie ou coupée, rouge immédiatement sous la cuticule.

La surface du tube est jaune olive, devenant bleuâtre lorsqu'elle est meurtrie, les ouvertures du tube sont plutôt grandes, inclinées et de taille inégale.

La tige est généralement grosse, droite, jaunâtre et plus ou moins striée ou tachetée de la couleur du chapeau. Les spores sont brun clair et fusiformes. Cette espèce se distinguera facilement du B. subtomentosus par sa couleur vive et les fissures du capuchon virant au rouge, d'où le nom de « Boletus craquelé rouge ».

Le chapeau de cette espèce ressemble fortement à Boletus alveolatus , mais ce dernier a des spores de couleur rose et une surface de pores rouge, tandis que le premier a des spores brun clair et une surface de pores jaune olive. Bois de Tolerton et Bower, Salem, Ohio, de juillet à octobre.

Boletus edulis. Taureau.

LES CÈPES COMESTIBLES.

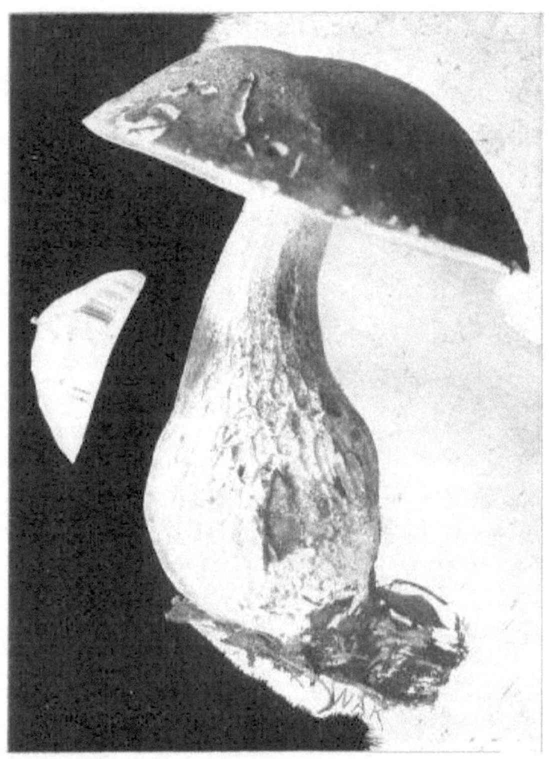

PLANCHE XLII. FIGURE 286.— BOLETUS EDULIS.
Chapeau brun clair, tubes jaunâtres ou jaune verdâtre. Tige bulbeuse et légèrement réticulée. Taille naturelle.

C'est une plante assez grande et belle et assez facile à reconnaître. Les chapeaux fermes de la jeune plante et les tubes blancs avec leurs bouches très indistinctes, et les plantes matures avec les tubes virant au jaune verdâtre avec leurs bouches bien distinctes, suffisent à identifier la plante d'un coup.

Le chapeau est convexe ou presque plan ; de couleur variable, brun clair à rouge brunâtre foncé, surface lisse mais terne, chapeau de trois à huit pouces de large. La chair est blanche ou jaunâtre et ne change pas de couleur lorsqu'elle est meurtrie ou cassée.

La surface du tube est blanchâtre chez les très jeunes plantes, devenant finalement jaune et vert jaunâtre. Ouvertures des pores inclinées. Les tubes déprimés autour de la tige, qui est grosse, bulbeuse, souvent allongée de manière disproportionnée ; brun pâle; droit ou flexueux, généralement avec un fin réseau surélevé de lignes roses près de la jonction du capuchon, s'étendant parfois jusqu'à la base. Le goût est agréable et noisette, surtout lorsqu'il est jeune. Bois et lieux ouverts. Juillet et Août. Commun à propos de Salem et Chillicothe, Ohio.

C'est l'un de nos meilleurs champignons. Le capitaine McIlvaine déclare : « Soigneusement tranché, séché et conservé à l'abri de la moisissure, il peut être préparé pour la table en toute saison. »

Boletus speciosus . Gel.

Le beau Boletus. Comestible.

CHIFFRE 287.— Boletus speciosus . Taille naturelle. Bonnet rouge ou écarlate foncé. Tubes jaune citron vif.

Speciosus signifie beau.

Le chapeau a trois à six pouces de large, d'abord très épais, subglobuleux , compact, puis plus mou, convexe, glabre ou presque, rouge ou écarlate foncé. La chair est jaune pâle ou jaune citron vif, virant au bleu là où elle est blessée.

Les tubes sont adnés, petits, sub-ronds, plans ou légèrement déprimés autour de la tige ; jaune citron vif, devenant jaune terne avec l'âge, virant au bleu là où il est meurtri.

La tige mesure de deux à quatre pouces de long, grosse, subégale ou bulbeuse, réticulée, jaune citron vif à l'extérieur et à l'intérieur, parfois rougeâtre à la base. Les spores sont oblongues-fusiformes, pâles, brun ocre, 10–12,5×4–5μ.

Le jeune spécimen peut être reconnu par la couleur jaune citron vif de la plante entière, à l'exception de la surface du chapeau. La plante devient rapidement verte, puis bleue partout où elle est touchée. Il a une large distribution dans les États de l'Est et du Moyen-Orient. La plante de la figure 287 a été trouvée à Haynes' Hollow par le Dr Chas. Miesse et photographié par le Dr Kellerman.

En tant que produit comestible, il fait partie des meilleurs. Trouvé d'août à octobre.

Boletus cyanescens . Taureau.

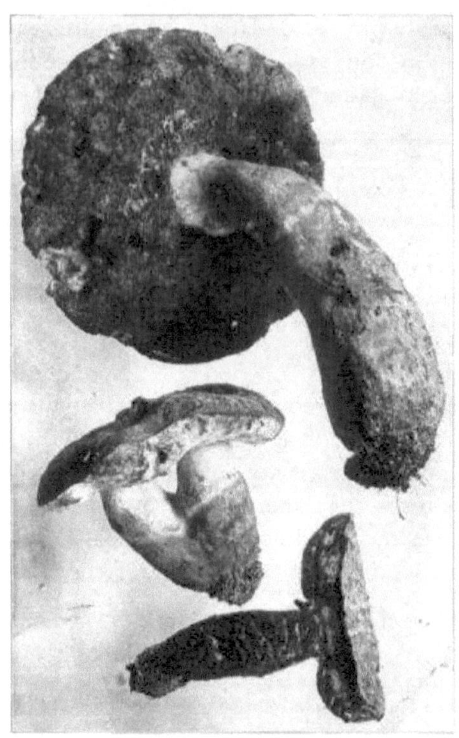

CHIFFRE 288.— Boletus cyanescens .

Cyanescens vient de *cyaneus* , bleu profond, ainsi appelé dès que vous le touchez, il devient d'un bleu profond.

Le chapeau a deux à quatre pouces de diamètre, convexe, puis élargi, parfois presque plan, fréquemment ondulé, recouvert d'un tomentum apprimé ; opaque, chamois pâle, jaune grisâtre ou jaunâtre, chair épaisse, blanche, changeant rapidement en un beau bleu azur là où elle est coupée ou blessée.

Les tubes sont assez libres, les ouvertures petites, blanches puis jaune pâle, rondes, changeant de couleur comme la chair.

La tige est longue de deux à trois pouces, ventrique, chenue, à poils fins, d'abord bourrée, puis creuse, colorée comme le chapeau.

Les spores sont subelliptiques , $10-12,5 \times 6-7,5\mu$.

Les spécimens de la figure 288 ont été trouvés sur des collines boisées plutôt abruptes, à Sugar Grove, Ohio. Ils étaient tous solitaires. J'ai trouvé quelques spécimens sur Chillicothe. Ils sont largement distribués dans les États de l'Est.

Le capitaine McIlvaine dit dans son livre que les casquettes constituent un excellent plat cuisiné de quelque manière que ce soit. Je ne les ai jamais essayés. Trouvé sur terrain vallonné en août et septembre.

Boletus indécis . Pk.

Les Bolets indécis. Comestible.

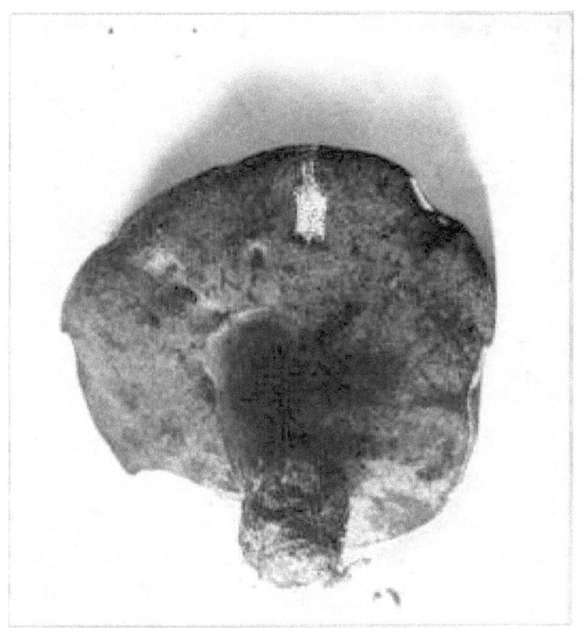

CHIFFRE 289.— Boletus indécis . Une moitié grandeur nature.

Indecisus signifie indécis ; ainsi appelé parce qu'il favorise de très près Boletus felleus . Il existe une différence dans le style des deux plantes grâce à laquelle, après une dégustation continue, l'étudiant peut facilement les séparer.

Le chapeau est large de trois à quatre pouces, sec, légèrement duveteux, convexe, brun ocre, plan, souvent irrégulier sur la marge, parfois ondulé, chair blanche et immuable, goût doux ou sucré.

La surface du tube est presque plane et fermement appuyée contre la tige, grisâtre, se teintant de couleur chair avec l'âge, virant au brun lorsqu'elle est meurtrie ; les bouches petites et presque rondes. La tige est recouverte d'une fine substance farineuse, droite ou flexueuse, parfois réticulée dessus. Les spores sont oblongues, de couleur chair brunâtre, 12,5–15×4µ.

Le B. indecisus se distingue facilement du B. felleus par son goût sucré et ses spores brunâtres. C'est mon préféré de tous les Boleti, en effet je pense qu'il égale le meilleur des champignons. Son habitat préféré se trouve sous les hêtres en plein air. Il est largement distribué du Massachusetts à l'ouest. Trouvé en juillet et août.

Boletus edulis. Taureau.— Var. clavipes . Pk.

CHIFFRE 290.— Boletus edulis, var. clavipes . Deux tiers grandeur nature. Notez les capuchons confluents à droite.

Clavipes signifie pied bot. Chapeau charnu, convexe, glabre, rouge grisâtre ou marron. Chair blanche, immuable. Les tubes d'abord concaves ou presque plans, blancs et bourrés, puis convexes, légèrement déprimés autour de la tige, jaune ocre. Tige principalement obclavée, en forme de massue inverse et réticulée à la base. Les spores sont oblongues-fusiformes, 12–15×4–5μ. *Picorer.* 51e Rép.

Le Boletus au pied bot est très étroitement apparenté à B. edulis. Il en diffère peut-être par une couleur plus uniforme du chapeau et par des tubes moins déprimés autour de la tige et moins teintés de vert à maturité. La tige est plus en forme de massue et plus complètement réticulée.

Le chapeau de la jeune plante est beaucoup plus coloré et s'estompe avec l'âge, mais la marge ne devient pas plus pâle que le disque comme c'est souvent le cas chez B. edulis. Les spécimens de la figure 290 ont été trouvés dans le Michigan et photographiés par le Dr Fischer. Ils sont tout aussi bons que B. edulis.

Boletus Sullivantii . B. et M.

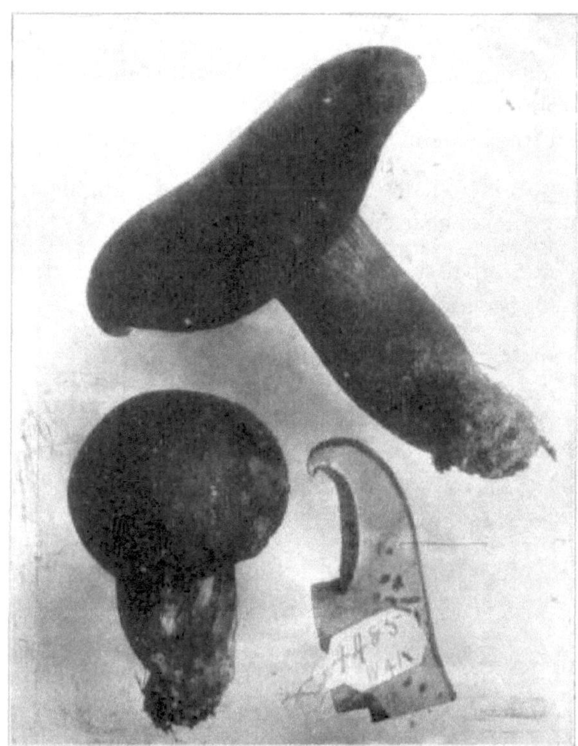

CHIFFRE 291.— Boletus sullivantii .

Sullivantii est nommé en l'honneur du professeur Sullivant, l'un des premiers botanistes de l'Ohio.

Le chapeau a une largeur de trois à quatre pouces, hémisphérique au début, glabre, fauve rougeâtre ou brun, brunâtre une fois sec, craquelé en carrés.

Les tubes sont libres, convexes, de taille moyenne, anguleux, plus longs vers le bord, leur bouche est rougeâtre.

La tige est solide, violacée à la base épaissie, rouge-réticulée à l'apex, élargie en chapeau.

Les spores sont pâles à ochracées, oblongues-fusiformes, longues de 10 à 20μ. Boleti *de Peck* aux États-Unis

Cette espèce est très proche de Boletus scaber et Boletus edulis. Il diffère de B. scaber par sa tige réticulée et de B. edulis par ses tubes plus gros. Les spécimens de la figure 291 ont été trouvés par Hambleton Young près de Columbus et photographiés par le Dr Kellerman.

Boletus parvus . Pk.

Parvus signifie petit ; ainsi nommé en raison de la petitesse de la plante.

Le chapeau est large d'un à deux pouces, convexe, devenant plan, souvent légèrement umboné, subtomenteux , rougeâtre. Chair blanc jaunâtre, devenant lentement rosée au froissement.

Les tubes sont presque plats, adnés, leur bouche assez grande, anguleuse, d'abord rouge vif, devenant brun rougeâtre.

La tige est égale ou légèrement épaissie en dessous, rouge, de un à deux pouces de long. Les spores sont oblongues, 12,5×4μ.

On les trouve dans les bois clairs, en juillet et août.

Boletus eximius . Pk.

CHIFFRE 292.— Boletus eximius . Deux tiers grandeur nature.

Eximius signifie sélectionner.

Le chapeau est d'abord très compact, presque rond, quelque peu recouvert d'une substance farineuse, de couleur brun violacé ou chocolat, parfois avec une légère teinte lilas, devenant convexe, mou, rouge fumé ou châtain pâle, chair grisâtre ou blanc rougeâtre.

La surface du tube est d'abord concave ou presque plane, bourrée, colorée presque comme le chapeau, devenant plus pâle avec l'âge et déprimée autour de la tige, les embouchures minuscules et rondes.

La tige est robuste, généralement courte, égale ou effilée vers le haut, brusquement rétrécie à la base, finement branny, colorée comme ou un peu plus pâle que le chapeau, gris violacé à l'intérieur.

Les spores sont subferrugineuses , 12,5–15×5–6μ. Cette plante se trouve dans les bois ouverts où se trouvent des hêtres. Je l'ai trouvé fréquemment sur Cemetery Hill, Chillicothe. Il est largement distribué, se trouvant d'est en ouest. Juillet et Août.

Boletus pallidus. Gel.

LE BOLET PÂLE. COMESTIBLE.

Pallidus, pâle. Le chapeau est convexe, devenant plan ou centralement déprimé, mou, lisse, pâle ou blanc brunâtre, parfois teinté de rouge. La chair est blanche. Tubes plans ou légèrement déprimés autour de la tige, presque adnés, jaune très pâle ou blanchâtre, devenant plus foncés avec l'âge, virant au bleu là où ils sont blessés, les bouches petites. La tige est égale ou légèrement épaissie vers la base, plutôt longue, lisse, souvent flexueuse ; blanchâtre, parfois strié de brun, souvent teinté de rouge à l'intérieur. Spores brun ocre pâle. Chapeau de deux à quatre pouces de large. Tige de trois à cinq pouces de long. *Peck* , Boleti des États-Unis

Cette espèce est très bonne, tendre et appétissante. Je l'ai trouvé assez abondant dans les bois du comté de Gallia et près de Chillicothe, Ohio.

Cèpes alvéolés . B. et C.

LES BOLETS ALVÉOLÉS.

CHIFFRE 293.— Boletus alveolatus .

Alveolatus vient de *alvéole* , un petit creux, faisant référence à la forme piquée de la surface des pores, qui est l'un des caractères de cette espèce. Le chapeau est convexe, lisse, poli, généralement pourpre ou marron riche, parfois varié avec des teintes jaunâtres plus pâles ; substance solide, virant au bleu lorsqu'elle est fracturée ou meurtrie, large de trois à six pouces.

La surface du tube atteint la tige proprement dite, ondulée avec des creux inégaux, marron, les tubes en section étant jaunes au-delà de leur embouchure rouge foncé.

La tige est généralement assez longue, couverte de dépressions ou de dentures piquées, avec un réseau intermédiaire grossier de crêtes surélevées, rouges et jaunes. Les spores sont brun jaunâtre. J'ai trouvé cette espèce dans les bois près de Gallipolis, Ohio, également près de Salem, Ohio. La couleur vive de son capuchon attirera l'attention de quiconque passe à proximité. Il a été qualifié de réprouvé, mais le capitaine McIlvaine lui donne une bonne réputation. On le trouve dans les bois, surtout le long des ruisseaux, en août et septembre. Photographié par le professeur HC Beardslee.

Boletus felleus . Taureau.

LES BOLETS AMERS.

Photo du professeur Atkinson.

CHIFFRE 294.— Boletus felleus . Taille naturelle.

Felleus vient de *fel*, fiel, amer. Le chapeau est convexe, presque plan, d'abord de substance plutôt ferme, puis devenant mou et coussiné, lisse, sans vernis, variant en couleur de l'ocre pâle au jaunâtre ou brun rougeâtre ou châtain, chair blanche, se changeant en chair- couleur lorsqu'elle est meurtrie, goût extrêmement amer, chapeau de trois à huit pouces de diamètre.

La surface du tube est blanche au début, devenant rosâtre terne avec l'âge ou lorsqu'elle est coupée ou cassée ; arrondi vers le haut lorsqu'il atteint la tige, attaché à la tige, bouche anguleuse.

La tige est variable, effilée vers le haut, plutôt grosse, tout aussi lisse que le chapeau et de couleur plus pâle, vers l'apex recouverte d'un réseau qui s'étend jusqu'à la base, souvent bulbeux.

La chair n'est pas toxique mais intensément amère. Aucune cuisson ne détruira son amertume. Je l'ai essayé minutieusement, mais il était aussi amer après la cuisson qu'avant. C'est un bolet commun à Salem, Ohio. J'y ai vu des plantes de huit à dix pouces de diamètre et très lourdes. Ils poussent dans les bois et les lisières des bois, généralement sur des souches et des bûches en décomposition, parfois en plein champ. Juillet à septembre.

Boletus versipellis . Le P.

LE BOLETUS À CAP ORANGE. COMESTIBLE.

CHIFFRE 295.— Boletus versipellis . Taille naturelle.

Versipellis vient de *verto* , changer, et *pellis* , une peau. Le chapeau a de deux à six pouces de diamètre, convexe, rouge orangé, sec, finement laineux ou duveteux, puis écailleux ou lisse, bord contenant des fragments du voile, chair blanche ou grisâtre.

La surface du tube est blanc grisâtre, les tubes sont longs, libres, les bouches minuscules et grises.

La tige est égale ou effilée vers le haut ; solide, blanc avec des rides squameuses ; trois à cinq pouces de long; et est fréquemment couvert de petits points ou écailles rougeâtres ou noirâtres. Les spores sont oblongues et fusiformes.

Cette plante se distingue facilement par le reste du voile qui adhère au bord du chapeau et est de la même couleur. Il est fréquemment retourné sous le bord adhérant aux tubes. C'est une plante grande et imposante que l'on trouve dans les sols sableux et surtout parmi les pins. Je l'ai trouvé dans les bois de J. Thwing Brooke, à Salem, Ohio. Août à octobre.

Boletus gracilis . Pk.

FIGURE 296. — Boletus gracilis . Deux tiers grandeur nature.

Gracilis signifie mince, en référence à la tige.

Le chapeau est large d'un à deux pouces, convexe, lisse ou finement tomenteux, l'épiderme est fréquemment craquelé comme dans l'illustration ; brun ocre, fauve ou brun rougeâtre; chair blanche.

La surface du tube est convexe à plane, déprimée autour de la tige, presque libre, blanchâtre, devenant couleur chair.

La tige est longue et mince, égale ou légèrement effilée vers le haut, généralement courbée ; pruineuse ou farineuse. Les spores sont subferrugineuses , de 0,0005 à 0,0007 pouce de long et de 0,0002 à 0,00025 pouce de large.

C'est une assez jolie plante, mais à première vue on ne la prendra pas pour un Boletus. Ils ne sont pas abondants dans nos bois. Je n'en trouve qu'occasionnellement, puis peu. On les trouve en juillet et août, les mois des Boleti. Ils poussent dans la moisissure des feuilles dans les bois mixtes, en particulier parmi les bois de hêtre.

Boletus striépes . Secr .

Striæpes signifie tige striée.

Le chapeau est convexe ou plan, doux, soyeux, olivâtre, la cuticule de couleur rouille à l'intérieur, chair blanche, jaune près des tubes, virant avec parcimonie au bleu.

Les tubes sont adnés, verdâtres, leur bouche minuscule, anguleuse, jaune.

La tige est ferme, courbée, marquée de stries noir brunâtre, jaunes et roux brunâtre à la base.

Les spores mesurent 10–13×4μ. *Peck*, Boleti des États-Unis

J'ai trouvé de beaux spécimens dans une forêt mixte sur le flanc de la colline d'Edinger, près de Chillicothe. Je les ai repérés ici, mais constatant que cette espèce n'était pas commune, j'en ai envoyé au professeur Atkinson, qui les a placés sous cette espèce. Août.

Boletus radicans. Pers.

Le chapeau est convexe, sec, subtomenteux , olivacé-cinereus, devenant jaunâtre pâle, le bord fin, involuté. Chair jaune pâle, goût amer.

Les tubes sont adnés, leurs bouches grandes, inégales ; jaune citron.

La tige mesure deux à trois pouces de long, uniforme, effilée vers le bas et radieuse, floculeuse avec une floraison rougeâtre, jaune pâle, devenant nue et sombre au toucher.

Les spores sont fusiformes, olive, 10–12,5×5μ. *Peck*, Boleti des États-Unis

J'ai trouvé ces spécimens dans la même localité que le B. striæpes .

La calotte olivacée avec sa marge involutée particulière et sa tige rayonnante facilitera grandement sa détermination. Août.

Boletus subluteus . Pk.

LE BOLET JAUNE. COMESTIBLE.

FIGURE 297. — Boletus subluteus . Taille naturelle.

Subluteus vient de *sub* , under, presque ; *jaune* , jaune.

Le chapeau est large de deux à trois pouces, convexe, devenant plan, assez visqueux lorsqu'il est humide, jaunâtre terne à brun rougeâtre, fréquemment plus ou moins strié. La chair est blanchâtre ou jaune terne.

La surface du tube est plane ou convexe, les tubes placés carrément contre la tige, étant petits, presque ronds, jaunâtres ou ochracés, devenant plus foncés avec l'âge.

La tige est plutôt longue, presque égale, à peu près de la couleur du chapeau, parsemée à la fois au-dessus et au-dessous de l'anneau ; l'anneau est membraneux , assez variable et persistant, s'effondrant généralement sous la forme d'un anneau étroit sur la tige. Les spores sont brun ocre, oblongues ou elliptiques, 8–10×4–5.

Le professeur Atkinson a fait une étude minutieuse des plantes américaines et européennes appelées dans ce pays B. luteus et B. subluteus et est arrivé à la conclusion qu'elles devraient toutes être appelées B. luteus. Pour distinguer les deux, nous disons généralement que ceux qui contiennent beaucoup de gluten et qui sont pointillés au-dessus de l'anneau sont B. luteus, et ceux qui ont des points au-dessus et au-dessous de l'anneau sont B. subluteus . Les spécimens de la figure 297 ont été collectés à la State Farm de Lancaster, Ohio, et photographiés par le Dr Kellerman. On les trouve en juillet et août.

Boletus parasiticus . Taureau.

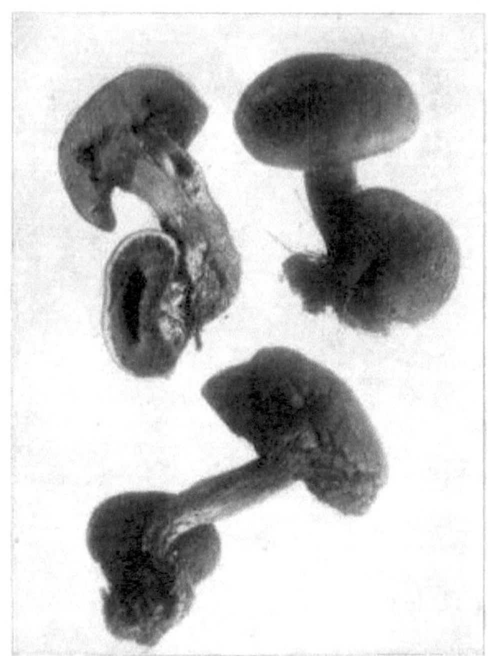

FIGURE 298. — Boletus parasiticus .

Parasiticus signifie un parasite ; ainsi appelé parce qu'il pousse sur une sclérodermie. C'est une petite plante et assez rare.

Le chapeau est large d'un à deux pouces, convexe ou presque plan, sec, soyeux, devenant glabre, bientôt fissuré en mosaïque , grisâtre ou jaune terne. Tubes décurrents, de calibre moyen, jaune doré.

La tige est égale, rigide, recourbée, jaune à l'intérieur et à l'extérieur. Les spores sont oblongues-fusiformes, brun pâle, 12,5–15×4μ. *Picorer.*

Les tubes sont plutôt grands et inégaux, et inclinés vers le bas sur la tige.

Cette plante a été trouvée près de Boston, Massachusetts, par Mme EB Blackford et photographiée par le Dr Kellerman. Le capitaine McIlvaine dit que c'est comestible mais pas de bonne saveur. On le trouve en juillet et août.

Boletus séparans . Pk.

LE BOLET SÉPARATEUR. COMESTIBLE.

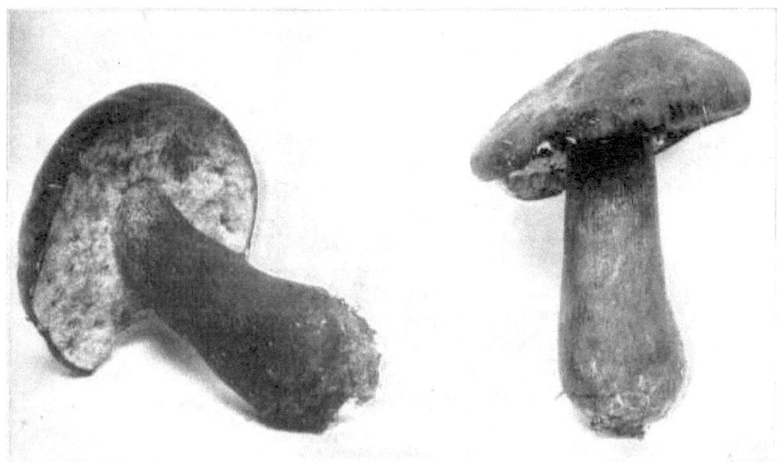

FIGURE 299. — Boletus separans . Une moitié grandeur nature.

Separans , séparant, faisant allusion aux tubes se séparant parfois de la tige par l'expansion du chapeau.

Le chapeau est convexe, épais, lisse, subbrillant , souvent piqué ou ondulé ; rouge brunâtre ou lilas terne, devenant parfois jaunâtre sur la marge ; chair blanche et immuable.

Les tubes sont d'abord presque plans, adnés, blancs et bourrés, puis convexes, déprimés autour de la tige, jaune ocre ou jaune brunâtre et se séparant parfois de la tige par l'expansion du chapeau.

La tige est égale ou légèrement effilée vers le haut ; réticulé, soit entièrement, soit dans la partie supérieure seulement ; coloré comme le chapeau ou un peu plus pâle, parfois légèrement furfureux. Spores subfusiformes , brunâtres-ochracées. *Peck* , Boleti des États-Unis

Les spécimens de la figure 299 ont été trouvés à Londonderry, à environ quinze milles à l'est de Chillicothe, dans un bois herbeux près d'un ruisseau. Le goût est agréable à l'état cru et assez bon à l'état cuit. Cela aurait pu être appelé à juste titre le Boletus lilas, car cette nuance de couleur y est généralement présente, quelque part. Août à octobre.

Cèpes auripes . Pk.

BOLET À TIGE JAUNE. COMESTIBLE.

FIGURE 300. — Boletus auripes . Une moitié grandeur nature. Casquettes brun jaunâtre. Surface du tube et tige jaunes.

Auripes vient de *aureus* , jaune ou doré ; *pes* , pied; ainsi appelé à cause de sa tige jaune.

Le chapeau est large de trois à quatre pouces, convexe, presque lisse, brun jaunâtre, la chair se fissure souvent dans les zones des vieilles plantes ; chair jaune au début, devenant plus claire avec l'âge.

Les tubes sont presque plats, leur embouchure petite, presque ronde, d'abord bourrée, jaune.

La tige mesure de deux à quatre pouces de long, presque égale, souvent réticulée, solide, d'un jaune vif à la surface et d'un jaune clair à l'intérieur. Les spores sont brun ocre, teintées de vert, 12×5μ.

La plante entière, à l'exception de la surface supérieure du chapeau, est jaune d'or, et même la surface du chapeau est plus ou moins jaune. Il favorise une forme de B. edulis. On le trouve parfois dans les bois mixtes, surtout s'il y a des lauriers de montagne dans les bois (*Kalmia latifolia*). On le trouve en juillet et août.

Boletus retipes . B. et C.

LE BOLET À BELLES TIGES. COMESTIBLE.

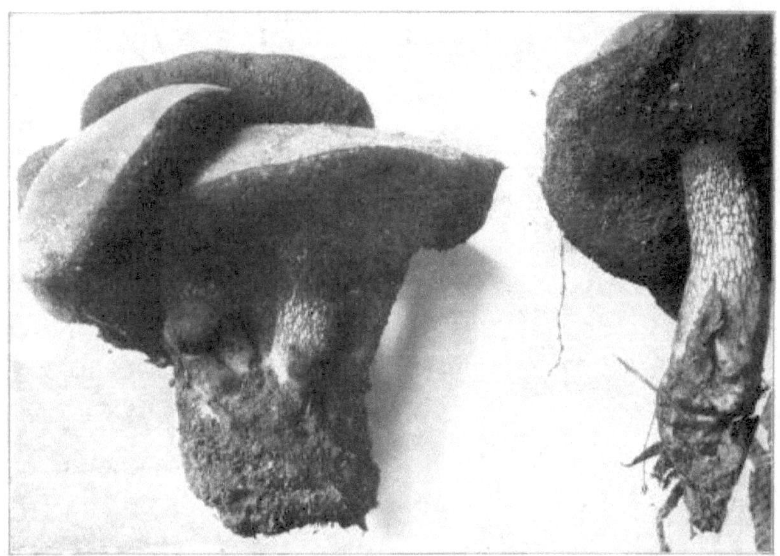

Retipes vient de *rete* , un filet ; *pes* , un pied; ainsi appelé du délicat réseau visible sur la tige.

Le chapeau est convexe, sec, poudré de jaune, parfois ondulé ou craquelé par endroits. Les tubes sont adnés, jaunes.

La tige est subégale, cespiteuse, réticulée à la base, pulvérulente en dessous. Les spores sont ocre verdâtre, 12–15×4–5µ. *Peck* , Boleti.

B. retipes est très proche de B. ornatipes , mais son mode de croissance, son chapeau pulvérulent et ses spores verdâtres-ochracées le distingueront immédiatement. Je les ai trouvés sur Ralston's Run, un certain nombre du même amas mycélien, comme dans la figure 301. Seuls les capuchons sont bons. Les spécimens de la figure ont été trouvés près d'Ashville, en Caroline du Nord, et photographiés par le professeur HC Beardslee.

Boletus griseus. Gel.

LE BOLET GRIS.

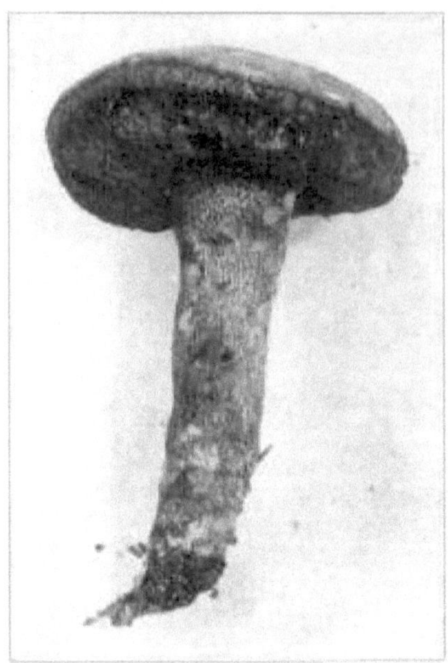

FIGURE 302. — Boletus griseus. Deux tiers grandeur nature.

Griseus signifie gris. Le chapeau est largement convexe, ferme, sec, presque lisse, gris ou noir grisâtre. La chair est blanchâtre ou grise.

Les tubes sont attachés à la tige et légèrement déprimés autour de la tige, presque plats, leur embouchure étant petite, presque ronde, blanche ou blanchâtre.

La tige est légèrement inégale, effilée vers le bas, nettement réticulée, blanchâtre ou jaunâtre, parfois rougeâtre vers la base. Les spores sont brun ocre, 10–14×4–5μ. *Picorer.*

Cette plante, chez nous, pousse seule et on la trouve rarement. Je l'ai toujours trouvé dans les bois de hêtres le long de Ralston's Run. On le trouve en août et septembre.

Boletus nigrellus . Pk.

LE BOLET NOIRÂTRE. COMESTIBLE.

FIGURE 303. — Boletus nigrellus . Deux tiers grandeur nature.

Nigrellus est un diminutif de *niger*, noir. La plante entière est noirâtre sauf la surface des pores.

Le chapeau est large de trois à six pouces, plutôt largement convexe ou presque plan, sec, noirâtre. La chair est douce et immuable.

La surface du tube est plutôt plane, adhérant à la tige, parfois légèrement déprimée autour de la tige, les embouchures étant petites, presque rondes ; blanchâtre, devenant couleur chair, virant au noir ou au brun lorsqu'il est blessé.

La tige est égale, courte, régulière, noire ou noirâtre. Les spores sont de couleur chair terne, 10–12×5–6 μ.

Lorsque j'ai trouvé ce spécimen pour la première fois , j'étais enclin à l'appeler B. alboater , mais ses tubes de couleur chair servaient à le distinguer. J'ai trouvé les spécimens de la figure 303 sur Edinger's Hill, près de Chillicothe. Le goût est doux et assez bon. Août et septembre.

Boletus Americanus. Pk.

FIGURE 304. - Boletus Americanus. Une moitié grandeur nature.

Cette espèce attirera l'attention du collectionneur en raison de son chapeau très visqueux. J'ai trouvé les spécimens de la figure 304 poussant sur Cemetery Hill, près de Chillicothe, en compagnie de Lactarius délicieux . Ils poussaient à proximité et sous les pins, à la fois en groupes denses et séparément. Les chapeaux étaient très visqueux, jaunes avec une légère teinte rouge. La tige est couverte de nombreux points brun rougeâtre.

Le chapeau est large et mince de un à trois pouces; d'abord plutôt globuleux, convexe, puis élargi, parfois largement umboné ; très visqueux lorsqu'il est humide, surtout sur la marge ; jaune ou devenant terne ou strié de rouge avec l'âge.

La surface du tube est presque plane et les tubes se rejoignent carrément contre la tige ; assez grande, anguleuse, jaune pâle, devenant ocre terne.

La tige est fine, égale ou effilée vers le haut, ferme, sans trace d'anneau ; jaune, souvent brunâtre vers la base, couverte de nombreux points granuleux bruns ou brun rougeâtre assez persistants ; jaune à l'intérieur. Les spores sont oblongues, ochracées-ferrugineuses, $9–11\times4–5\mu$.

Le voile n'est observé que chez les très jeunes spécimens. Seules les capsules sont bonnes à manger. Les spécimens ont été photographiés pour moi par le Dr Kellerman.

Boletus Morgani . Pk.

LES BOLETS DE MORGAN. COMESTIBLE.

FIGURE 305. — Boletus Morgani . Une moitié grandeur nature.

Morgani est nommé en l'honneur du professeur Morgan.

Le chapeau est large d'un pouce et demi à deux pouces, convexe, mou, glabre, visqueux ; rouge, jaune ou rouge passant au jaune sur la marge ; chair blanche, teintée de rouge et de jaune, immuable.

La surface du tube est convexe, déprimée autour de la tige, tubes assez longs et gros, jaune vif, devenant jaune verdâtre.

La tige est allongée, effilée vers le haut, piquetée de dépressions longues et étroites, jaune, rouge dans les dépressions, colorée à l'intérieur comme la chair du chapeau. Les spores sont brun olive, 18–22µ, environ deux fois moins larges. *Picorer.*

Cette plante se trouve en compagnie de B. Russelli , à laquelle elle ressemble beaucoup. Son chapeau lisse et visqueux et sa chair blanche le distingueront. Sa tige est beaucoup plus rugueuse par temps humide que par temps sec. La couleur particulière de la tige permettra d'identifier l'espèce. Je l'ai trouvé fréquemment sur Ralston's Run, près de Chillicothe. On le trouve dans de nombreux États de l'Union. Juillet et Août.

Boletus Russelli . Gel.

BOLET DE RUSSELL. COMESTIBLE.

FIGURE 306. - Boletus Russelli . Une moitié grandeur nature.

La calotte est épaisse, hémisphérique ou convexe, sèche, couverte d'écailles duveteuses ou de touffes de poils roux, jaunâtre sous le tomentum, souvent craquelée par zones. La chair est jaune et immuable.

Les tubes sont subadnés , souvent déprimés autour de la tige, plutôt gros, jaune terne ou vert jaunâtre.

La tige est très longue, égale ou effilée vers le haut, rugueuse par les bords lacérés des dépressions réticulaires, rouges ou rouge brunâtre. Les spores sont brun olive, 18–22×8–10 µ.

Le chapeau mesure un pouce et demi à quatre pouces de largeur, la tige mesure trois à sept pouces de longueur et trois à six lignes d'épaisseur. Elle se distingue des autres espèces par le chapeau squamuleux sec et la couleur de la tige. Cette dernière est parfois courbée à la base. *Picorer.*

J'ai fréquemment trouvé cette espèce dans les bois et les lieux ouverts autour de Chillicothe. C'est l'un des Boleti les plus faciles à déterminer. Les plantes ici ont un chapeau rouge brunâtre vif, avec une couleur plus claire sur la tige ; ce dernier assez rugueux et effilé vers le capuchon. Ils sont généralement solitaires. Les plantes de la figure 306 ont été récoltées au Michigan et photographiées par le Dr Fischer.

Cèpes vermiculosus . Pk.

FIGURE 307. - Boletus vermiculosus . Une moitié grandeur nature.

Vermiculosus signifie plein de petits vers. Le chapeau est largement convexe, épais, ferme, sec ; lisse ou très finement tomenteuse ; brun, brun jaunâtre ou brun grisâtre, parfois teinté de rouge. La chair est blanche ou blanchâtre, virant rapidement au bleu là où elle est blessée. Les tubes sont plans ou légèrement convexes, presque libres, jaunes ; leur bouche est petite, ronde, brun-orange, devenant plus foncée ou noirâtre avec l'âge, virant rapidement au bleu là où elles sont blessées.

La tige est presque égale, ferme, uniforme, plus pâle que le chapeau. Les spores sont brun ocre, 10–12×4–5μ. *Picorer.*

La plante représentée à la figure 307 poussait sous les hêtres de Cemetery Hill. Je le trouve fréquemment dans les bois, de juillet à septembre.

Boletus Frostii . Russell.

FIGURE 308. - Boletus Frostii . Coiffes rouge sang et brillantes. Taille naturelle.

Frostii est nommé en l'honneur de M. Frost, un mycologue réputé.

Le chapeau a une largeur de trois à quatre pouces ; convexe, poli, brillant, rouge sang ; la marge est fine, la chair virant à peine au bleu.

Les tubes sont presque libres, jaune verdâtre, devenant brun jaunâtre avec l'âge, leur bouche rouge sang ou rouge cinabre.

La tige mesure de deux à quatre pouces de long, trois à six lignes d'épaisseur, égale ou effilée vers le haut, nettement réticulée, ferme, rouge sang. Les spores mesurent 12,5–15×5µ. *Peck* , Boleti des États-Unis

C'est une belle plante. Il n'est pas abondant, mais on le trouve fréquemment sur certains de nos coteaux. Les plantes de la figure 308 ont été trouvées à Hayne's Hollow, près de Chillicothe, et photographiées par le Dr Kellerman. La plante se trouve en Nouvelle-Angleterre et dans le Moyen-Ouest. J'ai reçu de belles plantes du Vermont. Ce n'est pas comestible, à ma connaissance. Trouvé en août et septembre.

Boletus luridus . Schaeff .

LE BOLETUS SINISTRE.

FIGURE 309. — Boletus luridus . Une moitié grandeur nature.

Luridus signifie jaune pâle, jaunâtre. Le chapeau est convexe, tomenteux, brun-olivacé, puis un peu visqueux, fuligineux. La chair est jaune, virant au bleu lorsqu'elle est blessée. Tubes libres, jaunes, devenant verdâtres, leurs bouches rondes, vermillon, devenant orange. La tige est grosse, vermillon, un peu orangée au sommet, réticulée ou ponctuée. Les spores sont gris verdâtre, 15×9μ.

Le sinistre Boletus, bien qu'agréable au goût, est réputé très toxique. Boletus rubeolarius , Pers., ayant une tige courte, bulbeuse et à peine réticulée, est considéré comme une variété de cette espèce. Le Boletus à tige rouge, B. erythropus , Pers., est également indiqué par Fries comme une variété de luridus . On le voit à droite sur la figure 309. Il est plus petit que B. luridus , possède un chapeau brun ou brun rougeâtre et une tige cylindrique élancée, non réticulée mais parsemée de squamules . *Peck* , Boleti des USA La plante est assez abondante dans nos bois. Trouvé en juillet et août.

Bolet castaneus . Taureau.

LE BOLETUS CHÂTAIGNIER. COMESTIBLE.

FIGURE 310. - Boletus castaneus . Une moitié grandeur nature.

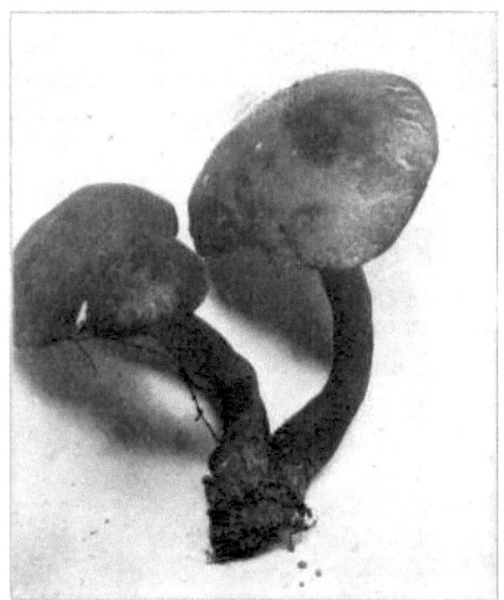

FIGURE 311. - Boletus castaneus .

Castaneus , relatif à une châtaigne. Le chapeau est sec, convexe, puis dilaté, finement velouté ; cannelle ou brun rougeâtre, d'un à trois pouces de diamètre ; la chair est blanche, ne change pas lorsqu'elle est meurtrie, le capuchon est fréquemment tourné vers le haut.

La surface du tube est blanche, devenant jaune, les tubes sont petits et courts, libres de tige.

La tige est égale ou effilée vers le haut, colorée et vêtue comme le chapeau, courte et pas toujours droite ; lorsqu'il est jeune, il est spongieux au centre mais devient creux avec l'âge. Les spores sont jaune pâle, ovales ou largement elliptiques, ce qui permet de distinguer l'espèce.

J'ai trouvé un certain nombre de spécimens dans les bois de James Dunlap, près de Chillicothe, Ohio. Une grande majorité semblait attaquée par le champignon parasite Sepedonium chrysosperme .

Les capsules sont très bonnes à manger. Il faut veiller à n'utiliser que de jeunes spécimens. Trouvé dans les bois ouverts de juin à septembre.

Boletus satanus . Lenz.

BOLET SATANIQUE.

Chapeau convexe, lisse, quelque peu gluant, jaune brunâtre ou blanchâtre ; chair blanchâtre, devenant rougeâtre ou violacée là où elle est blessée. Tubes libres, jaunes, bouche rouge vif, devenant orange avec l'âge. La tige épaisse, ovale-ventriceuse, marquée au dessus de réticulations rouges. *Peck* , Boleti des États-Unis

Hamilton Gibson et le capitaine McIlvaine semblent donner une bonne réputation à sa majesté satanique, mais je dirais « Soyez prudent ». Son apparence m'a toujours dissuadé. Trouvé dans les bois de juin à septembre.

Strobilomyces . Beurk.

Strobilomyces vient de deux mots grecs signifiant pomme de pin et champignon. L'hyménophore est pair, les tubes ne s'en séparent pas facilement, grands et égaux. Il est de couleur gris brunâtre, sa surface hirsute plus ou moins parsemée de pointes laineuses brun foncé ou noires, chacune au centre d'un segment en forme d'écaille. Les tubes situés en dessous sont d'abord recouverts d'un voile qui se brise et se retrouve souvent sur le bord du bouchon. C'est une plante qui attirera rapidement l'attention.

Strobilomyces strobilacé . Beurk.

LE BOLET EN FORME DE CÔNE. COMESTIBLE.

FIGURE 312. — Strobilomyces strobilacé . Deux tiers grandeur nature.

Strobilaceus , en forme de cône. Ceci est particulièrement souligné par le fait que le genre et l'espèce sont nommés d'après la ressemblance imaginaire du chapeau avec une pomme de pin. On le reconnaît toujours facilement en raison de ce caractère de la casquette.

Le chapeau est convexe, rugueux avec des écailles d'ombre foncée dessinées en pointes régulières en forme de cône à pointe brun foncé ; marge voilée, chair blanc grisâtre, devenant rouge au froissement, et enfin noire.

Surface des pores blanc grisâtre chez les jeunes spécimens, généralement recouverte du voile ; tubes attachés à la tige, anguleux, devenant rouges lorsqu'on les meurtrit.

La tige est égale ou effilée vers le haut, sillonnée au sommet, recouverte d'un duvet laineux. Spores brun foncé, 12–13×9μ. Trouvé à Londonderry. Commun dans les bois. Août à septembre.

Boletin . Kalchb .

Boletinus est un diminutif de Boletus.

Hyménium composé de larges lamelles rayonnantes , reliées par des branches ou cloisons anastomosées très nombreuses et étroites, formant de larges pores anguleux. Tubes quelque peu tenaces, difficilement séparables de l'hyménophore et entre eux, adnés ou subdécurrents , jaunâtres. *Picorer.*

Boletinus pictus. Pk.

BOLETINUS PEINT . COMESTIBLE.

FIGURE 313. — Boletinus pictus.

Pictus, peint. Cette plante semble se plaire dans les pinèdes humides, mais je ne l'ai trouvée qu'occasionnellement autour de Chillicothe, sous les hêtres. On le reconnaît facilement au tomentum fibrilleux rouge qui recouvre toute la plante lorsqu'elle est jeune. Au fur et à mesure que la plante se développe, le tomentum rougeâtre se brise en écailles de la même couleur, révélant la couleur jaunâtre du chapeau situé en dessous. La chair est compacte, jaune, prenant souvent une teinte rosâtre ou rougeâtre terne là où elle est blessée.

La surface du tube est d'abord jaune pâle, mais devient plus foncée avec l'âge, devenant souvent rosâtre, avec une teinte brune aux endroits meurtris.

La tige est solide, égale et recouverte d'une couche cotonneuse de fils de mycélium comme le chapeau, bien que souvent plus pâle. Les spores sont ocres, 15–18×6–8μ. Les plantes mesurent deux à quatre pouces de largeur et un pouce et demi à trois pouces de hauteur. Trouvé de juillet à octobre.

Boletin cavernes . Kalchb .

BOLETINUS À TIGE CREUSE . COMESTIBLE.

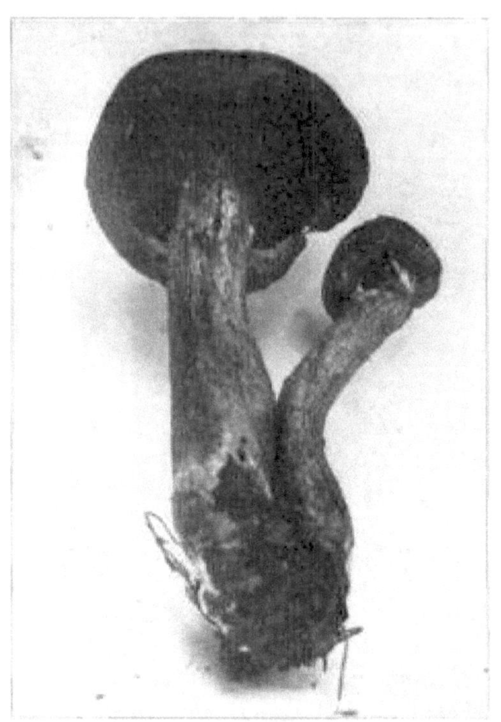

FIGURE 314. — Boletinus cavernes .

Cavipes vient de deux mots latins signifiant tige creuse.

Le chapeau est largement convexe, plutôt coriace, flexible, mou, subumboné , fibrillosécailleux, brun fauve, parfois teinté de rougeâtre ou violacé, la chair jaunâtre. Les tubes sont légèrement décurrents, d'abord jaune pâle, puis plus foncés et teintés de vert, devenant ternes-ocre avec l'âge. La tige est égale ou légèrement effilée vers le haut, quelque peu fibrilleuse ou floconneuse, légèrement annelée, creuse, brun fauve ou brun jaunâtre, jaunâtre au sommet et marquée par les disépiments décurrents des tubes, blancs à l'intérieur. Voile blanchâtre, adhérant en partie au bord du chapeau, disparaissant bientôt. Les spores mesurent 8 à 10 × 4 μ. *Peck* , en Boleti des États-Unis

Cette plante pousse dans les États de New York et de la Nouvelle-Angleterre, sous les pins et les mélèzes laricins. Les calottes sont convexes, recouvertes d'un tomentum fibrilleux brun fauve. Les tiges de celles que j'ai vues sont creuses dès le début. Les plantes de la figure 314 m'ont été envoyées du Massachusetts par Mme Blackford.

Boletin poreux . (Berk.) Pk.

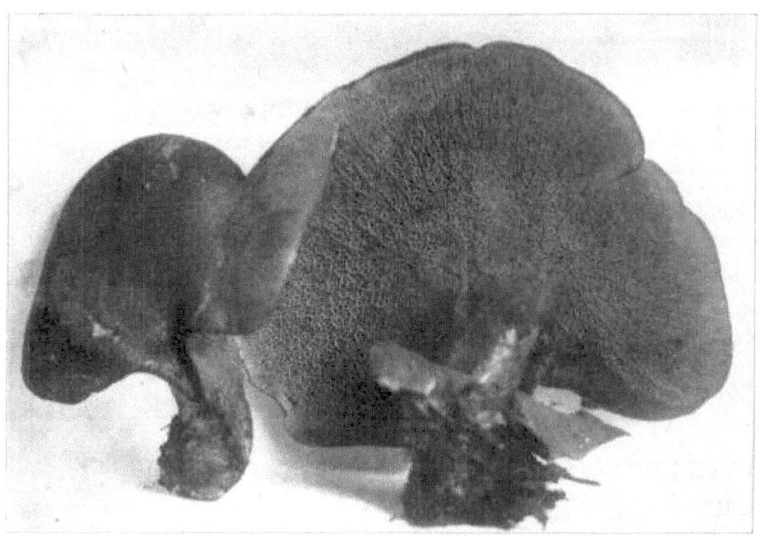

FIGURE 315. — Boletinus poreux . Deux tiers grandeur nature. Chapeaux brun noisette, brun jaunâtre ou olive.

Ceux-ci forment une espèce petite mais intéressante, ne dépassant généralement pas trois pouces et demi de diamètre ni plus de deux pouces de hauteur.

Le chapeau est quelque peu charnu, brun noisette ou brun jaunâtre, de couleur allant jusqu'à l'olivacé dans la plupart des spécimens que j'ai trouvés ; lorsqu'il est frais et humide, quelque peu collant et brillant. Les marges sont minces, plutôt régulières, et tendent à être en développante ; la forme du capuchon est plus ou moins irrégulière, dans de nombreux cas presque en forme de rein.

La tige est attachée latéralement, dure et s'étend progressivement dans le chapeau auquel elle ressemble en couleur ; il est nettement réticulé au sommet par les parois décurrentes des tubes de spores. La surface des spores est jaune, les tubes disposés en rangées rayonnantes, certains étant plus proéminents que d'autres, les cloisons prenant souvent la forme de branchies qui se ramifient et sont reliées par des cloisons transversales moins proéminentes. La strate des tubes, bien que molle, est très tenace et ne se sépare pas de la chair du chapeau.

L'odeur et le goût de tous les spécimens trouvés étaient agréables. Trouvé dans les bois humides en juillet et août. Lorsqu'on en trouve un nombre suffisant, ils constituent un excellent plat.

On le trouve en abondance autour de Chillicothe.

Fistuline . Taureau.

Fistulina signifie un petit tuyau ; ainsi appelé parce que les tubes sont rapprochés et se séparent facilement les uns des autres.

L'hyménophore est charnu et l'hyménium inférieur. Lorsqu'on le voit pour la première fois jaillir d'une souche ou d'une racine, il ressemble à une grosse fraise. Elle évolue rapidement vers l'apparence d'une grosse langue rouge. Lorsqu'il est jeune, la face supérieure est assez veloutée et de couleur pêche, puis elle devient rouge livide et perd son aspect velouté. La face inférieure est de couleur chair et rugueuse comme la surface d'une langue, du fait que les tubes sont libres les uns des autres. Lorsqu'il est humide, il est très visqueux, ce qui donne à vos mains un aspect assez taché de sang.

Fistulin hépatique. Le P.

LE CHAMPIGNON DU FOIE. COMESTIBLE.

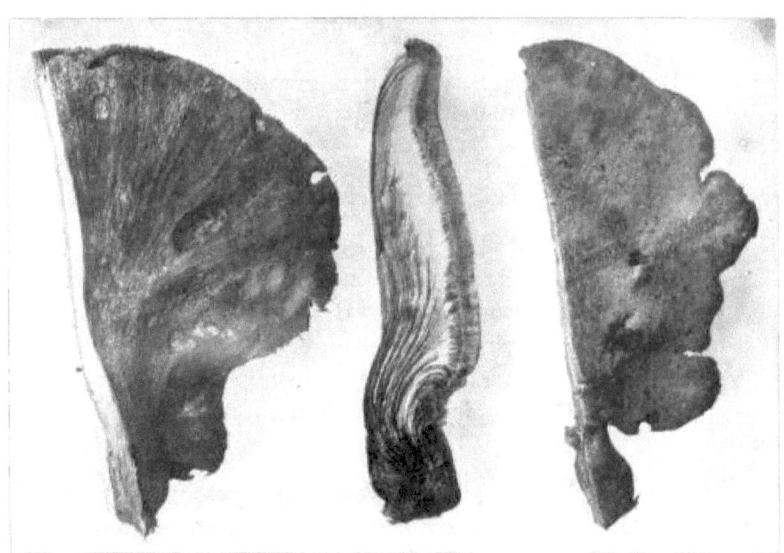

Photo de CG Lloyd.

PLANCHE XLIII. FIGURE 316.— FISTULINA HÉPATIQUE. Champignon de bifteck.

C'est une belle plante, assez commune là où se trouvent des souches et des arbres de châtaigniers. Je l'ai trouvé sur du chêne châtaignier, des spécimens assez gros également. C'est l'un de mes champignons préférés ; on ne peut pas se permettre de passer à côté. Sa belle couleur attirera immédiatement l'attention, et après l'avoir mangé bien préparé, on ne passera jamais devant une souche de châtaignier sans l'examiner.

FIGURE 317. — Fistulina hépatique. Une moitié grandeur nature.

Le chapeau est en forme d'éventail ou semi-circulaire, rouge-juteux, à la chair coupée un peu marbrée comme la betterave et dégageant une odeur très appétissante ; le chapeau est humide et quelque peu visqueux, la couleur variant du rouge (un peu costaud) au brun rougeâtre chez les plantes plus âgées ; tandis que la surface des spores varie du rose fraise au brun clair et foncé en passant par un brun presque châtain.

Chez les jeunes plantes, la couleur est beaucoup plus riche et plus vive que chez celles plus matures. La surface des spores ressemble à une très fine éponge, les tubes de spores étant courts, serrés, mais distincts.

La particularité marquée de son mode de croissance réside dans l'attachement de la tige ; un peu épais, charnu et juteux, venant du côté du chapeau comme le manche d'un éventail, il semble que quelqu'un ait saisi le capuchon et lui ait donné une torsion partielle vers la droite ou vers la gauche, selon le cas. On le voit sur la figure 317. Une autre particularité que j'ai remarquée chez cette espèce consiste en des lignes nerveuses, ou veinules, rayonnant à partir de la tige et striant la surface supérieure du capuchon. Le goût, à cru, est légèrement mais agréablement acide. Son habitat de prédilection semble être les endroits blessés sur les châtaigniers et autour des souches de châtaigniers. Il est connu sous le nom de champignon du foie, champignon du bifteck, langue de chêne, langue de châtaignier, etc. On le trouve de juillet à octobre.

Je l'ai trouvé en abondance à Chillicothe sur des souches de châtaigniers et tout à fait généralement dans tout l'État. J'ai trouvé de très beaux spécimens sur les chênes châtaigniers, près de Bowling Green, Ohio.

Lorsqu'il est correctement préparé, il est égal à n'importe quel type de viande. C'est l'un de nos meilleurs champignons.

Fistulina pallida. B. et Rav.

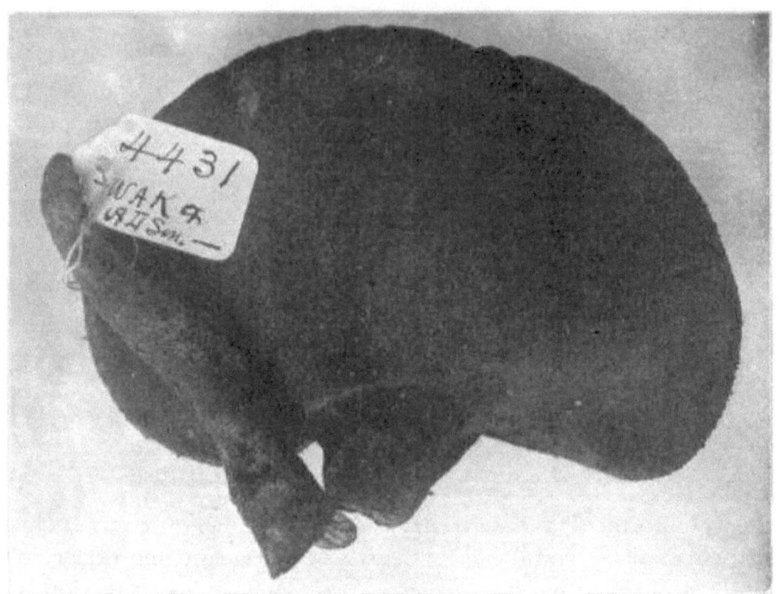

FIGURE 318. — Fistulina pallida. Taille naturelle.

Pallida signifie pâle. Chapeau réniforme, rouge pâle, fauve ou argileux, épais à la base et s'amincissant vers le bord, souvent crénelé et infléchi ; pulvérulent, ferme, flexible, coriace ; chair blanche.

Les tubes sont longs et minces, la bouche quelque peu élargie, blanchâtre, la surface du tube de couleur crème pâle et finement farineuse, les pores non décurrents mais se terminant par le début de la tige.

La tige est uniformément attachée à la marge concave du chapeau ; atténué vers le bas; blanchâtre en dessous, mais près du capuchon, il prend la même teinte. La manière particulière d'attachement de la tige servira à identifier l'espèce que j'ai trouvée plusieurs fois près de Chillicothe. Le spécimen de l'illustration a été trouvé à la ferme d'État et photographié par le Dr Kellerman.

Polypore . Le P.

Polyporus vient de deux mots grecs signifiant plusieurs et pores. Dans ce genre, la couche des pores ne se sépare pas facilement du capuchon. La plupart des espèces de ce genre sont coriaces et liégeuses. Beaucoup poussent sur du bois pourri, quelques-uns sur le sol, mais même ceux-ci ont tendance à être coriaces. Très peu de ceux qui poussent sur bois ont une tige centrale et beaucoup n'ont apparemment pas de tige du tout.

Polypore des photos . Le P.

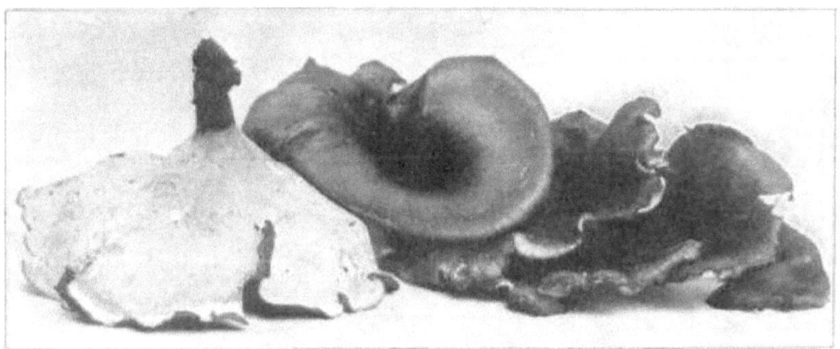

FIGURE 319. — Polypore des photos . Deux tiers grandeur nature. Notez la tige noire, qui donne son nom à l'espèce.

Picipes vient de *pix* , poix ou noir, et *pes* , pied.

Le chapeau est charnu, rigide, coriace, coriace, uniforme, lisse, déprimé soit en arrière, soit au centre ; livide avec un disque de couleur marron.

Les pores sont décurrents, arrondis, petits, tendres, blancs, enfin gris rougeâtre.

La tige est excentrique et latérale, égale, ferme ; d'abord velouté, puis nu ; ponctuée de points noirs, devenant noirs.

La tige à la base est d'un noir absolu, comme le montre la figure 319. La marge du capuchon est très fine et les capuchons sont irrégulièrement en forme d'entonnoir. Cette plante est largement répandue aux États-Unis et est assez commune à Chillicothe. Trouvé dans les bois humides sur des bûches pourries de juillet à novembre. Très jeune et tendre, il peut être mangé.

Polypore ombellaire . Le P.

POLYPORUS PARE-SOLEIL . COMESTIBLE.

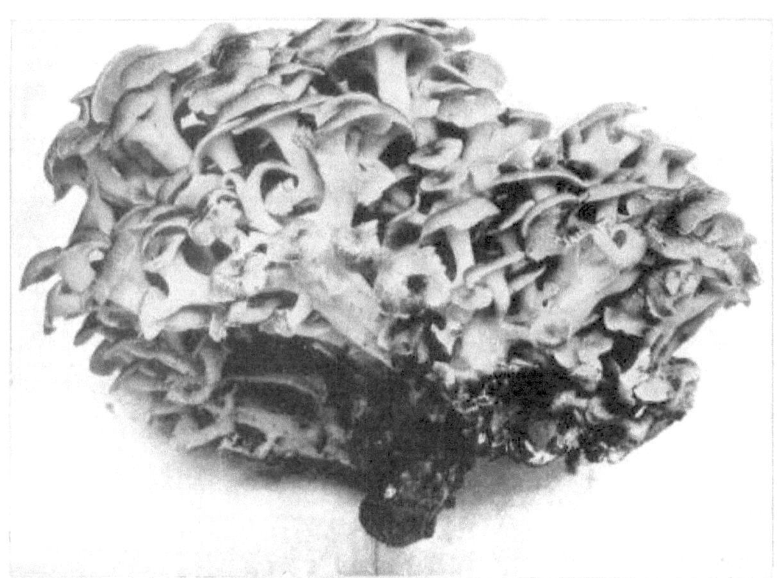

Photo de CG Lloyd.

Planche XLIV. Figure 320.— Polypore ombellaire .

Umbellatus vient de *umbella* , un parasol. Très ramifié, fibreux-charnu, plutôt coriace . Les pileoles sont très nombreux, larges d'un demi à un pouce et demi, fuligineux, rouge terne, unis à la base. Les pores sont minuscules et blancs. Des pileoles blanches sont parfois apparues. *Frites.*

Les touffes, comme le montre la figure 320, sont très denses et il semble y avoir aucune limite à leur ramification. Notez que chaque coiffe est déprimée ou ombilicale. Le spécimen de la figure 320 a été collecté près de Mammoth Cave, Kentucky, par M. CG Lloyd, Cincinnati, et grâce à sa courtoisie, j'ai utilisé son empreinte. J'ai trouvé la plante à Chillicothe et Sidney, Ohio. On le trouve sur les racines cariées au sol, ou sur les souches. Quand les bouchons sont frais , ils sont plutôt bons.

Mai à novembre.

Polypore frondeux . Le P.

Le polypore ramifié . Comestible.

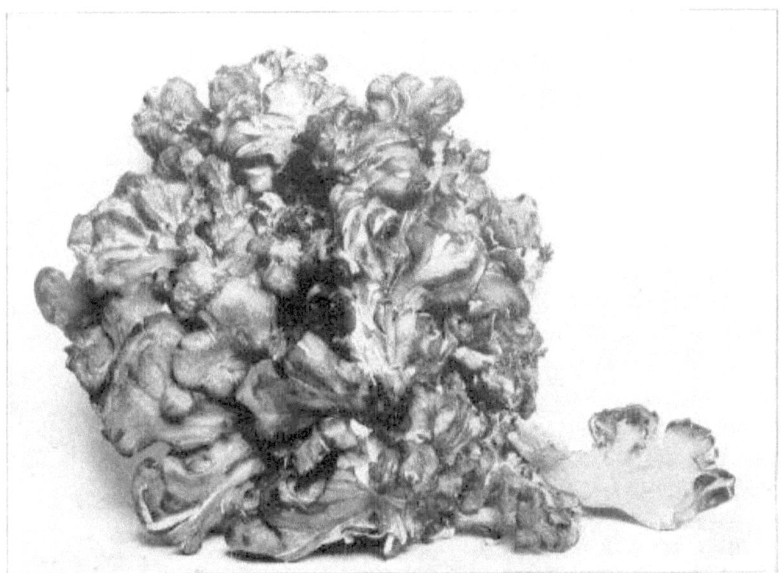

FIGURE 321. — Polypore frondeux . Un cinquième de la taille naturelle.

Frondosus , plein de branches feuillues. Les touffes mesurent de six pouces à plus d'un pied de large, très ramifiées, fibreuses et charnues, plutôt coriaces .

Les pileoles sont très nombreux, larges d'un demi à deux pouces, gris suie, dimidiés, ridés, lobés, finement recourbés. Chair blanche. Tiges, poussant les unes dans les autres, blanches.

Les pores sont plutôt tendres, très petits, aigus, blancs, généralement ronds, mais en position oblique, béants et déchirés. *Frites.*

Le spécimen de la figure 321 a été trouvé près de Chillicothe. Lorsqu'il est tendre, il est très bon. On le trouve sur les souches et les racines de septembre jusqu'aux premières gelées.

On nous dit que sur les marchés romains, ce champignon est fréquemment vendu comme aliment.

Polypore leucomèles . Le P.

FIGURE 322. — Polypore leucomèles .

Leucomelas vient de deux mots grecs, *leucos* , blanc, et *melas* , noir.

Le chapeau est large de deux à quatre pouces, charnu, quelque peu fragile, de forme irrégulière, soyeux, noir de suie ; chair molle, rougeâtre lorsqu'elle est cassée.

Les pores sont assez larges, inégaux, cendrés ou blanchâtres, devenant noirs en séchant.

La tige mesure un à trois pouces de long, grosse, inégale, quelque peu tomenteuse, noir de suie, devenant noire à l'intérieur. Le chapeau et la tige deviennent noirs par endroits.

Les spores sont cylindriques- fusoïdes , brun pâle, 10–12×4–5μ.

On les trouve généralement dans les forêts de pins. Les capuchons sont souvent déformés et se brisent facilement. Les pores ressemblent à ceux d'un Boletus. La plante est assez largement distribuée. Celui de la figure 322 a été trouvé dans le Massachusetts par Mme Blackford, et je l'ai photographié une fois qu'il était partiellement sec. C'est probablement la même chose que P. griseus, P.

Polypore *Berkeleyi*. Le P.

POLYPORE DE BERKELEY . COMESTIBLE.

Les pileoli sont charnus, coriaces, devenant durs et liégeux, plusieurs fois imbriqués, devenant parfois très gros, avec plusieurs en tête ; sous-zoné , enfin tomenteux ; la plante très ramifiée, alutacée .

La tige est courte ou entièrement manquante, issue d'un caudex long et épais.

La surface des pores est très grande, les pores sont grands et irréguliers, anguleux, jaunâtre pâle.

J'ai vu de très gros spécimens de cette espèce. La taille naturelle du spécimen de la figure 323 est de deux pieds et quart de diamètre. Lorsqu'il est jeune, il est comestible, mais n'égale pas P. sulphureus . On la trouve poussant sur le sol près des arbres et des souches et c'est une plante largement répandue.

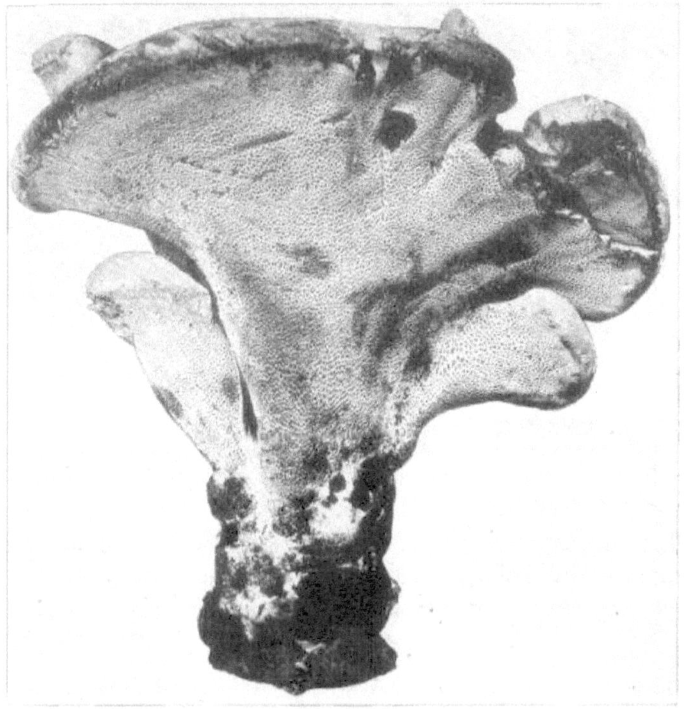

FIGURE 323. — Polypore Berkeleyi . Un cinquième de la taille naturelle.

Photo de CG Lloyd.

PLANCHE XLV. FIGURE 324.— POLYPORE BERKELEYI . Réduit. La taille naturelle mesure 2½ pieds de diamètre.

Polyporus giganteus. Le P.

POLYPORE GÉANT . COMESTIBLE.

Giganteus vient de *gigas* , un géant. Les pileoles sont très nombreux, imbriqués, charnus, coriaces, un peu coriaces, flasques, un peu zonés ; colorent un brun grisâtre chez les jeunes spécimens, les surfaces des pores crème foncé faisant basculer le pileoli , ce qui en fait une plante très attrayante ; cette couleur crème se transforme rapidement en noir ou en brun foncé au toucher.

Les pores sont minuscules, peu profonds, ronds, pâles, enfin déchirés.

La tige est ramifiée, connée à un tubercule commun.

C'est une plante grande et certainement très attrayante, mesurant très souvent deux à trois pieds de diamètre. Lorsqu'il est jeune et tendre, il est comestible. Trouvé poussant sur des souches et des racines pourries, il est assez courant dans notre état. J'ai trouvé des spécimens assez gros sur Chillicothe. Il se distingue facilement par la surface de ses pores devenant noire ou brun foncé au toucher. Jeune et tendre, il fait un bon ragoût, mais il doit être bien cuit.

Polypore squamosus . Le P.

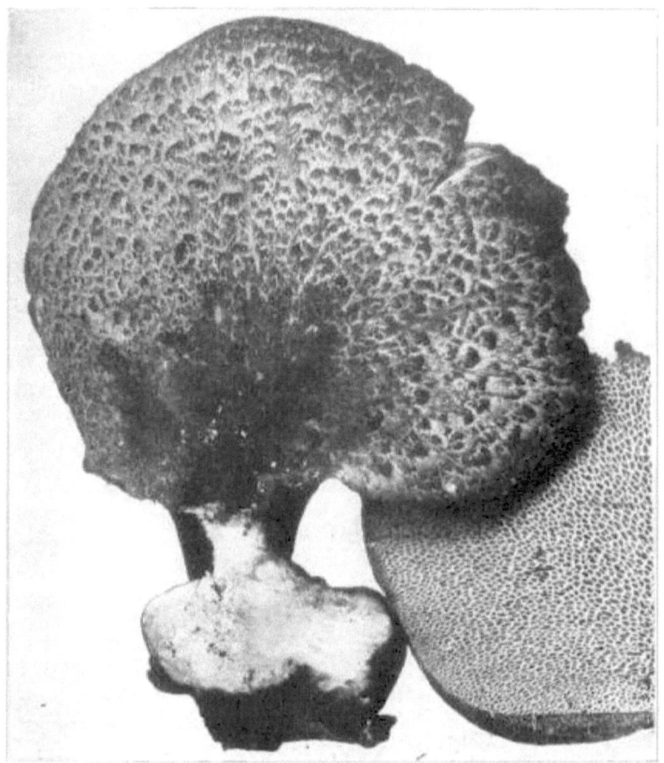

Photo de CG Lloyd.

FIGURE 325. — Polypore squamosus . Taille naturelle.

Squamosus signifie riche en écailles. Le chapeau a de trois à dix-huit pouces de large, charnu, en forme d'éventail, élargi, aplati, quelque peu ocre, panaché, avec des écailles éparses, brunes et enfoncées.

La tige est excentrique et latérale, émoussée, réticulée au sommet, noirâtre à la base.

Les pores sont fins, variables ; d'abord minute, puis large, anguleuse et déchirée ; pâle. Les spores sont blanches et clliptiques, 14×6μ.

On le trouve du Massachusetts à l'Iowa et pousse très gros. Des spécimens ont été signalés avec une circonférence de sept pieds et atteignant un poids de 40 livres.

Le spécimen de la figure 325 a été trouvé par M. CG Lloyd dans les bois de Red Bank, près de Cincinnati. C'est une plante assez commune en Europe.

Il est dur, mais il est préparé pour être mangé en étant finement coupé et cuit pendant une demi-heure ou plus.

Sur la figure 325, les pores anguleux et déchirés sont évidents, ainsi que les écailles qui donnent son nom. Trouvé sur les troncs et les souches de mai à novembre.

Polypore sulfureus . Le P.

POLYPORUS DE COULEUR SOUFRE . COMESTIBLE.

Photo de CG Lloyd.

PLANCHE XLVI. FIGURE 326.— POLYPORE SULFUREUS .

Sulphureus , appartenant au soufre , ainsi appelé en raison de la couleur de la surface du tube. Chez les spécimens matures, la croissance est horizontale, s'étalant en éventail à partir de la tige, ondulante avec des cannelures rayonnantes. La surface supérieure est saumon, orange ou rouge orangé ; chair ringarde, jaune clair, le bord étant lisse et inégalement épaissi avec des proéminences en forme de nodules. Chez les jeunes spécimens, la surface ascendante, sous la surface jaune, est exposée vers l'extérieur.

La surface des pores est d'un jaune soufre brillant , plus persistant que la couleur du capuchon; pores très petits, courts, souvent formés de masses infléchies.

La tige est courte, un simple attachement étroit pour la croissance étalée. Le goût est légèrement acide et mucilagineux à cru. Les spores sont elliptiques et blanches, 7–8×4–5μ.

Il pousse sur des bûches pourries, sur des souches et dans des endroits pourris d'arbres vivants. Le mycélium de cette espèce se trouve fréquemment au cœur des arbres et y reste pendant des années avant que l'arbre ne soit suffisamment blessé pour que le mycélium remonte à la surface. Cela peut prendre des mois, voire un siècle, pour y parvenir.

Lorsque cette plante est jeune et tendre, elle est la préférée de tous ceux qui la connaissent. On le trouve d'août à novembre. Son hôte préféré est une souche ou une bûche de chêne.

Polypore les flavovirènes . B. et Rav.

FIGURE 327. — Polypore les flavovirènes . Deux tiers grandeur nature.

Flavovirens signifie vert jaunâtre ou olive.

Le chapeau est assez gros, large de trois à six pouces, convexe, en forme d'entonnoir expansé ou repand, charnu, tomenteux, vert jaunâtre ou olivacé ; fréquemment le chapeau est fissuré lorsqu'il est vieux ; chair blanche.

Les pores ne sont pas gros, dentés, blancs ou blanchâtres, décurrents sur la tige qui s'amenuise.

Cette plante est très commune sur les coteaux de chênes autour de Chillicothe. Les plantes de la figure 327 ont été trouvées par Miss Margaret Mace sur la ferme du gouverneur Tiffin, à environ douze milles au nord de Chillicothe, poussant en grands groupes sous des chênes. Il est comestible mais souvent coriace. On le trouve en août et septembre. Il est très abondant dans cette région.

Polypore hétéroclite . Le P.

CHIFFRE 328.— Polypore hétéroclite . Un quart de la taille naturelle. Le Pileoli orange vif.

Heteroclitus vient de deux mots grecs ; l'un des deux et se pencher, faisant référence à son habitude de croissance, s'appuyant apparemment sur le sol ou sur la base d'un arbre ou d'une souche. Il est céspiteux et coriace. Les pileoli mesurent deux pouces et demi de large, orange et sessiles, élargis de tous côtés à partir du tubercule radical, lobés, villeux, sans zone.

Les pores sont de forme irrégulière et allongés, jaune doré. *Frites.*

Le spécimen de la figure 328 a été trouvé par M. Beyerly à Richmond Dale, Ohio. Il mesurait plus d'un pied de diamètre et huit pouces de haut, poussant en plusieurs couches cespiteuses , sur le sol sous un chêne, à partir d'un tubercule radical. La chair était juteuse et tendre, se cassant facilement. Le tubercule radical à partir duquel il est issu était rempli d'un suc laiteux. La chair était de couleur un peu plus claire que le pilei extérieur, qui s'étendait horizontalement à partir du tubercule. C'est une plante très voyante et

attrayante, et comme le remarque le capitaine McIlvaine, elle ressemble à un
« dahlia mammouth » en fleur. Quand il est jeune et tendre, c'est bon, mais
avec l'âge, cela devient un rang. Cette plante a été trouvée le 1er juillet. Il
pousse pendant les mois de juin et juillet.

Polypore radical . Schw .

CHIFFRE 329.— Polypore radical . Un tiers de taille naturelle.

Radicatus , de la longue racine que possède la plante. Le chapeau est charnu,
assez coriace, en forme de coussin, légèrement déprimé, fuligineux pâle,
légèrement duveteux.

Les pores sont décurrents, assez gros, obtus, égaux, blancs.

La tige est très longue, souvent excentrique, effilée vers le bas, parfois
ventrique comme sur la figure 329, enracinée assez profondément, noire en
dessous.

On le trouve au sol dans les bois et dans les vieilles clairières à côté des vieux
arbres et des souches.

Le chapeau noirâtre ou brun, plus ou moins tomenteux, avec une tige noire
plus ou moins déformée, servira à distinguer l'espèce. Trouvé de septembre
à novembre.

Polypore perplexité . Pk.

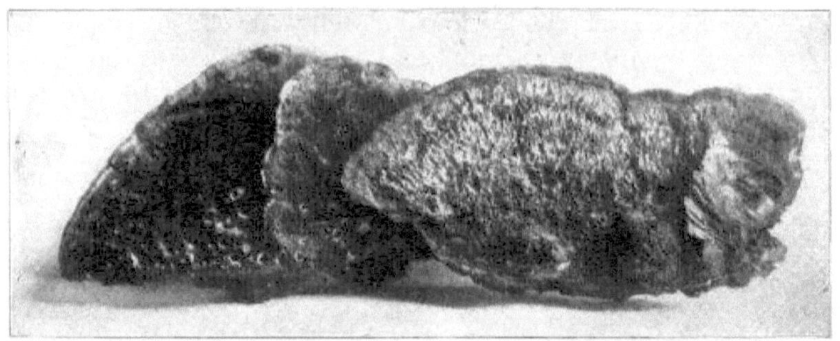

CHIFFRE 330.— Polypore perplexité . Deux tiers grandeur nature.

Le chapeau est spongieux-charnu, fibreux, sessile, généralement imbriqué et quelque peu confluent, irrégulier, poilu-tomenteux à setose -hispid, grisâtre-fauve ou ferrugineux, la marge subaiguë, stérile, la substance à l'intérieur fauve-ferrugineuse, quelque peu zonée. .

Les pores sont longs de deux à trois lignes, inégaux, anguleux, les disépiments devenant brunâtres-ferrugineux avec l'âge ou lorsqu'ils sont meurtris. Les spores sont ferrugineuses, largement elliptiques, de 0,00024 à 0,0003 pouce de long et d'environ 0,0002 de large. *Picorer.*

Celui-ci est très abondant sur les rondins de hêtre, devenant assez gros, massif, imbriqué et confluent, le pileole mesurant souvent de deux à quatre pouces de large. Il est très étroitement apparenté à P. cuticulaire et à P. hispidus . Il se distingue facilement de P. cuticularis grâce à sa marge droite, et de P. hispidus par sa petite taille et ses pores plus petits. Trouvé de septembre à novembre.

Polypore hispide . Le P.

Le chapeau est très grand, large de huit à dix pouces et épais de trois à quatre pouces, compact, spongieux, charnu mais fibreux, dimidié, avec parfois une tige très courte ; généralement très poilu, mais parfois lisse ; le chapeau est souvent marqué de lignes concentriques qui semblent indiquer une végétation arrêtée ; brun, noirâtre, jaunâtre ou brun rougeâtre, dessous jaune pâle ou riche brun de Sienne, marge plus pâle.

Les pores sont minuscules, ronds, enclins à se séparer, frangés, plus pâles. Les spores sont jaunâtres, apiculées, 10×7μ. Souvent trouvée sur les arbres vivants, la plante pénètre dans la tige vivante à travers l'écorce, au moyen d'une blessure faite par un organisme quelconque, comme un oiseau ou un insecte ennuyeux ; bientôt une masse de mycélium se forme, à partir de laquelle la fructification est produite.

Polypore cuticulaire . Le P.

Le chapeau est assez fin, spongieux, charnu, puis sec ; planes, poilues-tomenteuses, ferrugineuses, puis brun noirâtre ; marge fibreuse, fimbriée, intérieurement lâche et parallèle, fibreuse.

Les pores sont longs, assez petits, pâles, puis ocre ; pores plus longs que l'épaisseur de la chair. Les spores sont jaunes ou ocres, très abondantes, 7×4–5μ. Les poils du chapeau sont à trois fentes.

Ceci est très fréquent dans les forêts de hêtres autour de Chillicothe. Trouvé en septembre et octobre.

Polypore circinatus . Le P.

POLYPORE ROND . COMESTIBLE.

Circinatus vient de *circinus* , une paire de compas, signifiant donc arrondi comme un cercle.

Le chapeau mesure trois à quatre pouces de diamètre, avec une double calotte, une calotte dans l'autre, toutes deux compactes, épaisses, rondes, planes, sans zones, veloutées, jaune rouille à brun rougeâtre, la chair étant de la même couleur. Le chapeau supérieur est souple, compact, mou et recouvert d'un tomentum mou, le chapeau inférieur, contigu à la tige, est ligneux et liégeux.

Les pores sont décurrents, s'étendant le long de la tige, entiers, plutôt petits, gris foncé.

La tige est courte et plutôt épaisse, souvent renflée, recouverte d'un tomentum brun rougeâtre.

C'est une espèce étrange mais belle et facile à déterminer grâce à sa double calotte. On dit qu'il préfère les bois de sapins, mais je l'ai fréquemment trouvé dans les bois de chênes. Il pousse sur le sol, et lorsqu'il est jeune et frais, on dit que son pilei est bon. Je n'ai jamais trouvé plus d'un spécimen à la fois et jamais en état de manger, bien que de bonnes autorités disent qu'il est comestible lorsqu'il est jeune et tendre. Trouvé en septembre et octobre.

Polypore adustus . Le P.

Adustus signifie brûlé, ainsi appelé à cause de la couleur noirâtre de la marge.

Le chapeau est souvent imbriqué ; charnu, coriace, ferme, mince, villeux, couleur cendrée ; marge droite, noirâtre.

Les pores sont minuscules, ronds, obtus, blanchâtres, bientôt brun cendré.

Il est abondant partout sur les hêtres tombés ou sur les souches de hêtre. Il est très proche de P. fumosus s'il ne lui est pas identique. On le trouve d'août à la fin de l'automne.

Polypore résineux .

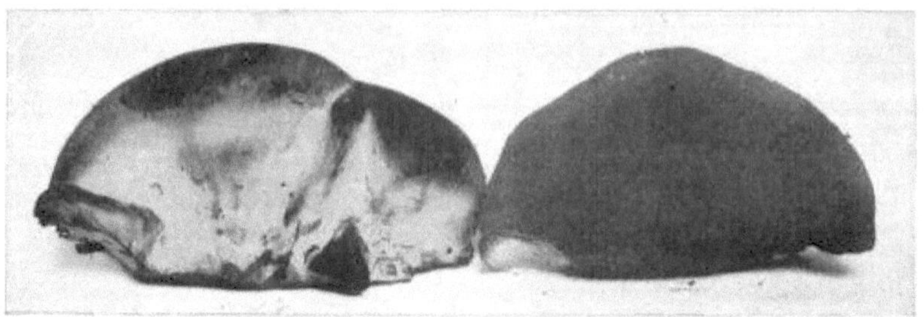

CHIFFRE 331.— Polypore résineux . Un quart de la taille naturelle.

Chapeau de trois à six, et fréquemment huit pouces de long ; brun riche, variant du cannelle vif au rouge, joliment marqué de délicats crayons rayonnant à partir de l'axe de croissance; la couleur du chapeau semble former une liaison autour du bord de la surface des pores gris clair, qui est étroitement perforée de minuscules pores elliptiques.

La couleur de la surface des pores vire facilement au brun sous une légère pression. La plante entière est pleine d'un jus brunâtre qui s'écoule librement sous la pression. La plante est en étagère et imbriquée sur le côté d'une bûche, sans tige apparente.

Pris ensemble le Polyporus resinosus présente l'un des plus beaux spécimens de champignon que l'on sera susceptible de trouver au cours d'une longue journée de vagabondage. Lorsqu'il est frais et en croissance, il a un goût plutôt agréable.

On le trouve en octobre et novembre, poussant sur des bûches pourries, ayant un faible pour le hêtre . Son abondance est à la hauteur de sa beauté.

Polypore Lucide . Le P.

Le chapeau mesure deux à trois pouces ou plus de large, généralement très irrégulier, marron-brunâtre, avec une double zone distincte de brun foncé et de bronzage plus terne. Capuchon vitré surtout au centre, froissé.

La surface des spores est d'un brun grisâtre très clair chez la jeune plante, virant presque au bronzage chez les plus âgées, les pores étant labyrinthiformes .

La tige est irrégulière, nouée et renflée avec des protubérances ressemblant quelque peu à des bourgeons, à partir desquels se développent les coiffes qui, dans certains cas, apparaissent comme collées à la tige comme des balanes sur un bâton. Contrairement à la plupart des champignons, la surface supérieure du chapeau et la tige sont presque de la même couleur, la tige étant généralement d'un rouge plus brillant. La tige a une racine distincte s'étendant dans le sol sur plusieurs pouces. La plante entière est presque indescriptiblement irrégulière. C'est une plante très attrayante lorsqu'on la voit pousser parmi les mauvaises herbes et à côté des souches. Les plantes de la figure 332 que j'ai trouvées poussaient parmi les Datura stramonium, à côté de vieilles souches dans un pâturage. J'ai trouvé la même espèce poussant sur des souches de chêne. Il est connu sous le nom de Ganoderma Curtisii , Berk., G. pseudo-boletus, Merrill. On le trouve d'août jusqu'à la fin de l'automne.

Polyporus oblique. Pers.

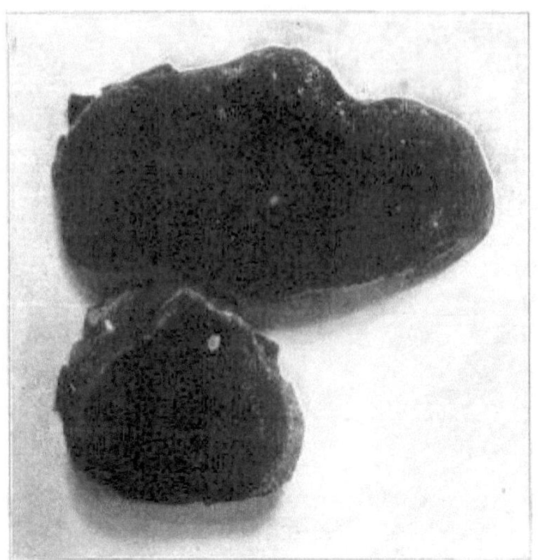

CHIFFRE 333.— Polyporus obliquus. Deux tiers grandeur nature.

Obliquus signifie incliné, oblique. Cette espèce est largement circonfusée, généralement dure, assez épaisse, inégale, pâle, élégante brun chocolat, puis noirâtre ; bordure à crête inversement encerclée.

Les pores sont longs, très petits, obtus, légèrement anguleux. Il pousse sur les branches mortes du bois de fer et du merisier. Le brun chocolat profond et la forme oblique de ses pores serviront à identifier l'espèce.

Il pousse, chez nous, au printemps. J'ai récolté ce spécimen en juin. À l'automne, j'ai visité le même tronc, mais j'ai constaté qu'il avait commencé à se décomposer. On l'appelle parfois Poria obliqua .

Polypore graveolens. Le P.

CHIFFRE 334.— Polyporus graveolens.

Graveolens signifie fortement parfumé. Liégeuses ou ligneuses et extrêmement dures, très étroitement imbriquées et connées, formant une subglobuleuse masse polycéphale , figure 334. Pileoli innombrables, infléchi et apprimé, plissé, brun.

Pores cachés, très minuscules, ronds, brun pâle, les disépiments épais et obtus. *Morgan.*

C'est une plante très intéressante en raison de son mode de croissance particulier. On le trouve dans les bois ou les clairières sur des rondins morts ou sur des arbres morts sur pied. Dans certaines régions de l' État , c'est assez courant. D'après l'illustration de la figure 334, on voit que la plante est constituée d'un nombre incalculable de pileoles formant une masse subglobuleuse ou allongée. Ils mesurent souvent de trois à six pouces de diamètre et plusieurs pouces de long. Je les ai vus très allongés sur des arbres debout. Lorsqu'il est jeune et en croissance, il est d'apparence brillante et présente une teinte rougeâtre et parfois violacée. La substance interne est ferrugineuse mais recouverte d'une croûte dure et brune. Les pores sont bruns et, lorsqu'on les examine avec le verre, on les voit tapissés d'une pubescence très fine. La forme imbriquée des pileoli apparaît très clairement dans l'illustration.

Polypore brumalis . Le P.

LE POLYPORE D'HIVER .

CHIFFRE 335.— Polypore brumalis .

Brumalis vient de *bruma* , qui signifie hiver ; ainsi appelé parce qu'il apparaît tard, par temps froid. Les spécimens de la figure 335 ont été trouvés en décembre.

Le chapeau est large de un à trois pouces, presque plat, légèrement déprimé au centre ; un peu charnu et dur; brun terne, recouvert d'écailles minuscules, devenant lisses, pâles.

Les pores sont ovales, légèrement anguleux, minces, aigus, denticulés, blancs, $5\text{–}6 \times 2\mu$.

La tige est courte, fine, légèrement bulbeuse à la base, hirsute ou squamuleuse, pâle, centrale.

Cela se produit généralement seul, mais vous en trouverez fréquemment plusieurs dans un groupe. Trouvés sur des bâtons et des bûches, ils sont assez difficiles à détacher de leurs hôtes. Trop dur à manger. Cela équivaut à Polyporus polypore . (Retz)Merrill.

Polypore rufescens . Le P.

Polypore Rufescent .

Rufescens , devenant rouge. Le chapeau est de couleur chair, spongieux, mou, inégal, poilu ou laineux.

Les pores sont larges, sinueux et déchirés, blancs ou de couleur chair.

La tige est courte, irrégulière, tubéreuse à la base. Spores elliptiques, 6×4–5µ.

Assez commun à Chillicothe au sol autour de vieilles souches.

Polypore arculaire . Batsch.

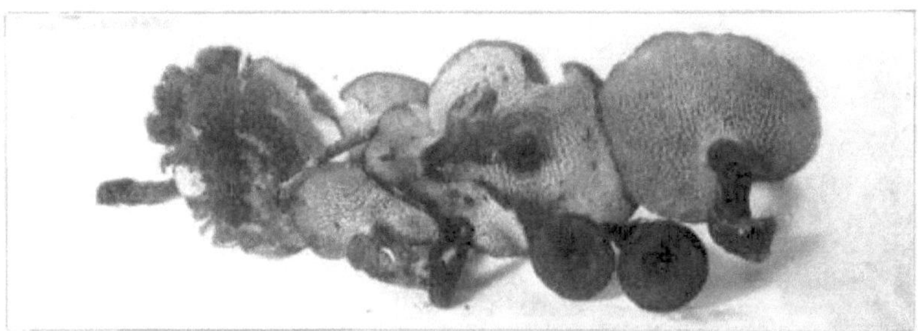

FIGURE 336. — Polypore arculaire . Deux tiers de taille naturelle, montrant un centre brun foncé et déprimé ; également des tiges brun foncé.

Le chapeau est brun foncé, finement écailleux, déprimé au centre, bord couvert de poils raides.

La surface du tube est d'une couleur crème terne, avec des ouvertures oblongues, presque en forme de losange, ressemblant aux mailles d'un filet, les mailles étant plus petites en marge, peu profondes, simplement délimitées au sommet de la tige.

La tige est brun foncé, finement écailleuse, marbrée, avec un fond de couleur crème ; creux. Commun au printemps de l'année sur les bâtons et les bois pourris dans les champs ou dans les anciennes clairières. Il est assez généralement distribué. Comestible mais dur.

Polyporus elegans. Le P.

Le chapeau est charnu, devenant bientôt ligneux ; élargi, uniforme, lisse, pâle.

Les pores sont plats, minuscules, presque ronds, pâles, blanc jaunâtre.

La tige est excentrique, régulière, lisse, pâle ; base dès le premier brusquement noire. Ceci est assez courant sur le bois pourri dans les forêts. Il ressemble à P. picipes tant en apparence qu'en habitat.

Polyporus medullapanis . Le P.

Épanche, déterminé, subondulé , ferme, lisse, blanc, circonférence nue, submarginé , entièrement composé de pores entiers de taille moyenne, assez longs, le tout devenant jaunâtre avec l'âge.

J'ai trouvé cette espèce sur une bûche d'orme le long de Ralston's Run.

Polypore albellus . Pk.

Le chapeau est épais, sessile, convexe ou subongulé , subsolitaire , large de deux à quatre pouces, épais d'un à un et demi, charnu, plutôt mou ; la cuticule adnée plutôt fine, lisse ou parfois légèrement rugueuse par un léger tomentum strigeux, surtout vers la marge ; blanchâtre, teinté plus ou moins de fuscus ; chair blanc pur, odeur acidulée.

Les pores sont presque plats, minuscules, sub-ronds, longs d'environ deux lignes ; blanc, tendant au jaunâtre, les disépiments minces, aigus.

Les spores sont minuscules, cylindriques, courbées, blanches, longues de 0,00016 à 0,0002 pouce. *Picorer.*

Cette espèce est assez commune ici et est très largement distribuée aux États-Unis.

Polypore épileucus . Le P.

C'est une plante assez grande et belle. Il pousse apparemment sans tige, sa couleur étant d'un gris inégal. Le chapeau est un peu coriace, ferme, pulviné, villeux.

Les pores sont ronds, allongés, obtus, entiers, blancs.

Ce n'est pas courant chez nous, mais je l'ai rencontré à quelques reprises et toujours sur des rondins ou des souches d'orme.

Polypore bétulinus . Le P.

LE POLYPORE DU BOULEAU . COMESTIBLE.

FIGURE 337. — Polypore bétulinus .

Betulinus vient de *la betulina* , le bouleau.

Le chapeau a de quatre à dix pouces de diamètre, charnu, bientôt liégeux, ongulé, obtus, lisse, brun rougeâtre pâle à maturité, souvent marbré, arrondi ou quelque peu réniforme, sans zone, le sommet oblique en forme d'umbo ; pellicule fine, se séparant ; chair blanche, très épaisse.

Les pores sont courts, ronds, minuscules, inégaux, séparables du chapeau lorsqu'il est frais, mais bien concrets avec lui ; blanches ou teintées de brun, se développant lentement ; à maturité, des écailles particulières ressemblant à des cheveux sont attachées à la surface des pores, ce qui fait que la plante ressemble à un Hydnum vue de côté. On le trouve partout où pousse le bouleau. Lorsqu'il est jeune et frais, il est comestible, mais avec une saveur forte qui déplaît à beaucoup. Dans cet état, les cerfs le mangent. Le spécimen de la figure 337 a été trouvé dans le Wisconsin et photographié par le Dr Kellerman. Cette espèce est le Piptoporus suberosus (L.) de Merrill.

Polypore cinabarinus . Schw .

POLYPORUS DE CINABRE .

FIGURE 338. — Polypore cinabarinus . Un tiers de taille naturelle.

Cinnabarinus comme le cinabre (vermillon). Le chapeau est sec, plus ou moins spongieux, souple, assez épais, fibreux sur le dessus ; chair claire ou rouge jaunâtre, étagère.

Les pores sont carmin, assez petits, ronds, entiers.

Cette espèce est assez commune dans les bois autour de Chillicothe. Il est facilement identifiable par la belle couleur carmin du chapeau et la surface des pores, cette dernière étant une teinte plus foncée que la première, comme le montre la figure 338.

Les spécimens photographiés ont été trouvés en décembre. Ils poussent sur des bûches et des branches mortes, généralement sur le chêne et le cerisier sauvage, parfois sur l'érable. Il est appelé par certains auteurs Trametes cinabarine .

Polyporus vulgaris. Le P.

POLYPORUS ÉPANCHEMENT COMMUN .

Vulgaris, commun. Assez largement épanouie, très fine, adhère étroitement à son hôte ; uniforme, blanc, sec. Circonférence bientôt lisse et toute la surface composée de pores fermes, encombrés, petits, ronds et presque égaux.

Épandu sur le bois mort, les branches tombées et fréquemment sur les planches humides.

Polypore lacteus . Le P.

Le chapeau est blanc ou blanchâtre, charnu, un peu fibreux, fragile, de forme triangulaire, pubescent, azoné , à bord un peu infléchi, aigu.

Les pores sont fins, aigus, dentés, enfin lacérés et labyrinthiformes .

Cette espèce se rencontre dans les bois, sur des rondins de hêtre. Il est petit et mince, ne dépassant pas un pouce de largeur mais parfois allongé. Raide et gibbeuse derrière, devenant enfin lisse et égale. Il n'est pas abondant dans nos bois, mais je l'ai trouvé souvent. Août et septembre.

Polypore Cæsius . Schrad.

Le chapeau est blanc, avec parfois une teinte bleuâtre à sa surface, doux, tenace, inégal, soyeux.

Les pores sont petits, inégaux, longs, flexueux, dentés, lacérés.

On le trouve dans les bois sur des bâtons partiellement pourris. Je n'en ai trouvé qu'occasionnellement un spécimen dans nos bois.

Polypore pubescent . Schw .

FIGURE 339. — Polypore pubescent . Blanc à l'extérieur et à l'intérieur, pubescent et brillant.

Pubescens signifie duveteux ; ainsi appelé à cause de la finition satinée de son chapeau, charnu, assez coriace et liégeux, mou, convexe, subzoné , pubescent et brillant ; blanc à l'extérieur et à l'intérieur ; la marge aiguë, devenant à la longue jaunâtre et dure, avec un éclat brillant .

Les pores sont courts, minuscules, presque ronds et plats.

Le chapeau a de un à deux pouces de largeur, latéralement confluent et généralement très imbriqué. Assez abondant dans les bois sur rondins de hêtre. Juillet à novembre.

Polypore volvatus . Pk.

FIGURE 340. — Polypore volvatus . Taille naturelle.

Volvatus , portant une volva. C'est une espèce des plus intéressantes. Le chapeau semble être prolongé, créant une protection semblable à une volve de la surface des spores. Lorsque cette volve est rompue, de petits tas de spores sont souvent visibles sur la volve, ayant été protégée du vent.

La plante est petite, un peu ronde, et avant que la volve ne soit rompue, elle ressemble beaucoup à une boule-de-vesse ; charnues, lisses, attachées par une petite pointe, blanchâtres, légèrement teintées de jaune, de rouge ou de brun rougeâtre ; la cuticule du chapeau enveloppant toute la surface des pores, épaisse et ferme. Les pores sont plutôt longs, petits, la bouche jaunâtre, avec une teinte brune. Les spores sont elliptiques et de couleur chair, de 0,0003 à 0,00035 pouce de long et d'environ 0,0002 de large.

Cette plante a une large distribution, se trouvant dans les États de la Nouvelle-Angleterre et de l'Est, ainsi que dans les États du versant du Pacifique. Je présume qu'on le trouvera partout où l'épinette est originaire.

Les spécimens de la figure 340 ont été trouvés près de Boston et m'ont été envoyés vers le premier mai par Mme Blackford. Le premier paquet que j'ai pris, avant de les examiner, était une nouvelle puffball, à laquelle elles semblaient ressembler dans leur état non développé.

Polysticte biforme . Le P.

FIGURE 341. — Polystictus biforme . Taille naturelle. Fréquemment recouvert de lichen vert.

Biformis signifie deux formes ou apparences ; faisant référence à l'état des pores de la jeune et de la vieille plante.

Le chapeau a deux à trois pouces de large, fait saillie de un à trois pouces, souvent imbriqué de manière à couvrir une grande surface ; latéralement confluent, coriace, flexible, coriace, subzoné , à fibres rayonnantes innées , le cortex fibrilleux, concolore.

Les pores d'abord très gros, simples, composés ou confluents, ronds, allongés, flexueux ; les dépimens sont dentés, puis lacérés, l'hyménium enfin résolu en dents.

Lorsque j'ai découvert cette plante pour la première fois , l'hyménium s'était transformé en dents, et j'ai supposé que j'avais trouvé un Irpex . On le trouve dans les bois sur des rondins et des souches. Très courant chez nous. Fréquemment recouvert d'un lichen vert. Juillet à novembre.

Polysticte hirsutus . Le P.

LE POLYSTICTUS HÉRISSÉ .

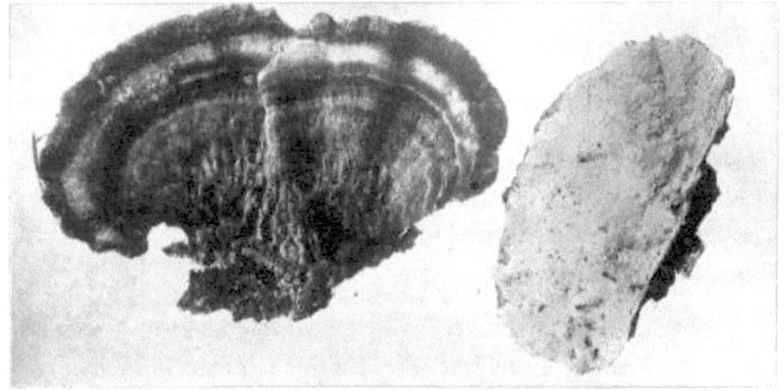

FIGURE 342. — Polystictus hirsutus . Taille naturelle.

Hirsutus signifie poilu ou hérissé. Le chapeau est liégeux, coriace, convexe, puis plan, poilu à soies rigides, zoné de sillons concentriques ; d'une seule couleur, blanchâtre, parfois ces zones sont assez marquées comme sur la figure 342.

La surface des pores est d'abord blanche ou blanchâtre, puis devient foncée ou brunâtre avec le temps. Les pores sont ronds, les parois plutôt épaisses. On le trouve sur les bûches et les souches dans les bois. C'est une plante très commune et largement distribuée.

Polystictus versicolor. Le P.

POLYSTICTUS ZONÉ COMMUN .

CHIFFRE 343.— Polystictus versicolor. Une moitié grandeur nature.

Versicolor signifie varier les couleurs. Le chapeau est coriace, mince, rigide, plan, déprimé en arrière ; assez veloutée, presque uniforme et brillante, panachée de zones colorées, parfois entièrement blanches ou blanc grisâtre, il n'est pas rare que toute la surface soit villeuse ou laineuse, et les zones ne soient que des dépressions.

Les pores sont minuscules, ronds, aigus, lacérés, blancs ou crème.

Il est très commun et très variable en forme et en couleur. On le trouve fréquemment sur les grumes et est alors densément imbriqué. Sur nos coteaux, elle pousse fréquemment sur un petit buisson comme sur la figure 343. C'est l'une des plus belles plantes des bois.

Polypore Gilvus . Schw .

Gilvus signifie couleur chair jaune pâle ou rougeâtre foncé.

Le chapeau est liégeux, ligneux, dur, effuso -réfléchi, imbriqué, concrescent , subtomenteux , puis scabreux, irrégulier, jaune rougeâtre, puis subferrugineux , à bord aigu.

Les pores sont minuscules, ronds, entiers, brunâtres-ferrugineux. *Morgan.*

Il est très abondant dans tout l'État et se trouve sur toutes sortes de bûches et de souches.

Polysticte cannelle . Jacques.

FIGURE 344. — Polystictus cannelle .

Le chapeau est d'un pouce et demi ou moins, large, coriace, légèrement déprimé au centre ; plutôt rugueux en surface, mais d'un bel éclat satiné , et plus ou moins zoné ; chapeaux poussant souvent ensemble, mais avec des tiges séparées ; brillant, un léger brun cannelle.

Les spores sont plutôt grosses, anguleuses, déchirées avec l'âge ; brun cannelle, devenant plus foncé chez les plantes plus âgées.

La tige mesure un à deux pouces de long, égale ou légèrement effilée vers le haut, brun cannelle, creuse ou bourrée, coriace, envoyant fréquemment des branches sur le côté et la base de la tige.

C'est une très belle plante, poussant généralement dans des parcelles de mousse. Les capuchons ont une surface brun cannelle assez brillante, qui attirera l'attention de tous . Ils sont très petits et peuvent facilement être négligés. Trouvé en août et septembre.

Cette plante est appelée P. subsericeus par le Dr Peck.

Polystictus perennis. Le P.

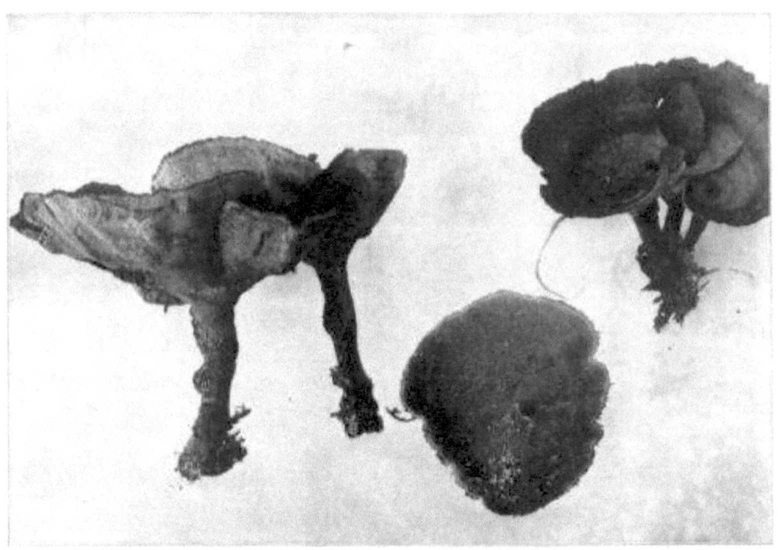

Photo de CG Lloyd.

PLANCHE XLVII. FIGURE 346.— POLYSTICTUS PERENNIS.

Le chapeau est fin, souple lorsqu'il est frais mais quelque peu cassant lorsqu'il est sec. Il est finement velouté sur la face supérieure, de couleur brun rougeâtre ou cannelle ; élargi ou ombiliqué à presque en forme d'entonnoir. La surface est joliment marquée par des radiations et de fines zones concentriques.

La tige est également veloutée. Les tubes de spores sont minuscules, les parois minces et aiguës, et les bouches anguleuses et enfin plus ou moins déchirées. Le bord du bonnet est finement fimbrié, mais chez les spécimens anciens, ces poils ont tendance à s'effacer. *Atkinson.*

J'ai trouvé des spécimens au bord de la route près de Lone Tree Hill, près de Chillicothe. C'est le seul endroit où j'ai trouvé cette plante. J'ai trouvé Polystictus subsericeus , ou, comme l'appelle le professeur Atkinson, P. cinnamomeus , dans un certain nombre de localités.

Polysticte pergame . Le P.

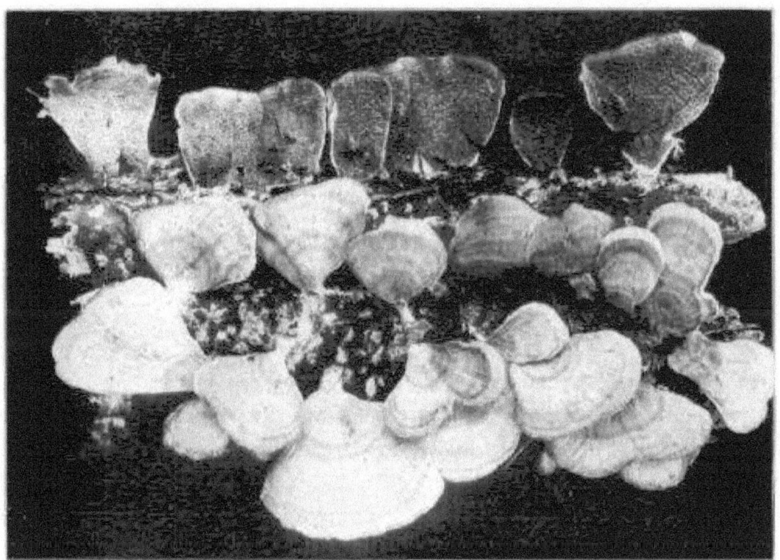

CHIFFRE 345.—— Polysticte pergame .

Pergamenus signifie parchemin.

Le chapeau est coriace, fin, épanche, réfléchi, villeux, zoné, blanc cinéré, avec une zone colorée ; souple lorsqu'il est frais.

Les pores sont inégaux, déchirés, violacés, puis pâles. Il est très commun ici sur le hêtre, l'érable et le merisier. Les pores se déchirent et ressemblent aux dents de l' Hydnum . C'est l'un des champignons les plus répandus dans nos bois.

La photographie est du professeur JD Smith, d'Akron, O.

Fomes leucophæus . Mont.

Cela a été appelé par de nombreux auteurs en Amérique Fomes applanatus ou Polyporus applanatus . Il est très commun dans ce pays mais très rare en Europe, tandis que Fomes applanatus , commun en Europe, est très rare aux États-Unis. En apparence générale, ils se ressemblent beaucoup, l' aplanatus ayant un tissu plus mou et des spores échinulées, mais notre espèce commune, leucophæus , a des spores lisses.

Le chapeau est élargi, tuberculeux , obsolètement zoné, pulvérulent ou lisse ; cannelle, devenant blanchâtre ; cuticule crustacée, rigide, enfin fragile, très molle à l'intérieur ; vaguement floconneux, marge tumée ; blanc, puis cannelle. Les pores sont très petits, légèrement ferrugineux, l'orifice blanchâtre, brunâtre au froissement. La surface des spores lorsqu'elle est fraîche est douce et blanche.

Cette jolie plante est très commune dans nos bois et constitue une excellente surface de pochoir pour dessiner. Trouvé toute l'année.

Fomes fomentaire . Le P.

Le support Fomes.

Cette espèce est très commune dans nos bois. Les supports ressemblent à un sabot de cheval. Ils sont fumés, gris et de diverses nuances de brun. La surface supérieure du support est assez fortement zonée et sillonnée, de manière à montrer la croissance de chaque année. La marge est épaisse et émoussée et la surface du tube est concave ; les ouvertures des tubes sont assez grandes, de sorte qu'elles peuvent être facilement vues à l'œil nu. La surface du tube est brun rougeâtre à maturité. L'intérieur était autrefois utilisé pour fabriquer des bâtons d'amadou, fabriqués en roulant le bois du champignon jusqu'à ce qu'il soit parfaitement flexible, puis en le trempant dans du salpêtre .

Fomes rimosus . Berkeley.

Fomes fissurés.

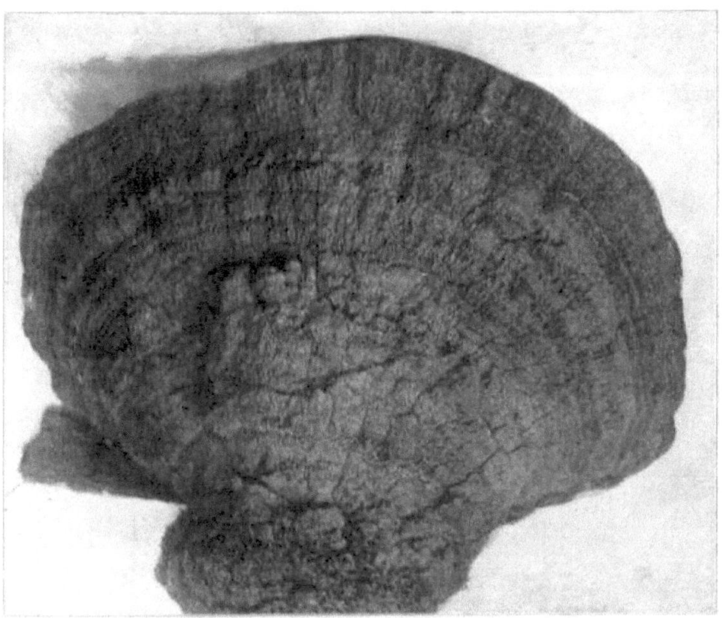

FIGURE 347. — Fomes rimosus .

Rimosus signifie fissuré. Les fines carreaux du chapeau sont clairement visibles dans les demi-teintes.

Le chapeau est pulviné-ongulé, très dilaté, profondément sillonné ; cannelle, puis brune ou noirâtre ; très craquelé ou rimé . Il est très dur, fibreux, fauve-ferrugineux ; le bord est large, pruiné -velouté, plutôt aigu.

Les pores sont minuscules, indistinctement stratifiés, fauves-ferrugineux, la bouche couleur rhubarbe. *Morgan.*

Cette plante est très commune sur les acacias de Chillicothe. Je ne l'ai jamais trouvé sur d'autres bois.

Fomes pinicola . (Swartz.) Le P.

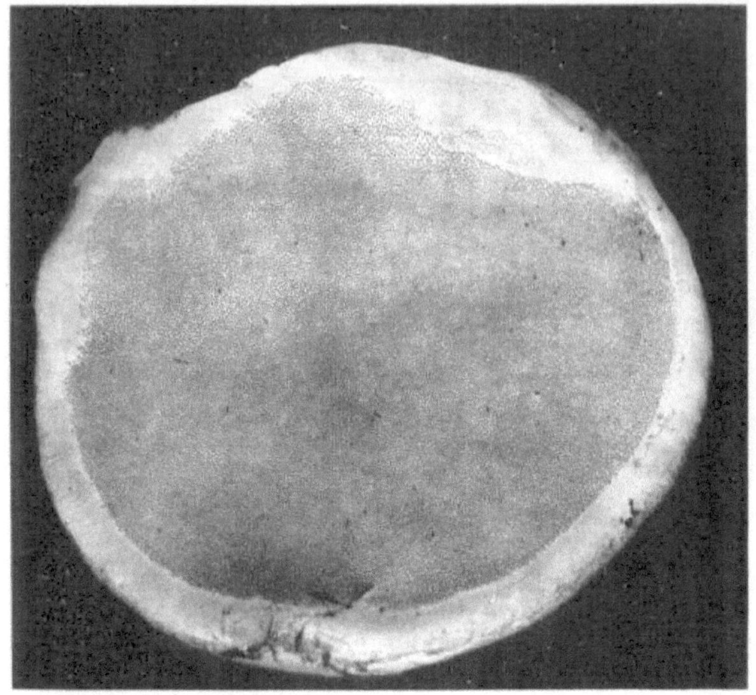

FIGURE 348. — Fomes pinicola .

Pinicola signifie demeurer sur le pin. On le trouve sur les pins morts, les épicéas, les baumiers et autres conifères. Il ressemble à Fomes leucophæus mais est un peu plus gros et n'a pas une croûte aussi dure et ferme. Les jeunes pousses sont en marge et sont blanchâtres ou teintées de jaune, tandis que les zones anciennes sont rougeâtres. La surface du tube est jaune blanchâtre ou jaunâtre. Ceci est fréquemment appelé Polyporus pinicolus . (Swartz.) Le P.

Fomes igniarius. Le P.

FIGURE 349. — Fomes igniarius.

C'est une espèce plutôt commune dans notre état ; de couleur noire ou noir brunâtre, de forme quelque peu triangulaire et souvent en forme de sabot. Les zones indiquant la croissance annuelle sont clairement marquées et les tubes sont assez longs et de couleur brun foncé. Leur croissance est plutôt lente et il faut des années pour produire certains spécimens de taille moyenne. Le professeur Atkinson de l'Université Cornell a trouvé un spécimen qu'il pensait avoir plus de 80 ans.

C'est ce que de nombreux auteurs appellent Polyporus igniarius (L.), Fr. Murrill l'appelle Pyropolyporus igniarius. Cette plante est largement répandue aux États-Unis et se rencontre fréquemment dans tous les bois de l'Ohio.

Fomes fraxinophilus . Le P.

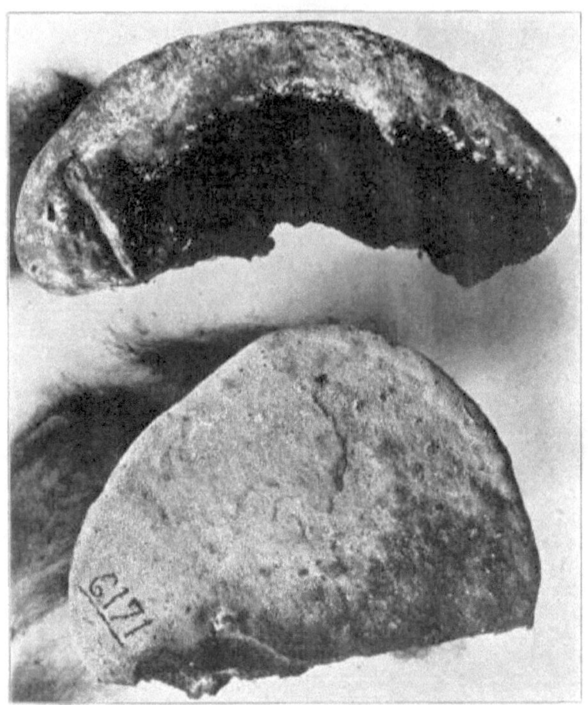

FIGURE 350. — Fomes fraxinophilus .

Fraxinophilus signifie qui aime les cendres ; plutôt commun dans ce pays, mais ne pousse pas en Europe.

Le chapeau est entre liégeux et ligneux, lisse, quelque peu aplati, d'abord sans zone ; blanc quand il est jeune, puis brun rougeâtre, blanc autour de la marge ; d'abord uniforme, puis sillonné de manière concentrique, pâle à l'intérieur.

Les tubes sont courts, à pores minuscules, rouge rouille mais recouverts dès le début d'une pubescence blanche et continue avec la marge ; les spores presque rondes, 6–7μ.

Les spécimens de la figure 350 ont été trouvés à Haynes' Hollow sur un frêne vivant, poussant à des intervalles de cinq ou six pieds, les uns au-dessus des autres, jusqu'à une hauteur de trente pieds.

Tramètes . Le P.

Dans le cas du genre Trametes, l' hymenophorum descend dans le trama des pores sans aucun changement et est en permanence concret avec le chapeau. Les pores sont entiers. Il existe cependant quelques Polypori assez minces qui ont le trama de la même structure que l' hymenophorum . Ceux-ci ont été séparés par Fries et ont été appelés *Polystictus* . Ils se distinguent par le fait que les pores se développent du centre vers l'extérieur et sont perpendiculaires à la couche fibrilleuse au-dessus de l' hyménophore tandis que chez le genre *Trametes* l' hyménophore n'est pas éloigné du reste du chapeau.

Tramètes rubescens . Le P.

FIGURE 351. — Tramètes rubescens .

FIGURE 352. — Tramètes rubescens .

C'est l'une des plantes les plus soignées de cette structure dans nos bois. Il pousse sur les petites branches et les couvre souvent assez bien. Il est résupiné, le chapeau étant magnifiquement zoné comme vous le voyez sur la figure 351. Souvent, ils poussent du côté d'un petit arbre tombé au sol et dans ce cas, ils sont en étagère.

La surface des pores est généralement rougeâtre ou de couleur chair, les pores étant longs et irréguliers et tendent à être labyrinthiformes chez les spécimens plus âgés, comme le montre la figure 352.

La plante entière est de couleur chair rougeâtre ou pâle. Personne ne manquera de le reconnaître à ces réductions.

Tramètes scutellata . Schw .

Scutellata signifie porteur de bouclier. Il est souvent assez petit, un pouce ou moins ; coriaces, dimidiées, orbiculées ou ongulées, fixées par l'apex ; le pilei assez dur : blanc, puis brunâtre et noirâtre, devenant rugueux et irrégulier, avec une marge blanche ; hyménium discoïde, concave, blanc-pulvérulent devenant foncé ; pores minuscules, longs, avec dissepiments épais et obtus. On le trouve sur les poteaux de clôture.

Tramètes Ohiensis . Beurk.

Les pilei sont pulvinés, étroits, zonés, souvent confluents latéralement ; blanc ocre, tomenteuse, puis lisse, laccée . Cette plante ressemble à T. scutellata en de nombreux points, tant par son port que par sa forme.

Tramètes suaveolens . (L.) Le P.

D'abord mou, pulviné, blanc, villeux, sans zone ; pores ronds, assez gros, obtus, blancs, puis plus foncés ; parfumé à l'anis. Trouvé sur les saules.

Mérulius . Le P.

Merulius signifie un merle ; de la couleur du champignon.

Hyménophore recouvert d'un hyménium cireux et mou, incomplètement poreux , ou disposé en plis réticulés, sinueux et dentés. Ce genre pousse sur bois, d'abord résupiné, développé ; l'hyménophore jaillissant d'un mycélium muqueux.

Mérulius rubéole . Pk.

FIGURE 353. — Mérulius rubéole . Taille naturelle.

Rubellus est le diminutif de *ruber* , rougeâtre. Le chapeau se développe en touffes, sessiles, confluentes et imbriquées, repand, fines, convexes, molles, dimidiées, assez tenaces ; tomenteux, uniformément rouge, à marge généralement ondulée et pâlissant avec l'âge. Hyménium blanchâtre ou rougeâtre, à plis très ramifiés, formant des pores anastomosés. Les spores sont elliptiques, hyalines, minuscules, 4–5×2,5–3µ. Le chapeau mesure deux à trois pouces de long et un pouce et demi de large.

On le trouve très fréquemment sur des hêtres et des arbres à sucre pourris et je l'ai trouvé poussant sur un chêne vivant. Les spécimens de la figure 353 ont été collectés près de Columbus et photographiés par le Dr Kellerman. C'est probablement le même que M. incarnati, Schw .

Mérulius tremellosus . Schrad.

FIGURE 354. — Mérulius tremellosus

Tremellosus , tremblant. Résupiner ; marge devenant libre et plus ou moins réfléchie, généralement dentée radiée , charnue, tremelloïde , tomenteuse, blanche ; hyménium diversement ridé et poreux , blanchâtre et d'aspect subtranslucide, se teintant de brun au centre. Les spores sont cylindriques, courbées, d'environ 4×1μ. De un à trois pouces de diamètre, restant pâle lorsqu'il pousse dans des endroits sombres. La marge est parfois teintée d'une couleur rose, rayonnante lorsqu'elle est bien développée. *Massée.*

Cette plante pousse dans les bois sur bois et est assez commune dans nos bois, tant de couleur rose que de brun translucide. Le capitaine McIlvaine appelle Merulius tremellosus et M. rubellus, espèces d'urgence. Il dit qu'ils sont plutôt insipides, coriaces et légèrement boisés. On les trouve en octobre et novembre.

Merulius corium. Le P.

Résupiné, épanché, mou, papyracé, circonférence en longueur libre, réfléchie, blanche, villeuse en dessous. Hyménium réticulé, poreux , pâle, de couleur beige.

Trouvé sur des branches en décomposition. Assez fréquent.

Mérulius lacrymans . Le P.

Résupiné, charnu, spongieux, humide, tendre, d'abord très léger, cotonneux et blanc ; lorsque les veines apparaissent, elles sont d'un fin jaune, orange ou brun rougeâtre, formant des plis irréguliers, disposés de manière à avoir l'apparence de pores (mais jamais comme des tubes), distillant lorsqu'elles sont parfaites des gouttes d'eau qui donnent lieu au nom spécifique "larmes."

Le Dr Charles W. Hoyt de Chillicothe a apporté à mon bureau deux ou trois plantes de cette espèce qui avaient poussé sous le sol de son lavoir. Lorsqu'il prit la parole, les ouvriers découvrirent un certain nombre de processus pendants, certains ovales, d'autres en forme de cône. Certains mesuraient huit pouces de long, très blancs et beaux mais illustrant clairement le processus de pleurs. Le médecin les appelait des rats blancs suspendus par la queue.

Dédalea . Pers.

Dædalea est utilisé en référence aux pores labyrinthiformes ; ainsi nommé d'après Dædalos , le constructeur du labyrinthe de Crète.

L'hyménophore descend dans le trama sans aucun changement, les pores fermes, à maturité, sinueux et labyrinthiforme , lacéré et denté. Les habitudes de Dédalea sont à peu près les mêmes que celles de Tramètes , mais elles sont inodores. Il faut veiller à ne pas les confondre avec les espèces de Polyporus qui ont des pores incurvés allongés.

Dédalea ambiguë . Beurk.

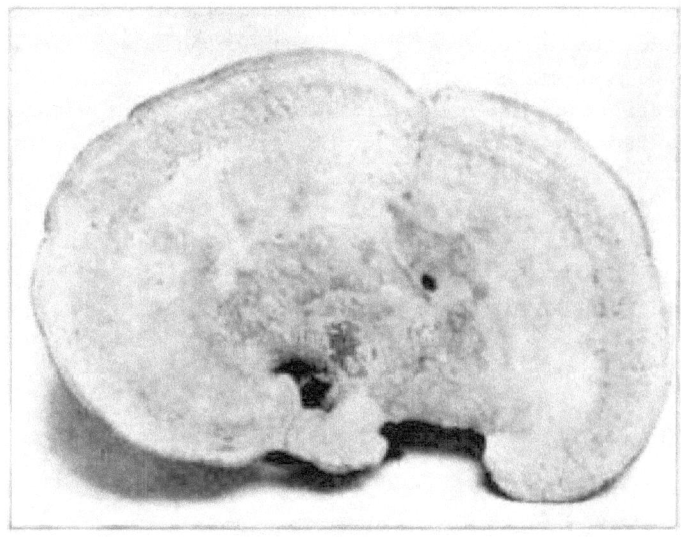

CHIFFRE 355.— Dédalea ambiguë . Un tiers de grandeur nature, montrant la face supérieure.

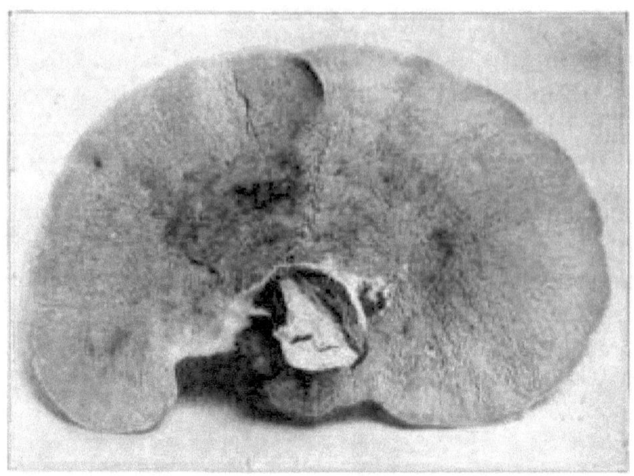

Le chapeau est blanc, liégeux, horizontal, explicatif, réniforme, subsessile, azoné , finement pubescent, devenant lisse.

Pores ronds à linéaires et labyrinthiformes , les dissépiments toujours obtus et jamais lamellaires.

C'est une croissance très courante dans l'Ohio, trouvée sur de vieilles bûches d'érable à sucre. Vous verrez le début de la croissance au printemps sous la forme d'un nodule rond et blanc qui se développe lentement. Si la même plante est observée en été, elle se révélera de forme gibbeuse ou convexe. Il termine sa croissance à l'automne lorsqu'il est devenu explicatif et horizontal, déprimé au-dessus et avec une fine marge. Lorsqu'il est frais et en croissance, il est d'une riche couleur crème et possède un toucher doux et velouté et un parfum agréable. Sur la figure 355, montrant la surface du chapeau, la croissance de la plante apparaît sous la forme de zones. La figure 356 montre la forme des dissépiments. Chez les spécimens plus jeunes, ils sont souvent ronds, un peu comme un Polyporus . Il y a une localité à Poke Hollow où les bûches d'érable sont blanches avec cette espèce, semblant, au loin, être des pleurotes.

Dédalea quercine . Pk.

LE CHÊNE DÆDALEA .

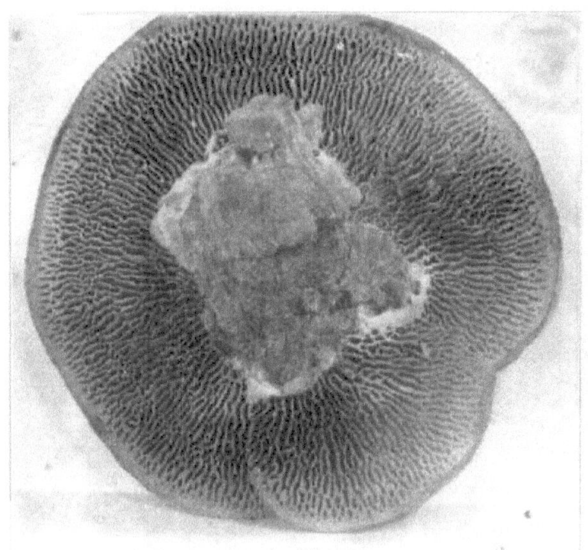

Le chapeau est de couleur bois pâle, liégeux, rugueux, irrégulier, sans zones, devenant lisse ; de la même couleur à l'intérieur qu'à l'extérieur ; la marge chez les spécimens adultes est mince, mais chez les spécimens imparfaitement développés, elle est gonflée et émoussée.

labyrinthiformes contournés ou branchiaux , aux bords obtus de la même couleur que le chapeau, parfois avec une légère nuance de rose.

Ils deviennent très grands, de six à huit pouces de large, et se trouvent sur des souches de chêne et des rondins, bien qu'ils ne soient pas aussi communs dans l'Ohio que D. ambigua . Le spécimen de la figure 357 a été trouvé dans le Massachusetts par Mme Blackford et photographié ici.

Daedalea unicolor. Le P.

Villosé -strigeux, cinéré avec zones concolores ; hyménium avec des disépiments flexueux, sinueux, complexes et aigus, longuement déchirés et dentés. Les pores sont cinérés blanchâtres, parfois fusceux ; variable en épaisseur, couleur et caractère de l'hyménium ; parfois avec marge blanche ; souvent imbriquée et fuligineuse lorsqu'elle est humide. Largement distribué dans tous les États et trouvé sur presque tous les arbres à feuilles caduques.

Dédalea confragosa . Bouton .

LE SAULE DÆDALEA .

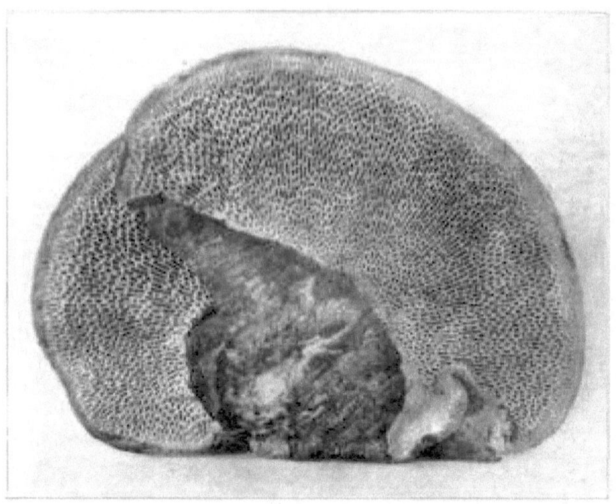

CHIFFRE 358.— Dédalea confragosa .

Confragosa signifie brisé, rugueux. Le chapeau est plutôt convexe, liégeux, rugueux, légèrement zoné, brun rougeâtre, unicolore, légèrement rouge rouille à l'intérieur.

Les pores sont souvent ronds, comme ceux du Polyporus , mais parfois ils sont allongés en branchies comme chez les Lenzites ; brun rougeâtre.

J'ai vu des spécimens assez anciens et très difficiles à distinguer de certaines formes de Lenzites . Les jeunes plants ressemblent beaucoup à Trametes rubescens . Il pousse sur Cratægus , saule et parfois sur d'autres arbres, et est largement distribué. Le spécimen de la figure 358 a été trouvé dans le Massachusetts par Mme Blackford et photographié dans mon étude.

Favolus . Le P.

Favolus est un diminutif de *favus* , nid d'abeille.

L'hyménium est alvéolé, radieux, formé de branchies densément irrégulièrement unies ; allongé, en forme de losange. Spores blanches. De contour semi-circulaire, quelque peu stipité.

Favolus canadensis. Klotsch .

CHIFFRE 359.— Favolus canadensis.

Le chapeau est charnu, coriace, fin, réniforme, fibrilleux, écailleux, fauve, devenant pâle et lisse.

Les pores ou alvéoles sont anguleux et allongés, d'abord blancs, puis de couleur paille.

La tige est excentrique, latérale, très courte ou totalement absente.

Cette plante est très commune autour de Chillicothe sur les branches tombées dans les bois, notamment sur le caryer. Trouvé de septembre aux gelées. Pas toxique mais trop dur à manger. Je ne crois pas qu'il y ait de différence entre F. canadensis et Favolus Européen . Je remarque que notre plante prend des couleurs différentes selon les stades de sa croissance et que la forme des pores change également.

Cyclomyces . Kunz et le P.

Cyclomyces vient de deux mots grecs signifiant cercle et champignon. Ce genre est très distinct des autres genres tuberculeux. Le chapeau est charnu, coriace ou membraneux et généralement en forme de coussin. Sur la surface inférieure se trouvent des corps en forme de plaques ressemblant aux branchies des Agarics mais qui sont composés de minuscules pores. Ces corps poreux sont disposés en cercles concentriques autour de la tige.

Cyclomyces Greenii . Beurk.

CHIFFRE 360.— Cyclomyces Greenii

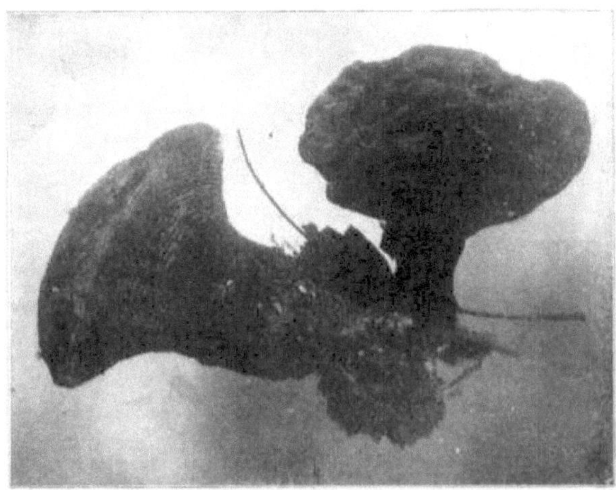

CHIFFRE 361.— Cyclomyces Greenii . Anciens spécimens.

Le chapeau est large de deux à trois pouces, globuleux au début, convexe, parfois ondulé, quelque peu zoné, tomenteux, sec, en forme de coussin, brun cannelle, plutôt voyant.

Les branchies sont disposées en cercles concentriques autour de la tige, devenant de plus en plus grandes à mesure qu'elles atteignent le bord du capuchon. Chez la jeune plante, les branchies sont divisées en longues divisions, mais chez la plante plus âgée, ces lignes de division disparaissent comme le montre la figure 361. Les bords des branchies sont blancs au début, comme le montre la figure 361, mais deviennent finalement cannelle. -brun.

La tige est centrale, effilée vers le haut, assez grande et parfois renflée, un peu comme Hydnum spongiosipes ; la couleur est la même que celle du chapeau.

C'est une plante très intéressante et assez rare dans l'Ohio, cependant, j'en ai trouvé plusieurs plantes à l'automne 1905, sur Ralston's Run. Dans la même localité, j'ai trouvé Boletus badius, et lorsque j'ai vu pour la première fois C. Greenii, j'ai failli le prendre pour la même plante et ainsi le négliger, tant les chapeaux se ressemblaient à première vue.

Gloéoporus . Mont.

Gloeoporus vient de deux mots grecs signifiant gluten et pores. Les plantes de ce genre ressemblent au polypore et sont fréquemment placées sous ce genre.

Gloéopore conchoïdes . Mont.

Conchoides signifie comme une coquille.

Le chapeau est coriace ou ligneux, d'abord charnu, mou, épanoui, avec un bord supérieur réfléchi ; mince, soyeux, blanchâtre, avec le bord de la marge souvent rougeâtre. Il a une surface tremblante, gélatineuse, porteuse de spores, souvent quelque peu élastique.

Les pores sont courts, très petits, ronds, brun cannelle.

Il existe plusieurs synonymes. Polypore dichrous , Fr., et P. nigropurpurascens , Schw . Montgomery le place dans le genre ci-dessus en raison de son hyménium gélatineux.

CHAPITRE VIII.
HYDNACEAE—CHAMPIGNONS AVEC DENTS.

Il n'existe peut-être aucune famille en mycologie qui présente une plus grande variété de forme, de taille et de consistance que celle-ci. Certaines espèces sont très grandes, d'autres petites, certaines charnues et certaines sont liégeuses ou ligneuses. La surface de fructification est la caractéristique particulière de la famille. Cette surface est couverte d'épines ou de dents qui pointent presque toujours vers la terre.

Beaucoup d' Hydnacées poussent en étagères, sur des arbres ou des rondins ; certains poussent au sol sur des tiges centrales, mais généralement excentriques. Les genres d' Hydnacées se distinguent par la taille, la forme et l'attachement des dents. Les genres suivants sont inclus :

- Hydnum —épines discrètes à la base.

- Irpex : Résupiner ; avec des dents branchiales en béton avec le chapeau.

- Mucronella — Plantes avec des dents uniquement et sans membrane basale.

- Radulum — Hyménium avec des épines épaisses, émoussées et irrégulières.

- Sistotrema — Plantes charnues à coiffes et dents aplaties, au sol.

- Phlébie — Plantes réparties sur l'hôte avec des plis ou des rides très denses.

- Grandinia — Recouvert de granules plus ou moins lisses et creusés.

- Odontium — recouvert de granules à crête.

Hydnum . Linn.

Hydnum vient d'un mot grec signifiant champignon comestible. Le genre est caractérisé par des épines en forme de poinçon, distantes à la base. Ces épines sont d'abord papilliformes, puis allongées et rondes. Elles forment la surface de fructification et remplacent les branchies chez la famille des Agaricacées et les pores chez la famille des Polyporacées . Les épines sont simples ou dans certains cas les pointes sont plus ou moins ramifiées.

Il s'agit du plus grand genre de la famille et il comprend de nombreuses espèces comestibles importantes. On peut la diviser en deux groupes : l'un, les espèces ayant un chapeau et une tige centrale ou latérale ; l'autre, les espèces poussant avec ou sans chapeau distinct, en grandes masses imbriquées. Certains imitent la structure du corail et d'autres semblent être une masse d'épines. Beaucoup de ces plantes deviennent très grandes et massives, pesant souvent plus de dix livres.

Hydnum repandum . Linn.

L' HYDNUM QUI SE PROPAGE . COMESTIBLE.

CHIFFRE 362.— Hydnum repandum . Deux tiers grandeur nature.

Repandum , courbé vers l'arrière, faisant référence à la position de la tige et du capuchon. Le chapeau est large de deux à quatre pouces, généralement irrégulier, avec la tige excentrique ; charnues, cassantes, convexes ou presque planes, compactes, plus ou moins repandées, presque lisses ; couleur variant d'un chamois pâle - la teinte typique - à un rouge brique distinct ; chair blanc crème, ayant tendance à brunir lorsqu'on la froisse; goût légèrement aromatique, marge souvent ondulée.

Les épines sont sous la calotte, longues d'un quart à un tiers de pouce, irrégulières, entières, pointues, assez facilement détachées, laissant de petites cavités dans la calotte charnue, douce, crémeuse, devenant plus foncées chez les spécimens plus âgés.

La tige est courte, épaisse, solide chez les jeunes spécimens, creuse chez les spécimens plus âgés ; plus pâle que le chapeau, plutôt rugueux, souvent implanté de manière excentrique dans le capuchon ; un à trois pouces de long, parfois épaissis à la base, parfois au sommet. Les spores sont globuleuses ou largement ovales, avec une petite papille à une extrémité.

La couleur habituelle du bonnet est chamois, parfois très pâle, presque blanche. La couleur et la douceur du chapeau ont donné naissance au nom de « champignon à peau de biche ». J'ai trouvé cette plante de temps en temps dans les bois de Salem, Ohio. Il est de taille et de couleur très variables, et assez fragile, poussant seul ou en grappes. C'est l'un de nos meilleurs champignons s'il est bien cuit et peut être séché et conservé pour l'hiver. Trouvé dans les bois et les lieux ouverts de juillet à octobre, parfois plus tôt. Les spécimens de la figure 362 ont été trouvés à Poke Hollow.

Hydnum imbriqué . Linn.

Hydnum imbriqué . Comestible.

Imbricatum vient de *imbrex* , une tuile, faisant référence à la surface du capuchon déchirée en écailles triangulaires, semblant se chevaucher comme des bardeaux sur un toit.

Le chapeau est charnu, plan, légèrement déprimé, pavage écailleux, duveteux, non zoné, de couleur terre d'ombre ou brunâtre comme roussie, chair d'un blanc terne, goût légèrement amer à cru, marge ronde.

Les épines sont décurrentes, entières, nombreuses, courtes, blanc cendré, généralement de même longueur.

La tige est ferme, courte, épaisse, régulière et blanchâtre. Les spores sont jaune-brun pâle, rugueuses.

Le goût amer disparaît entièrement de la plante une fois bien cuite. Il semble se plaire dans les bois de pins ou de châtaigniers. Je l'ai trouvé dans les bois d'Emmanuel Thomas, à l'est de Salem, Ohio. On le trouve de septembre à novembre.

Hydnum érinacée . Taureau.

Le Hérisson Hydnum . Comestible .

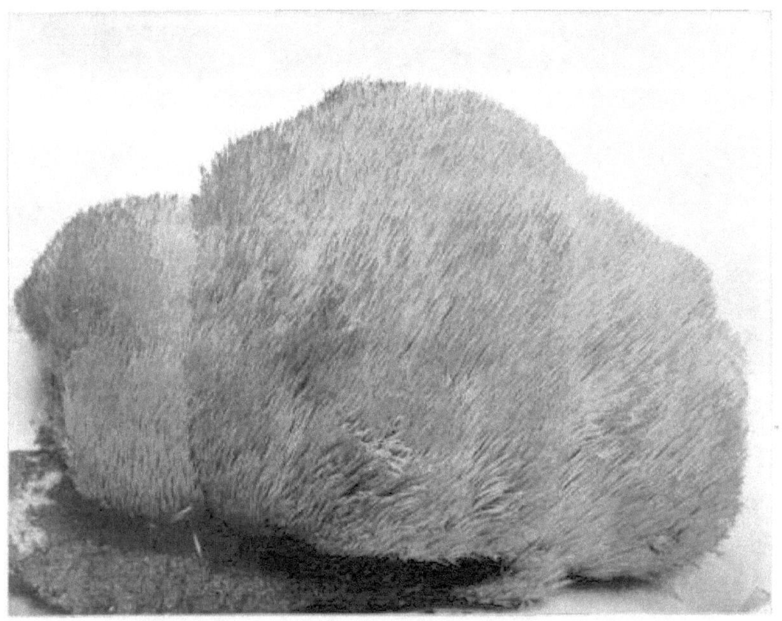

PLANCHE XLVIII. FIGURE 363. — HYDNUM ÉRINACÉE .
Deux tiers grandeur nature. La plante est entièrement blanche lorsqu'elle est fraîche.

Erinaceum , un hérisson. Deux à huit pouces ou plus de diamètre. Touffes pendantes. Blanc et blanc jaunâtre devenant brun jaunâtre ; charnu, élastique, coriace, parfois émarginé (largement attaché comme si la touffe était coupée en deux ou tranchée là où elle est attachée), une masse de branches et de fibrilles grillagées. Épines d'un pouce et demi à quatre pouces de long, serrées, droites, égales, pendantes. La tige est parfois rudimentaire. Les spores sont subglobuleuses , blanches, unies, 5–6 µ. *Peck* , 22, rapport de New York.

Les épines au début ressemblent à de petites papilles , comme on le verra sur la figure 364. La figure 363 représente un très beau spécimen trouvé au bout d'une bûche de hêtre, sur les collines Huntington, près de Chillicothe. Cela préparait un repas pour trois familles. J'ai trouvé plusieurs paniers de cette espèce sur cette même bûche, au cours des dernières années. J'ai également trouvé sur le même journal de gros spécimens d' Hydnum corralloides .

La photographie au début du livre représente le plus gros spécimen que j'ai jamais vu de cette espèce. Il mesurait dix-huit pouces dans un sens et treize dans l'autre, et a été trouvé sur un érable au sommet du mont Logan. Il est né d'une tige centrale, tandis que celui de la figure 363 est né d'une fissure dans une bûche, apparemment sans tige. La plaque I, figure 1, a été photographiée après séchage. Le spécimen peut être vu à la Lloyd Library de Cincinnati. Trouvé de juillet à octobre.

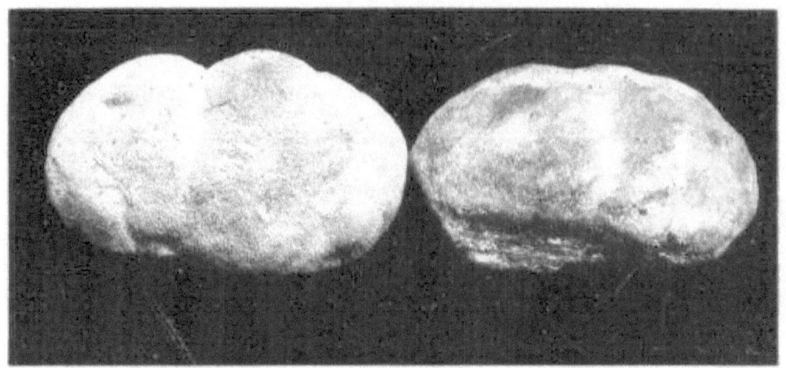

FIGURE 364. — Hydnum érinacée . Jeune Etat.

Hydnum caputursi . Le P.

HYDNUM DE LA TÊTE D'OURS . COMESTIBLE.

FIGURE 365. — Hydnum caput- ursi .

Caputursi signifie la tête d'un ours.

C'est une très belle plante mais pas aussi commune que certaines autres espèces d' Hydnum . Il pousse en très grandes touffes pendantes, comme l'indique la figure 365. On le trouve fréquemment sur les chênes et les érables sur pied, parfois assez haut dans les arbres. On le trouve plus fréquemment sur les bûches et les souches, tout comme ses espèces apparentées. La plante sort du bois par une seule tige robuste qui se ramifie en plusieurs divisions, toutes couvertes de longues épines pendantes. Lorsqu'il pousse au sommet d'une bûche ou d'une souche, les épines sont souvent dressées. Il est blanc, devenant jaune et brunâtre avec l'âge. Il a une large distribution à travers les États. En tant qu'esculent, ça va. Le spécimen de la figure 365 a été trouvé près d'Akron, Ohio, et a été photographié par M. GD Smith. On le trouve de juillet à octobre.

Hydnum caput- Méduses . Taureau.

Hᴠᴅɴᴜᴍ ᴅᴇ ʟᴀ ᴛêᴛᴇ ᴅᴇ Méᴅᴜsᴇ . Cᴏᴍᴇsᴛɪʙʟᴇ.

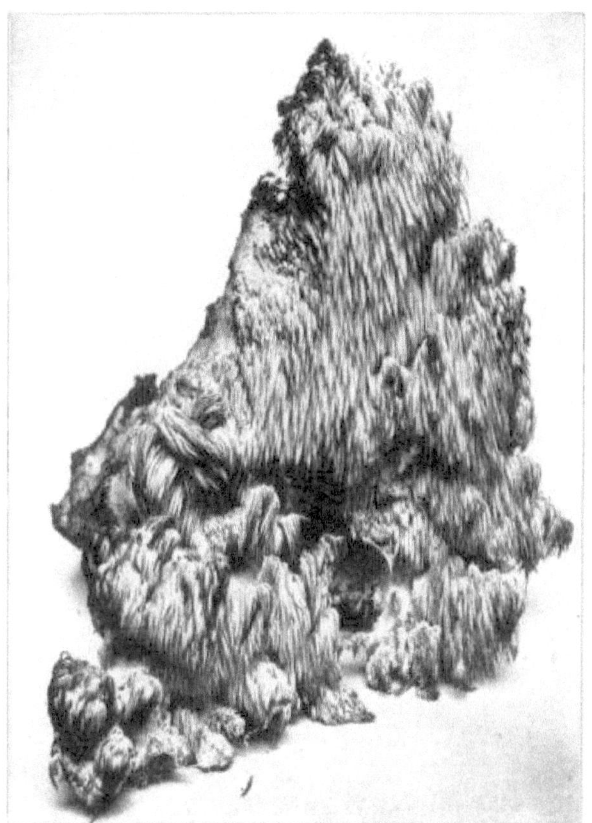

FɪɢᴜRᴇ 366. — Hydnum caput- Medusæ . Un tiers de taille naturelle.

Caput- Médusæ , chef de Méduse. C'est une plante très frappante lorsqu'on la voit dans les bois. Les touffes sont pendantes. Les longues épines ondulées ressemblent aux mèches ondulées de Méduse, d'où son nom. Les longues épines molles couvrent toute la surface du champignon, qui est divisée en branches ou divisions charnues, chacune se terminant par une couronne de dents plus courtes et tombantes.

La couleur est d'abord blanche, puis évolue avec l'âge vers un chamois ou une crème foncée, ce qui la distingue de H. caputursi . Le goût est doux et aromatique, parfois légèrement piquant. La tige est courte et cachée sous la croissance.

J'ai trouvé cette plante poussant sur une bûche de caryer, sur Lee's Hill, près de Chillicothe, d'où provenait le spécimen de la figure 366. Je l'ai également trouvée sur un orme et un hêtre. Trouvé de juillet à octobre.

C'est à la fois attrayant et savoureux.

Hydnum coralloides . Portée.

HYDNUM SEMBLABLE À UN CORAIL . COMESTIBLE.

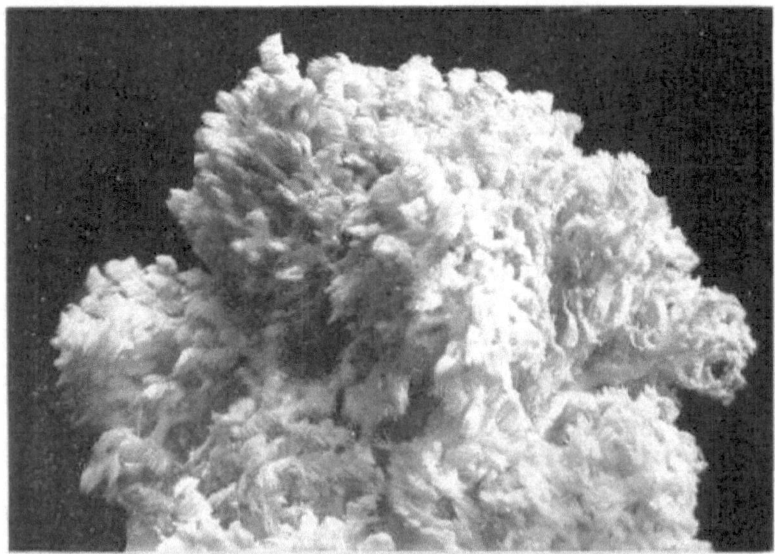

CHIFFRE 367.— Hydnum coralloides . Un quart de la taille naturelle. Plante entière blanche.

Cette espèce pousse en grandes et belles touffes sur des rondins en décomposition, dans les bois humides. Il pousse à partir d'une tige commune, se divisant en de nombreuses branches, puis se subdivisant en de nombreuses pousses longues et ressemblant à du corail, composées entièrement de branches atténuées entrelacées se rétrécissant en pointe. Les épines poussent d'un côté des branches aplaties. Il suffit de le voir une seule fois pour être reconnu comme un champignon ressemblant à un corail. Il est d'abord d'un blanc pur, devenant crémeux ou blanc terne avec l'âge. Il semble se plaire dans les endroits humides et vallonnés, mais je l'ai trouvé abondant à Sidney et, dans une certaine mesure, autour de Bowling Green, Ohio, où il était très plat. Il est abondant autour de Chillicothe. Une bûche de caryer, sur laquelle a été prélevé le spécimen de la figure, m'a fourni plusieurs paniers pleins de cette plante pendant trois saisons, mais à la fin de la troisième saison, la bûche s'est effondrée, le mycélium l'ayant littéralement consumée. C'est l'un des plus beaux champignons que Dame Nature ait pu façonner. On raconte qu'Elias Fries, lorsqu'il n'était qu'un jeune garçon, fut tellement impressionné par la vue de ce beau champignon, qui poussait abondamment dans ses bois natals en Suède, qu'il résolut, lorsqu'il grandit, de poursuivre l'étude de la mycologie, ce qu'il fit. ; et devint l'une des plus grandes autorités du monde dans cette partie de la botanique. En fait, il a jeté les bases de l'étude des basidiomycètes, et ce magnifique petit champignon ressemblant à un corail a été son inspiration.

On le trouve principalement sur hêtre, érable et caryer dans les bois humides, de juillet jusqu'aux gelées. Je le mange depuis des années et je le considère parmi les meilleurs.

Hydnum septentrionale . Le P.

L' HYDNUM DU NORD .

PLANCHE XLIX. FIGURE 368.— HYDNUM SEPTENTRIONALE .
Issu d'une petite ouverture dans un hêtre vivant.

Septentrionale , nord. Il s'agit d'une très grande plante charnue et fibreuse, poussant généralement sur des bûches et des souches.

Il existe de nombreux pilei poussant les uns au-dessus des autres, plans, à marge droite, entiers. Les épines sont serrées, fines et égales.

J'ai trouvé un certain nombre de spécimens sur Chillicothe qui pèseraient de huit à dix livres chacun. La plante est trop ligneuse pour être mangée. En outre, il semble avoir peu de saveur. Je l'ai toujours trouvé sur des bûches de hêtre, de septembre à octobre.

Une très grande plante pousse chaque année sur un hêtre vivant sur Cemetery Hill.

Hydnum spongiosipes . Pk.

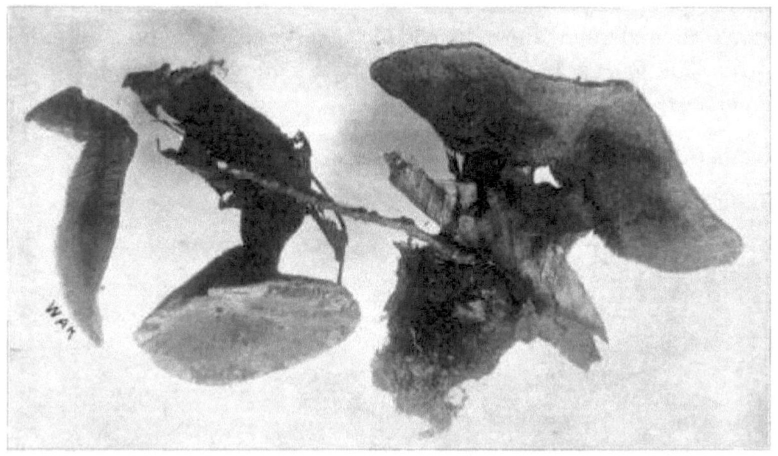

CHIFFRE 369.— Hydnum spongiosipes . Un tiers de taille naturelle.

Spongiosipes signifie un pied semblable à une éponge. Chapeau convexe, mou, spongieux-tomenteux, mais de texture coriace, brun rouille, la couche inférieure plus ferme et plus fibreuse, mais concolore.

Les épines sont fines, longues d'une à deux lignes, brun rouille, devenant plus foncées avec l'âge.

La tige est dure et liégeuse à l'intérieur, extérieurement spongieuse-tomenteuse ; coloré comme le chapeau, la substance centrale est souvent zonée transversalement, surtout près du sommet. Spores globuleuses, noduleuses , brun violacé, 4–6 larges. Chapeau d'un pouce et demi à quatre pouces de large. Tige d'un pouce et demi à trois pouces de long et de quatre à huit lignes d'épaisseur. *Peck* , 50e Rép.

On le trouve en abondance dans les bois autour de Chillicothe. Je l'ai longtemps référé à H. ferrugineum , mais, n'étant pas satisfait, j'ai envoyé quelques spécimens au Dr Peck, qui l'a classé comme H. spongiosipes . C'est comestible mais très dur. Trouvé de juillet à octobre.

Hydnum zonatum . Batsch.

Hydnum zoné .

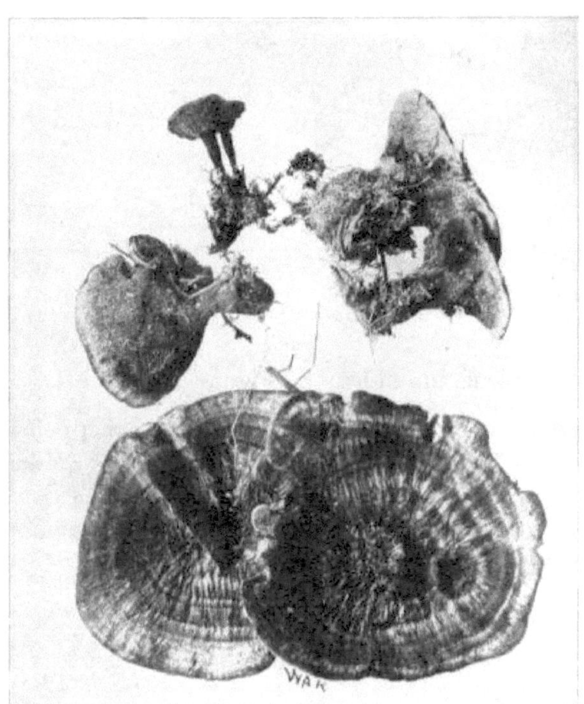

Chiffre 370.— Hydnum zonatum .

Zonatum , zoné. Ferrugineux; chapeau également coriace, fin, élargi, subinfundibuliforme , zoné, devenant lisse ; dure, de texture presque coriace, ayant une surface d'un bel éclat brun et soyeux , et avec des stries rayonnantes ; marge plus pâle; stérile.

La tige est mince, presque égale, floconneuse, bulbeuse à la base.

Les épines sont fines, pâles, puis de même couleur que le chapeau, égales. Les spores sont rugueuses, globuleuses, pâles, 4µ.

Les épines porteuses de spores sont représentées dans les plantes supérieures sur la figure 370. Deux d'entre elles présentent des calottes fusionnées, bien que les tiges soient séparées. C'est le cas de H. scrobiculatum et de H. spongiosipes . Les plantes de la figure 370 ont été récoltées au bord de la route dans les bois de la State Farm, près de Lancaster, et photographiées par le Dr Kellerman.

Hydnum scrobiculatum . Le P.

Scrobiculatum signifie marqué d'un fossé ou d'une tranchée ; ainsi appelé à cause de l'état brut du capuchon. Le chapeau est de un à trois pouces de large, liégeux, convexe, puis plan, quelquefois légèrement déprimé ; texture dure, brun rouille; la surface du capuchon est généralement assez rugueuse, marquée de crêtes ou de tranchées, à chair ferrugineuse.

Les épines sont courtes, brun rouille, devenant foncées avec l'âge.

La tige est ferme, longue d'un à deux pouces, inégale, brun rouille, souvent recouverte d'un tomentum dense.

Cette espèce est très abondante dans nos bois, parmi les feuilles sous les hêtres. Ils poussent en lignes sur une certaine distance, les calottes si rapprochées qu'elles sont très souvent confluentes. J'ai trouvé l'usine à Salem et dans plusieurs autres localités de l'État, bien que je n'en ai jamais vu de description. N'importe qui pourra le reconnaître grâce à la figure 371. Il pousse dans les bois en août et septembre.

Hydnum Blackfordæ . Pk.

Le chapeau est charnu, convexe, glabre, grisâtre ou gris verdâtre, la chair blanchâtre avec des taches rougeâtres, devenant lentement plus foncée à l'exposition ; aculei subulé, 2–5 mm. longues, gris jaunâtre, devenant brunes avec l'âge ou le séchage ; tige égale ou farcie, devenant creuse en séchant ; glabre, coloré comme le chapeau ; spores brunes, globuleuses, verruqueuses, larges de 8–10µ.

Le chapeau mesure 2,5 à 6 cm. large; tige 2,5–4 cm. longue, 3 à 4 mm. épais.

Sol moussu dans les endroits bas et élastiques dans les bois mixtes humides. Août. *Picorer.*

Cette espèce a été trouvée à Ellis, Massachusetts, et m'a été envoyée grâce à la courtoisie de la collectionneuse, Mme EB Blackford, Boston, en l'honneur de laquelle elle doit son nom.

Hydnum fennicum . Karst.

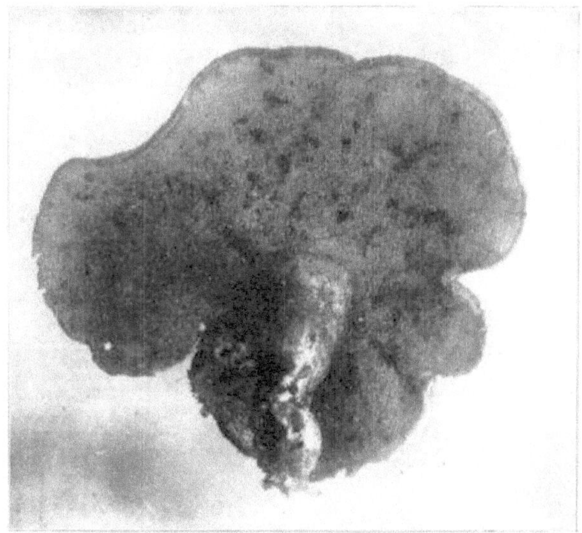

CHIFFRE 372.— Hydnum fennicum . Grandeur naturelle, montrant les dents.

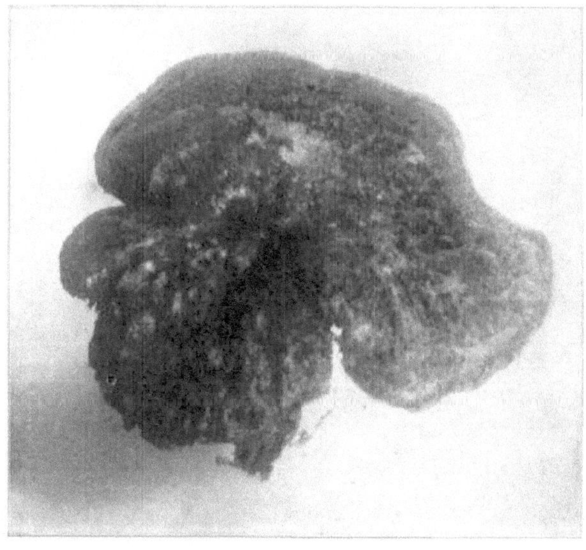

FIGURE 373. — Hydnum fennicum . Grandeur naturelle, montrant la calotte écailleuse.

Chapeau charnu, fragile, inégal ; d'abord écailleuse, puis se désagrégeant ; couleur brique rougeâtre devenant plus foncée; marge ondulée lobée, large de deux à quatre pouces. Chair blanche.

Les dents sont décurrentes, égales, pointues, du blanc au foncé, d'environ 4 mm. long.

La tige est suffisamment grosse, inégale en dessous, atténuée, flexueuse ou courbée, lisse, de la même couleur que le chapeau, base aiguë, tomentum blanc à l'extérieur, intérieur bleu pâle clair ou gris foncé.

Les spores sont ellipso-sphéroïdales ou subsphéroïdales , rugueuses, sombres, 4 à 6 μ de long et 3 à 5 μ de large.

Les plantes des figures 372 et 373 ont été trouvées à Haynes' Hollow.

La plante est assez amère et aucune cuisson ne la rendra comestible.

Trouvé dans les bois d'août à septembre.

Hydnum adustum . Le P.

FIGURE 374. — Hydnum adustum . Taille naturelle.

Adustum signifie brûlé, brûlé. Le chapeau est large de deux à trois pouces, blanc jaunâtre, noirâtre autour de la marge, coriace, légèrement zoné ; avion d'abord, puis légèrement déprimé ; tomenteux, mince; on trouve souvent une plante poussant au sommet d'une autre plante. Les épines sont d'abord blanches, adnées, courtes, devenant couleur chair et une fois séchées presque noires.

La tige est courte, solide et effilée vers le haut.

La plante pousse dans les bois sur des troncs et des bâtons après une pluie en juillet, août et septembre. Ce n'est pas aussi abondant qu'Hydnum spongiosipes et H. scrobiculatum . C'est une plante attrayante lorsqu'on la voit dans les bois.

Hydnum ochraceum . P.

OCRE HYDNUM .

Petit, d'abord entièrement résupiné, graduellement réfléchi et quelque peu repand, d'abord peu vêtu de duvet blanc sale, puis rugueux ; un à trois pouces de large. Les épines sont courtes, entières, devenant pâles. *Frites.*

On le trouve parfois sur des bâtons pourris dans les bois.

Hydnum pulcherrimum . AVANT JC.

LE PLUS BEL HYDNUM .

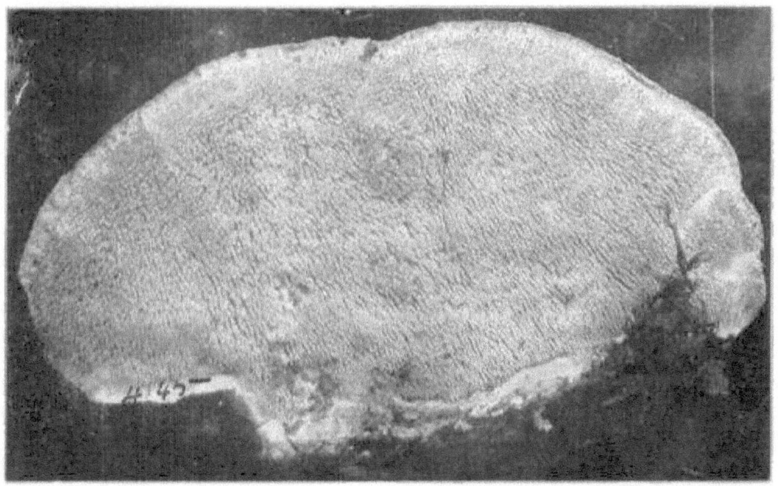

FIGURE 375. — Hydnum pulcherrimum . Montrant la face inférieure de l'un des pileoli .

Pulcherrimum est le superlatif de *pulcher* , beau.

Le chapeau est charnu, un peu fibreux, alutaceus , hirsute ; la marge fine, entière, incurvée.

Les aculei sont courts, nombreux, égaux.

On le trouve sur bois de hêtre, fréquemment imbriqué et confluent latéralement ; un seul chapeau de deux à cinq pouces de largeur et dépassant de deux à quatre pouces. Les épines sont plutôt courtes, ne dépassant pas un quart de pouce.

La plante entière est assez fibreuse et présente une surface hirsute. La couleur varie du blanchâtre à alutacé et jaunâtre. Ce n'est pas courant chez nous. La figure 375 représente l'un des pilei montrant les épines.

Hydnum graveolens. Del.

HYDNUM PARFUMÉ .

Graveolens signifie parfumé.

Le chapeau est coriace, fin, mou, non zoné, rugueux, brun foncé, brun à l'intérieur, le bord devenant blanchâtre. La tige est fine et les épines sont décurrentes. Les épines sont courtes, grises.

La plante entière sent le mélilot ; même après avoir été séché et conservé pendant des années, il ne perd pas ce parfum.

J'ai trouvé deux spécimens à Haynes's Hollow.

Irpex . Le P.

Irpex , une herse, ainsi appelée à cause d'une ressemblance imaginaire de ses dents avec les dents d'une herse. Il pousse sur le bois ; dentées dès le début, les dents sont reliées à la base, fermes, un peu coriaces, concrètes avec le chapeau, disposées en rangées ou en réseau. Irpex diffère d' Hydnum par ses épines reliées à la base et plus émoussées .

Irpex carné . Le P.

Cette plante, comme son nom spécifique l'indique, ressemble à la couleur de la chair. Rougeâtre, épanouie, d'un à trois pouces de long, cartilagineuse-gélatineuse, membraneuse , adnée. Dents obtuses et en forme de poinçon, entières, réunies à la base. *Frites.*

Trouvé sur le tulipier, le caryer et l'orme. Septembre et octobre.

Irpex lacteus . Le P.

Poussant sur bois, membraneuse , vêtue de poils raides, plus ou moins sillonnés, blanc laiteux, comme son nom spécifique l'indique.

Les épines sont comprimées, rayonnées, à marge poreuse . Trouvé sur les bûches et les souches de caryer et de hêtre.

Irpex tulipifère . Schw .

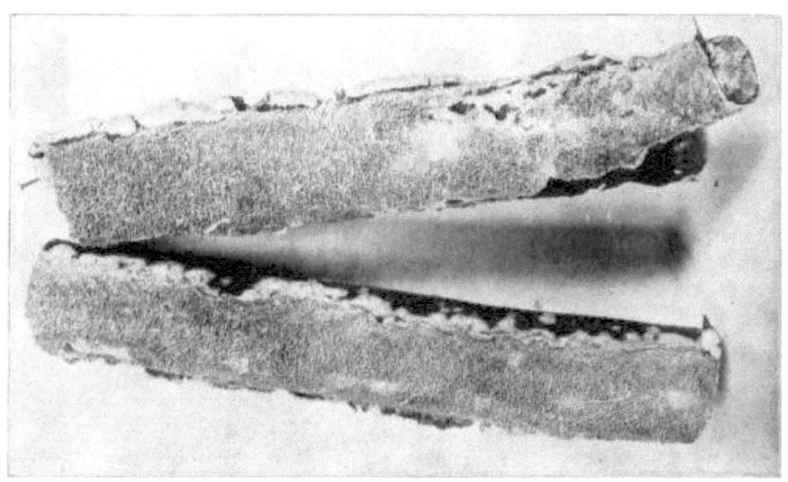

FIGURE 376. — Irpex tulipifère .

Coriaces- membraneuses , épanouies ; hyménium inférieur, d'abord denté, dents jaillissant d'une base de porus , un peu coriaces, entièrement concrètes avec le chapeau, réticulées et reliées à la base, blanches ou blanchâtres, devenant jaunâtres avec l'âge.

Cette plante est ici très abondante sur les tulipiers tombés. J'ai vu des cimes et des troncs d'arbres entiers recouverts de cette plante. Les branches, après avoir été pénétrées par les fils mycéliens, deviennent très légères et cassantes.

Phlébie . Le P.

Lignatile , résupiné, hyménium mou et cireux, couvert de plis ou de rides, bords entiers ou ondulés.

Phlébie radiée. Le P.

FIGURE 377. — Phlebia radiata.

Un peu ronde, puis dilatée, confluente, charnue et membraneuse , rougeâtre ou rouge chair, la circonférence particulièrement radiée . Les plis en rangées rayonnant à partir du centre.

Les spores sont cylindriques-oblongues, courbées, 4–5×1–1,5µ.

Ceci est assez courant sur l'écorce de hêtre dans les bois. Sa couleur vive et son mode de croissance attireront l'attention.

Grandinia . Le P.

Lignatile , épanouie, cireuse, granulée, granules globulaires, entières, permanentes.

Grandinia granuleuse. Le P.

Effusé, plutôt mince, cireux, quelque peu ocre, de circonférence déterminée, granules globulaires, égaux, encombrés.

Trouvé sur du bois pourri. Assez commun dans nos bois.

CHAPITRE IX.
THÉLÉPHORACEAE.

Thelephoraceæ vient de deux mots grecs, tétine et porter. L'hyménium est uniforme, coriace ou cireux, costé ou papilleux. Il existe un certain nombre de genres dans cette famille mais je ne connais que le genre Craterellus .

Craterellus . Le P.

Craterellus signifie un petit bol. Hyménium cireux- membraneux , distinct mais adné à l'hyménophore, inférieur, continu, lisse, régulier ou ridé. Spores blanches. *Frites.*

Cratèrellus cantharellus . (Schw .) Le P.

CRATERELLUS JAUNE . COMESTIBLE.

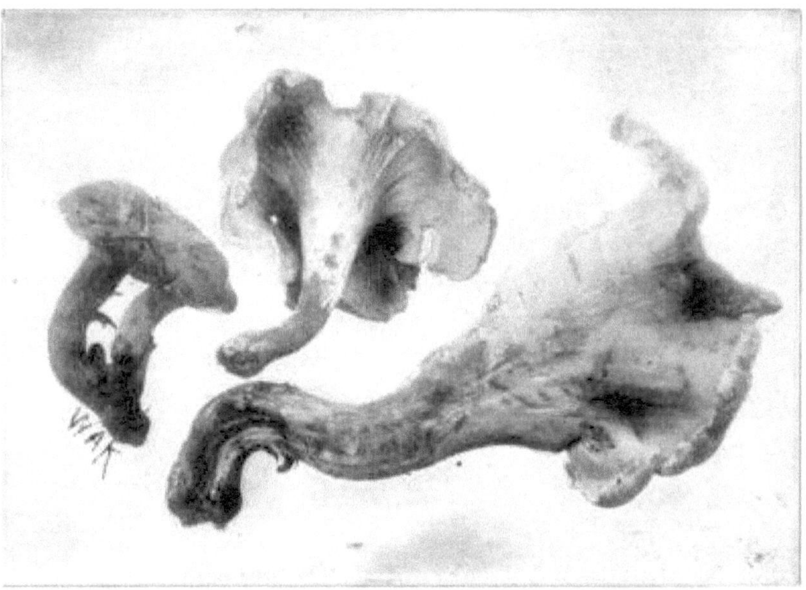

FIGURE 378. — Craterellus cantharellus . Chapeaux et tiges jaunes.

Cantharellus est un diminutif d'un mot grec signifiant une sorte de coupe à boire.

Le chapeau mesure un à trois pouces de large, convexe, devenant souvent déprimé et en forme d'entonnoir, glabre, jaunâtre ou rosâtre. Chair blanche, dure, élastique.

Hyménium légèrement ridé, de couleur jaune ou légèrement saumonée.

La tige mesure un à trois pouces de haut, se rétrécit vers le bas, lisse, solide, jaune. Les spores sont de couleur jaunâtre ou saumonée lorsqu'elles sont capturées sur du papier blanc, 7,5–10×5–6μ. *Picorer.*

Cette plante ressemble de très près à Cantharellus cibarius. La couleur, la forme de croissance et l'odeur sont très similaires à celles-ci. Il se distingue facilement de C. cibarius par l'absence de plis sur la face inférieure ou sur la surface de fructification. Les chapeaux sont souvent grands et ondulés, ressemblant à du chou-fleur jaune. Il est assez abondant à Chillicothe pendant les mois de juillet et août. J'en ai fréquemment ramassé des boisseaux pour mes amis champignons. Il sera facilement reconnaissable sur la figure 378, sachant que les chapeaux et les tiges sont jaunes.

Cratèrellus cornucopioides Fr.

La Corne d'Abondance Craterellus . Comestible.

FIGURE 379. — Craterellus cornes d'abondance . Un tiers de taille naturelle.

Cornucopioides vient de *cornu* , une corne, et *copia* , beaucoup.

Le chapeau est fin, flexible, tubiforme, creux jusqu'à la base, brun noirâtre, parfois un peu écailleux, l'hyménium uniforme ou quelque peu ridé, cinéré.

La tige est creuse, lisse, noire, courte, presque manquante. Les spores sont elliptiques, blanchâtres, 11–12×7–8μ.

Personne n'aura de difficulté à reconnaître cette espèce, après avoir vu sa photo et lu sa description. Son chapeau allongé ou en forme de trompette et sa teinte gris terne ou brun de suie le distingueront immédiatement. La surface portant les spores est souvent un peu plus pâle que la surface supérieure. La coupe mesure souvent de trois à quatre pouces de long. Je l'ai trouvé en assez grandes grappes dans les bois près de Bowling Green et de Londonderry, bien qu'on le trouve plutôt avec parcimonie sur les flancs des collines autour de Chillicothe. Il a une large distribution dans d'autres États. Il n'a pas l'air attrayant, en raison de sa couleur, mais il s'avère un favori chaque fois qu'il est testé et peut être séché et conservé pour une utilisation future. On le trouve de juillet à septembre.

Cratèrellus dubius . Pk.

FIGURE 380. — Craterellus dubius . Taille naturelle.

Dubius signifie incertain, en raison de sa ressemblance étroite avec C. cornucopoides .

Le chapeau est large d'un à deux pouces, infundibuliforme, subfibrilleux , brun sinistre, perméable jusqu'à la base, la marge généralement ondulée, lobée. Hyménium cinéré foncé, rugueux lorsqu'il est humide, les minuscules plis irréguliers sont abondamment anastomosés ; presque même une fois sec. La tige est courte. Les spores sont largement elliptiques ou subglobuleuses , longues de 6 à 7,5 µ. *Picorer.*

Il diffère de C. cornucopioides par son mode de croissance, sa couleur plus pâle et ses spores plus petites.

Il se distingue de Craterellus sinuosus par sa tige perméable, bien que de couleur très similaire à Cantharellus cinereus.

Cette plante, comme C. cornucopoides , sèche facilement et, lorsqu'elle est humidifiée, se dilate et devient tout aussi bonne que lorsqu'elle est fraîche. Il doit être cuit lentement jusqu'à ce qu'il soit tendre, lorsqu'il constitue un plat délicieux.

Les plantes de la figure 380 ont été récoltées près de Columbus par RH Young et photographiées par le Dr Kellerman. On les trouve de juillet à octobre.

Corticium . Le P.

Entièrement résupiné, hyménium mou et charnu lorsqu'il est humide, s'affaissant lorsqu'il est sec, souvent craquelé.

Corticium lactéum . Le P.

Il s'agit d'une très petite plante, résupinée, membraneuse , et elle est ainsi nommée en raison de la couleur blanc laiteux du dessous. L'hyménium est cireux lorsqu'il est humide, craquelé lorsqu'il est sec.

Corticium Oakesii . AVANT JC.

La plante est petite, cireuse-pliante, quelque peu coriace, en forme de coupe, puis explicative, confluente, marginale, extérieurement blanc-tomenteuse.

L'hyménium est uniforme, contigu, devenant pâle. Spores elliptiques, appendiculaires.

J'ai trouvé de très beaux spécimens de cette plante sur le bois de fer, Ostrya Virginica, qui pousse sur la pelouse du lycée de Chillicothe. Par temps pluvieux en octobre et novembre, l'écorce serait blanche avec la plante. Il ressemble au premier abord à une petite Peziza.

Corticium incarné . Le P.

Cireuse lorsqu'elle est humide, devenant rigide lorsqu'elle est sèche, confluente, agglutinée, irradiante. Hyménium rouge ou couleur chair, recouvert d'une délicate floraison couleur chair. Quelques beaux spécimens ont été trouvés sur des châtaigniers morts à Poke Hollow.

Corticium sambucum . Pk.

Épandu sur écorce de sureau, blanc, continu lors de la croissance, lorsqu'il est sec fissuré ou floculeux et s'effondrant. Il pousse sur l'écorce ou le bois du sureau.

Corticium cinereum. Le P.

Cireux lorsqu'il est humide, rigide lorsqu'il est sec, aggluntiné, sinistre. L'hyménium est cinéré, avec une floraison très délicate. Commun sur les bâtons dans les bois.

Théléphora . Le P.

Le chapeau est dépourvu de cuticule, constitué de fibres entrelacées . Hyménium côtelé, d'une substance dure, charnue, assez rigide, puis affaissée et floconneuse.

Théléphora Schweinitzii .

FIGURE 381. — Théléphora Schweinitzii .

Schweinitzii est nommé en l'honneur du révérend David Lewis de Schweinitz . Cæspiteux , blanc ou pâle. Pilei mou- corinacé , très ramifié ; les branches aplaties, sillonnées et quelque peu dilatées au sommet.

Les tiges sont de longueur variable, souvent connées ou fusionnées en une base solide.

L'hyménium est uniforme, devenant plus foncé avec l'âge. *Morgan.*

Cette plante est connue sous le nom de T. pallida. Il est très abondant sur nos collines du comté de Ross, et même dans tout l'État.

Théléphora laciniata. P.

Le chapeau est mou, un peu coriace, incroûtant, brun ferrugineux. Les pilei sont imbriqués, fibreux, écailleux, à marge fimbriée, d'abord blanc sale. L'hyménium est inférieur et papilleux.

Théléphora palmée . Le P.

Le chapeau est coriace, mou, dressé, ramifié palmé à partir d'une tige commune ; pubescent, brun violacé ; branches plates, régulières, pointes fimbriées, blanchâtres. L'odeur est très perceptible peu de temps après la cueillette. Ils poussent au sol en juillet et août.

Thélephora cristata. Le P.

Le chapeau est incrusté, assez coriace, pâle, se transformant en branches, les apex comprimés, élargis et joliment frangés. La plante est blanchâtre, grisâtre ou brun violacé. On le trouve sur la mousse ou sur les tiges de mauvaises herbes. J'ai trouvé de beaux spécimens aux grottes de Bainbridge.

Théléphora sébacée . Le P.

Le chapeau est épanoui, charnu, cireux, devenant dur, incroûtant, variable, tuberculeux ou stalactitique , blanchâtre, de circonférence semblable ; hyménium flocculose , pruineux ou évanescent.

On le trouve épanoui sur l'herbe. On le rencontre souvent.

Stère . Le P.

L'hyménium est coriace, uniforme, assez épais, concret avec la couche intermédiaire du chapeau, qui a une cuticule uniforme et sans veine, restant inchangée et lisse.

Stère versicolor.

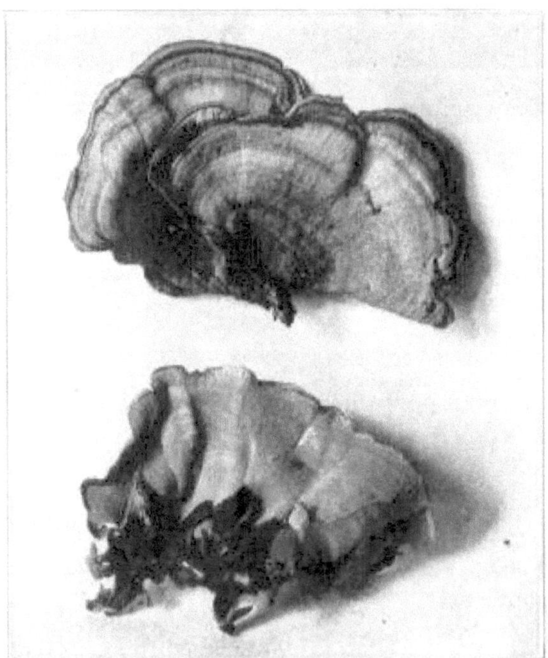

FIGURE 382. — Stèreum versicolor.

Versicolor signifie changer de couleur, en référence aux différentes bandes de couleur. Le chapeau est épanché, réfléchi, comportant un certain nombre de zones différentes ; chez certaines plantes, les zones sont plus marquées que chez d'autres, les zones ressemblant beaucoup à celles de Polyporus versicolor.

L'hyménium est uniforme, lisse et brun.

C'est une plante très commune, que l'on retrouve partout sur les vieilles bûches et souches. Il est largement diffusé et peut être trouvé à tout moment de l'année.

Stéréum spadiceum . Le P.

Pilei coriace et étalé, réfléchi, villeux, quelque peu ferrugineux ; marge plutôt obtuse, blanchâtre, même en dessous ; lisse, brunâtre et saignant lorsqu'elle est grattée ou meurtrie.

Stéréum hirsutum . Le P.

Hirsutum signifie hirsute, poilu. Les pilei sont coriaces et étalés, assez poilus, imbriqués, plus ou moins zonés, assez coriaces, ayant souvent une teinte verdâtre due à la présence d'une minuscule algue ; nu, sans jus, jaunâtre, inchangé lorsqu'il est meurtri ou rayé. L'hyménium est jaune pâle, lisse, à bord entier, souvent lobé. Je le trouve généralement sur des bûches de caryer.

Stéréum fasciatum . Schw .

Fasciatum signifie bandes ou filets. Le chapeau est coriace, plan, villeux, zoné, grisâtre ; hyménium, lisse, rouge pâle. Poussant sur des troncs pourris. Commun dans tous nos bois.

Stéréum service . Schw .

FIGURE 383. — Stéréum service .

Sericeum signifie soyeux ou satiné ; ainsi appelé à cause de son éclat satiné . La plante est très petite et facilement négligée, poussant généralement sous une forme résupinée ; sessile, orbiculaire, libre, papyracée, d'un éclat satiné brillant , brillante, lisse, de couleur gris pâle.

La plante pousse des deux côtés de petites brindilles comme le montre la photographie. Je ne le trouve pas sur les gros troncs mais il est assez courant sur les branches. Personne ne manquera de le reconnaître à son nom spécifique.

Lorsque je l' ai observé pour la première fois, je l'ai nommé S. sericeum , sans savoir qu'il existait une espèce portant ce nom. Je l'ai ensuite envoyé au professeur Atkinson et j'ai été surpris de constater que je l'avais correctement nommé.

Stéréum rugosum . Le P.

Rugosum signifie plein de rides.

Largement épanché, parfois brièvement réfléchi ; coriaces, longuement épaisses et rigides ; chapeau longuement lisse, brunâtre.

L'hyménium est d'un jaune grisâtre pâle, virant légèrement au rouge lorsqu'il est meurtri, pruineux. Les spores sont cylindrico -elliptiques, droites, 11–12×4–5µ. *Massée.*

Sa forme est très variable et s'accorde avec S. sanguinolentum en devenant rouge lorsqu'on le froisse ; mais sa substance est plus épaisse et plus rigide, ses pores sont plus droits et plus larges.

Stéréum purpuréum. Pers.

Purpureum signifie violet, d'après la couleur de la plante.

Coriaces mais souples, effuso -réfléchies, plus ou moins imbriquées, tomenteuses, zonées, blanchâtres ou pâles.

L'hyménium est nu, lisse et uniforme ; de couleur violet clair pâle, devenant ocre terne, avec seulement une teinte pourpre une fois sec. Les spores sont elliptiques, 7–8×4µ.

J'ai trouvé la plante très abondante en décembre et janvier, en 1906-1907, sur du bois tendre attaché à la papeterie de Chillicothe, le temps étant doux et humide.

Stère compact.

Largement épancheux, coriace, souvent imbriqué et souvent jointif latéralement, chapeau mince, zoné, finement strigeux, les zones blanc grisâtre et brun cannelle.

L'hyménium est lisse, blanc crème.

Cette espèce se trouve sur les branches et les troncs d'arbres pourris.

Hyménochæte . Lév.

Hymenochæte vient de deux mots grecs, *hymen* , une membrane ; *chæte* , un poil.

Dans ce genre, le chapeau ou chapeau peut être attaché à l'hôte par une tige centrale, ou sur un côté, mais le plus souvent sur son dos. Le genre est connu par l'aspect velouté ou hérissé de la surface de la fructification, dû à des cellules lisses, saillantes et à parois épaisses. J'ai trouvé plusieurs espèces mais je n'en suis sûr que de trois.

Hyménochæte rubigineuse . (Schr .) Lév.

Rubiginosa signifie plein de rouille, ainsi appelé à cause de la couleur de la plante.

Le chapeau est rigide, coriace, résupiné, épanchement, réfléchi, le bord inférieur généralement adhérant fermement, quelque peu fasciné ; de couleur veloutée, rubigineuse ou rouille, puis devenant lisse et brun brillant, la couche intermédiaire fauve-ferrugineuse. L'hyménium ferrugineux et velouté. On le trouve ici sur des bois tendres comme les souches de châtaignier et le saule.

Hyménochæte Curtisii . Beurk.

Curtisii est nommé en l'honneur de M. Curtis.

Le chapeau est coriace, ferme, résupiné, épanoui, réfléchi, brun, légèrement sillonné ; l'hyménium velouté à poils bruns. Ceci est courant sur les branches de chêne partiellement pourries dans les bois.

Hyménochæte ondulé . Beurk.

Corrugata signifie porter des rides ou des plis.

Le chapeau est coriace, épanche, étroitement adné, indéterminé, de couleur cannelle, craquelé et ondulé une fois sec, ce qui donne son nom. Les poils sont vus au microscope comme étant joints. Trouvé dans les bois sur des branches partiellement pourries.

CHAPITRE X.
CLAVARIACEAE—CHAMPIGNONS CORAUX.

Hyménium non distinct de l'hyménophore, couvrant toute la surface externe, quelque peu charnu, non coriace ; verticales, simples ou ramifiées. *Frites.*

La plupart des espèces poussent au sol ou sur des bûches bien pourries . Les genres suivants sont inclus ici :

- Sparassis — Charnu, très ramifié, branches comprimées, en forme de plaques.

- Clavaria — Charnue, simple ou ramifiée, généralement ronde.

- Calocera : gélatineuse, puis cornée.

- Typhula : simple ou en forme de massue, rigide une fois sèche, généralement petite.

Sparassis . Le P.

Sparassis , déchirer en morceaux. Les espèces sont charnues, ramifiées avec des branches en forme de plaques, composées de deux plaques, fertiles des deux côtés.

Sparassis Herbstii . Pk.

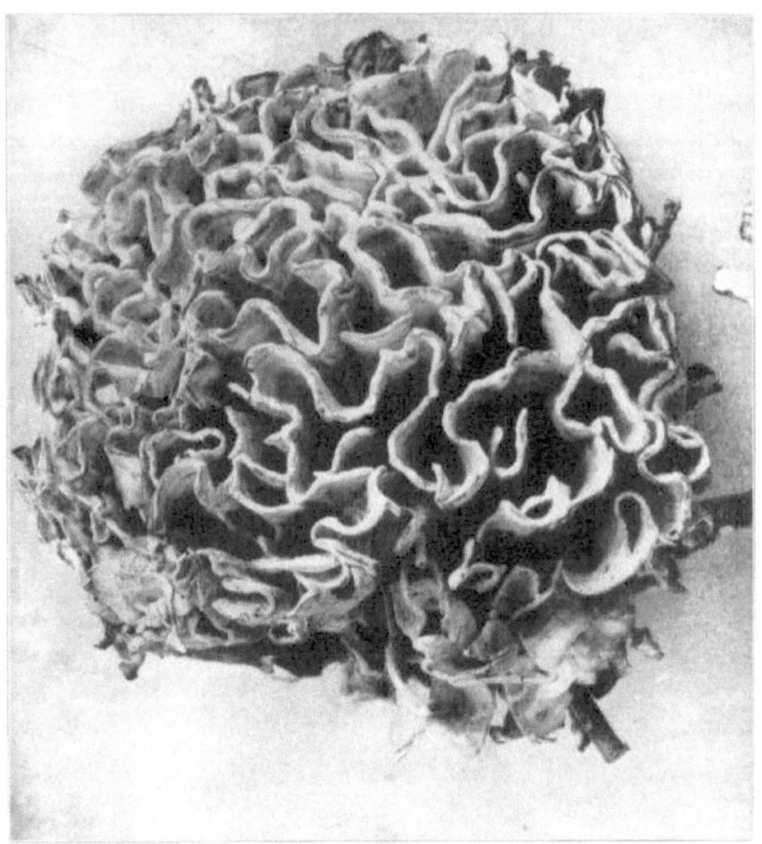

FIGURE 384. — Sparassis Herbstii .

C'est une plante très ramifiée, formant des touffes de quatre à cinq pouces de hauteur et de cinq à six pouces de largeur ; blanchâtre, tendant vers le jaune crème ; dur, humide; les branches nombreuses, fines, aplaties, concrescentes , dilatées au-dessus, spatulées ou en forme d'éventail, souvent quelque peu courbées ou ondulées longitudinalement ; généralement de couleur uniforme, rarement avec quelques zones transversales indistinctes, presque concolores, près des apex larges et entiers.

Les spores sont globuleuses ou largement elliptiques, de 0,0002 à 0,00025 pouce de long et de 0,00016 à 0,0002 de large.

Cette espèce a été découverte pour la première fois par feu le Dr William Herbst de Trexlertown , en Pennsylvanie, et a été nommée par le Dr Peck en son honneur. Le spécimen de la figure 384 a été trouvé à Trexlertown , Pennsylvanie, et photographié par M. CG Lloyd. La plante se plaît dans les bois de chênes ouverts et se trouve en août et septembre. C'est comestible et assez bon.

Sparassis croustillante . Le P.

Crispus , frisé. C'est une belle plante en forme de rosette, devenant parfois assez grande, très ramifiée, blanchâtre, de couleur huître ou jaune pâle ; branches complexes, plates et ressemblant à des feuilles, présentant une surface de spores des deux côtés. La plante entière forme une grande masse ronde avec sa surface en forme de feuille diversement enroulée, pliée et lobée, avec une marge en forme de crête et jaillissant d'une racine bien marquée, dont la majeure partie est enfouie dans le sol.

Personne n'aura de mal à le reconnaître après avoir vu sa photographie. J'ai trouvé la plante assez fréquemment, dans les bois autour de Bowling Green. Ce n'est pas simplement bon, mais très bon.

Clavaria . Linn.

Clavaria vient de *Clavus* , un club. C'est de loin le plus grand genre de cette famille et il contient de très nombreuses espèces comestibles, dont certaines sont excellentes.

Le genre entier est charnu, ramifié ou simple ; s'épaississant progressivement vers le sommet, ressemblant à un club.

Lors de la collecte des clavaria, une attention particulière doit être accordée au caractère des sommets des branches, à la couleur des branches, à la couleur des spores, au goût de la plante et au caractère du lieu de sa croissance. Ce genre est facilement reconnu et personne n'a besoin d'hésiter à manger l'une des formes ramifiées.

Clavaria flava. Schaeff .

CLAVARIA JAUNE PÂLE . COMESTIBLE.

FIGURE 385. — Clavaria flava. Taille naturelle.

Flava vient de *flavus* , jaune. La plante est assez fragile, blanche et jaune, haute de deux à cinq pouces, la masse de branches de deux à cinq pouces de large, le tronc épais, très ramifié. Les branches sont rondes, régulières, lisses, serrées, presque parallèles, pointant vers le haut, blanchâtres ou jaunâtres, avec des extrémités jaune pâle en forme de dents. Lorsque la plante est vieille, les pointes jaunes sont susceptibles d'être fanées et la plante entière est de couleur blanchâtre. La chair et les spores sont blanches et le goût est agréable.

Je mange cette espèce depuis 1890 et je la considère comme très bonne. On le trouve dans les bois et les lieux herbeux ouverts. Je l'ai trouvé dès juin et jusqu'en octobre.

Clavaria aurée . Pers.

CLAVARIA DORÉE . COMESTIBLE.

Cette plante pousse de trois à quatre pouces de hauteur. Son tronc est épais, élastique et ses branches sont uniformément d'un jaune doré foncé, souvent ridées longitudinalement. Les branches droites, régulièrement fourchues et rondes.

La tige est grosse mais plus fine que celle de C. flava. Les spores sont jaunâtres et elliptiques. On le trouve dans les bois en août et septembre.

Clavaria botrytes . Pers.

CLAVARIA À POINTE ROUGE . COMESTIBLE.

FIGURE 386. — Clavaria botrytes . Une moitié grandeur nature.

Botrytes vient d'un mot grec signifiant grappe de raisin. Cette plante diffère peu de C. flava par sa taille et sa structure, mais elle est facilement reconnaissable aux extrémités rouges de ses branches. Il est blanchâtre, ou jaunâtre, ou rosé, avec ses branches aux extrémités rouges.

La tige est courte, épaisse, charnue, blanchâtre, inégale. Les branches sont souvent quelque peu ridées, encombrées et ramifiées à plusieurs reprises. Chez les spécimens plus âgés, les pointes rouges seront quelque peu fanées. Les spores sont blanches et oblongues-elliptiques. On le trouve dans les bois et les lieux ouverts, par temps humide. J'ai trouvé cette plante occasionnellement près de Salem, de juillet à octobre, mais ce n'est pas une plante commune dans l'Ohio.

Clavaria muscoïdes . Linn.

CLAVARIA JAUNE FOURCHU . COMESTIBLE.

Muscoides signifie mousseux. Cette plante a tendance à être robuste, bien que gracieuse dans sa croissance ; à tige mince, deux ou trois fois fourchue; lisse; base duveteuse, jaune vif. Les rameaux sont fins, en forme de croissant, aigus. Les spores sont blanches et presque rondes. La plante est généralement solitaire et ne se ramifie pas autant que certaines autres espèces ; assez sec, très lisse, sauf à la base qui est duveteuse, de couleur rappelant le jaune d'œuf. On le trouve fréquemment dans les pâturages humides, notamment ceux qui bordent un bois.

Clavaria améthystine . Taureau.

Le Clavaria Améthyste . Comestible.

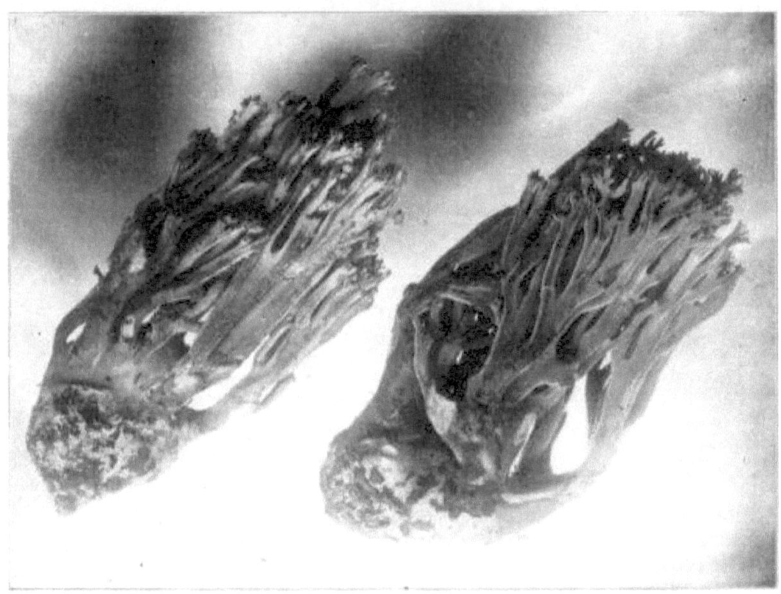

Figure 387. — Clavaria améthystine .

Amethystina signifie couleur améthyste. C'est une plante remarquablement attrayante et facilement reconnaissable à sa couleur. Il est parfois assez petit mais atteint souvent de trois à cinq pouces de haut. La couleur de la plante entière est violette ; il est très ramifié ou presque simple ; branches rondes, régulières, fragiles, lisses, obtuses. Les spores sont elliptiques, ocre pâle, subtransparentes, 10–12×6–7μ.

Cette plante est assez commune autour de Chillicothe et est largement répandue aux États-Unis. Les spécimens de la figure 387 ont été trouvés à Poke Hollow.

Clavaria stricte. Pers.

Clavaria droit . Comestible.

Photo de CG Lloyd.

FIGURE 388. — Clavaria stricta.

Stricta est un participe de *stringo* , rapprocher. La plante est très ramifiée, pâle, jaune terne, devenant brunâtre lorsqu'on la froisse ; la tige un peu épaissie ; branches très nombreuses et fourchues, droites, régulières, densément pressées, pointes pointues. Les spores sont de couleur cannelle foncée. On le trouve sur les collines Huntington près de Chillicothe. Cherchez-le en août et septembre.

Clavaria pyxidonnées . Pers.

LA COUPE CLAVARIA . COMESTIBLE.

FIGURE 389. — Clavaria pyxidonnées . Taille naturelle.

Pyxidata vient de *pyxis* , une petite boîte. Cette plante est assez fragile, cireuse, de couleur beige clair, avec une tige principale fine, blanchâtre, lisse, de longueur variable, ramifiée et reramifiée, les branches se terminant par une coupe. Les spores sont blanches.

On le trouve sur le bois pourri et on le reconnaît facilement grâce à ses pointes en forme de coupe. Le spécimen de la figure 389 a été trouvé près de Columbus et photographié par le Dr Kellerman. Trouvé de juin à octobre.

Clavaria abiétine . Schum.

Le Clavaria en bois de sapin .

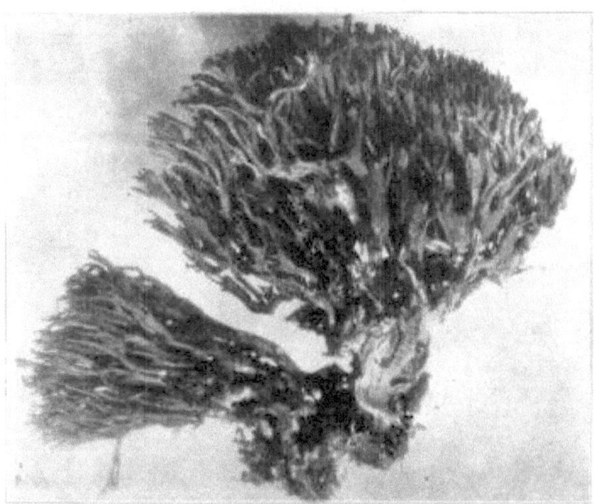

FIGURE 390. — Clavaria abiétine .

Abietina signifie bois de sapin.

Cette plante pousse en touffes denses, très ramifiées, ocre, au tronc un peu épaissi, court, vêtu d'un duvet blanc ; branches droites, serrées, ridées longitudinalement lorsqu'elles sont sèches, rameaux droits.

Les spores sont ovales et ocres.

Il peut être facilement identifié grâce à sa couleur verte lorsqu'il est meurtri.

Elle est très courante sur nos coteaux boisés. On le trouve d'août à octobre.

Clavaria spinulosa. Pers.

FIGURE 391. — Clavaria spinulosa.

Spinulosa signifie épineux ou plein d'épines.

Le tronc de cette plante est plutôt court et épais, d'au moins un demi à un pouce d'épaisseur, blanchâtre. Les branches sont allongées, serrées, tendues et droites ; atténué, effilé vers le haut ; couleur légèrement brun cannelle partout.

Les spores sont elliptiques, brun jaunâtre, 11–13×5µ.

On le trouve généralement sous les pins, mais je le trouve à propos de Chillicothe dans des bois mixtes, dans lesquels il n'y a pas de pins du tout. On le trouve après des pluies fréquentes, d'août à octobre. En tant que comestible, c'est assez bon.

Clavaria Formose . Pers.

BELLE CLAVARIA . COMESTIBLE.

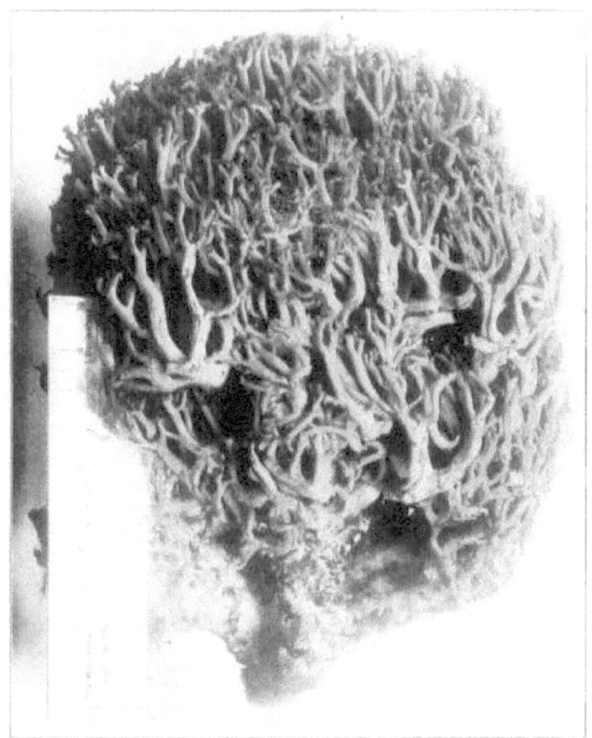

FIGURE 392. — Clavaria Formose . Les trois quarts de sa taille naturelle.

Formosa vient de *formosus* , signifiant finement formé.

Cette plante mesure de deux à six pouces de haut, son tronc est plutôt épais, souvent plus d'un pouce d'épaisseur ; blanchâtres ou jaunâtres, élastiques, les branches nombreuses, serrées, allongées, divisées aux extrémités en rameaux jaunes, minces, droits, obtus ou dentés.

Les spores sont ovales-allongées, rugueuses, de couleur chamois, $16\times8\mu$.

C'est une plante extrêmement belle, très tendre ou cassante. Lorsque la plante est assez jeune, à peine sortie du sol, l'extrémité des branches est souvent d'un rouge vif ou rose. Cette couleur vive s'estompe rapidement, laissant la plante entière une couleur jaune clair.

La plante a une large distribution et se trouve au sol dans les bois, poussant fréquemment en rangées. Bien que ce soit le plus beau des Clavarias , ce n'est pas le meilleur et seules les parties tendres de la plante doivent être utilisées. On le trouve de juillet à octobre. Le spécimen de la figure 392 a été trouvé à Poke Hollow.

Clavaria cristata. Pers.

Photo de CG Lloyd.

FIGURE 393. - Clavaria cristata.

Cristata vient de *cristatus* , à crête. C'est une plante plus petite que le C. flava ou le C. botrytes . Il mesure généralement deux à trois pouces de haut, blanc ou blanchâtre, avec des touffes de larges branches aplaties, parfois teintées d'un rose terne ou d'un jaune crème. Les branches sont nombreuses, élargies et aplaties au-dessus, profondément découpées en plusieurs pointes en forme de doigts, parfois si nombreuses qu'elles lui donnent un aspect en crête. Cette caractéristique particulière le distingue du C. coralloides . Lorsque la plante est vieille, les pointes deviennent généralement brunes.

Parfois on trouve une forme dans laquelle l'apparence de la crête fait défaut, et dans ce cas les branches se terminent par des pointes émoussées. La tige est courte et tend à être spongieuse.

On le trouve dans les bois, dans les endroits frais, humides et ombragés. Bien qu'il soit plus dur que certaines autres espèces, s'il est bien coupé et bien cuit, il est très bon. J'en mange depuis des années. On le trouve de juin à octobre.

Clavaria coronata . Schw .

LA CLAVARIA COURONNÉE . COMESTIBLE.

FIGURE 394. — Clavaria coronata .

Couleur jaune pâle, puis fauve ; divisé immédiatement à partir de la base et très ramifié ; les branches divergentes et comprimées ou angulées, les rameaux finaux tronqués-obtus à l'apex et là entourés d'une couronne de minuscules processus. *Morgane* .

Cette plante se trouve sur le bois pourri. Il se ramifie à plusieurs reprises par deux et forme des grappes parfois de plusieurs pouces de hauteur. Sa forme ressemble à C. pyxidata , mais c'est une espèce assez distincte. Dans certaines localités, on le trouve assez fréquemment. C'est abondant à Chillicothe. Trouvé de juillet à octobre.

Clavaria vermiculaire. Portée.

CLAVARIA À TOUFFES BLANCHES .

Photo de CG Lloyd.

FIGURE 395. — Clavaria vermiculaire.

Petit, deux à trois pouces de haut ; cæspiteuse , fragile, blanche, en forme de massue ; massues bourrées, simples, cylindriques, subulées.

On le trouve sur les pelouses, les pâturages courts ou dans les sentiers boisés. Quelqu'un a dit qu'ils "ressemblent à un petit paquet de bougies". Comestible, mais trop petit pour être récolté. Juin et juillet.

Clavaria crispule . Le P.

CLAVARIA FLEXIBLE . COMESTIBLE.

Très ramifié, de couleur beige, puis ocre ; tronc mince, villeux, enraciné ; rameaux flexueux, comportant de nombreuses divisions, rameaux de même couleur, divariquants, fragiles.

Les spores sont jaune crème, légèrement elliptiques. Cette plante a un goût légèrement âcre et conserve une légère trace d'acidité même après cuisson. Il est très abondant dans nos bois. Trouvé de juillet à octobre.

Clavaria Kunzei . Le P.

CLAVARIA DE KUNZE .

Assez fragile, très ramifié à partir de la base élancée et céspiteuse ; blanc; branches allongées, serrées, fourchues à plusieurs reprises, subfastigiées, égales, égales ; aisselles comprimées. Des spécimens ont été trouvés sur Cemetery Hill sous des hêtres et identifiés par le Dr Herbst. Les spores sont jaunâtres.

Clavaria cinerea. Taureau.

CLAVARIA DE COULEUR CENDRE . COMESTIBLE.

Cinerea, relatif aux cendres. C'est une petite plante qui pousse en groupes, souvent en rangées, sous les hêtres. La couleur est grise ou cendrée ; c'est assez fragile; tige épaisse, courte, très ramifiée, aux branches épaissies, un peu ridées, plutôt obtuses. Sa couleur grise le distinguera des autres Clavaria .

Clavaria pistillaire . L.

CLAVARIA DU CLUB INDIEN . COMESTIBLE.

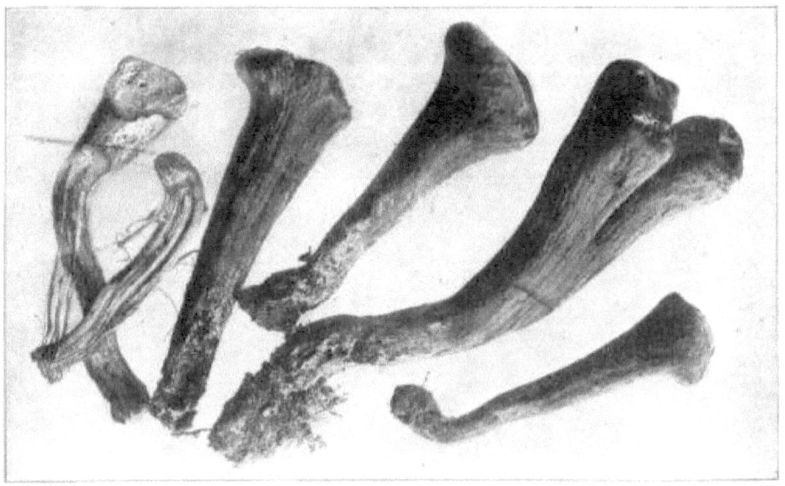

FIGURE 396. — Clavaria pistillaire . Une moitié grandeur nature.

Pistillaris vient de *pistillum* , un pilon.

Ils sont simples, gros, farcis, charnus, partout lisses, hauts de trois à dix pouces, atteignant un pouce d'épaisseur ; jaune clair, ocre, brunâtre, chocolat, en forme de massue, ovale-arrondie, plissée au sommet ; chair blanche, spongieuse. Les spores sont blanches, $10\times5\mu$.

On les trouve dans la moisissure des feuilles des bois mixtes, et vous en trouverez parfois plusieurs poussant ensemble. On les retrouve de juillet jusqu'aux gelées.

La variété foncée, souvent ridée verticalement, est légèrement âcre à l'état cru, mais celle-ci disparaît à la cuisson. La plante est largement répandue mais n'est abondante nulle part dans notre État. Je l'ai trouvé occasionnellement dans les bois près de Chillicothe. Les plantes de la figure 396 ont été trouvées près de Columbus et ont été photographiées par le Dr Kellerman de l'Ohio State University.

Clavaria fusiforme. Truie.

CLAVARIA EN FORME DE FUSEAU . COMESTIBLE.

FIGURE 397. — Clavaria fusiformis. Taille naturelle.

Fusiformis vient de *fusus* , un fuseau, et *de forma* , une forme.

La plante est jaune, lisse, un peu ferme, bientôt creuse, cespiteuse ; presque dressées, plutôt cassantes, atténuées à chaque extrémité ; massues un peu fusiformes, simples, dentées, à sommet un peu plus foncé ; régulières, légèrement fermes, généralement avec plusieurs unies à la base.

Les spores sont jaune pâle, globuleuses, de 4 à 5 μ.

On les trouve dans les bois et les pâturages. Les plantes sur la figure se trouvaient dans les bois à côté d'une route non fréquentée, sur Ralston's Run.

Ils ressemblent fortement à C. inæqualis . Lorsqu'on les trouve en quantité suffisante, ils sont très tendres et ont une excellente saveur.

Clavaria inæqualis . Réfléchir.

CLAVARIA INÉGALE . COMESTIBLE.

Inæqualis signifie inégal.

Un peu touffeté, assez fragile, de un à trois pouces de haut, souvent comprimé, anguleux, souvent fourchu, ventriceux ; jaune, parfois blanchâtre, parfois diversement découpé à l'extrémité. Les spores sont incolores, elliptiques, 9–10×5μ.

On peut facilement le distinguer du C. fusiformis par ses extrémités, celles-ci n'étant pas pointues. On le trouve en grappes dans les bois et les pâturages d'août à octobre. Aussi délicieux que C. fusiformis.

Clavaria mucide . Pers.

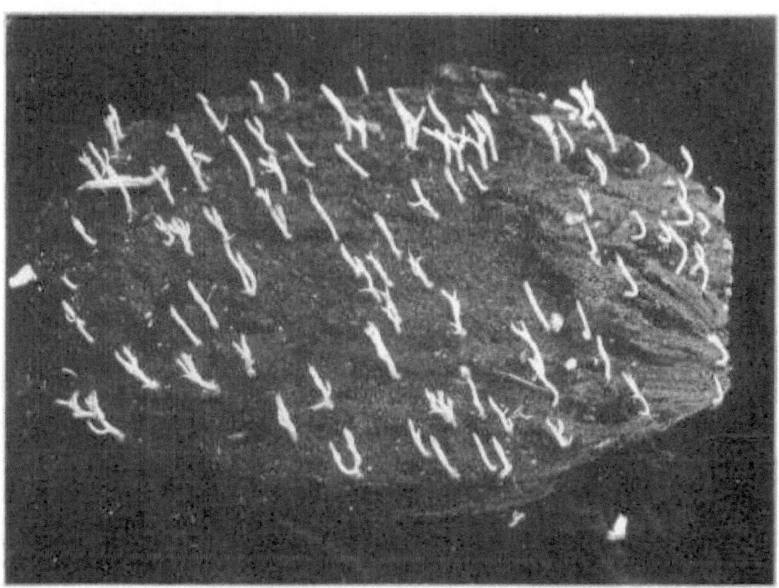

FIGURE 398. — Clavaria mucide .

Mucida signifie visqueux, ainsi nommé en raison de l'état mou et aqueux des plantes.

Les plantes sont assez petites, généralement simples mais parfois ramifiées, en forme de massue, hautes d'un huitième à un pouce, blanches, parfois jaunâtres, fréquemment rosâtres ou teintées de rose.

Ces plantes sont très petites et peuvent facilement être négligées. On le trouve sur le bois pourri. Je l'ai trouvé à la fin de l'automne et au début du printemps. On peut le rechercher à tout moment de l'année après des pluies chaudes ou dans des endroits humides, sur du bois bien décomposé. Les spécimens de la figure 398 ont été photographiés par le professeur GD Smith, Akron, Ohio.

Calocère . Le P.

Cette plante est gélatineuse, un peu cartilagineuse lorsqu'elle est humide, cornée lorsqu'elle est sèche, verticale, simple ou ramifiée, cespiteuse ou solitaire.

L'hyménium est universel ; les basides sont rondes et bilobées, chaque lobe portant un seul stérigme à une spore. Les spores ont tendance à être oblongues et courbées.

Ce genre ressemble à Clavaria , mais s'identifie par son caractère quelque peu gélatineux et visqueux lorsqu'il est humide et plutôt corné lorsqu'il est sec, mais surtout par ses basides à deux lobes.

Calocera cornée. Le P.

Photo de CG Lloyd.

FIGURE 399. — Calocera cornée.

Celui-ci est non ramifié, cespiteux , racinaire, uniforme, visqueux, jaune orangé ou jaune pâle ; massues courtes, subulées, connées à la base. Les spores sont rondes et oblongues, 7–8×5μ.

On le trouve sur les souches et les rondins, surtout sur les chênes où le bois est fissuré, les plantes jaillissant des fissures. Une fois secs, ils sont assez rigides et rigides.

Calocera stricta. Le P.

Ces plantes sont non ramifiées, solitaires, d'environ un pouce de haut, allongées, à base quelque peu émoussée, même lorsqu'elles sont sèches, jaunes.

Son habitat est très similaire à celui de C. cornea mais plus dispersé. C. striata, Fr., est très semblable à C. cornée, mais s'en distingue par le fait qu'elle est solitaire et striée ou rugueuse lorsqu'elle est sèche.

Typhule . Le P.

Épiphyte. Tige filiforme, flasque ; massues cylindriques, parfaitement distinctes de l'hyménium, jaillissant parfois d'un sclérote ; hyménium fin et cireux.

Celui-ci se distingue de Clavaria et Pistillaria par le fait que sa tige est distincte de l'hyménium. C'est une petite plante ressemblant, en miniature, au Typha, d'où son nom générique.

Typhule érythropus . Le P.

Simple; massue cylindrique, fine, lisse, blanche ; tige presque droite, rouge foncé, tendant à être noire, naissant généralement d'un sclérote noirâtre et quelque peu ridé. Les spores sont oblongues, $5–6\times2–2,5\mu$.

Cette plante a une large distribution et se trouve dans les endroits humides sur les tiges des plantes herbacées.

Typhula incarnata. Le P.

Simple; massue cylindrique, allongée, lisse ; blanchâtre, plus ou moins teinté de rose dessus ; un à deux pouces de haut, base minutieusement strigée, jaillissant d'un sclérote brunâtre comprimé. Les spores sont presque rondes, $5\times4\mu$.

C'est une petite plante commune et belle qui se distingue facilement tant par sa couleur que par la taille et la forme de ses spores. Si le collectionneur observe les tiges herbacées mortes dans des endroits humides, il trouvera non seulement les deux tiges que nous venons de décrire, mais une autre, différente par la couleur, la taille et la forme des spores, appelée T. phacorrhiza , Fr. Il a une couleur brunâtre et ses spores sont assez oblongues, $8–9\times4–5\mu$.

Lachnocladie . Lév.

Lachnocladium vient de deux mots grecs signifiant toison et branche.

Chapeau coriace, coriace, ramifié à plusieurs reprises ; les branches grêles ou filiformes, tomenteuses. Hyménium amphibie . Champignons élancés et très ramifiés, terrestres, mais poussant parfois sur le bois.

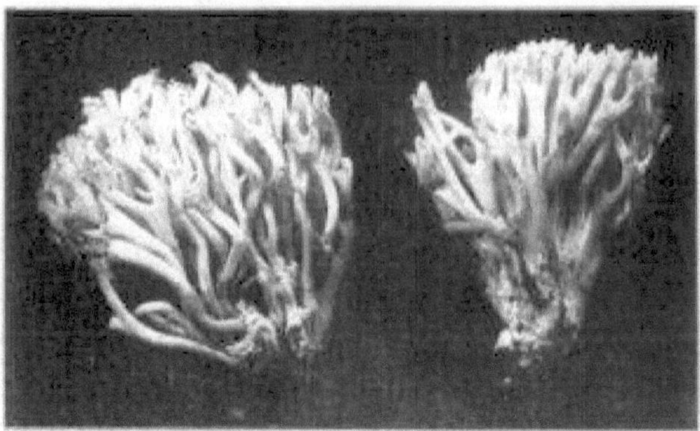

FIGURE 400. — Lachnocladium semi-investitum .

Chapeau, très ramifié à partir d'une tige mince de longueur variable, élargie aux angles ; les branches filiformes, droites, quelque peu fasciculées, lisses aux extrémités et de couleur plus pâle.

C'est un spécimen assez commun sur nos coteaux nord. Il est blanc et assez fragile. Trouvé dans les endroits humides en août et septembre.

Lachnocladium Michénéri . AVANT JC.

FIGURE 401. — Lachnocladium Michénéri .

Coriaces, coriaces, pâles ou blanchâtres ; tige bien marquée, ramifiée à partir d'une pointe, branches nombreuses, pointes pointues ; tomentum blanc à la base de la tige.

Cette plante est très abondante ici et se retrouve très généralement aux États-Unis. Il pousse sur les feuilles tombées dans les bois, après une pluie, et se rencontre de juillet à octobre.

CHAPITRE XI.
TREMELLINI FR.

Tremellini vient de *tremo* , trembler. La plante entière est gélatineuse, à l'exception parfois du noyau. Les sporophores sont grands, simples ou divisés. Spicules allongés en fils. *Beurk.*

Les genres suivants sont inclus :

- Tremella— Immarginée . Hyménium universel.

- Exidia — Margé. Hyménium supérieur.

- Hirneola — Cartilagineuse, en forme d'oreille, attachée par une pointe.

Tremella. Le P.

Cette plante est ainsi appelée parce que la plante entière est gélatineuse, tremblante et sans marge définie, et également sans élévations en forme de mamelon.

Tremella lutescens . Le P.

TREMELLA JAUNÂTRE. COMESTIBLE.

C'est un petit amas gélatineux, tremblant, alambiqué, en plis ondulés, pâle, puis jaunâtre, aux lobes serrés et entiers. Assez courant dans tout l'État. On le trouve sur les branches et les souches en décomposition de juillet à l'hiver. Il sèche en l'absence de pluie mais reprend vie et devient tremblant par temps humide. On l'appelle lutescens en raison de sa couleur jaunâtre.

Tremella mesenterica. Retz.

Mesenterica vient de deux mots grecs signifiant mésentère. La plante varie en taille et en forme, parfois assez plate et fine mais généralement ascendante et fortement lobée ; compliqué et alambiqué; gélatineux mais ferme; lobes courts, lisses, recouverts d'une pruine givrée par les spores blanches à maturité. Les spores sont largement elliptiques. Commun dans les bois sur les bâtons et les branches en décomposition.

Tremella albida. Hud.

LA TREMELLA BLANCHÂTRE. COMESTIBLE.

FIGURE 402. — Tremella albida. Taille naturelle.

Albida, blanchâtre. Cette plante est très commune dans les bois autour de Chillicothe et partout dans l'état où prédominent le hêtre, l'érable à sucre et le caryer.

Il est blanchâtre, devenant brun terne une fois sec ; expansé, coriace, ondulé, uniforme, plus ou moins gyrose , pruineux. Il brise l'écorce et se propage en masses irrégulières et festonnées ; lorsqu'il est humide, il a une consistance gélatineuse, un toucher doux et moite, cédant comme une masse de gélatine. Ses spores sont oblongues, obtuses, courbées, marquées de taches en forme de larmes, presque transparentes, de 12–14×4–5μ. Le spécimen représenté à la figure 402 a été trouvé près de Sandusky et photographié par le Dr Kellerman.

Tremella mycétophila . Pk.

Figure 403. — Tremella mycétophila .

Mycetophila vient de deux mots grecs, *mycetes* , champignons ; *phila* , friande de. La plante est ainsi appelée parce qu'elle pousse sur d'autres champignons.

Souvent presque rondes, quelque peu déprimées, encerclant des plis, parfois en masses assez grandes autour des tiges de la plante, comme on le voit sur la figure 403, tremelloïde -charnue, légèrement pruineuse, d'un blanc sale ou jaunâtre.

Je l'ai trouvé poussant fréquemment sur Collybia drophila , comme c'est le cas sur la figure 403. Le capitaine McIlvaine parle dans son livre de la découverte de cette plante parasite sur Marasmius oreades en masse assez importante pour cette plante. Je peux vérifier cette affirmation car je l'ai trouvé sur M. oreades par temps humide en août et septembre. Il a un goût agréable.

Tremella fimbriata. Pers.

Fimbriata vient de *frimbriæ* , une frange.

Il est très mou et gélatineux, olivacé tirant sur le noir, touffeté, haut de deux à trois pouces, et tout aussi large, dressé, à lobes flasques, ondulés, coupés en marge, ce qui donne lieu au nom d'espèce ; les spores sont presque en forme de poire. On le trouve sur les branches mortes, les souches et sur les rails des clôtures par temps humide. Facilement connu par sa couleur sombre.

Trémellodon . Pers.

Tremellodon signifie dent tremblante.

Ces plantes sont gélatineuses, avec un chapeau ou chapeau ; l'hyménium recouvert d'épines gélatineuses aiguës, en forme de poinçon et égales. Les basides sont presque rondes avec quatre stérigmates plutôt gros et allongés, des spores presque rondes.

Tremellodon gélatinosum . Pers.

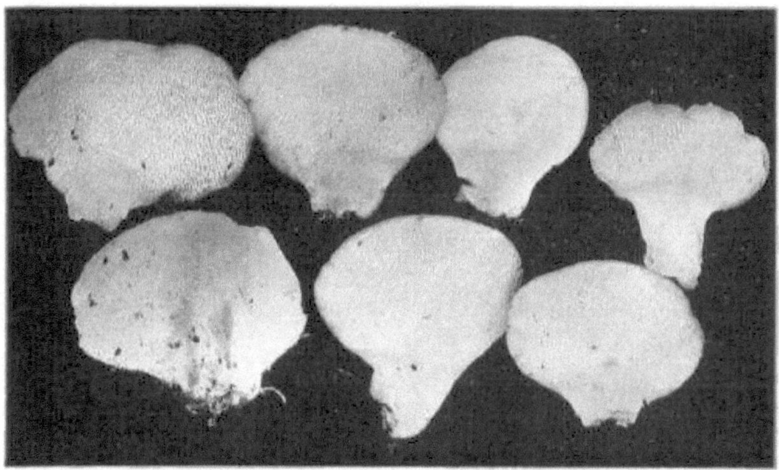

FIGURE 405. — Tremellodon gélatinosum .

Gelatinosum signifie plein de gelée ou semblable à une gelée, de *gélatine* , gelée.

Le chapeau est dimidié , gélatineux, tremelloïde , large d'un à trois pouces, plutôt épais, prolongé en arrière par une base latérale épaisse en forme de tige, chapeau recouvert d'une pruine brun verdâtre, très finement granuleuse.

L'hyménium est gris aqueux, couvert de dents en forme d' hydnum , grosses, aiguës, égales, d'un à deux pouces de long, blanchâtres, molles, enclines à être glauques. Les spores sont presque rondes, 7–8 µ.

Ces plantes se trouvent sur les troncs de pins et de sapins ainsi que sur les tas de sciure. Ils poussent en groupes et sont de forme et de taille très variables mais faciles à déterminer, étant le seul champignon trémelloïde doté de véritables épines. Les plantes de la figure 405 ont été photographiées par le professeur GD Smith d'Akron, Ohio. Ils sont comestibles. Trouvé de septembre au froid.

Exidie . Le P.

Gélatineuse, marginale, fertile dessus, stérile dessous. Exidia peut être connue par ses minuscules élévations en forme de mamelon.

Exidie grandilose . Le P.

Photo de CG Lloyd.

Cette plante est appelée « beurre des sorcières ». Sa couleur varie, du blanchâtre au brun et profondément cinéré, enfin noirâtre ; aplatie, ondulée, très ridée dessus, légèrement plissée dessous ; doux au début et lorsqu'il est humide, devenant semblable à un film une fois sec. Trouvé sur des branches mortes de chêne.

Hirnéola . Le P.

Hirneola est le diminutif de *hirnea* , une cruche. Gélatineuse, en forme de coupe, cornée une fois sèche. Hyménium ridé, devenant cartilagineux lorsqu'il est humidifié. L'hyménium se présente sous la forme d'une peau dure qui recouvre les cavités en forme de coupe, et qui peut être décollée après trempage dans l'eau, les interstices sont dépourvus de papilles et la surface externe est veloutée.

Hirneola auricula- Judæ . Beurk.

L'OREILLE DU JUIF HIRNEOLA . COMESTIBLE.

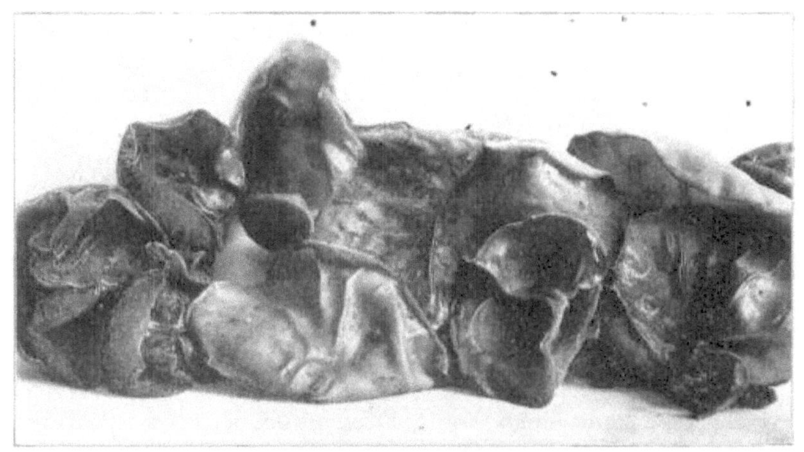

FIGURE 406. - Hirneola auricula- Judæ .

Photo de CG Lloyd.

PLANCHE LI. FIGURE 407.— HIRNEOLA AURICULA- JUDAE .

Auricula- Judæ , l'oreille du Juif. La plante est gélatineuse ; un à quatre pouces de diamètre ; mince, concave, ondulé, flexible lorsqu'il est humide, dur lorsqu'il est sec ; dessous noirâtre, flou et poilu ; lorsqu'il est recouvert de spores blanches, il est cinéré. L'hyménium, par ses ondulations, forme des dépressions telles qu'on en trouve dans l'oreille humaine. On ne manquera pas de le reconnaître après l'avoir vu une fois. Il n'est pas courant dans nos bois, pourtant je l'ai retrouvé à plusieurs reprises. On le trouve sur presque tous les bois, mais le plus souvent sur l'orme et le sureau. La plante de la figure 406 a été trouvée près de Chillicothe. Sa distribution est générale.

Guépinia . Le P.

Gélatineux, inclinés à cartilagineux, libres, différents des deux côtés, de forme variable, substipité . Hyménium confiné à un côté.

Guépinia spathulaire .

Photo de CG Lloyd.

FIGURE 408. — Guépinia spathulaire . Plante entière jaune clair.

Jaune, cartilagineux, surtout lorsqu'il est sec, spathulé, élargi vers le haut, hyménium légèrement côtelé, contracté à l'endroit où il sort d'un rondin.

Il est assez courant sur les grumes de hêtre et d'érable. J'ai vu des bûches de hêtre, un peu pourries, bien jaunes avec cette plante intéressante.

Hyménule . Le P.

Effusé, très fin, maculæforme , agglutiné, entre ondulé ou gélatineux. *Beurk.*

Hyménule punctiforme . B. & Br.

HYMÉNULE PONCTUELLE .

Blanc sale, assez pâle, gélatineux, punctiforme, légèrement ondulé ; constitué de fils simples dressés ; il y a souvent une légère teinte jaune. Les spores sont très petites. Lorsque je l'ai trouvé, il ressemblait beaucoup à un Peziza non développé. En fait, je pensais qu'il s'agissait de P. vulgaris jusqu'à ce que j'en soumette un spécimen au professeur Atkinson.

CHAPITRE XII.
ASCOMYCÈTES—CHAMPIGNONS SPORE-SAC.

Ascomycètes vient de deux mots grecs : *ascos*, un sac ; *mycètes*, un champignon ou un champignon. Tous les champignons appartenant à cette classe développent leurs spores dans de petits sacs membraneux. Ces asques sont entassés côte à côte et avec eux se trouvent de minces asques vides appelés paraphyses. Les spores sont enfermées dans ces sacs, généralement huit par sac. On les appelle sporidies pour les distinguer des basidiomycètes. Ces sacs proviennent d'une strate nue ou fermée de cellules fructifiantes, formant un hyménium ou noyau.

FAMILLE— HELVELLACEAE .

Hyménium enfin plus ou moins exposé, la substance molle. Les genres se distinguent des langues terrestres par la forme en forme de coupe du corps des spores, mais surtout par le caractère des sacs de spores qui s'ouvrent par un petit couvercle, au lieu de spores. Voici quelques-uns des genres :

- Morchella Pileus profondément plié et piqué.

- Gyromitra Pileus recouvert de plis arrondis et diversement contorsionnés.

- Helvella Pileus tombant, irrégulièrement ondulé et lobé.

Morchelle . Aneth.

Morchella vient d'un mot grec signifiant champignon. Ce genre est facilement reconnaissable. Il peut être reconnu par la tête nue profondément creusée et souvent allongée, les dépressions étant généralement régulières mais ressemblant parfois à de simples sillons avec des espaces intermédiaires ridés. La forme du capuchon ou de la tête varie de forme arrondie à ovale ou conique. Ils sont tous marqués par des fosses profondes, couvrant toute la surface, séparées par des crêtes formant un réseau. Les sacs de spores sont développés à la fois dans les crêtes et dans les dépressions. Toutes les espèces jeunes sont d'un jaune chamois teinté de brun. Les tiges sont grosses et creuses, de couleur blanche ou blanchâtre.

Le nom commun est Morel et ils apparaissent par temps humide au début du printemps.

Morchella esculenta. Pers.

LA MORILLE COMMUNE. COMESTIBLE.

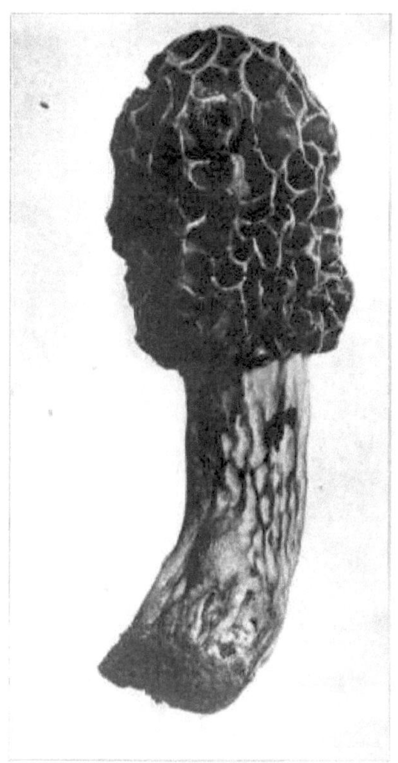

FIGURE 409. — Morchella esculenta. Deux tiers grandeur nature.

La morille commune a un chapeau un peu plus long que large, de sorte qu'il a un contour presque ovale. Parfois, il est presque rond, mais là encore, il est souvent légèrement rétréci dans sa moitié supérieure, sans toutefois être pointu ou conique. Les fosses à sa surface sont plus rondes que chez les autres espèces. Chez cette espèce, les fosses sont disposées de manière irrégulière de manière à ne pas former de rangées, comme le montre la figure 409.

Il pousse de deux à quatre pouces de haut et est connu par la plupart des gens sous le nom de champignon éponge. Il pousse dans les bois et les lisières de bois, notamment au bord des cours d'eau. Les vieux vergers de pommiers et de pêchers sont les lieux de prédilection des morilles. Cela ne fait aucune différence si le débutant ne peut pas identifier les espèces, car elles sont toutes aussi bonnes. J'ai vu des collectionneurs vendre un panier plein de boisseaux, dans lequel une demi-douzaine d'espèces étaient représentées. Ils sèchent très facilement et peuvent être conservés pour une utilisation hivernale. On dit qu'il pousse en grande profusion dans les districts incendiés. Les paysans allemands étaient réputés avoir brûlé des étendues forestières pour assurer une récolte abondante. Je trouve que plus de gens connaissent les Morilles que n'importe quel autre champignon. On les trouve en avril et mai, après des pluies chaudes.

Morchella délicieuse. Le P.

La Délicieuse Morille. Comestible.

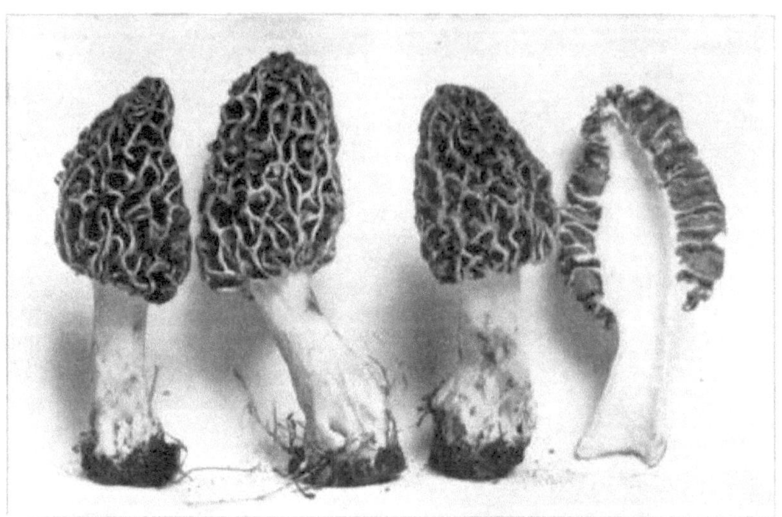

FIGURE 410. — Morchella deliciosa. Deux tiers grandeur nature.

Cette espèce et les précédentes indiqueraient par leurs noms qu'elles sont tenues en haute estime depuis longtemps, comme le disent les Profs. Persoon et Fries, qui les ont nommés, vivaient il y a plus de cent ans. La Délicieuse Morille se reconnaît à la forme de son chapeau, généralement cylindrique, parfois pointu et légèrement courbé. La tige est plutôt courte et, comme celle de toutes les Morilles, est creuse du haut vers le bas.

On le trouve associé à d'autres espèces de Morilles, dans les bois et bordures de bois, ainsi que dans les vieux vergers de pommiers et de pêchers. Ils doivent être cuits lentement et longtemps. Arrivant au début du printemps, ils ne risquent pas d'être infestés de vers. La chair est plutôt fragile et peu aqueuse. Ils se dessèchent facilement. Trouvé en avril et mai.

Morchella esculenta var. conique . Pers.

La Morille Conique. Comestible.

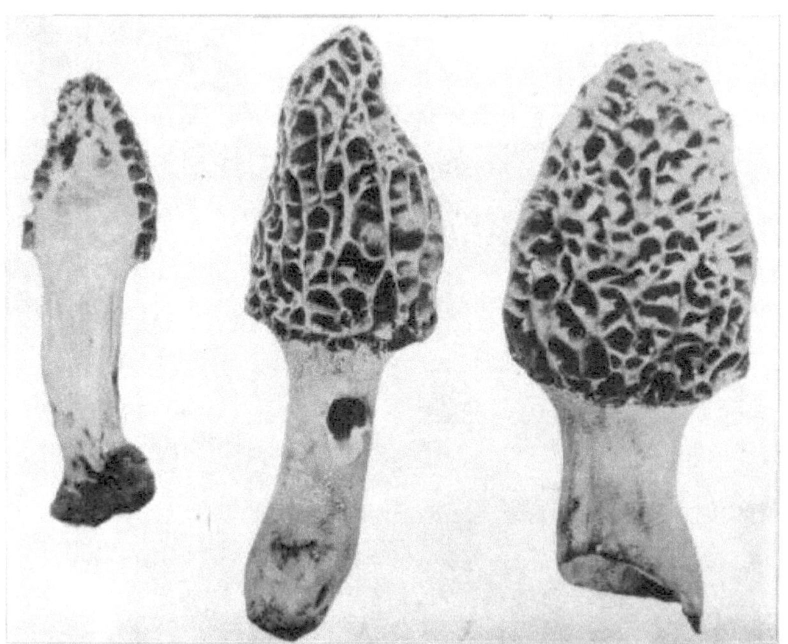

Photo de CG Lloyd.

PLANCHE LII. FIGURE 411.— MORCHELLA ESCULENTA VAR. CONIQUE .

La morille conique est très étroitement apparentée à M. esculenta et à M. deliciosa, dont elle diffère par le fait qu'elle a un chapeau plus long que large, et plus pointu, de sorte qu'il est conique ou oblong-conique. La plante, en général, devient plus grande que les autres espèces. Il est cependant assez difficile de distinguer ces trois espèces. La morille conique est assez abondante à Chillicothe. J'ai trouvé des morilles particulièrement abondantes dans les réservoirs du comté de Mercer et dans les comtés d'Auglaize, Allen, Harden, Hancock, Wood et Henry. J'ai connu des amateurs de morilles qui faisaient du camping dans les bois autour des réservoirs pour les chasser et en rapporter chez eux de grandes quantités.

FIGURE 412. — Morchella esculenta var. conique . Deux tiers grandeur nature.

Morchelle angusticeps . Pk.

LE MOREL À CAP ÉTROIT. COMESTIBLE.

FIGURE 413. — Morchelle angusticeps .

Angusticeps vient de deux mots latins : *angustus* , étroit ; *caput* , tête. Cette espèce et M. conica se ressemblent tellement qu'il est très difficile de les identifier avec quelque degré de satisfaction. Chez les deux espèces, le bonnet est considérablement plus long que large, mais chez les angusticeps, le bonnet est plus fin et plus pointu. Les fosses, en général, sont plus longues que chez les autres espèces. On les trouve souvent dans les vergers, mais on les trouve aussi fréquemment dans les bois bas sous les frênes noirs. J'ai trouvé quelques spécimens typiques des réservoirs. Les spécimens de la figure 413 ont été collectés dans le Michigan et photographiés par le professeur BO Longyear. Ils apparaissent très tôt au printemps, même si nous avons encore des gelées.

Morchelle semilibère . CC

L'HYBRIDE MOREL. COMESTIBLE.

FIGURE 414. — Morchelle semilibère . Une moitié grandeur nature.

Semilibera signifie à moitié libre, et on l'appelle ainsi parce que le chapeau est en forme de cloche et la moitié inférieure est libre de la tige. Le chapeau mesure rarement plus d'un pouce de long et est généralement beaucoup plus court que la tige, comme l'indique la figure 414. Les fosses du chapeau sont plus longues que larges. La tige est blanche ou blanchâtre et quelque peu farineuse ou scorbutée, creuse et souvent renflée à la base. J'ai trouvé les spécimens de la figure 414 vers la fin mai sous des ormes, dans les bois de James Dunlap. Ils y sont assez nombreux. Je ne détecte aucune différence dans la saveur de ces espèces et d'autres.

Morchelle bispora . Désolé.

LA MORILLE À DEUX SPORES. COMESTIBLE.

FIGURE 415. — Morchelle bispora . Une moitié grandeur nature.

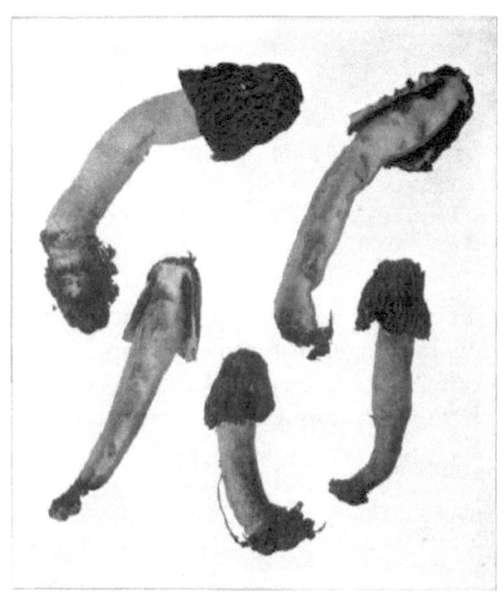

Bispora , à deux spores, se distingue des autres espèces par le fait que le chapeau est dégagé de la tige jusqu'au sommet. Le caractère distinctif qui donne le nom à l'espèce ne peut être vu qu'à l'aide d'un microscope puissant. Chez cette espèce, il n'y a que deux spores dans chaque asque ou sac, et celles-ci sont beaucoup plus grosses que chez les autres espèces, qui ont huit spores dans un sac ou asque. Les crêtes, comme le montre la figure 415, s'étendent du haut vers le bas. La tige est beaucoup plus longue que le chapeau, creuse et parfois renflée à la base. La plante entière est fragile et très tendre. Les plantes de la figure 415 ont été récoltées au Michigan par le professeur Longyear. Ceux présentés en pleine page ont été trouvés près de Columbus et ont été photographiés par le Dr Kellerman. Il semble avoir une large gamme, mais il n'est nulle part très abondant.

Les spores peuvent être facilement obtenues à partir de morilles en prélevant un spécimen mature et en le plaçant sur du papier blanc sous un verre pendant quelques heures.

Le débutant aura beaucoup de difficulté à identifier les espèces de morilles ; mais s'il les récolte pour se nourrir, il n'a pas besoin d'y penser, puisqu'il n'y en a pas à éviter, et qu'ils sont si caractéristiques que personne n'a besoin d'avoir peur de les cueillir.

Morchella crassipes. Pers.

La Morille Gigantesque. Comestible.

Crassipes vient de *crassus* , épais ; *pes* , pied.

Le capuchon ressemble à celui de M. esculenta par sa forme et ses piqûres irrégulières, mais il est un peu plus grand. La tige est très grosse, beaucoup plus longue que le chapeau, souvent très ridée et repliée. Je n'ai trouvé que quelques spécimens de cette espèce. Trouvé en avril et mai.

Verpa . Swartz.

Verpa signifie une tige. Ascospores lisses ou légèrement ridées, libres sur les côtés de la tige, attachées à l'extrémité de la tige, en forme de cloche, fines ; hyménium couvrant toute la surface de l'ascospore ; asques cylindriques, à 8 spores. Les spores sont elliptiques, hyalines ; paraphyses cloisonnées.

La tige est gonflée, bourrée, assez longue, effilée vers le bas.

Verpa digitaliforme . Pers.

FIGURE 417. —Verpa digitaliforme .

Digitaliformis vient de *digitus* , un doigt, et *forma* , une forme.

Le chapeau est en forme de cloche, attaché à l'extrémité de la tige, mais autrement libre de celle-ci ; de couleur olive-ombre; lisse, mince, étroitement pressée contre la tige, mais toujours libre ; le bord parfois fléchi.

La tige est de trois pouces de haut, effilée vers le bas, garnie à la base de radicelles rougeâtres ; blanc, avec une teinte rougeâtre ; apparemment lisse, mais assez écailleuse sous le verre ; vaguement farci. Les asques sont gros, à 8 spores, les spores étant elliptiques. Les paraphyses sont fines et cloisonnées.

La figure 417 représente plusieurs plantes, grandeur nature. Celui du coin droit est vieux, avec un chapeau déchiqueté ; la section verticale montre le contenu concis de la tige. Les plantes se trouvent dans les ravins frais, humides et ombragés de mai à août. Comestible, mais pas très bon.

Gyromitra. Le P.

Gyromitra vient de *gyro* , tourner ; *mitra* , un chapeau ou un bonnet. Ce genre est ainsi appelé parce que les plantes ressemblent à une capuche très ridée ou tressée.

Ascophore stipité; hyménophore subglobuleux , gonflé et plus ou moins creux ou caverneux, diversement gyrose et contourné à la surface, qui est partout recouverte de l'hyménium ; substance charnue; asques cylindriques, à 8 spores ; spores unisériées, allongées, hyalines ou presque, continues ; paraphyses présentes. *Massée.*

Gyromitra esculenta. Le P.

Esculenta signifie comestible. Il s'agit du plus gros champignon à sac de spores. Le nom original était Helvella esculenta. Il est bai-rouge, rond, ridé ou alambiqué, attaché à la tige, irrégulier, avec des circonvolutions en forme de cervelle.

La tige est creuse à maturité, souvent très déformée, blanchâtre, scorbutée, fréquemment hypertrophiée ou renflée à la base, quelquefois lacuneuse, fréquemment atténuée vers le haut, d'abord bourrée ; asques cylindriques, apex obtus, base atténuée, à 8 spores ; spores obliquement unisériées, hyalines, lisses, continues, elliptiques, 17–25×9–11μ ; paraphases nombreuses.

Cette plante sera facilement reconnaissable à la figure 418 et à son chapeau rouge bai ou rouge châtain avec ses circonvolutions en forme de cerveau. Les livres parlent de sa présence dans les régions de pins, mais je l'ai fréquemment trouvé dans les bois près de Bowling Green, Sidney et Chillicothe. De nombreux auteurs donnent une mauvaise réputation à cette plante, pourtant j'en ai souvent mangé et quand elle est bien préparée elle est bonne. Je dois conseiller la prudence dans son utilisation. On le trouve dans les bois sablonneux humides en mai et juin. La plante de la figure 418 a été trouvée près de Chillicothe.

Gyromitra brunnée . Sous-bois.

LE GYROMITRA BRUN. COMESTIBLE.

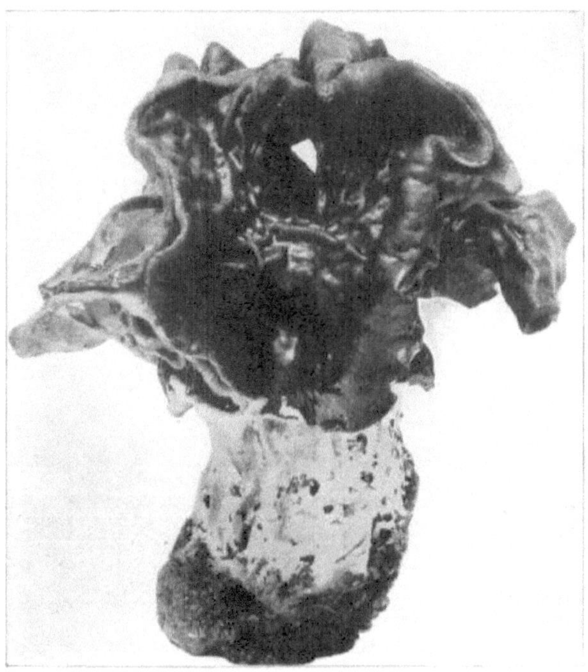

Photo de CG Lloyd.

FIGURE 419. — Gyromitra brunnea .

Brunnea vient de *brunneus* , brun. Plante robuste et charnue, stipitée, de trois à cinq pouces de haut, portant un large ascome brun très contorsionné. La tige a de ¾ à 1,5 pouce d'épaisseur, plus ou moins élargie et spongieuse, solide à la base, creuse en dessous, rarement légèrement cannelée, blanc clair ; réceptacle de deux à quatre pouces de diamètre dans la direction la plus large, les deux diamètres généralement plus ou moins inégaux, irrégulièrement lobés et plissés ; dans des endroits faiblement marqués en zones par des crêtes anastomosantes indistinctes ; étroitement cohérent avec la tige dans les différentes parties; colorer un riche brun chocolat ou un peu plus clair s'il est très recouvert des feuilles parmi lesquelles il pousse; dessous blanchâtre; asques à 8 spores. Spores ovales. Cette plante se trouve assez fréquemment autour de Bowling Green. La terre y est très riche et produit à la fois G. esculenta et G. brunnea en plus grande abondance que ce que j'ai trouvé ailleurs dans l'État. C'est assez tendre et fragile. Le spécimen de la figure 419 a été trouvé près de Cincinnati et photographié par M. CG Lloyd.

Helvelle élastique . Taureau.

Helvella de type Peziza . Comestible.

Photo de CG Lloyd.

Figure 420. — Helvelle élastique .

Elastica signifie élastique, en référence à sa tige. Le chapeau est libre de tige, retombant, à deux ou trois lobes, centre déprimé, uniforme, blanchâtre, brunâtre ou fuligineux, presque lisse en dessous, d'environ 2 cm. large.

La tige mesure de deux à trois pouces et demi de haut et trois à cinq lignes d'épaisseur à la base gonflée ; s'effilant vers le haut, élastiques, lisses ou souvent plus ou moins piquées ; coloré comme le chapeau, minutieusement velouté ou furfureux ; d'abord solide, puis creuse. Spores hyalines, continues, elliptiques, extrémités obtuses, souvent 1-guttulées, 18–20×10–11 ; 1-dentelée ; paraphyses cloisonnées, clavées. *Massée.*

Les plantes représentées sur la figure ont été trouvées près de Columbus et photographiées par le Dr Kellerman. Je n'ai pas trouvé la plante aussi loin au sud que Chillicothe, bien que je la trouve fréquemment dans la partie nord de l'État. Il pousse dans les bois sur des moisissures de feuilles .

Helvelle lacuneuse . Afz .

Helvella Cinéreuse . Comestible.

FIGURE 421. — Helvelle lacuneuse .

Lacunosa , pleine de noyaux ou dénoyautée. C'est une belle plante, très étroitement apparentée aux Morchellas .

Le chapeau est gonflé, lobé, cinéré noir, lobes déviés, adné.

La tige est creuse, blanche ou sombre, nervurée à l'extérieur, formant des cavités intermédiaires.

Les asques sont cylindriques et à tige. Les sporidies sont ovales et hyalines.

Les profondes rainures longitudinales de la tige sont caractéristiques de cette espèce. Les plantes à partir desquelles la trame a été réalisée ont été collectées près de Sandusky et photographiées par le Dr Kellerman. Ils poussent dans les bois humides. J'ai trouvé ces plantes fréquemment dans les bois près de Bowling Green et occasionnellement autour de Chillicothe, poussant sur des souches bien pourries.

Hypomyces . Tul.

Hypomyces signifie sur un champignon. C'est un parasite des champignons. Mycélium byssoïde ; périthèces petits ; asques à 8 spores.

Hypomyces lactifluorum . Schw .

Photo de CG Lloyd.

CHIFFRE 422.— Hypomyces lactifluorum . La plante entière est d'un jaune vif. Taille naturelle.

Lactifluorum signifie lait qui coule. Il est parasitaire sur Lactarius , probablement piperatus , car cette espèce l'entourait. Il semble avoir le pouvoir de changer la couleur en une masse rouge orangé, effaçant dans de nombreux cas entièrement les branchies de l'espèce hôte, comme le montre la figure 422.

Les asques sont longs et minces. Les sporidies sont alignées, fusiformes, droites ou légèrement courbées, rugueuses, hyalines, uniseptiques , cuspidées, pointues aux extrémités, 30–38×6–8μ.

Cela ressemble beaucoup à Hypomyces aurantius , mais les sporidies sont plus grandes, rugueuses et verruqueuses et le mycélium feutré à la base fait défaut.

Il se présente en différentes couleurs, orange, rouge, blanc et violet. Elle n'est pas abondante et n'apparaît qu'occasionnellement. Le capitaine McIlvaine déclare : « Quand il est bien cuit en petits morceaux, il est parmi les meilleurs. » On le trouve de juillet à octobre.

Leptoglossum jaune. (Pqt.) Sac.

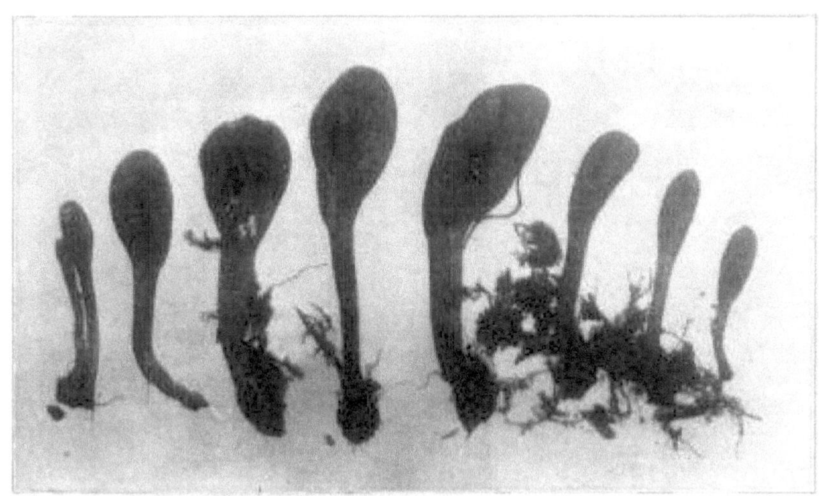

CHIFFRE 423.— Leptoglossum jaune.

Leptoglossum vient de deux mots grecs signifiant mince, délicat et langue ; luteum signifie jaunâtre.

La massue est distincte de la tige, lisse, comprimée, généralement dotée d'une rainure sur un côté ; lutéeuse, devenant souvent brune à l'extrémité ou à l'apex.

La tige est égale ou légèrement élargie au-dessus, farcie, lutéeuse, finement écailleuse.

Les spores sont oblongues, légèrement courbées, disposées en double rangée, mesurant de 1 à 1 000 à 1 à 800 pouces de long. *Picorer.*

On les trouve assez fréquemment parmi la mousse, ou là où une vieille bûche a pourri, sur les flancs des collines nord autour de Chillicothe. Les plantes furent d'abord décrites par le Dr Peck sous le nom de « Geoglossum luteum », mais ensuite appelées par Saccardo « Leptoglossum luteum ». Les plantes de la figure 423 ont été trouvées en août ou septembre, sur Ralston's Run, près de Chillicothe, et ont été photographiées par le Dr Kellerman.

Spathulaire . Pers.

C'est un genre très intéressant et qui attirera l'attention de chacun à première vue. Il pousse sous la forme d'une spatule , d'où il tire son nom générique. Le corps de la spore est aplati et pousse des deux côtés de la tige, se rétrécissant vers le bas.

Spathulaire flavide . Pers.

SPATHULARIA JAUNE . COMESTIBLE.

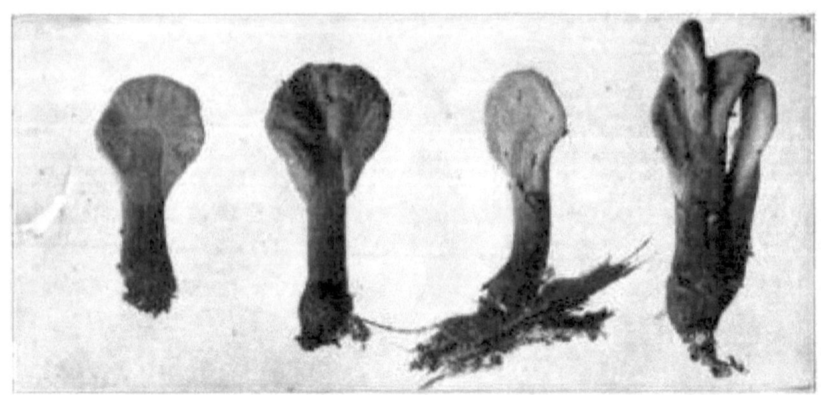

Photo de CG Lloyd.

CHIFFRE 424.— Spathulaire flavide .

Le corps de la spore est d'un jaune clair, parfois teinté de rouge, en forme de spatule , l'apex émoussé , parfois légèrement fendu, la surface ondulée, quelque peu croustillante, poussant le long de la tige sur les côtés opposés plus loin que V. velutipes .

La tige est épaisse, creuse, blanche, puis teintée de jaune, légèrement comprimée ; asques claviformes, apex quelque peu pointu, à 8 spores ; spores disposées en fascicules parallèles, hyalines, linéaires-clavées, généralement très légèrement courbées, 50–60×3,5–4μ ; paraphyses filiformes, cloisonnées, souvent ramifiées, extrémités non épaissies, ondulées. Bien qu'il s'agisse d'une belle plante, elle n'est pas courante. Trouvé en août et septembre.

Spathulaire vélutipes . C. et F.

SPATHULARIA AUX PIEDS DE VELOURS . COMESTIBLE.

Velutipes vient de *velutum* , velours ; *pes* , pied.

Le corps de la spore est aplati, en forme de spatule , la surface de la spore est ondulée, poussant sur les côtés opposés de la partie supérieure de la tige, jaune fauve. La tige est creuse, finement duveteuse ou veloutée, brun foncé teinté de jaune. Il sèchera aussi bien que Morchella . On le trouve dans les bois humides sur des bûches moussues. Ce n'est pas une plante commune. Trouvé en août et septembre.

Léotie . Colline.

Réceptacle pileate. Chapeau orbiculaire, bord involuté, libre de tige, lisse, hyménium recouvrant la face supérieure.

La tige est creuse, centrale, assez longue, continue avec le chapeau ; la plante entière est jaune verdâtre.

Asques en forme de massue, pointus, à 8 spores. Les spores sont elliptiques et hyalines. Les paraphyses sont présentes, généralement fines et rondes.

Léotie lubrifiant . Pers.

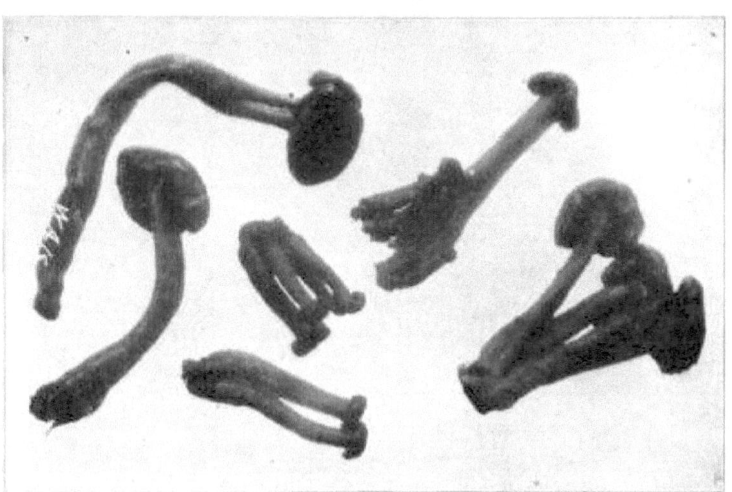

CHIFFRE 425.— Léotie lubrifiant .

Lubrica signifie glissant ; ainsi appelé parce que les plantes sont généralement visqueuses.

Le chapeau est irrégulièrement hémisphérique, quelque peu ridé, gonflé, ondulé, à bord obtus, dégagé de la tige, vert olive jaunâtre, tremelloïde .

La tige mesure un à trois pouces de long, presque égale, creuse et continue avec le chapeau ; jaune verdâtre, recouvert de petits granules blancs.

Les asques sont cylindriques, légèrement pointus à l'apex, à 8 spores. Les spores sont oblongues, hyalines, lisses, parfois légèrement courbées, 22–25×5µ. Les paraphyses sont fines, rondes, hyalines.

Les plantes sont grégaires et poussent parmi la mousse ou parmi les feuilles des bois. Cette espèce est assez abondante à Chillicothe. Il se distingue de Leotia chlorocephala par la couleur de sa tige et de son chapeau. La couleur de ce dernier est verte ou vert foncé. On les retrouve de juillet jusqu'aux gelées. Ils sont comestibles mais pas de choix.

Léotie chlorocéphale . Schw .

CHIFFRE 426.— Léotie chlorocéphale .

Chlorocephala signifie tête verte. Cependant, la plante entière est verte.

Ils poussent en grappes, à chapeau rond, déprimé, un peu translucide, plus ou moins cireux, à marge incurvée, vert-vert-de-gris foncé, parfois vert-vert foncé.

La tige est plutôt courte, presque égale ; vert, mais souvent plus pâle que le chapeau, recouvert d'une fine poussière poudreuse, souvent tordue.

Asques cylindriques-clavés, apex plutôt rétréci, à 8 spores, spores lisses, hyalines, extrémités aiguës, souvent légèrement recourbées, 17–20×5μ.

Les spécimens de la figure 426 ont été trouvés dans le marais du Purgatoire, près de Boston, par Mme Blackford. Le chapeau et la tige étaient d'un vert vert-de-gris profond. Ils m'ont été envoyés par temps chaud d'août.

Peziza. Linn.

Peziza signifie champignon sans tige. Il s'agit d'un vaste genre de champignons discomycètes dans lequel l'hyménium tapisse la cavité d'une coupe membraneuse charnue ou cireuse. Ils sont attachés au sol, au bois en décomposition ou à d'autres substances, par le centre, bien qu'ils soient parfois distinctement pédonculés. Ils sont souvent joliment colorés et sont appelés coupes de fées, coupes de sang et champignons de coupe. Ils sont tous en forme de tasse ou de soucoupe ; verruqueuse extérieurement , scorbutée ou lisse ; asques cylindriques, à 8 spores. Le genre est grand. Le professeur Peck rapporte 150 espèces. Trouvé du début du printemps jusqu'au début de l'hiver.

Cotyle de Peziza. Linn.

Peziza réticulée. Comestible.

Acétabulum, une petite tasse ou une tasse de vinaigre. Le corps porteur de spores est stipité, en forme de coupe, terne, nervuré extérieurement avec des nervures ramifiées, qui partent de la tige courte, piquée et creuse ; bouche quelque peu contractée ; ombre claire à l'extérieur et plus sombre à l'intérieur. Trouvé au sol au printemps.

Peziza Badia . Pers.

Grande Peziza Brune. Comestible.

Photo de CG Lloyd.

FIGURE 427. — Peziza badia .

Grégaire dans ses habitudes ; sessile, ou rétrécie en une tige très courte et robuste, plus ou moins dénoyautée ; presque rond et fermé au début, puis élargi jusqu'à former une coupe ; marge à la première développante ; extérieurement recouvert d'une floraison semblable à du givre ; disque plus foncé que la surface externe, de couleur très variable ; lobes plus ou moins fendus et ondulés, un peu épais ; sacs de spores cylindriques, apex tronquant

, sporidies oblongues-ovales, épispore rugueuse, à 8 spores. On le trouve au sol dans l'herbe ou au bord des chemins dans les bois ouverts. J'ai trouvé mes premiers spécimens dans une clairière à Salem, mais je l'ai depuis trouvé en plusieurs points de l'État. Il doit être frais au moment de la consommation.

Peziza coccinea. Jacques.

LE CARMIN PEZIZA.

FIGURE 428. — Peziza coccinea. Un tiers de taille naturelle.

Coccinea signifie écarlate ou cramoisi. Poussant généralement deux ou trois sur le même bâton, la couleur est d'un écarlate très pur et très beau, attrayant pour les enfants ; les écoliers m'apportent fréquemment des spécimens, curieux de savoir de quoi il s'agit. Spécimens pas gros, disque clair et carmin pur à l'intérieur, extérieurement blanc, tout comme la tige ; tomenteux, avec un duvet court et déprimé ; sporidies oblongues, à 8 spores. Il est facilement reconnaissable à son disque carmin pur et à son extérieur tomenteux blanchâtre. On le trouve dans les bois humides sur des bâtons pourris, et il est très commun dans tout l'État.

Peziza odorata. Pk.

LA PEZIZA ODORANTE. COMESTIBLE.

Grégaire dans ses habitudes. Coupe jaunâtre, sessile, translucide, devenant brun terne avec l'âge, cassante lorsqu'elle est fraîche, chair humide et aqueuse ; le cadre de la coupe est séparable en deux couches ; l'extérieur est rugueux, tandis que l'intérieur est lisse. Le disque est brun jaunâtre. Les asques sont cylindriques, s'ouvrant par un couvercle. Sur terrain en caves, environ granges et dépendances. Une très belle grappe a poussé sur un seau d'eau dans mon écurie. Les bonnets étaient assez grands, mesurant entre deux et demi et trois pouces de diamètre. Son odeur est distinctive. Elle ressemble beaucoup à Peziza Petersii dont elle se distingue par ses spores plus grosses et son odeur particulière. Trouvé en mai et juin.

Peziza Stevensoni .

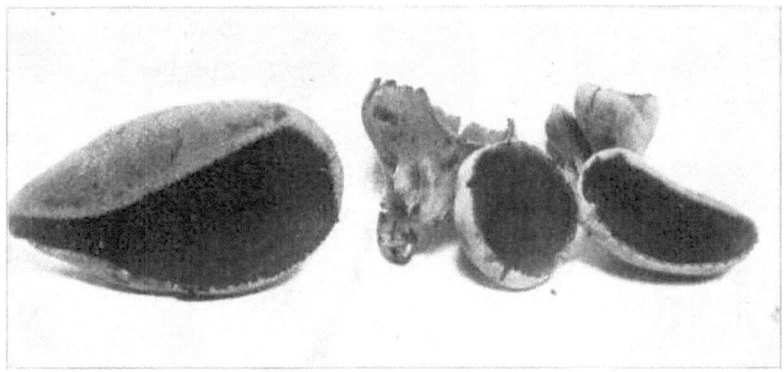

FIGURE 429. — Peziza Stevensoni .

Cette plante est sessile ou presque, poussant au sol en touffes denses. Les spécimens de la figure 429 ont grandi chez le Dr Chas. Cave de Miesse, à Chillicothe. Ils deviennent parfois assez gros ; sont ovales, extérieurement blanc grisâtre, recouverts d'un minuscule duvet ou tomentum, intérieurement brun rougeâtre, le bord de la coupe finement dentelé, comme on le voit sur la figure ci-dessous. On les trouve de mai à juillet.

Peziza semitosta .

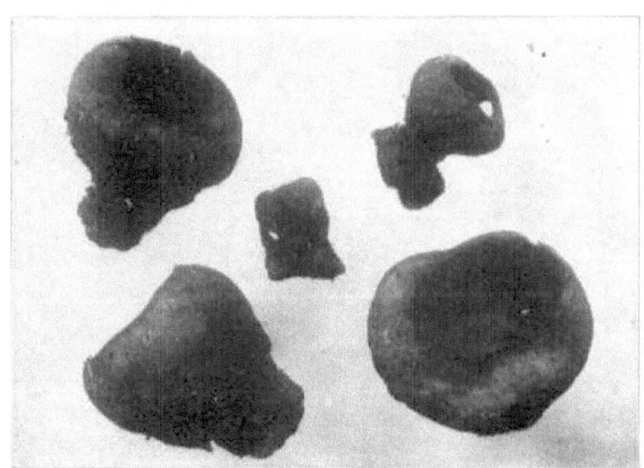

FIGURE 430. — Peziza semitosta .

Semitosta , de par son aspect brûlé, ou sa couleur semblable à celle de l'ombre.

La coupe mesure un à un pouce et demi de diamètre, hémisphérique, veloutée à l'extérieur, brun datte à l'intérieur ; marge indexée.

La tige est côtelée ou ridée. Les sporidies sont subfusiformes et mesurent 0,00117 pouce de long.

Ces plantes se trouvent au sol dans les endroits humides. On l'appelait autrefois Peziza semitosta ou Sarcoscypha semitosta . Les plantes de la figure 430 ont été trouvées en août ou septembre sur le côté nord d'Edinger Hill, près de Chillicothe, et ont été photographiées par le Dr Kellerman. Sans doute comestibles, mais l'auteur ne les a pas essayés. C'est ce qu'on appelle Macropodia semitosta .

Peziza aurantia. Le P.

PEZIZA À BASE D'ORANGE. COMESTIBLE.

Aurantia signifie couleur orange.

Subsessile, irrégulière, oblique, extérieurement quelque peu pruineuse, blanchâtre. Les sporidies sont elliptiques, rugueuses.

Trouvé au sol dans les bois humides. Les cupules sont souvent assez grandes et très irrégulières. Trouvé en août et septembre.

Peziza repanda . Wahl.

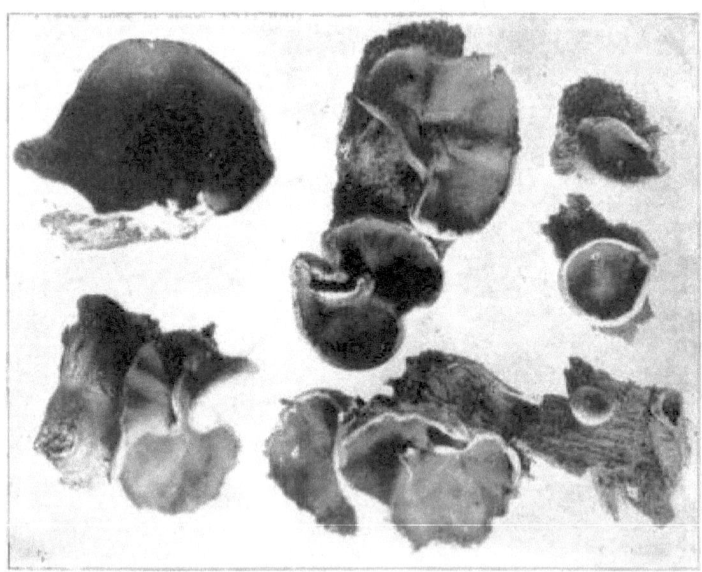

FIGURE 431. — Peziza repanda .

Repanda signifie courbé en arrière. Ces plantes se trouvent dans les bois sombres et humides, poussant sur de vieilles bûches humides ou dans une terre bien boisée. Les coupes sont groupées ou dispersées, subsessiles, contractées en une base courte et robuste en forme de tige. Lorsqu'ils sont très petits, ils apparaissent comme un petit nœud blanc à la surface de la bûche. Celui-ci grandit, de sorte qu'une sphère creuse avec une ouverture au sommet se forme bientôt. La plante commence maintenant à se dilater et à s'aplatir, produisant un disque irrégulier et aplati avec de petits bords retournés. La marge devient souvent fendue et ondulée, parfois tombante et révolutée ; disque brun pâle ou foncé, plus ou moins ridé vers le centre ; à l'extérieur, la coupe est d'un blanc scorbut. Les asques sont à 8 spores, assez gros. Les paraphyses sont peu nombreuses, courtes, séparées, clavées et brunâtres aux extrémités. Les spores sont elliptiques, à parois minces, hyalines, non nucléées, $14\times9\mu$.

Trouvé de mai à octobre. Comestible.

Peziza vésiculeuse . Taureau.

La Vessie Peziza. Comestible.

Photo de CG Lloyd.

Figure 432. — Peziza vesiculosa .

Souvent en grappes épaisses. Ceux du centre sont souvent déformés par la pression mutuelle ; grande, entière sessile, d'abord globuleuse ; fermé d'abord, puis en expansion; le bord de la cupule plus ou moins incurvé, parfois légèrement échancré ; disque brun pâle, extérieurement ; la surface est recouverte d'une substance grossièrement granuleuse ou verruqueuse qui apparaît clairement sur la photographie. L'hyménium est généralement séparable de la substance du capuchon. Les spores sont lisses, transparentes, continues, elliptiques, aux extrémités obtuses.

On les trouve sur les bousiers, les lits chauds ou partout où le sol a été fortement fertilisé et contient l'humidité nécessaire. C'est une plante intéressante et souvent trouvée en grand nombre. Vesicolosa signifie plein de vessies, comme le suggère l'image.

J'ai trouvé une très belle grappe le 25 avril 1904 dans mon écurie.

Peziza scutellata . Linn.

LE PEZIZA EN FORME DE BOUCLIER.

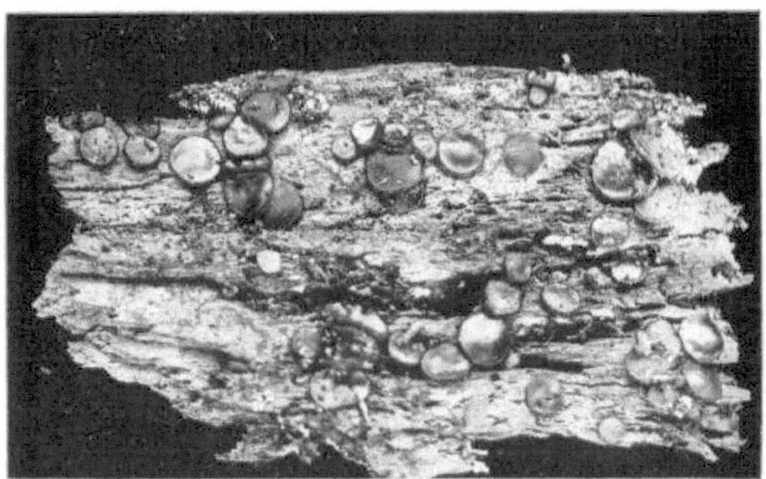

FIGURE 433. — Peziza scutellata . Très petit mais montrera sa forme sous le verre.

Devenant plat, rouge vermillon, extérieurement plus pâle, hispide vers la marge avec des poils noirs raides. Spores ellipsoïdes. Trouvé sur des bûches pourries et humides de juillet à octobre. Très copieux et très joli à la loupe.

Peziza tubéreuse. Taureau.

LA PEZIZA TUBÉREUSE.

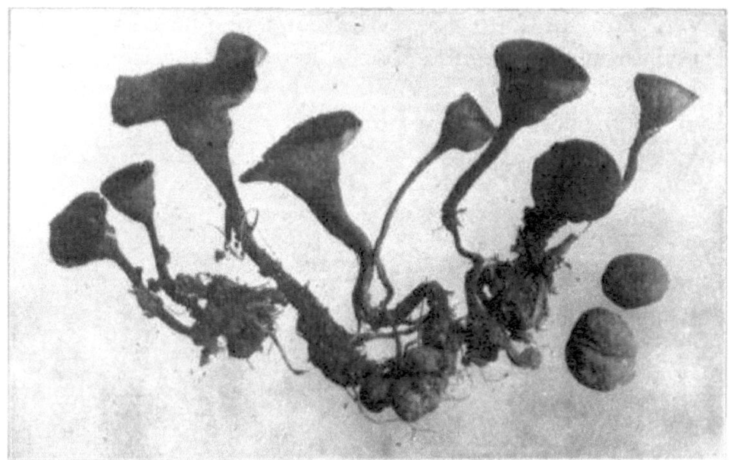

FIGURE 434. — Peziza tuberosa. Taille naturelle.

Tubéreuse, garnie d'un tubercule ou sclérote. La cupule est fine, infundibuliforme, brun clair, virant au pâle.

La tige est allongée et jaillit d'un tubercule noir irrégulier, appelé sclérote. Les tiges s'enfoncent profondément dans la terre et sont attachées à un sclérote, que l'on verra en demi-teinte. De nombreuses plantes fongiques ont appris à stocker l'amidon fongique pour la nouvelle plante.

Les sporidies sont oblongues-ellipsoïdes, simples. Certains auteurs l'appellent Sclerotinia tuberosa. Il pousse au sol au printemps et se reconnaît à sa couleur brun vif et à sa tige profondément enfoncée dans la terre et attachée à un tubercule.

Peziza hémisphérique . Wigg.

Sessile, hémisphérique, cireux, extérieurement brunâtre, recouvert de poils denses et fasciculés ; disque blanc glauque. C'est ce qu'appelle Gillet Lachnée hémisphère . Les coupes sont petites, de couleur très variable et les sporidies sont ellipsoïdales. On les trouve au sol en septembre et octobre. Trouvé à Poke Hollow.

Peziza leporina . Batsch.

Substipité , allongé d'un côté, en forme d'oreille, subferrugineux à l'extérieur, farineux à l'intérieur ; base même. Elle est parfois cinéreuse ou jaunâtre. Sporidies ellipsoïdales. C'est ce qu'on appelle fréquemment Otidea leporina , (Batsch.) Fckl . On le trouve au sol dans les bois en septembre et octobre. Trouvé à Poke Hollow.

Peziza veineuse . P.

Cette plante est en forme de soucoupe, parfois large de plusieurs pouces ;
sessile, quelque peu tordu, terre d'ombre foncée, dessous blanc, ridé avec des
nervures en forme de côtes. Odeur souvent forte. Trouvé poussant sur le sol
dans la moisissure des feuilles. Trouvé au printemps, vers la fin avril, dans les
bois de James Dunlap, près de Chillicothe. Ceci est également appelé Discina
veineux , Suec .

Peziza floccosa . Schw .

FIGURE 435. — Peziza floccosa . Taille naturelle.

C'est une belle plante poussant sur des bûches partiellement pourries. Je l'ai
toujours trouvé sur des bûches de caryer. Le capuchon est en forme de
coupe, ressemblant beaucoup à un bécher. La tige est longue et fine, plutôt
laineuse ; le bord du bonnet est bordé de longs poils strigeux. La surface
intérieure de la coupe représente la partie portant les spores.

L'intérieur et le bord de la coupe sont très beaux, panachés d'écarlate et de
blanc foncé. Aussi appelé Sarcoscypha floceuse .

La plante se rencontre de juin à septembre.

Peziza occidentalis.

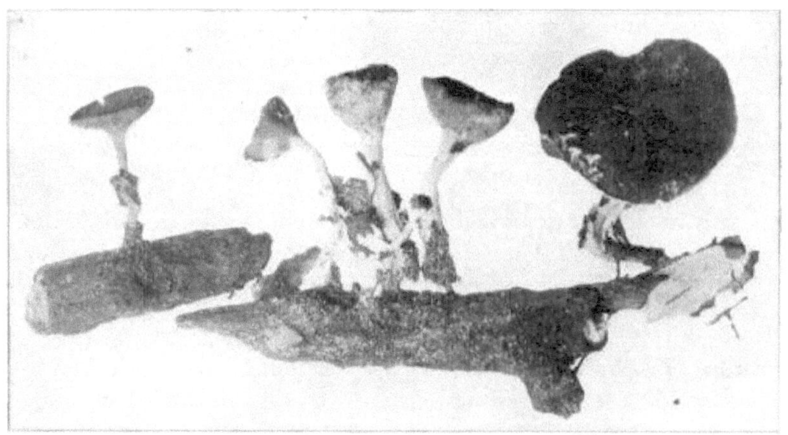

CHIFFRE 436.— Peziza occidentalis. Taille naturelle.

C'est une autre plante très voyante, tout aussi attractive que P. floccosa et P. coccinea.

La coupe est infundibuliforme, l'extérieur ainsi que la tige blanchâtres, et duveteuse, le bol ou disque est rouge orangé. Ceci est connu par certains auteurs sous le nom de Sarcoscypha occidentalis. Il pousse sur des bâtons pourris posés au sol. Mai et juin.

Peziza nébuleuse . Cooke.

CHIFFRE 437.— Peziza nébuleuse .

Nebulosa signifie nuageux ou sombre, de *nébuleuse* , un nuage ; de par sa couleur.

Ascophore stipité, plutôt charnu, fermé d'abord, puis en coupe, devenant un peu plan, le bord légèrement incurvé, extérieurement pileux ou duveteux, gris pâle ou parfois assez foncé.

Les asques sont cylindriques ; spores fusiformes, droites ou arquées, rugueuses, <u>35–8</u>:paraphyses filiformes.

Ces plantes se trouvent sur des souches ou des bûches pourries dans le bois. Les bois où je les ai trouvés étaient plutôt denses et humides. Les plantes de la figure 437 ont été trouvées à Haynes' Hollow et photographiées par le Dr Kellerman.

Urnule cratère . (Schw .) Le P.

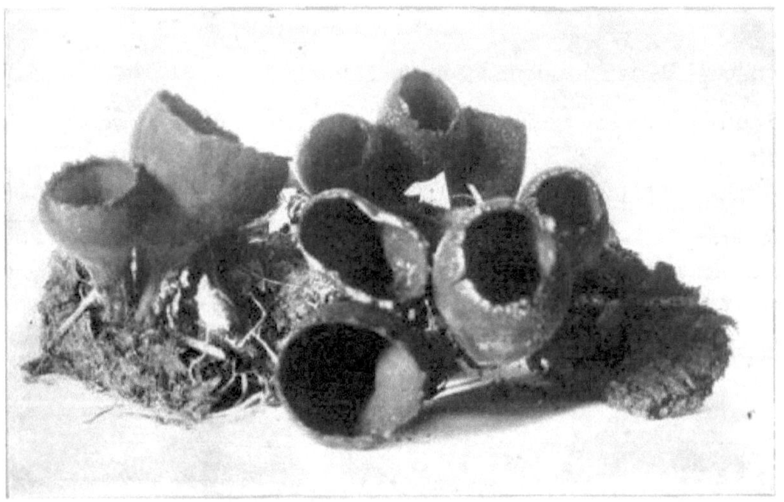

CHIFFRE 438.— Urnule cratère . Deux tiers grandeur nature.

Urnula signifie brûlé ; craterium signifie un petit cratère ; la traduction est donc un cratère incendié, ce qui apparaîtra à l'étudiant comme un nom très approprié. Il s'agit d'un ascomycète très commun et remarquable, ou champignon en coupe, poussant en grappes sur des bâtons pourris qui se trouvent dans des endroits humides. Lorsque les plantes apparaissent pour la première fois, ce sont de petites tiges noires avec pratiquement aucune trace de coupe. En peu de temps, l'extrémité de la tige montre des signes d'élargissement, montrant des lignes de séparation sur le dessus. Elle s'ouvre bientôt et nous avons la coupe telle que vous la voyez sur la figure 438. L'hyménium, ou surface portant les spores, est la paroi intérieure de la coupe. La coupe est tapissée à l'intérieur d'une palissade de longs sacs cylindriques, chacun contenant huit spores avec une petite quantité de liquide. Ces sacs sont perpendiculaires à la surface intérieure et sont munis de couvercles semblables à ceux d'une cafetière ; à maturité, le couvercle est ouvert de force et les spores sont projetées hors de ces sacs, et, en secouant le champignon lorsqu'il est prêt à émettre, on peut les voir comme un petit nuage à un pouce ou deux au-dessus de la coupe. Placez un petit morceau de verre sur la tasse et vous verrez des spores par groupes de huit dans de très petites gouttes de liquide sur le verre. Cette espèce apparaît en avril et mai et constitue certainement une plante très intéressante. Il est appelé par certains cratères Peziza , Schw .

Hélotium . Le P.

Disque toujours ouvert, d'abord punctiforme, puis dilaté, convexe ou concave, nu. Excipulum cireux, libre, marginal, extérieurement nu.

Hélotium citrinum . Le P.

HÉLOTIUM DE COULEUR CITRON .

CHIFFRE 439.—— Hélotium citrinum . Champignon disque jaune poussant sur des bûches pourries. Légèrement agrandi.

C'est un beau petit champignon disque, jaune, qui pousse sur des bûches pourries dans les bois humides. Ils poussent souvent en grappes denses ; d'un beau jaune citron, la tête étant plane ou concave, avec une tige courte, épaisse et plus pâle, formant un cône inversé. Asques allongés, étroitement cylindriques, atténués à la base en un pédicelle long, mince et tordu, à 8 spores.

Sporidies oblongues, elliptiques, à noyaux de deux ou trois minutes .

C'est une plante assez commune dans nos bois par temps pluvieux ou dans les endroits humides, poussant sur de vieilles bûches et souches, dans les bois, à l'automne. La figure 439 donnera une idée de leur apparence lorsqu'elles sont en amas denses. Les plantes photographiées par le Dr Kellerman.

Hélotium lutescens . Le P.

HÉLOTIUM JAUNÂTRE .

Lutescens signifie jaunâtre. Les plantes sont petites, sessiles ou attachées par une tige très courte ; fermé au début, puis s'étendant jusqu'à être presque plan ; disque jaune, lisse ; asques clavigués, à 8 spores ; spores hyalines, lisses.

Grégaire ou dispersé. Trouvé sur des branches à moitié pourries.

Hélotium æruginosum . Le P.

HÉLOTIUM VERT .

Æruginosum signifie vert-de-gris. Grégaires ou dispersés, colorant le bois sur lequel ils poussent d'un vert vert-de-gris profond ; ascophore d'abord corné et fermé, puis en expansion, le bord généralement ondulé et plus ou moins irrégulier ; flexibles, glabres, uniformes, quelque peu contractées et finement ridées une fois sèches ; chaque partie est d'un vert vert-de-gris profond, le disque devenant souvent plus pâle avec une teinte de couleur beige ; 1 à 4 mm. à travers; tige 1–3 mm. long, s'étendant dans l' ascophore ; hypothécium et excipulum formés d' hyphes hyalins entrelacés , 3–4μ. épais, ceux-ci devenant plus gros et colorés en vert dans le cortex ; asques étroitement cylindriques-clavés, apex légèrement rétréci, à 8 spores ; spores irrégulièrement 2-sériées, hyalines ou légèrement teintées de vert, très étroitement cylindriques-fusiformes, droites ou courbées, 10–14×2,5–3,5μ. 2-gutuleux, ou avec plusieurs minuscules globules d'huile verte ; paraphyses fines, avec une teinte verte à l'extrémité. *Massée.*

Massee appelle cela Chlorosplenium æruginosum , De Not. Il est assez commun sur les branches de chêne, colorant d'un vert foncé le bois sur lequel il pousse. Il est largement distribué, des spécimens m'ayant été envoyés d'aussi loin à l'est que le Massachusetts. Les taches de mycélium dans le bois sont plus fréquentes que dans les fruits.

Bulgarie. Le P.

Bulgarie – probablement trouvée pour la première fois dans cette principauté.

Réceptacle orbiculaire, puis tronqué, gluant à l'intérieur, d'abord fermé ; hyménium uniforme, persistant, lisse.

La Bulgarie inquinans . Le P.

LA BULGARIE NOIRÂTRE.

CHIFFRE 440.— Bulgarie inquinans . Deux tiers grandeur nature.

Inquinans signifie salir ou polluer ; ainsi appelé en raison du revêtement noirâtre et gélatineux du capuchon.

Réceptacle orbiculaire, fermé d'abord, puis s'ouvrant, formant une coupelle, comme représenté à droite sur la figure 440 ; disque ou coupelle devenant plan ; noir, devenant parfois lacuneux ; dur, élastique, gélatineux, brun foncé ou chocolat, presque noir, ridé et rugueux à l'extérieur ; tige très courte, presque obsolète ; tasse d'ombre légère; sporidies grandes, elliptiques, brunes.

Cette plante est assez abondante dans certaines localités proches de Chillicothe. On le trouve dans les bois, sur des troncs ou des branches de chêne partiellement décomposées.

CHAPITRE XIII.
NIDULARIACEAE-CHAMPIGNONS DU NID D'OISEAU.

Spores produites sur des sporophores, compactées en un ou plusieurs corps globuleux ou disciformes, contenus dans un péridium distinct. *Berkeley.*

Il y a quatre genres inclus dans cet ordre.

- Cyathus —Péridium en forme de coupe, composé de trois membranes différentes.

- Crucibulum —Péridium d'une membrane spongieuse uniforme.

- Nidularia — Péridium globuleux, sporanges enveloppés de mucus.

- Sphærobolus —Péridium double, sporanges éjectés individuellement.

Cyathus . Pers.

Cyathus vient d'un mot grec signifiant coupe.

Le péridium est composé de trois membranes très étroitement liées, fermées d'abord par une membrane blanche, mais finalement éclatantes au sommet. Sporanges plans, ombilicaux, fixés au mur par un cordon élastique.

Cyathus strié. Hoffm .

CYATHUS STRIÉ .

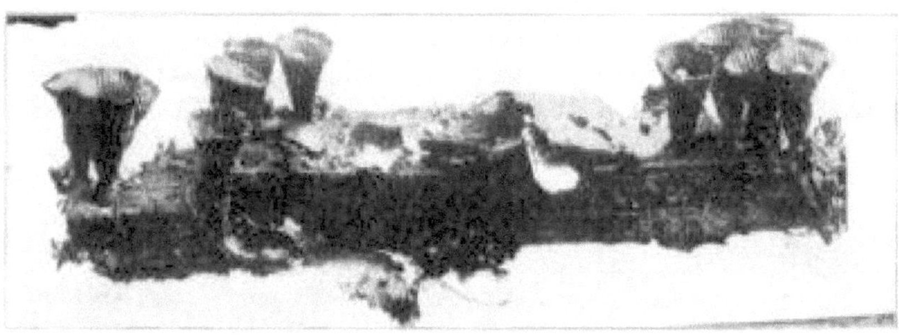

Photo de CG Lloyd.

FIGURE 441. — Cyathus strié.

Les plantes sont petites, obconiques, tronquées, largement ouvertes ; extérieurement ferrugineux, à tomentum poilu, intérieurement plombé, lisse, strié.

Les sporanges sont quelque peu trigones, blanchâtres, largement ombiliés ; couverture de la cupule fine, évanescente, un peu plus épaisse en dessous et cotonneuse, souvent recouverte de farine ressemblant à du duvet.

Les spores sont épaisses et oblongues.

C'est une petite plante très intéressante. Il est assez largement diffusé. Je l'ai eu dans plusieurs États, dont la Nouvelle-Angleterre. Il est facilement identifié par les stries, ou lignes, à l'intérieur de la coupe, étant la seule espèce ainsi marquée par des stries internes . Les péridioles de l'espèce ne remplissent que la partie inférieure de la cupule, en dessous des stries.

Cyathus vernicosus . CC

Cyathus vernis .

Figure 442. — Cyathus vernicosus .

Vernicosus signifie verni. Il est en forme de cloche, à base étroitement subsessile, largement ouvert au-dessus, quelque peu ondulé ; extérieurement brun rouille, tomenteux soyeux, devenant finalement lisse, intérieurement plombé.

Les sporanges sont noirâtres, souvent un peu pâles, voire même ; couverture assez épaisse, parsemée d'une farine grisâtre. Spores elliptiques, incolores, 12–14×10μ. J'ai souvent vu le sol des jardins et des chaumes couverts de ces belles petites plantes. La coupe assez ferme, épaisse et évasée permettra de distinguer facilement l'espèce. Les œufs ou péridioles sont noirs et assez gros, paraissant blancs car recouverts d'une fine membrane blanche. Trouvé à la fin de l'été et à l'automne. Les plantes de la figure 442 ont été photographiées par le professeur GD Smith.

Cyathus stercoreus .

FIGURE 443. — Cyathus stercoreus .

Stercoreus vient de _stercus_ , bouse. Cette espèce, comme son nom l'indique, se rencontre sur le fumier ou les sols fumés. M. Lloyd donne la description suivante : « Les coupes sont uniformes à l'intérieur et avec des poils hirsutes à l'extérieur. Avec l'âge, elles deviennent plus lisses et sont parfois confondues avec Cyathus. vernicosus . Cependant, une fois apprises, les plantes peuvent être facilement distinguées par leurs coupes. Cyathus stercoreus varie cependant considérablement quant à la forme et à la taille des coupes, selon l'habitat. Si elles poussent sur un gâteau de fumier, elles sont plus courtes et plus cylindriques ; si dans un sol meuble et fumé, en particulier dans l'herbe, ils sont plus minces et inclinés vers une tige à la base. " Les péridioles ou œufs sont plus noirs que les autres espèces. On les trouve à la fin de l'été et à l'automne.

Crucibule . Tul.

Le péridium est constitué d'un feutre fibreux uniforme, spongieux, fermé par une couverture plate en forme d'écailles de la même couleur.

Les sporanges sont plans, attachés par une corde, jaillissant d'un petit tubercule en forme de mamelon.

Ce genre se distingue de Cyathus , son plus proche allié, par la paroi péridienne , constituée de deux couches seulement.

Crucibulum vulgare. Tul.

Photo de CG Lloyd.

Figure 444. — Crucibulum vulgare.

Le péridium est de couleur beige, épais extérieurement presque uniforme, intérieurement assez uniforme, lisse, brillant ; la bouche des jeunes plantes est recouverte d'une fine membrane jaunâtre appelée épiphragme. Une fois vieilles, les tasses blanchissent et perdent leur couleur jaune. Les péridioles ou œufs sont blancs, c'est-à-dire qu'ils sont recouverts d'une membrane blanche. Leur couleur jaunâtre et leurs œufs blancs distingueront facilement cette espèce.

On les trouve sur les mauvaises herbes pourries, les bâtons et les morceaux de bois. Les spécimens en demi-teinte ont poussé sur un vieux tapis et ont été photographiés par M. CG Lloyd.

Nidulaire . Tul.

Le péridium est uniforme, constitué d'une seule membrane ; globuleux, d'abord fermé, finalement rompu ou s'ouvrant par une bouche circulaire.

Les sporanges sont assez petits et nombreux, non attachés par un funicule au péridium, enveloppés de mucus.

Nidulaire pisiforme . Tul.

Nidularia en forme de pois .

Photo de CG Lloyd.

FIGURE 445. — Nidulaire pisiforme .

Pisiformis vient de deux mots latins signifiant *pois* et *forme* .

La plante est grégaire, presque ronde, sessile, sans racines, poilue, brune ou brunâtre, se fendant irrégulièrement.

Les sporanges sont de forme sub-rond ou discoïde, brun foncé, lisses, brillants.

Les spores sont incolores, rondes ou elliptiques ou en forme de poire, produites sur des stérigmates de 7–8×8–9μ. On les trouve parfois sur le sol et sur les feuilles, mais leur habitat préféré est une vieille bûche. Trouvé de juillet à septembre.

CHAPITRE XIV.
SOUS-CLASSE BASIDIOMYCETES.GROUPE GASTROMYCETES.

Gastromycètes vient de deux mots grecs : *gaster* , estomac ; *mycètes* , champignon. Nous avons déjà vu que, dans le groupe des Hyménomycètes , la surface portant les spores est exposée comme dans le champignon commun ou dans les variétés à pores, mais que chez les Gastromycètes , l'hyménium est enfermé dans l'écorce ou le péridium. Le mot péridium vient de *peridio* (je fais le tour) ; parce que le péridium enveloppe entièrement la partie portant les spores, qui, avec le temps, se débarrasse des spores enfermées qui se sont formées à l'intérieur des basides et des spicules, comme le montre la figure 2. La cavité à l'intérieur du péridium se compose de deux parties : la une partie filetée, appelée capillitium, que l'on peut voir dans n'importe quelle boule séchée, et une partie cellulaire, appelée gleba , qui est le tissu porteur de spores, composé de minuscules chambres bordées d'hyménium. Le péridium se brise de diverses manières pour permettre aux spores de s'échapper. Lorsque les enfants pincent une boule pour « voir la fumée », comme on dit, en sortir, ils ne savent pas qu'ils font exactement ce que la boule leur demande de faire, afin que ses graines soient dispersées au vent.

Chez les Phalloïdes, l'hyménium se déliquète au lieu de se dessécher.

Berkeley, dans ses « Outlines », donne la caractérisation suivante de cette famille : « Hyménium dissimulé de manière plus ou moins permanente, constitué dans la plupart des cas de cellules serrées, dont les plus fertiles portent des spores nues dans des spicules distincts, exposés uniquement par la rupture. ou la carie de la couche d'investissement ou du péridium.

Les familles suivantes seront traitées ici :

I. Phalloideæ —Terrestre. Hyménium déliquescent.

II. Lycoperdaceæ — Cellulaire au début. Hyménium séchant dans un amas de fils et de spores.

III. Sclerodermaceæ —Péridium renfermant des sporanges.

Phalloïdes . Le P.

Volva universelle, la couche intermédiaire gélatineuse. Hyménium déliquescent. *Les grandes lignes de Berkeley.*

Les genres suivants seront représentés :

I. Phallus—Chapeau libre autour de la tige.

II.   Mutinus — Chapeau attaché à la tige.

Phallus duplicatus . Bosc.

CORNE PUANTE LACÉE.

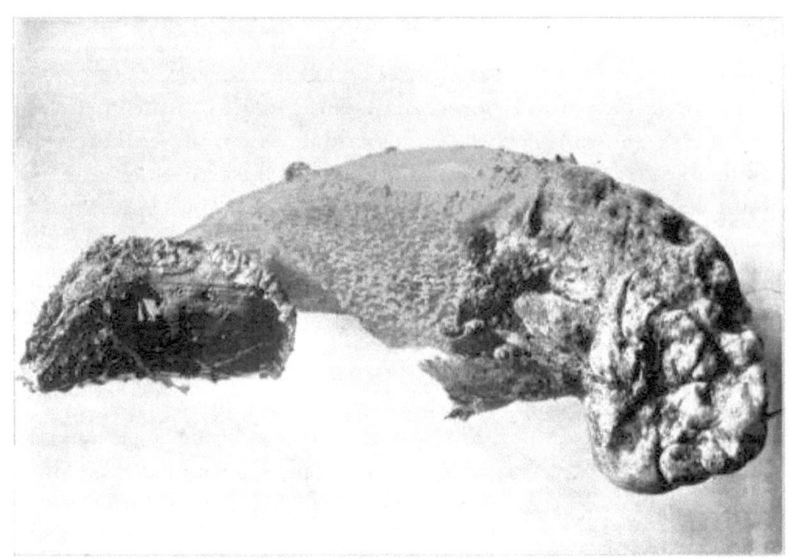

Photo de CG Lloyd.

PLAQUE LV. FIGURE 446. — PHALLUS DUPLICATUS .
Grandeur naturelle, montrant le voile.

Volve ovoïde, épaisse, blanchâtre, présentant fréquemment une teinte rosâtre.

La tige est cylindrique, cellulosique, effilée vers le haut. Le voile est réticulé, entourant fréquemment la totalité de la tige depuis le chapeau jusqu'à la volve, souvent déchiré. Le chapeau est piqué, déliquescent, de six à huit pouces de haut, apex aigu. Spores elliptiques-oblongues.

Je suis sûr que je n'ai jamais vu de dentelles plus fines que celles que j'ai vues sur cette plante. Il y a quelques années , une de ces plantes a insisté pour pousser près de ma maison, là où se trouvait autrefois un poteau de clôture, ce qui a presque obligé la famille à quitter la maison. On imagine mal une si belle plante dégageant une telle odeur. Ce n'est pas une plante courante dans notre état.

Phallus Ravenelii . AVANT JC.

FIGURE 447. — Phallus Ravenelii . Grandeur naturelle, montrant la volve à la base, le réceptacle et le capuchon.

Cette plante est extrêmement abondante à Chillicothe. J'ai vu des centaines de plantes pleinement développées sur quelques mètres carrés de vieille sciure ; et l'on pourrait facilement croire que toutes les mauvaises odeurs du monde s'étaient déchaînées à cet endroit. Les œufs contenus dans la sciure peuvent être ramassés au boisseau. Sur la figure 449 est représenté un groupe de ces œufs. La section d'un œuf au centre de la grappe montre le contour de la volve, du chapeau et de la tige de l'embryon. À l'intérieur de la volve, au milieu, se trouve la courte tige non développée ; le chapeau recouvre la partie supérieure et les côtés de la tige ; la partie fruitière, divisée en petites chambres, se trouve à l'extérieur du chapeau. Les spores sont portées sur des basides en forme de massue, comme le montre la figure 448, dans la chambre de la partie fruitière, et lorsque les spores mûrissent, la tige commence à s'allonger et à forcer la gleba et le chapeau à travers la volve, le laissant au niveau de la volve. base de la tige, comme on le voit sur la figure 448. Le gros œuf à gauche en arrière-plan de la figure 449 est presque prêt à briser la volve. Un soir, j'ai apporté un gros œuf et je l'ai placé sur le manteau. Plus tard dans la soirée, la pièce étant chaude, pendant que nous lisions, ma femme remarqua cet œuf qui commençait à bouger et il prit en quelques minutes la forme que vous voyez sur la figure 447. Le développement fut si rapide que le mouvement était très perceptible. Le chapeau est de forme conique et, après la disparition de la gleba, la surface du chapeau est simplement granuleuse. Les plantes mesurent quatre à six pouces de haut. La tige est creuse et se rétrécit du milieu à chaque extrémité. Cette plante est également connue sous le nom de Dictyophora Ravenelii , Burt.

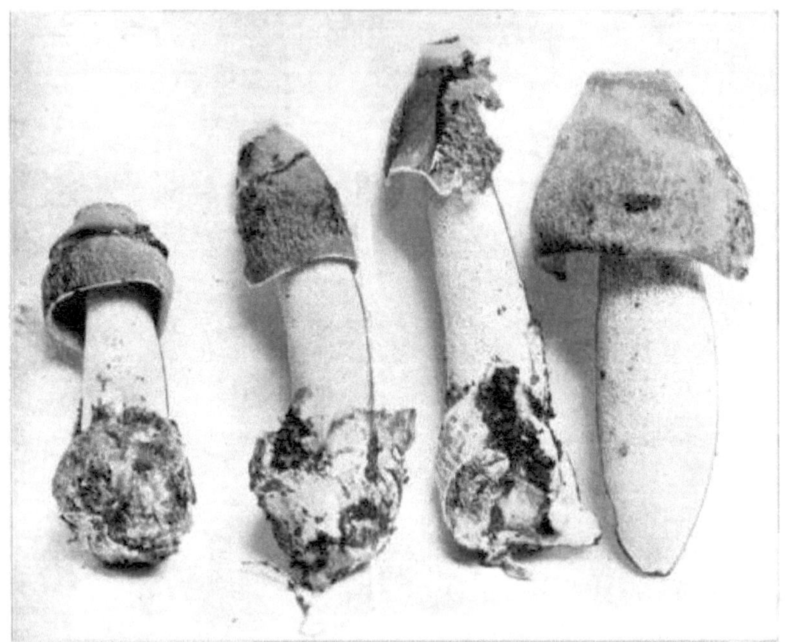

FIGURE 448. — Phallus Ravenelii . Deux tiers grandeur nature.

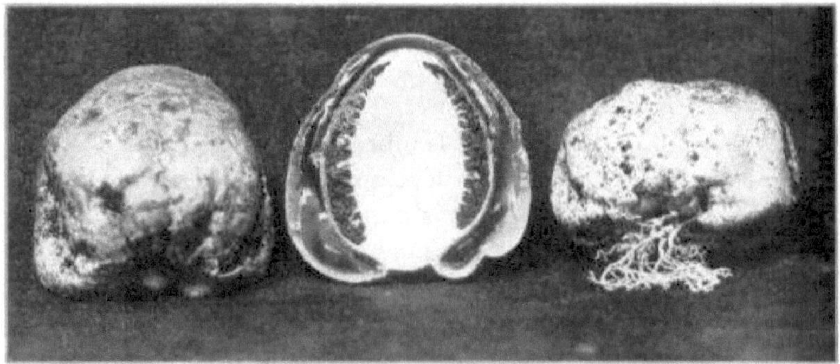

FIGURE 449. — Phallus Ravenelii . Deux tiers grandeur nature, montrant le stade de l'œuf.

Lysure boréale. Burt.

Le réceptacle est porté par une tige creuse, atténuée vers la base, divisée au-dessus en bras qui ne se rejoignent pas à leur sommet et qui portent la masse de spores sur leurs surfaces intérieures et sur leurs côtés, enfermant la masse de spores lorsqu'ils sont jeunes, mais plus tard. divergent.

La tige de la phalloïde est blanche, creuse, atténuée vers le bas ; les bras sont étroits, en forme de lance, avec un dos de couleur chair pâle, traversé sur toute leur longueur par un sillon peu profond.

L'œuf au centre est sur le point de briser la volve et de se développer en une plante pleinement développée . Les plantes de la figure 450 ont été trouvées près d'Akron, Ohio, et photographiées par GD Smith.

Mutin . Le P.

La gleba est portée directement sur la partie supérieure de la tige, qui est creuse et composée d'une seule couche de tissu ; et la plante n'a pas de chapeau séparé, caractéristique par laquelle le genre diffère de Phallus.

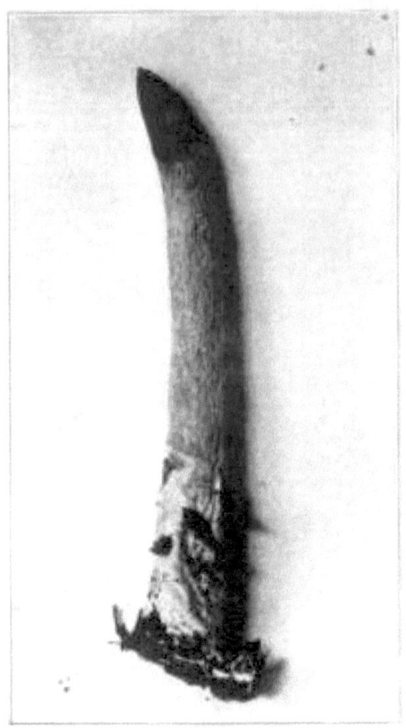

FIGURE 451. — Mutinus canin .

La partie portant la gleba est courte, rouge ou de couleur chair, subaiguë, ridée, la calotte ou gleba formant la masse porteuse de spores qui est généralement conique, parfois oblongue ou ovoïde, couvrant un quart à un sixième de la longueur totale de la tige.

La tige est allongée, fusiforme, creuse, cylindrique, alvéolée, blanche, parfois rose. Les spores sont elliptiques, impliquées dans un mucus vert, $6 \times 4\mu$. La plante provient d'un œuf qui a à peu près la taille d'un œuf de caille. Vous pouvez les trouver dans le sol si vous marquez l'endroit où vous les avez vu pousser. On les trouve dans les jardins, dans les vieux bois et fourrés. J'ai trouvé cette espèce dans plusieurs localités autour de Chillicothe, mais toujours dans des fourrés humides. M. Lloyd pensait que cette espèce ressemblait plus à l'espèce européenne qu'à toutes celles qu'il avait vues dans ce pays. Trouvé en juillet, août et septembre.

Mutinus elegans. Montagne.

Photo de CG Lloyd.

PLANCHE LVI. FIGURE 452.— MUTINUS ELEGANS.
Grandeur naturelle, montrant un œuf et une section d'œuf.

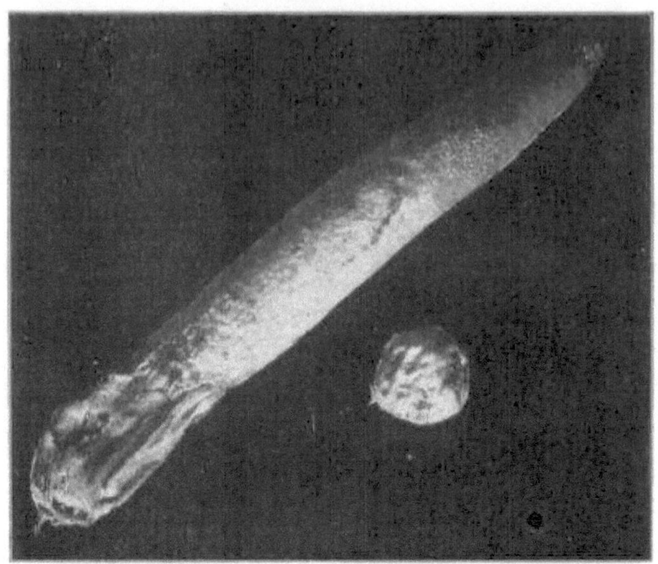

FIGURE 453. — Mutinus elegans. Un tiers grandeur nature, montrant la volve, le réceptacle blanc et le capuchon rouge.

Le chapeau est acuminé, perforé au sommet. La tige est cylindrique, s'effilant progressivement vers l'apex, blanchâtre ou rosâtre en dessous, chapeau rouge vif.

La volve est oblongue-ovoïde, rosâtre, en segments deux ou trois. Les spores sont elliptiques-oblongues. *Morgan.*

L'odeur de cette plante n'est pas aussi forte que celle de certaines Phalloïdes . On dit que les œufs de Phallus et de Mutinus sont très bons lorsqu'ils sont bien frits, mais mon souvenir de l'odeur de la plante est trop vif pour que je puisse les essayer. On le trouve généralement dans les forêts mixtes, mais parfois dans les champs richement cultivés. Je les ai fréquemment trouvés à environ Chillicothe de six à sept pouces de haut. Sur la figure 452, à droite, on voit un œuf et au-dessus, une section d'un œuf contenant la plante embryonnaire. Cette plante est appelée par le professeur Morgan Mutinus bovin . Après avoir vu cette image, le collectionneur ne manquera pas de la reconnaître. C'est l'une des curieuses croissances de la nature. Trouvé en juillet et août.

CHAPITRE XV.
LYCOPERDACEAE—PUFF-BALLS.

Cette famille comprend tous les champignons qui ont leurs spores dans des enceintes fermées jusqu'à maturité. Les chambres sont appelées gleba et sont entourées par le péridium ou l'écorce qui, dans différentes boules, présente diverses manières caractéristiques de s'ouvrir pour laisser les spores s'échapper. Le péridium est composé de deux couches distinctes, l'une appelée cortex, l'autre péridium proprement dit. La plante est généralement sessile, parfois plus ou moins tige, remplie à maturité d'une masse poussiéreuse de spores et de fils.

Il offre bon nombre de nos produits alimentaires à base de champignons les plus délicieux. Les genres suivants sont considérés ici :

I.   Calvatia-la grande boule.

II.   Lycoperdon —La petite boule de poils.

III.   Bovista : la boule qui culbute.

IV.   Geaster —Étoile de la Terre.

V.   Sclérodermie : la boule dure.

Calvatie. Le P.

Ce genre représente les boules de taille les plus grandes. Ils ont un mycélium épais en forme de cordon qui s'enracine à partir de la base. Le péridium est très grand, se brisant en fragments à maturité et exposant la gleba . Le cortex est fin, adhérent, souvent doux et lisse comme du cuir de chevreau, parfois recouvert de minuscules squamules ; le péridium interne est mince et fragile, se fissurant en zones à maturité. Le capillitium est un réseau de fils fins traversant les tissus de la partie portant les spores ; tissu, d'abord blanc comme neige, virant au jaune verdâtre, puis au brun ; l'amas de spores et le réseau dense de fils (capillitium) attachés au péridium et à la subgleba ou base stérile qui est la cellulose ; limité et concave ci-dessus. Spores petites, rondes, généralement sessiles.

Calvatia gigantca. Batsch.

LA BOULE GÉANTE. COMESTIBLE.

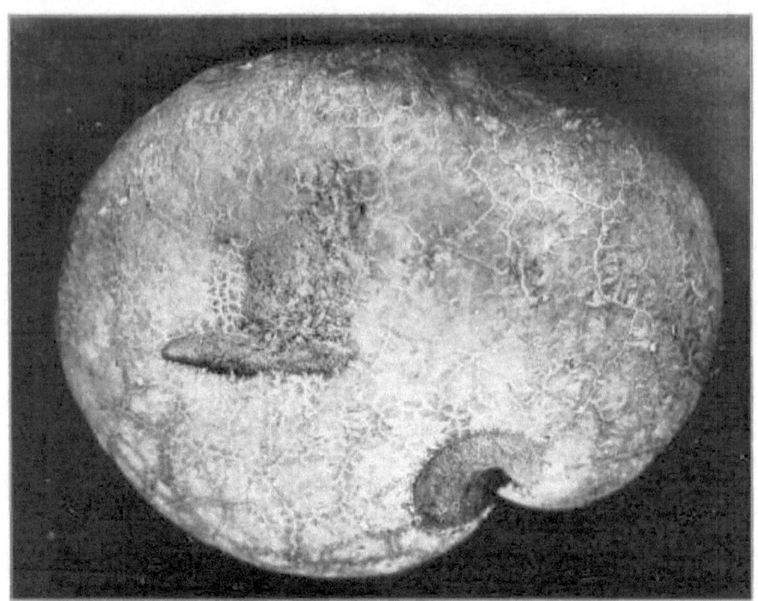

PLANCHE LVII. FIGURE 454.— CALVATIA GIGANTEA.

Cette espèce atteint une taille immense (souvent vingt pouces de diamètre) ; ronde ou obovoïde, avec un épais cordon mycélien l'enracinant au sol, sessile, cortex blanc et brillant, parfois légèrement rugueux par de minuscules verrues floconneuses,   devenant
jaunâtres ou brunes. Le péridium interne est mince et fragile, se désagrégeant après maturité en fragments, apparemment sans sous-glébe ; capillitium et spores vert jaunâtre à olive terne. Les spores sont rondes, parfois finement verruqueuses .

Ce n'est pas commun à Chillicothe, mais dans la partie nord-ouest de l'État, ils sont très abondants en leur saison et très grands. Debout dans le pâturage boisé de M. Joseph, à l'est de Bowling Green, j'ai compté quinze boules géantes dont le diamètre moyen était de dix pouces et dont le cortex était aussi blanc et brillant qu'un gant de nouveau chevreau. Un de mes amis, vivant à Bowling Green et rentrant chez lui en voiture depuis Deshler, a vu dans un pâturage boisé vingt-cinq de ces boules géantes. Impressionné par la vue et ayant quelques sacs de céréales dans son chariot, il les remplit et les rapporta à la maison. Il m'a immédiatement téléphoné pour que je vienne chez lui, car la montagne était trop grande pour que Mohammed puisse l'emmener. Il fut surpris d'apprendre qu'il avait trouvé ce veau proverbial qui n'est que ris de veau. Ce soir-là, nous avons fourni des tranches de ces boulettes à vingt-cinq familles.

Ils peuvent être conservés deux ou trois jours sur la glace. La photographie, prise par le professeur Shaffner de l'Ohio State University, montrera à quoi ils ressemblent lorsqu'ils poussent dans l'herbe. Ils semblent ravis de se nicher dans les grands pâturins. Cette espèce a été classée jusqu'à présent comme Lycoperdon giganteum . Trouvé d'août à octobre.

FIGURE 455. — Calvatia gigantia . Un cinquième de leur taille naturelle, montrant comment ils poussent dans l'herbe.

Calvatia lilacine . Beurk.

PUFFBALL LILAS. COMESTIBLE.

PLANCHE LVIII. FIGURE 456.— CALVATIA LILACINA .
Grandeur naturelle en état de croissance.

Le péridium a un diamètre de trois à six pouces ; globuleux ou déprimé globuleux ; lisse ou finement floconneux ou écailleux ; blanchâtre, brun cinéreux ou brun rosé, se fissurant souvent dans les zones de la partie supérieure ; généralement avec une base courte, épaisse et sans tige ; capillitium et spores brun pourpre, ceux-ci et la partie supérieure du péridium tombant et disparaissant avec l'âge, laissant une base en forme de coupe avec une marge irrégulière. Spores globuleuses, rugueuses, brun pourpre, 5–6,5 larges. *Peck* , 48e représentant de l'État de New York Bot.

C'est très courant dans tout l'État. J'ai vu des pâturages dans les comtés de Shelby et Defiance parsemés de cette espèce. Quand l'intérieur est blanc, ils sont très bons et charnus. À notre connaissance, aucune boule-de-vesse n'est toxique, mais si l'intérieur est devenu jaunâtre, elle a tendance à être assez amère. On le voit souvent dans les pâturages et les bois ouverts sous la forme d'une coupe, la partie supérieure s'étant détachée et le vent ayant creusé la masse de spores violettes, ne laissant que la base en forme de coupe. Les spécimens de la figure 457 commencent tout juste à se fissurer et à présenter des taches violacées. Ils représentent moins d'un quart de la taille naturelle. Ils ressemblent beaucoup au C. gigantea de plus petite taille, mais les spores violettes et la subgleba distinguent immédiatement l'espèce. Cette espèce, présente de juillet à octobre, est parfois classée comme Lycoperdon cyathiforme . La photographie a été prise par le professeur Longyear.

FIGURE 457. — Calvatia lilacina .

Calvatia cælata . Taureau.

LA BOULE SCULPTÉE. COMESTIBLE.

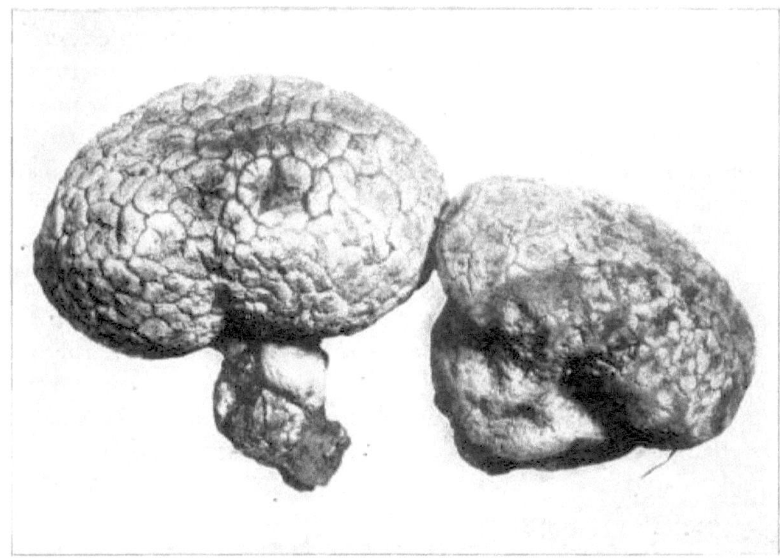

Photo de CG Lloyd.

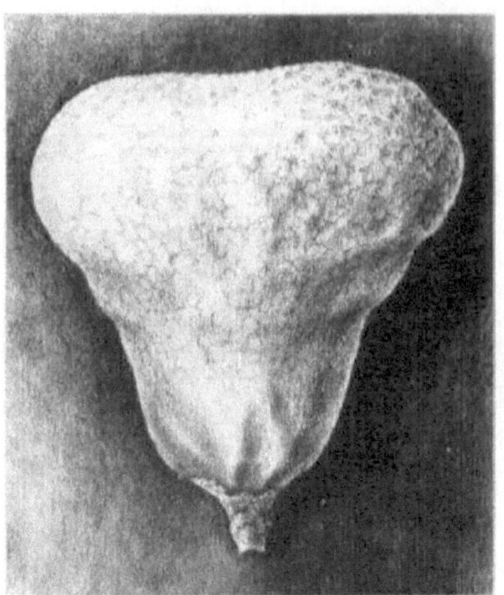

FIGURE 459. — Calvatia cælata .

Cælata , sculptée. Péridium grand, obovoïde ou en forme de sommet, déprimé au-dessus, avec une base épaisse et épaisse et une racine en forme de cordon. Cortex : couche floconneuse assez épaisse, surmontée de verrues ou d'épines grossières, blanchâtres puis ochracées ou enfin brunes, se désagrégeant enfin en aréoles plus ou moins persistantes ; péridium interne épais mais fragile, plus fin vers l'apex, où il finit par se rompre, formant une grande ouverture irrégulière et déchirée. Subgleba occupant près de la moitié du péridium, en forme de coupe sur le dessus et persistante longtemps ; la masse de spores et de capillitium compacts, farineux jaune verdâtre ou olivacé, devenant pâle à brun foncé ; les fils sont très ramifiés, les branches primaires deux ou trois fois plus épaisses que les spores, très cassantes, se brisant bientôt en fragments. Spores globuleuses, régulières, de 4–4,5 de diamètre, sessiles ou parfois avec un pédicelle court ou minuscule. Le péridium a un diamètre de trois à cinq pouces. *Morgan.*

Cette espèce ressemble beaucoup à la précédente mais se distingue facilement par la plus grande taille et la couleur olive jaunâtre de la masse de spores matures. La base stérile constitue souvent la plus grande partie du champignon et, comme le montre la figure 459, elle est ancrée par une forte croissance semblable à une racine. On le trouve poussant au sol dans les champs et les bois clairs. Lorsqu'elle est blanche de part en part, tranchée, roulée dans des œufs et des miettes de craquelins et bien frite, vous êtes heureux de connaître une boule de lait. Trouvé d'août à octobre.

Calvatia craniiformis . Schw .

LE CALVATIA EN FORME DE CERVEAU. COMESTIBLE.

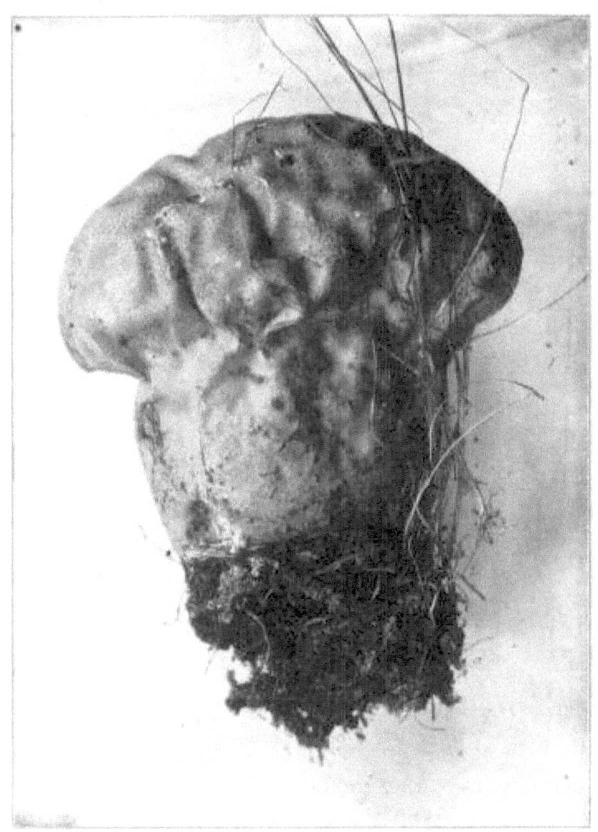

PLAQUE LX. FIGURE 460.— CALVATIA CRANIIFORMIS .

FIGURE 461. — La partie stérile de C. craniiformis .

Craniiformis vient de *Cranion* , un crâne ; *forma* , une forme.

Le péridium est très grand, obovoïde ou en forme de sommet, déprimé au-dessus, la base épaisse et robuste, avec une racine en forme de cordon. Le cortex est une couche continue et lisse, très fine et fragile, se décollant facilement, pâle ou grisâtre, parfois teintée de rougeâtre, se plissant souvent par zones ; le péridium interne est fin, ocre à brun clair, extrêmement fragile, la partie supérieure, après maturité, se brise en fragments et tombe.

La sous-glébe occupe environ la moitié du péridium, est en forme de coupe au-dessus et persiste longtemps ; la masse de spores et de capillitium est jaune verdâtre, puis ocre ou olivâtre sale ; les fils sont très longs, à peu près aussi épais que les spores, ramifiés. Les spores sont globuleuses, régulières, de 3 à 3,5 µ de diamètre, avec de minuscules pédicelles. *Morgan.*

Il est difficile de le distinguer du C. lilacina lorsqu'il est frais, mais à maturité, la couleur indiquera l'espèce. La figure 460 montre la plante telle qu'elle apparaît au sol, et la figure 461 montre la subgleba ou base stérile, que l'on retrouve fréquemment au sol après avoir résisté à l'hiver. Cette plante est très commune sur les coteaux sous les petits massifs de chênes. J'ai rassemblé un panier plein à quelques mètres. Ils poussent très gros, souvent de cinq à six pouces de diamètre, semblant se plaire dans un sol plutôt pauvre. Lorsque la masse de spores est blanche, c'est un excellent champignon, mais extrêmement amer après avoir jauni. Trouvé en octobre et novembre.

Calvatia elata . Massée.

Le Calvatia à tige. Comestible .

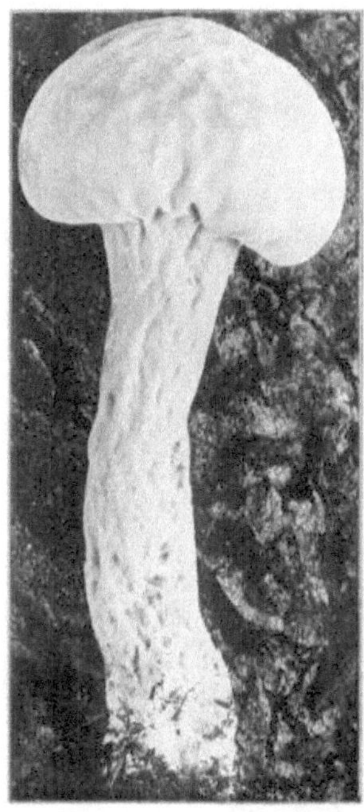

Figure 462. — Calvatia elata .

Elata signifie grand ; ainsi appelé à cause de sa longue tige.

Le péridium est rond, souvent légèrement déprimé au-dessus, replié en dessous, où il se contracte brusquement en une longue base en forme de tige. La base est mince, ronde et fréquemment piquée ; mycélium plutôt abondant, fibreux et filiforme. Lorsqu'il est en bon état, il est d'une riche couleur crème. Le cortex est constitué d'une couche de minuscules granules ou spinules persistants. Le péridium interne est blanc ou crème, devenant brun ou olivâtre, assez fin et fragile, la partie supérieure à maturité se désagrégeant et tombant. La subgleba occupe la tige. La masse de spores et de capillitium est généralement brune ou brun verdâtre. Les fils sont très longs, ramifiés et les branches fines. Spores rondes, régulières, parfois légèrement verruqueuses , 4–5µ, avec un léger pédicelle.

La plante pousse sur des terrains bas et moussus parmi les buissons, en particulier là où elle a tendance à être marécageuse. La plante de la figure 462 a été trouvée dans un marais à sphaignes près d'Akron et a été photographiée par le professeur GD Smith. J'ai tendance à penser la même chose que Calvatia saccata , P.

Lycoperdon . Tournée.

Mycélium fibreux, s'enracinant à partir de la base. Péridium petit, globuleux, obovoïde ou corné, à base plus ou moins épaissie ; cortex une couche subpersistante d'épines molles, d'écailles, de verrues ou de granules ; péridium interne fin, membraneux , devenant papyracé, déhiscent par une bouche apicale régulière. *Morgan.*

Ce genre comprend des puffballs avec des ouvertures apicales et est divisé en deux séries, une série à spores violettes et une série à spores olive. Le microscope montre que la gleba est composée d'un grand nombre de spores mêlées de filaments simples ou ramifiés. Il existe deux ensembles de fils ; un ensemble provient de la paroi péridienne et l'autre de la sous-glébe ou columelle.

SÉRIE POURPRE-SPORED.

Lycoperdon pulcherrimum . AVANT JC.

LA PLUS BELLE BOULE DE POILS. COMESTIBLE.

Spécimen d'AP Morgan.

FIGURE 463. — Lycoperdon pulcherrimum .

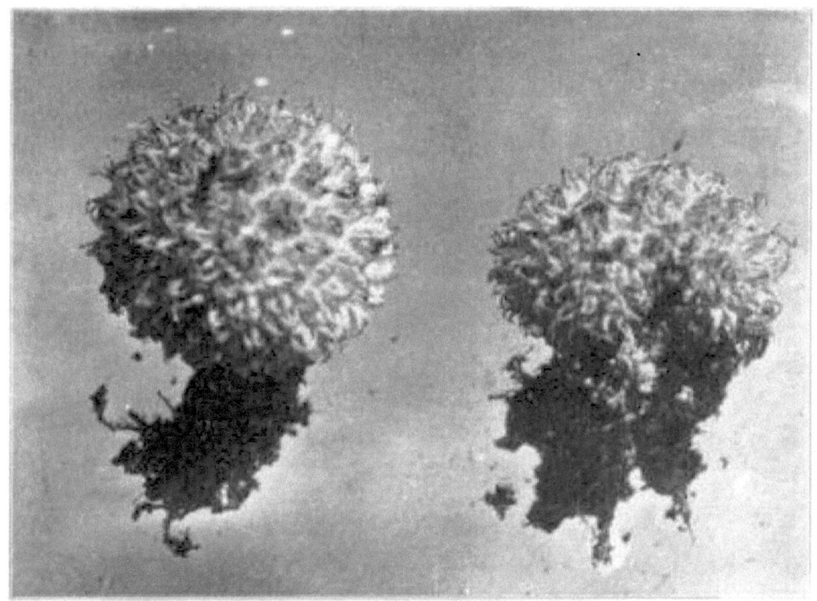

FIGURE 464. — Lycoperdon pulcherrimum .

Pulcherrimum , le plus beau. Le péridium est obovoïde, à base courte, le mycélium formant un cordon comme une racine. Le cortex est couvert de longues épines blanches, convergeant vers l'apex, comme le montre la figure 463. Les épines tombent rapidement de la partie supérieure du péridium, laissant le péridium interne avec une surface lisse brun violacé, souvent légèrement cicatrisée par la base de la colonne vertébrale. La subgleba occupe au moins un tiers du péridium. Les spores et le capillitium sont d'abord olivacés, puis violet brunâtre, les spores rugueuses et finement verruqueuses . La plante mesure un à deux pouces de diamètre. On le trouve dans les sols bas et riches, dans les champs et à la lisière des bois. Seules les plantes jeunes et fraîches sont bonnes.

La plante inférieure de la figure 463 montre l'endroit où les épines ont commencé à tomber, ainsi que le fort cordon mycélien mentionné dans la description. Je suis redevable à M. Lloyd pour la photographie. Trouvé en septembre et octobre.

Lycoperdon umbrinum . Pers.

LA PUFFBALL LISSE. COMESTIBLE.

Umbrinum , terre d'ombre terne. Péridium obovale, presque sous-turbiné, à écorce douce, délicate et veloutée ; jaunâtre; péridium interne lisse et brillant, s'ouvrant par une petite ouverture. Les spores et le capillitium, olivacés, puis brun violacé. Le capillitium avec une columelle centrale. Une petite plante très attrayante, peu courante. Cette plante est également appelée L. glabellum. Dans les bois, septembre et octobre.

SÉRIE À SPORÉES D'OLIVE.

Lycoperdon gemmatum . Batsch.

LE PUFFBALL GEMMED. COMESTIBLE.

Photo de CG Lloyd.

PLANCHE LXI. FIGURE 465.- LYCOPERDON GEMMATUM .
Taille naturelle. Entièrement blanc lorsqu'il est jeune. De la plante jeune à la plante déhiscante mature.

Le péridium est corné, déprimé au-dessus ; la base courte et obconique, ou plus allongée et effilée, ou subcylindrique , issue d'un mycélium fibreux. Le cortex est constitué d'épines ou de verrues longues, épaisses et dressées de forme irrégulière, avec des épines plus petites intermédiaires, de couleur blanchâtre ou grise, parfois avec une teinte rouge ou brune ; les plus grosses épines tombent d'abord, laissant des taches pâles à la surface et lui donnant un aspect réticulé. La subgleba est de taille variable, généralement supérieure à la moitié du péridium ; masse de spores et de capillitium jaune verdâtre, puis brun pâle ; fils simples ou à peine ramifiés, à peu près aussi épais que les spores. Spores globuleuses, égales, ou très finement verruqueuses . *Morgan.*

L'espèce est facilement reconnaissable aux grandes épines dressées qui, en raison de leur forme et de leur couleur particulières, ont donné la notion de pierres précieuses, d'où le nom de l'espèce. Ces réticulations et celles-ci peuvent être vues sur la figure 465 à l'aide d'un verre. On les trouve fréquemment autour de Chillicothe.

Lycoperdon subincarné . Pk.

La Puffball rosée. Comestible.

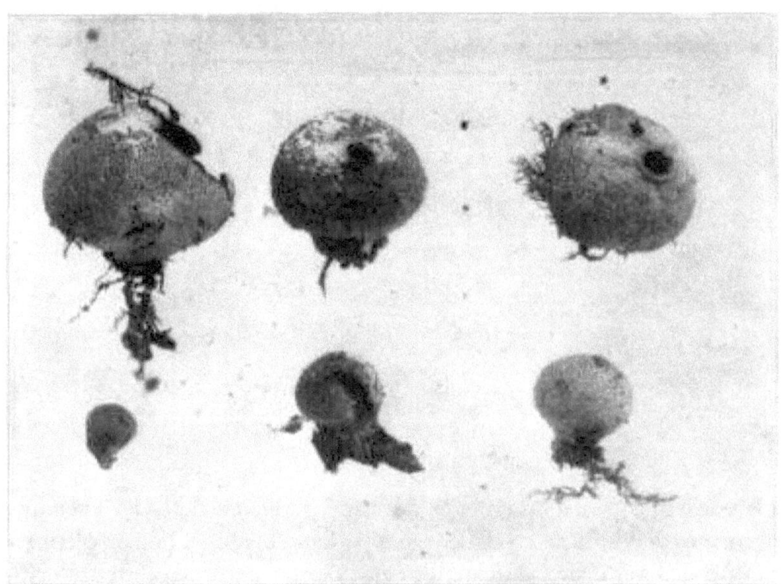

Photo de CG Lloyd.

Figure 466. — Lycoperdon subincarné .

Subincarnatum signifie couleur chair pâle. Le péridium est en forme de globe, sessile, sans base en forme de tige. Pas grand, rarement plus d'un pouce de diamètre. La subgleba est présente mais petite. Le péridium externe est brun rosé, avec de minuscules spinules courtes et robustes, qui tombent à maturité, laissant le péridium interne de couleur cendrée parfaitement piqué par la chute des spinules de la tunique externe, les fosses n'étant pas entourées de lignes pointillées. . Le capillitium et les spores sont d'abord jaune verdâtre, puis olive brunâtre. Les fils sont longs, simples et transparents. La columelle est présente et les spores sont rondes et finement verruqueuses .

On les trouve souvent en abondance sur des bûches pourries, de vieilles souches et sur le sol autour des souches où le sol est particulièrement rempli de bois pourri. On les trouve d'août à octobre.

Lycoperdon Cruciatum . Roth.

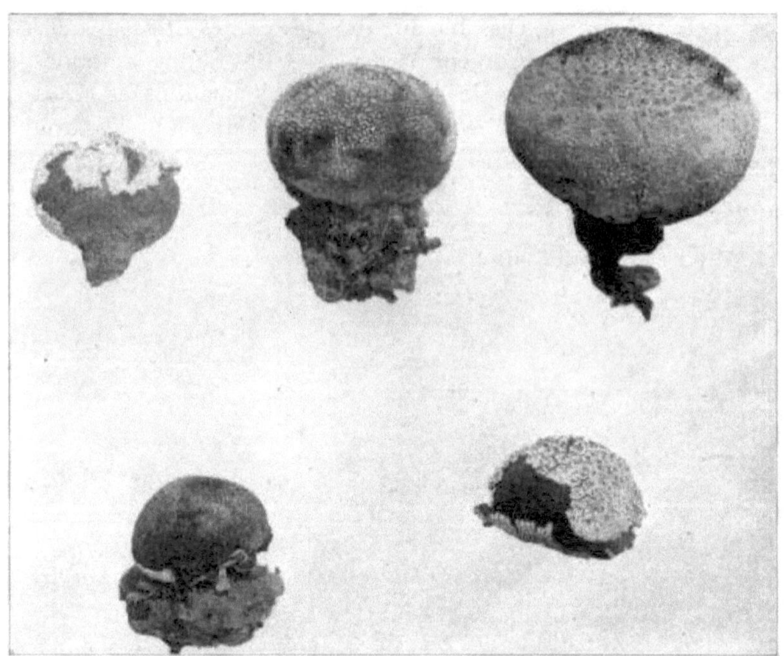

Photo de CG Lloyd.

FIGURE 467. — Lycoperdon Cruciatum .

Péridium largement ovale, souvent très déprimé, replié en dessous, avec une racine en forme de cordon ; cortex une couche blanche dense d'épines convergentes qui, à maturité, se détachent en flocons, comme on peut le voir sur la photographie, révélant une fine couche furfuracée de minuscules écailles jaunâtres recouvrant le péridium interne. La subgleba large, occupant environ un tiers de la cavité. Les spores et le capillitium sont brun foncé. Cette espèce est très difficile à distinguer de Wrightii . On l'appelait autrefois *separans* en raison du fait que la couche externe se sépare ou se décolle si facilement du péridium interne. Trouvé dans les bois ouverts, ou le long des sentiers dans les bois ouverts ou les pâturages.

De juillet à octobre.

Lycoperdon Wrightii . AVANT JC.

COMESTIBLE.

FIGURE 468. — Lycoperdon Wrightii . Taille naturelle.

Le nom spécifique est en l'honneur de Charles Wright. Le péridium est globulaire, sessile, blanc, finement spinuleux , souvent convergent vers l'apex ; lorsqu'elle est dénudée, lisse ou minutieusement veloutée.

Les spores et le capillitium sont jaune verdâtre, puis brun-olive ; la columelle présente, mais très petite. Spores petites, lisses, 3–4μ.

Les plantes sont très petites, dépassant à peine deux cm. en diamètre. Ils sont généralement cespiteux dans les herbes courtes, le long des sentiers et dans les endroits sablonneux.

J'ai souvent vu le sol blanc avec eux sur Cemetery Hill, où les spécimens de la figure 468 ont été trouvés. Ils ont été photographiés par le Dr Kellerman. Trouvé de juillet à fin octobre.

Lycoperdon piriforme . Schaeff .

LA PUFFBALL EN FORME DE POIRE. COMESTIBLE.

PLANCHE LXII. FIGURE 469.- LYCOPERDON PIRIFORME .
Taille naturelle lorsqu'il est jeune, comme on le voit pousser sur du bois
pourri. Les sections montrent qu'ils sont à l'état comestible.

Pyriforme signifie en forme de poire. Le péridium est ovale ou en forme de
poire, avec une profusion de filaments mycéliens, comme le montre la figure
470.

Le cortex est recouvert d'une fine couche de minuscules écailles ou granules
brunâtres, assez persistantes. Ceux-ci peuvent être vus sur la photographie à
l'aide d'un verre. Ils sont sessiles ou ont une base courte en forme de tige ; la
subgleba est petite et compacte ; le capillitium et les spores sont d'abord
blancs, puis jaune verdâtre, puis olivacés ternes ; la couche interne est lisse,
papyracée, gris blanchâtre ou brunâtre, s'ouvrant par une bouche apicale ; les
spores sont rondes, régulières, jaune verdâtre à olive brunâtre.

Ils poussent en grappes denses, comme le montre la figure 470. Une bûche
entière et une souche, d'environ quatre pieds de haut, ainsi que les racines
qui l'entourent, étaient couvertes, comme le montre la planche LXII. J'ai
rassemblé environ trois becs, à cet endroit, pour les partager avec mes amis.
C'est l'une des boules de poils les plus communes, et vous pouvez
généralement être sûr d'en obtenir si vous allez dans les bois où se trouvent
des bûches et des souches pourries. Un de mes amis, qui m'accompagne
occasionnellement à la chasse, les mange comme on mangerait des cerises.

Trouvé de juillet à novembre.

FIGURE 470. — Lycoperdon piriforme . Taille naturelle.

Lycoperdon pusille . Pr.

LE PETIT LYCOPERDON . COMESTIBLE.

Pusillum signifie petit.

Le péridium mesure entre un quart et un pouce de largeur, globuleux, épars ou cespiteux, sessile, radiquant , avec peu de tissu cellulaire à la base, blanc ou blanchâtre, brunâtre lorsqu'il est vieux, rimeux -squamuleux ou légèrement rugueux avec de minuscules flocons ou furfuracés persistants. les verrues; capillitium et spores jaune verdâtre, puis olivacées ternes. Spores lisses de 4μ de diamètre. *Picorer.*

On les retrouve de juin jusqu'à l'automne par temps frais, dans les pâturages où l'herbe est consommée courte. À maturité, ils se déhiscent par une petite ouverture et, lorsqu'ils sont ouverts, ils révèlent le capillitium olive ou jaune verdâtre. Les spores sont de la même couleur, lisses et rondes.

Lycoperdon acuminatum. Bosc.

LYCOPERDON POINTU . COMESTIBLE.

Acuminatum signifie pointu.

Le péridium est petit, rond, puis ovoïde ; avec une masse abondante de mycélium dans la mousse dont les plantes semblent se délecter. La plante est blanche et l'écorce extérieure est douce et délicate. Il n'y a pas de subgleba ; les spores et le capillitium sont jaune verdâtre pâle, puis gris sale. Les fils sont simples, transparents, beaucoup plus épais que les spores. Les spores sont rondes, lisses, de 3μ de diamètre.

J'ai fréquemment trouvé ces plantes près de Chillicothe sur des bûches humides et couvertes de mousse et parfois au pied des hêtres, lorsqu'ils sont couverts de mousse. Ils sont très petits et ne dépassent pas un demi-pouce de diamètre. La petite forme ovoïde, au cortex blanc, mou et délicat, servira à distinguer l'espèce. Trouvé de septembre à octobre.

Bovista. Aneth.

Le genre Bovista diffère du Lycoperdon de plusieurs manières. Lorsque le Bovista mûrit, il se détache de ses amarres et est emporté par le vent. Il s'ouvre par une bouche apicale, comme le fait le genre Lycoperdon , mais les espèces de Bovista n'ont pas de base stérile. Ce sont des boules de petite taille. La couche externe est fine et fragile et, à maturité, se décolle, laissant une couche interne ferme, semblable à du papier et élastique, adaptée à la dispersion de ses spores. Quittant ses amarres à maturité, il se propage dans les champs et les bois, et à chaque chute qu'il fait, il disperse quelques-unes de ses spores. Cela peut prendre des années pour y parvenir parfaitement. Les espèces du Lycoperdon ne quittent pas naturellement leurs amarres ; leurs spores sont dispersées par une bouche apicale par un effondrement des parois du péridium, à la manière d'un soufflet, par lequel les spores sont chassées au plaisir du vent. Chez Bovista, les fils sont libres ou séparés du péridium, mais chez Lycoperdon, ils proviennent du péridium et aussi de la columelle.

Pila Bovista. AVANT JC.

LE BOVISTA EN FORME DE BALLE.

PLANCHE LXIII. FIGURE 471.— BOVISTA PILA.
Taille naturelle des spécimens matures.

Pila signifie un ballon rond . Le péridium est globulaire, sessile, avec un gros mycélium, un cortex fin, d'abord blanc, puis brun, formant une tunique continue et lisse, se désagrégeant à maturité et disparaissant rapidement.

Le péridium interne est dur, parcheminé, élastique, lisse, persistant, brun violacé, virant au gris. La dispersion des spores s'effectue par une bouche apicale. Le capillitium est ferme, compact, persistant, d'abord argileux, puis brun pourpre ; fils à petites branches, dont les extrémités sont rigides, droites, pointues. Il y a quelque chose de si remarquable dans ce petit gobelet que vous le saurez quand vous le verrez, et si vous vous promenez souvent dans les champs , vous le rencontrerez bientôt. Cependant, je n'ai encore vu que des spécimens matures.

Bovista plumbea . Pers.

BOVISTA DE COULEUR PLOMB. COMESTIBLE.

FIGURE 472. — Bovista plumbea . Taille naturelle. Blanc quand il est jeune.

La plante est petite et ne dépasse jamais un pouce et un quart de diamètre. Le péridium est globuleux déprimé, avec un mycélium fibreux. Le péridium externe est plutôt épais et lorsque la plante approche de sa maturité, elle se brise facilement à moins d'être manipulée avec beaucoup de précautions ; à maturité, il s'écaille, sauf une petite partie autour de la base. Le péridium externe est blanc et relativement lisse, l'intérieur est fin, coriace, lisse, de couleur plomb, déhiscent à l'apex par une bouche ronde ou oblongue. Masse de spores et de capillitium non solides ou durs ; brun jaunâtre ou olivacé, puis brun violacé ; les fils se ramifient trois à cinq fois, les extrémités des branches sont minces et effilées en pointe. Les spores sont ovales et lisses, avec de longs pédicelles transparents.

Cette espèce pousse au sol dans les vieux pâturages et est très abondante après des pluies chaudes, du 1er mai jusqu'à l'automne. C'est l'une des meilleures boules, mais elle doit être consommée avant que le péridium interne ne commence à prendre sa forme dure.

Bovistelle . Morgan.

Bovistella , un diminutif de Bovista, bien que les plantes soient généralement plus grandes que les Bovistas .

Le mycélium ressemble à un cordon ; péridium presque rond, cortex à couche pelucheuse dense ; péridium interne fin, fort, élastique, s'ouvrant par une bouche apicale ; subgleba présente, en forme de coupe ; fils libres et séparés, ramifiés ; spores blanches. Le genre Bovistella a le caractère interne de Bovista et les habitudes de Lycoperdon .

Bovistelle Ohiensis . Morgan.

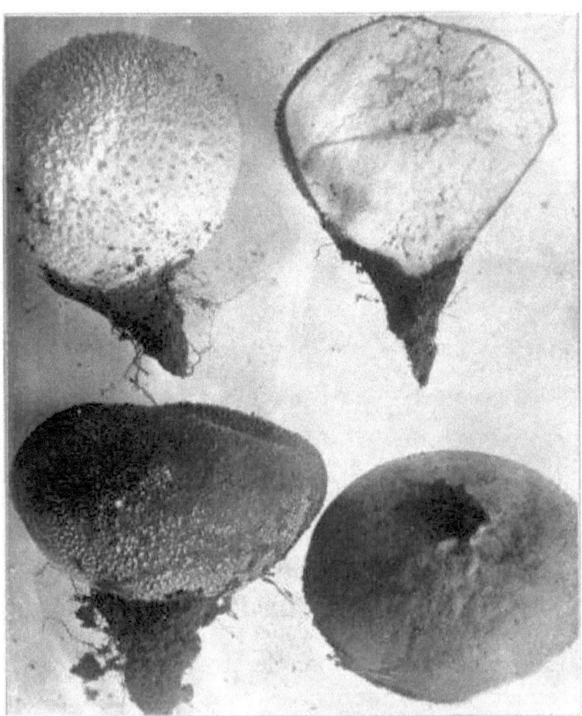

Photo de CG Lloyd.

FIGURE 473. — Bovistelle Ohiensis . Taille naturelle.

Péridium en forme de globe ou largement obovoïde, parfois très déprimé, avec de petites plis ou rides en dessous, et une base ou racine épaisse en forme de cordon, comme on le voit sur la figure 473. La couche externe est dense, floconneuse ou avec des verrues molles ou épines, blanches ou grisâtres, séchant jusqu'à prendre une couleur chamois et tombant avec le temps ; la couche interne est lisse, brillante, avec une surface brun pâle ou jaunâtre . La subgleba est grande, occupant la moitié du péridium, s'étendant sur les parois du péridium, la rendant en forme de coupe et assez persistante. Les spores et le capillitium sont plutôt lâches, friables, de couleur argileuse à brun pâle. Les fils, provenant de la masse de spores et n'ayant aucun lien avec l'enveloppe interne, sont libres, courts, ramifiés trois à cinq fois ; branches s'effilant jusqu'au bout. Les spores sont rondes à ovales, avec de longs pédicelles translucides.

Celle-ci se distingue facilement de l'espèce Bovista car elle possède une base stérile ; et du Lycoperdon parce que ses fils sont séparés et libres, tandis que ceux du Lycoperdon sont attachés à la fois aux tissus du péridium interne et à la columelle ou base stérile.

On les trouve poussant au sol dans les vieux pâturages ou dans les bois ouverts.

Sclérodermie. Pers.

La sclérodermie vient de deux mots grecs : *scleros* , dur ; *derme* , peau.

Le péridium est ferme, unique, généralement épais, éclatant généralement de manière irrégulière et exposant la gleba , qui est de texture et de consistance uniformes. Il n'y a pas de capillitium, mais des flocons jaunes sont intercalés avec les spores. Les spores sont globuleuses, rugueuses, généralement mélangées au tissu des hyphes .

Sclérodermie aurantienne. Pers.

LA SCLÉRODERMIE COMMUNE. COMESTIBLE.

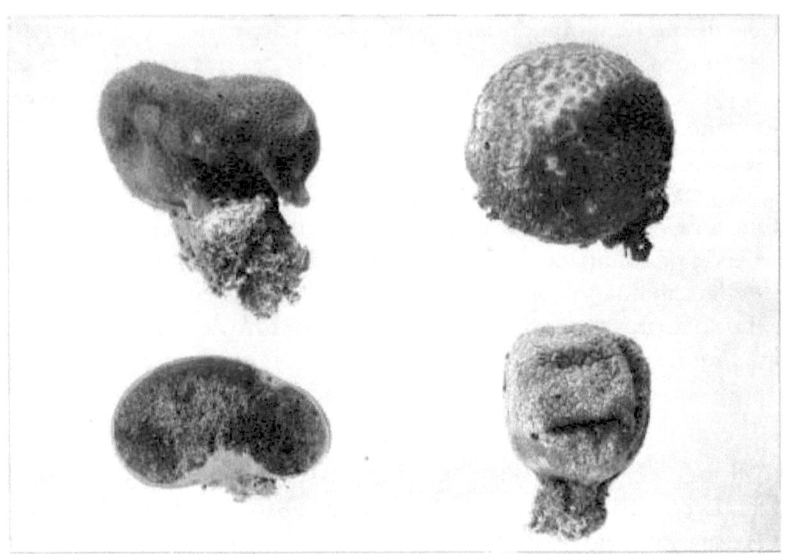

Photo de CG Lloyd.

PLANCHE LXIV. FIGURE 474.— SCLÉRODERMIE AURANTIUM. Grandeur naturelle, montrant une coupe d'un jeune spécimen.

FIGURE 475. — Sclérodermie aurantium.

Aurantium signifie coloré comme une orange. Ceci est généralement appelé S. vulgare. Le péridium est rugueux, verruqueux, déprimé, globuleux, liégeux et dur, jaunâtre, s'ouvrant par des fissures irrégulières pour disperser les spores ; masse interne noir bleuâtre, spores ternes. La plante reste solide jusqu'à ce qu'elle soit assez vieille. Elle est sessile, avec une base racinaire qui n'est jamais stérile.

J'ai suivi la classification de M. Lloyd en séparant les espèces, en appelant celle à surface rugueuse S. aurantium et celle à surface lisse S. cepa.

En le qualifiant de comestible, je souhaite seulement indiquer qu'il n'est pas toxique, comme on le pense généralement ; cependant, il ne peut pas être considéré comme un très bon aliment.

Il a une large distribution dans les États. Les plantes de la figure 475 ont été trouvées sur Cemetery Hill, Chillicothe, et photographiées par le Dr Kellerman. Trouvé d'août à novembre.

Sclérodermie tenerum . Beurk.

FIGURE 476. — Sclérodermie tenerum .

Cette espèce est souvent considérée comme une petite forme de S. verrucosum , mais il m'a toujours semblé étrange que cette plante plutôt lisse soit appelée " verrucosum " alors que sa voisine souvent proche, S. aurantium, est très verruqueuse.

S. tenerum est une espèce très largement répartie aux États-Unis, assez constante quant à sa forme et assez fréquente. M. Lloyd, dans ses Notes mycologiques, donne une photographie très nette d'une plante assez locale dans ce pays et qui, selon lui, devrait s'appeler S. verrucosum d'Europe.

La plante diffère très largement de celle que l'on trouve si communément et que de nombreux auteurs ont appelée S. verrucosum . Certains l'ont même appelé Scleroderma bovista .

La plante est presque sessile, quelque peu irrégulière, au péridium fin, mou, jaunâtre, densément marqué de petites écailles, à déhiscence irrégulière, floccus jaunes et spores olive ternes.

L'espèce peut être connue par son péridium fin et relativement lisse et ses floccus jaunes. Elle est assez commune aux États-Unis, tandis que la plante typique, S. verrucosum , est confinée à quelques localités le long de la côte atlantique.

Sclérodermie Cepa. Pers.

Cepa signifiant un oignon ; ayant beaucoup l'apparence d'un oignon.

Le péridium est épais, lisse, jaune rougeâtre à brun rougeâtre, s'ouvrant par une bouche irrégulière. La plante est sessile et assez fortement enracinée avec de fines radicelles. Son habitat, chez nous, se situe au bord des petits ruisseaux dans les bois. Elle a été classée jusqu'à présent sous le nom de S. vulgare, variété lisse. J'en ai envoyé au professeur Peck, qui est tout à fait d'accord pour qu'ils soient séparés du S. vulgare. Trouvé d'août à novembre.

Geaster de sclérodermie . Le P.

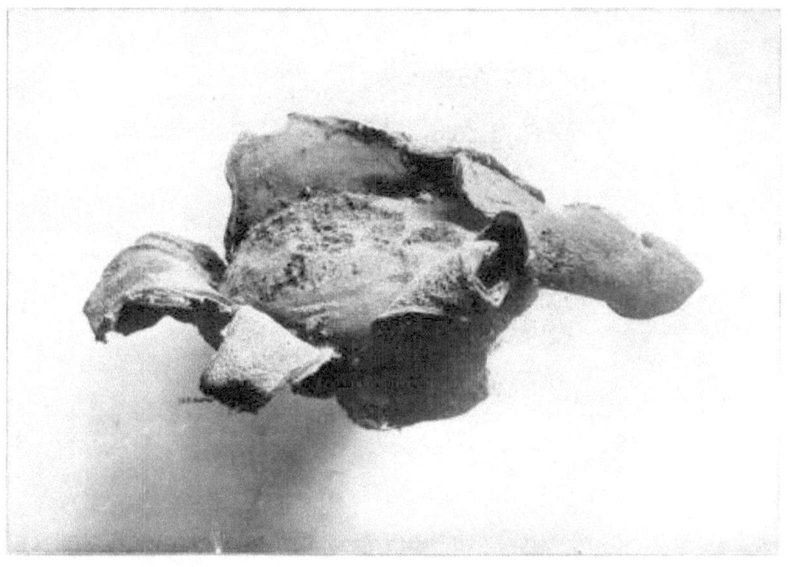

Photo de CG Lloyd.

PLANCHE LXV. FIGURE 477.— GEASTER DE SCLÉRODERMIE .

Geaster , ainsi appelé parce qu'il a une ouverture en forme d'étoile quelque peu similaire au genre Geaster .

Péridium subglobuleux , épais, à tige très courte, ou presque, parfois entièrement, sessile ; dur, rugueux, se divisant en membres étoilés irréguliers ; souvent bien enfouis dans le sol. Masse interne brun foncé ou noirâtre, parfois avec une teinte plutôt violacée. Certains deviennent assez grands avec un péridium très épais. Mon attention a d'abord été attirée par certains obus péridiums jonchant le sol de Cemetery Hill. La plante y est assez abondante de septembre à décembre.

Catastome . Morgan.

Il s'agit d'une petite plante ressemblant à une boule, poussant juste sous le sol et attachée à son lit par de très petits fils qui sortent de toutes les parties du cortex, qui est assez épais. Se détachant à maturité de manière circonscisile , la partie inférieure est maintenue solidement au sol, tandis que la partie supérieure reste attachée au péridium interne comme une sorte de coupe. Le péridium interne, avec la partie supérieure du péridium externe attaché, se détache et tombe sur le sol, la bouche étant à la base de la plante au fur et à mesure de sa croissance.

Catastome circonscissum . AVANT JC.

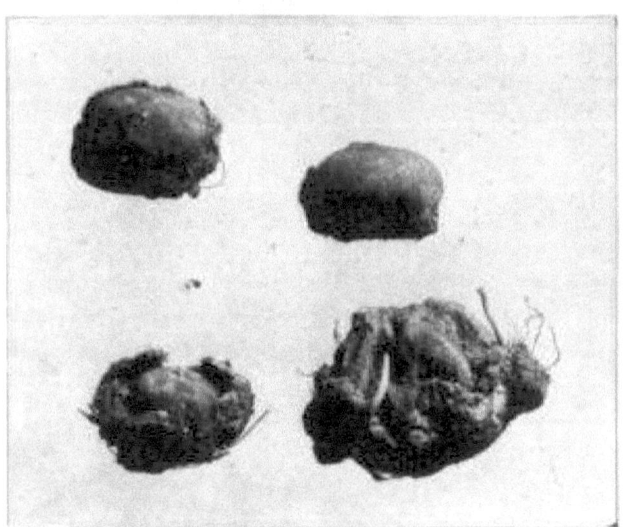

Photo de CG Lloyd.

Figure 478. — Catastome circonscissum .

Circoncissum signifie divisé en moitiés.

Le péridium est généralement rond, plus ou moins déprimé, généralement rugueux à cause de la terre attachée ; la plus grande partie de la plante restant dans le sol sous forme de coupe ; la partie supérieure avec le péridium interne, déprimé-globuleux, mince, pâle, devenant grise, avec des écailles branny, avec une petite bouche basale. Une fine couche spongieuse sera fréquemment observée entre le péridium externe et interne. La masse des spores est olivacée, virant au brun pâle. Les spores sont rondes, finement verruqueuses , de 4 à 5μ. de diamètre, souvent avec des pédicelles très courts.

Les plantes se trouvent généralement dans les pâturages le long des sentiers. Je les ai vus dans plusieurs régions de l'Ohio. On les trouve du Maine jusqu'aux montagnes de l'ouest. C'est ce qu'on appelle Bovista circumscissa par Berkeley.

Il existe une espèce d'aire de répartition occidentale appelée C. subterraneum . Cela diffère principalement par la présence de spores plus grosses. Cela semble être confiné au Middle West. Cependant, il ne pousse pas sous terre, comme son nom l'indique.

Il existe également une autre espèce appelée C. pedicellatum . Cette espèce semble confinée aux États du sud et s'en distingue principalement par les spores à pédicelles marqués et étroitement verruqueuses .

Podaxines .

Cette tribu se caractérise par une tige continue avec le sommet du péridium, formant un axe. Certaines plantes ont des tiges courtes, d'autres sont longues. La tribu forme un lien naturel entre les Gastromycètes et les Agarics. Ainsi : Podaxon est un véritable Gastromycète , avec des capillitia mêlées de spores ; Caulogossum , avec ses chambres gleba permanentes , est proche des Hymenogasters ; Secotium n'est qu'à un pas de Caulogossum , les plaques tramales étant plus sinueuses-lamellées ; et les Montagnites , qu'on place ordinairement avec les Agarics, n'est qu'un Gyrophragme à plaques véritablement lamellées.

Clé des genres.

Gleba à chambres irrégulières et persistantes—

Péridium allongé en forme de massue	Cauloglossum .
Péridium, rond ou conique, et déhiscent par rupture à la base	Sécotium .
Gleba à plaques sinueuses-lamellaires	Gyrophragme .
Parois des chambres de la gleba non persistantes	Podaxon .

-Lloyd .

Sécotium . Kunz.

C'est un genre très intéressant. Quand j'ai trouvé mon premier spécimen, j'ai eu beaucoup de doutes quant à savoir s'il s'agissait d'un Agaric ou d'un Puffball, car il semblait être une sorte de lien entre les deux classes. Le genre est divisé en espèces à spores lisses et à spores rugueuses, toutes deux ayant une tige se prolongeant, comme axe, jusqu'au sommet de la plante. Le péridium est rond ou conique et il se déhisce en se détachant à la base. Secotium vient d'un mot grec signifiant chambre.

Secotium acuminatum. Montagne.

FIGURE 479. — Secotium acuminatum. Taille réelle de petits spécimens.

Il s'agit d'une espèce extrêmement variable, comme on en trouve à Chillicothe, mais la variabilité ne s'étend qu'à l'apparence extérieure de la plante ; certains sont presque ronds, légèrement déprimés, certains (et une grande majorité) ont tendance à avoir une forme irrégulièrement conique.

Le péridium est de couleur claire, de texture douce, non cassant ; il expulse lentement ses spores en se détachant à la base ; la tige est généralement courte, mais distincte et prolongée jusqu'au sommet du péridium, formant un axe pour la gleba . La surface du péridium est lisse, d'un blanc terne ou de couleur cendrée, avec de minuscules taches blanches dues aux écailles. Il est de formes diverses ; aigu-ovale, parfois obtus, presque sphérique, parfois légèrement déprimé et en forme de cône irrégulier. La gleba est composée de cellules semi-persistantes, bien visibles au verre ou même à l'œil nu. Il n'a pas de capillitium. Les spores sont globuleuses et lisses, souvent apiculées. Cette plante est assez abondante autour de Chillicothe, et je l'ai trouvée du premier mai au dernier octobre.

Cette espèce est largement répandue en Amérique et est présente en Afrique du Nord et en Europe de l'Est.

Polysaccum . Déc.

Polysaccum vient de *polus* , plusieurs, et *saccus* , un sac. Péridium irrégulièrement globuleux, épais, atténué vers le bas en une base en forme de tige, s'ouvrant par désintégration de sa partie supérieure ; masse interne ou gleba divisée en cellules distinctes en forme de sac.

Allié à la sclérodermie et se distinguant par les cavités de la gleba contenant des péridioles distincts. *Massée.*

FIGURE 480. — Polysaccum pisocarpium .

Pisocarpium vient de deux mots grecs signifiant pois et fruit.

Péridium irrégulièrement globuleux, indistinctement noduleux , passant vers le bas dans une base robuste en forme de tige, péridioles irrégulièrement anguleux, 4–5×3μ, jaunes. Spores globuleuses, verruqueuses , couleur café, 9–13μ. *Massée.*

Je n'ai trouvé cette plante que quelques fois à propos de Chillicothe. M. Lloyd l'a identifié pour moi. Il a vraiment la forme d'une poire. La peau est assez dure, lisse, d'un noir olivacé avec des taches jaunes marbrées, un peu comme la peau d'un serpent à sonnette. Les péridioles, qui sont de petits sacs ovales contenant les spores, sont très distincts. L'intérieur de la plante à maturité est sombre, et elle se brise et se désintègre par la partie supérieure, tout comme C. cyathiformis . C'est une plante très intéressante dont les cellules ovales en forme de sac la distingueront facilement. Trouvé d'août à octobre, il se plaît dans les sols sableux, dans les forêts de pins ou mixtes.

Mitrémyces . Nécessité.

Mitremyces est composé de deux mots : *mitre* , un bonnet ; *myces* , un champignon. C'est un petit genre, il n'y a que trois espèces trouvées dans ce pays. La masse de spores ou gleba , dans son état jeune, est entourée de quatre feuillets. La couche externe est gélatineuse et se comporte quelque peu différemment selon les espèces. Cette couche externe est connue sous le nom de volve ou péridium semblable à une volve, qui disparaît rapidement. La couche suivante est appelée exoperidium et est composée de deux couches, la couche interne assez fine et cartilagineuse ; chez M. cinnabarinus elle est d'un rouge vif ; celle-ci est attachée à une couche externe plutôt épaisse et gélatineuse qui tombe rapidement, exposant l'endopéridium, qui est la couche observée chez les spécimens plus âgés. Dans l'endopéridium se trouvent les spores, de couleur ocre pâle ou soufrée , de forme globuleuse ou elliptique. Ils sont contenus dans une membrane ou un sac séparé ; lorsqu'elles mûrissent, le sac se contracte et chasse les spores dans l'air. Le mycélium de cette plante est particulièrement particulier, étant composé d'un faisceau de brins ressemblant à des racines, translucides et gélatineux lorsqu'ils sont jeunes et frais, mais devenant coriaces et durs. Ce genre est appelé par certains auteurs Calostoma, ce qui signifie une belle bouche, un nom très approprié, car la bouche de toutes les espèces américaines est rouge et assez belle.

Mitrémyces cinabarinus . Desv .

FIGURE 481. — Mitrémyces cinabarinus . Taille naturelle.

Les brins d'enracinement sont longs, compacts et foncés une fois secs. Exporidium rouge vif, lisse à l'intérieur ; la couche externe est épaisse, gélatineuse lorsqu'elle est fraîche, se brisant finalement en zones et s'enroulant vers l'intérieur. La séparation est causée par le fait que les cellules de la partie gélatineuse épaisse se dilatent par absorption d'eau, alors que celles de la couche interne ne le font pas, d'où la rupture. L'endopéridium et la bouche rayée sont rouge vif lorsqu'ils sont frais, s'estompant partiellement chez les vieux spécimens.

Les spores sont elliptiques-oblongues, ponctuées-sculptées, variant beaucoup quant à la taille selon les spécimens provenant de différentes localités ; 6–8×10–14 chez les spécimens de Virginie-Occidentale. Spécimens du Massachusetts, 6–8×12–20. *Lloyd.*

J'ai vu ces spécimens pousser dans les montagnes de Virginie occidentale. Ils attirent rapidement l'attention grâce à leur calotte rouge vif. Ils ne semblent pas encore avoir traversé les Alleghenies ; du moins, je ne l'ai pas trouvé dans l'Ohio. Il a un certain nombre de synonymes : Scleroderma calostoma , Calostoma cinnabarinum , Lycoperdon hétérogène , L. calostoma .

Les plantes de la figure 481 ont été photographiées par le Dr Kellerman. M. Géo. E. Morris de Waltham, Massachusetts, m'a envoyé quelques spécimens au début d'août 1907.

Geaster . Michigan

Geaster , une étoile terrestre ; ainsi appelé parce qu'à maturité, l'enveloppe externe rompt sa connexion avec le mycélium du sol et éclate comme les pétales d'une fleur ; puis, se réfléchissant, ces pétales soulèvent la boule intérieure du sol et elle reste au centre du pelage élargi en forme d'étoile. Le pelage de la boule interne est mince et semblable à du papier et s'ouvre par une bouche apicale. Les fils, ou capillitium, qui portent les spores, proviennent des parois du péridium et forment la columelle centrale. Les fils sont simples, longs, élancés, plus épais au milieu et effilés vers les extrémités, fixés à une extrémité et libres à l'autre.

Le Geaster est une petite plante pittoresque qui retiendra l'attention de l'observateur le plus imprudent. Il est abondant et se rencontre fréquemment à la fin de l'été et à l'automne dans les bois et les pâturages.

Geâtre minime . Schw .

FIGURE 482. — Geester minime . Taille naturelle.

La tunique externe ou exopéridium recourbé, segments aigus au sommet, huit à douze segments divisés vers le milieu. Couche mycélienne généralement attachée, généralement hirsute avec des fragments de feuilles ou d'herbe, parfois partiellement ou entièrement séparés. Couche charnue étroitement attachée, de couleur très claire, généralement lisse sur le limbe de l'exopéridium mais craquelée sur les segments. Pédicelle court mais distinct. Le péridium interne est ovoïde, d'un quart à un demi-pouce de diamètre ; blanc à brun pâle, parfois presque noir. Bouche relevée sur un léger cône, lèvre bordée d'une frange en forme de poil ; columelle fine, tout comme les fils. Spores brunes, en forme de globe et finement verruqueuses . Trouvé en été et au début de l'automne.

La nature semble lui donner le pouvoir de soulever le corps porteur de spores, pour mieux éjecter ses spores au vent. On le trouve très fréquemment dans les pâturages de tout l'État. Je l'ai trouvé dans de nombreuses localités autour de Chillicothe. On l'appelle « minimus » car c'est la plus petite étoile terrestre.

Geâtre hygrométrique . Pers.

ÉTOILE TERRESTRE MESURANT L'EAU.

FIGURE 483. — Geester hygrométrique . Taille naturelle.

La plante non agrandie est presque sphérique. La couche mycélienne est fine et se déchire à mesure que la plante se développe, l'écorce ou la peau tombant avec le mycélium. La tunique externe est profondément divisée, les segments, aigus au sommet, au nombre de quatre à vingt ; fortement hygrométrique, devenant réfléchie lorsque la plante est humide, fortement incurvée lorsque la plante est sèche. Le revêtement interne est presque sphérique, mince, sessile, s'ouvrant par une simple ouverture déchirée. Il n'y a pas de columelle. Les fils sont transparents, très ramifiés et entrelacés. Les spores sont grosses, globuleuses et rugueuses.

La plante mûrit à l'automne et l'épais péridium externe se divise en segments dont le nombre varie de quatre à vingt. Lorsque le temps est humide, la doublure des pointes des segments devient gélatineuse et recourbée, et les pointes reposent sur le sol, retenant la boule intérieure du sol. Par temps sec, la doublure gélatineuse douce devient dure et les segments se courbent et enserrent la boule intérieure. D'où son nom « hygrometricus », un mesureur d'humidité. La plante est assez générale.

Geâtre Archéri . Beurk.

FIGURE 484. — Geester Archéri .

Jeune plante aiguë. Exopéridium coupé au-delà du milieu en sept à neuf segments aigus. Dans les herbiers, les spécimens sont généralement sacqués mais parfois révolutés. Couche mycélienne étroitement adhérente, comparativement aux espèces précédentes relativement lisse. Comme chez les espèces précédentes, le mycélium recouvre la jeune plante mais n'est pas aussi fortement développé, de sorte que la saleté adhérente n'est pas aussi évidente sur la plante mature. Couche charnue une fois sèche, fine et étroitement adhérente. Endoperidium globuleux, sessile. Sillon buccal, indéfini. Columelle globuleuse-clavée. Capillitium plus épais que les spores. Spores petites, 4 mc. presque lisse. *Lloyd.*

J'ai d'abord trouvé la plante à l'état jeune. Le point aigu, que l'on verra sur la photographie, m'a intrigué. J'ai marqué l'endroit où il poussait et en quelques jours j'ai trouvé le Geaster développé . La plante est brun rougeâtre et se distingue des autres espèces « par sa bouche sillonnée, par son endopéridium étroitement sessile ». J'ai trouvé la plante plusieurs fois à Hayne's Hollow, près de Chillicothe. Je l'ai trouvé dans les traces de bûches pourries.

La plante a été appelée Geaster Morganii dans ce pays, mais avait auparavant été nommée en Australie.

Geaster asper. Michelius .

Photo de CG Lloyd.

FIGURE 485. — Geaster asper. Taille naturelle.

Exoperidium revolute, coupé vers le milieu en huit à dix segments. Les couches mycéliennes et charnues sont plus étroitement adhérentes que chez la plupart des espèces. Pédicelle *court* et *épais* . Péridium interne subglobuleux , *verruqueux* . Bouche conique, becquée, fortement sillonnée, assise sur une zone déprimée. Columelle proéminente, persistante. Fils de capillitium simples, longs et effilés. Spores globuleuses, rugueuses.

La caractéristique de cette plante est le péridium interne verruqueux. Sous un verre à faible puissance , il semble que le péridium soit densément recouvert de grains de sable pointu. Cette plante seule possède, à notre connaissance, cette caractéristique ; et bien que cela soit indiqué dans les figures de G. cornatus de Schaeffer et de Schmidcl , nous pensons qu'il ne s'agit ici que d'une exagération de l' aspect granuleux très *infime de* Cornatus . Le mot « asper » est le premier adjectif descriptif appliqué par Michelius . Fries l'a inclus dans son stratus complexe. *Lloyd.*

J'ai fréquemment trouvé la plante à propos de Chillicothe. Les plantes représentées ont été photographiées par M. Lloyd.

Geaster . Jung.

La plante non développée est aiguë. Exoperidium recourbé (ou, lorsqu'il n'est pas complètement déployé, quelque peu sacqué à la base), coupé au milieu (ou généralement aux deux tiers) en cinq à huit segments. Couche mycélienne adnée. Couche charnue se détachant généralement des segments de la couche fibrilleuse mais restant généralement partiellement libre, comme une coupe à la base du péridium interne. Péridium interne subglobuleux , étroitement sessile. Bouche définie, fibrilleuse, largement conique. Columelle proéminente, allongée. Fils plus épais que les spores. Spores globuleuses, rugueuses, 3–6 mc. *Lloyd* , dans Notes mycologiques.

La couleur du Geaster triplex est brun rougeâtre. Remarquez les restes d'une couche charnue formant une coupe à la base du péridium interne, point qui distingue cette espèce et qui donne son nom à l'espèce - triplex, trois plis ou apparemment trois couches. La photographie a été réalisée par le Dr Kellerman.

Geâtre saccatus . Le P.

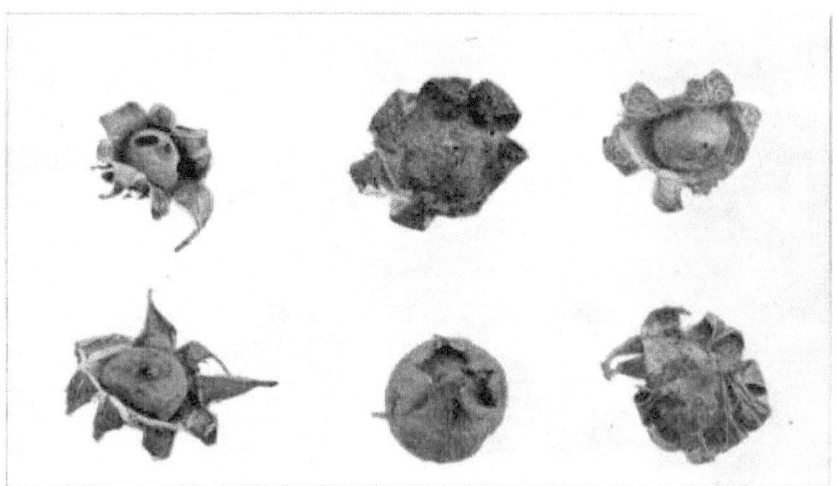

FIGURE 487. — Geester saccatus . Taille naturelle.

La plante non développée est globuleuse. Le mycélium est universel. Exopéridium coupé en six à dix segments à mi-chemin, le membre profondément sacqué. Couche mycélienne adnée à fibrilleuse. Couche charnue, une fois sèche, fine, adnée. Péridium interne sessile, globuleux, avec une bouche fibrilleuse déterminée.

Les spores sont globuleuses, presque lisses. *Lloyd.*

M. Lloyd pense que cette plante est pratiquement la même que le G. fimbriatus d'Europe, à la différence qu'elle est plus profondément sacquée et qu'elle a une bouche déterminée. Cette plante est très commune sur tous les coteaux boisés autour de Chillicothe. J'ai vu le sol au sommet du mont Logan presque entièrement recouvert d'eux. Ils sont identifiés par M. Lloyd, le professeur Atkinson et le Dr Peck. Les plantes de la figure 487 ont été photographiées par M. Lloyd à partir de spécimens typiques.

Geâtre mammosus . Chev.

FIGURE 488. — Geester mammosus .

Exporidium mince, rigide, hygroscopique, lisse, divisé presque jusqu'à la base en une dizaine de segments linéaires, souvent ombiliqués à la base ; péridium interne globuleux, lisse, sessile, muni d'une bouche conique, régulière, saillante, assise sur une zone définie.

Columelle courte, globuleuse, évidente (bien que distincte chez les plantes matures).

Capillitium simple, effilé, hyalin, souvent aplati, légèrement plus fin que les spores. Spores globuleuses, rugueuses, 3–7 mc. *Lloyd.*

Cette plante pousse dans les bois de juillet jusqu'à la fin de l'automne. Il diffère de G. hygrometricus par sa bouche uniforme et conique. J'ai trouvé des spécimens plusieurs fois à Haynes's Hollow.

Geâtre vélutinus . Morg .

Photo de CG Lloyd.

FIGURE 489. — Geester vélutinus .

Plantes non développées, globuleuses, parfois légèrement pointues au sommet. Mycélium basal. Couche externe rigide, membraneuse , ferme, de couleur claire chez la plante américaine. La surface est recouverte d'un velumen court, dense et pressé , de sorte qu'à l'œil la surface apparaît simplement terne et rugueuse, mais sa véritable nature est facilement visible sous un verre de faible puissance.

La surface externe se sépare de la surface interne à mesure que la plante se développe et, chez les spécimens matures, elle est généralement partiellement libre. L'épaisseur et la texture des deux couches sont à peu près les mêmes. La couche charnue est brun rougeâtre foncé une fois sèche, une fine couche adnée. Péridium interne sessile, de couleur foncée, globuleux, à base large et à bouche pointue. Bouche uniforme, marquée d'une zone basale circulaire définie de couleur claire. Columelle allongée, clavée. Spores globuleuses, presque lisses, petites, 2½—3½ mc. *Lloyd.*

Myriostome coliforme . Queue.

FIGURE 490. — Myriostome coliforme . Taille naturelle.

Exporidium généralement recourbé, coupé vers le milieu en six à dix lobes ; s'il est collecté et séché lors de la première ouverture, plutôt ferme et rigide ; Lorsqu'il est exposé aux intempéries, il ressemble à du papier parchemin en raison du décollement des couches intérieures et extérieures. Péridium interne, subglobuleux , appuyé sur plusieurs pédicelles plus ou moins confluents. Surface finement rugueuse ; bouches plusieurs, fibrilles apprimées, rondes, unies ou légèrement surélevées ; columelles plusieurs, filiformes, probablement en même nombre que les pédicelles ; spores globuleuses, rugueuses, 3–6 mc.; capillitium simple, non ramifié, long, effilé, environ la moitié du diamètre des spores.

Le péridium interne, avec ses nombreuses bouches, peut être, non sans raison, comparé à une « poivrière ». Le nom spécifique est dérivé du latin *colum* , une passoire, et l'ancien nom anglais que l'on trouve à Berkeley "Cullender puffball" fait référence à un cullender (ou passoire de forme plus moderne) désormais presque obsolète en anglais, mais signifiant une sorte de passoire. *Lloyd.*

Trouvé dans un sol sableux. C'est assez rare. Les noms génériques et spécifiques font référence à ses nombreuses bouches. Les spécimens de la figure 490 ont été trouvés sur l'île Green, dans le lac Érié, l'un des endroits où l'on trouve cette espèce rare. On le trouve également à Cedar Point, Ohio. La plante a été photographiée par le professeur Schaffner de l'Ohio State University.

CHAPITRE XVI.
FAMILLE-SPHAERIACEAE.

Périthèces carbonés ou membraneux , parfois confluents avec le stroma, percés à l'apex, et majoritairement papillés ; hyménium diffluent.— *contours de Berkeley.*

Il y a quatre tribus dans cette famille, à savoir :

- Nectriaei .

- Xylariæi .

- Valsei .

- Sphæriei .

Sous Nectriæi, nous avons les genres suivants :

Stipiter—

Clavater ou capiter	Cordyceps.
Tête globuleuse, base sclérotioïde	Claviceps.

Parasite sur l'herbe—

Stroma mycéloïde	Épichloe .

Variable-

Sporidia double, se séparant enfin	Hypocrée .
Sporidies doubles, éjectées en vrilles, parasites des champignons	Hypomyces .
Stroma défini, sans périthèces, groupés ou dispersés	Nectrie .
Périthèces dressés, dans un sac poli et coloré	Oomyces .

Sous Xylariæi nous avons :

Stipiter—

Stroma liégeux, subélavé   Xylaire .

Stroma un peu liégeux, discoïde   Poronie .

Cordyceps. Le P.

Cordyceps vient d'un mot grec signifiant massue et d'un mot latin signifiant tête. C'est un genre de champignons pyrénomycètes dont quelques-uns poussent sur d'autres champignons, mais la plupart sont des parasites des insectes ou de leurs larves, comme le montre la figure 491.

Les spores pénètrent dans les ouvertures respiratoires situées sur les côtés de la larve et le mycélium se développe jusqu'à ce qu'il remplisse l'intérieur de la larve et la tue.

Lors de la fructification, une tige s'élève du corps de l'insecte ou de la larve et dans l'extrémité élargie de celle-ci sont regroupés les périthèces. Le stroma est vertical et charnu, à tête distincte, hyalin ou coloré ; sporidies divisées à plusieurs reprises et sous-moniliformes.

Cordyceps Herculea . (Schw .) Sacc .

FIGURE 491. — Cordyceps herculea . Montrant la larve sur laquelle pousse cette espèce.

Herculea est ainsi appelée en raison de sa grande taille. La demi-teinte identifiera facilement cette espèce. La plante est assez grande, de forme clavée, la tête oblongue, ronde, légèrement effilée vers le haut avec une protubérance prononcée à l'apex, comme on le verra sur la figure 491. La tête est jaune clair dans tous les spécimens que j'ai trouvés, et non alutacée comme Schw . États, et la tête n'est pas non plus obtuse. J'ai trouvé plusieurs spécimens sur une colline à Haynes's Hollow en août et septembre, tous poussant à partir des corps de gros vers blancs que l'on trouve près du bois pourri. Ils ont été trouvés par temps pluvieux. Ils ont été identifiés par le Dr Peck et le Dr Herbst.

Cordyceps militaire . Le P.

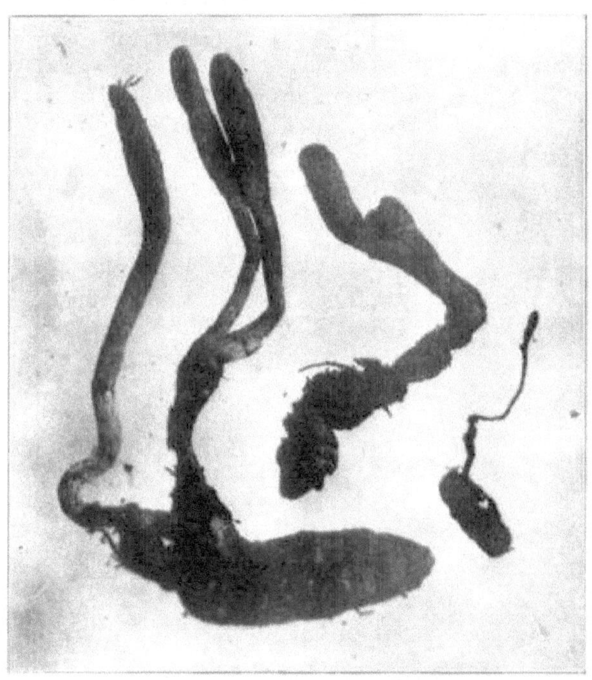

FIGURE 492. — Cordyceps militaris .

C'est beaucoup plus petit et plus commun que C. Herculea . Conidies : subcæspiteuses , blanches ; tige distincte, simple, devenant lisse ; massues incrasées, farineuses ; Conidies globuleuses. Ascophore : charnu, rouge orangé ; tête clavée, tuberculose ; tige égale ; sporidies longues, se fragmentant en articulations. Ceci est fréquemment appelé Torrubia militaire .

Il est connu sous le nom de champignon chenille. Ses spores sont cylindriques et sont produites sur des fructifications rouge orangé à l'automne. Dès que la spore tombe sur la chenille, elle envoie des fils germinatifs qui pénètrent dans la chenille. Ici, les fils forment de longues spores étroites qui se détachent et forment d'autres spores jusqu'à ce que la cavité corporelle soit entièrement remplie. La chenille devient vite lente et meurt. Le champignon continue de croître jusqu'à s'approprier complètement toutes les parties molles de l'insecte, extérieurement une chenille parfaite mais intérieurement complètement remplie de fils mycéliens. Dans des conditions favorables, cette chenille mycélienne, devenue un organe de stockage, enverra un corps en forme de massue rouge orangé, comme on le voit sur la figure 492, et produira le type de spores décrit ci-dessus. Dans certaines conditions, cette chenille mycélienne peut être amenée à produire une croissance dense de fils sur toute sa surface, ressemblant à une petite boule blanche, et à partir de ces fils, un autre type de spore est formé. Ces spores sont pincées en grand nombre et germeront dans la larve de la même manière que les spores du sac. Les spécimens ont été trouvés par Mme EB Blackford près de Boston et photographiés par le Dr Kellerman.

Cordyceps capitata. Le P.

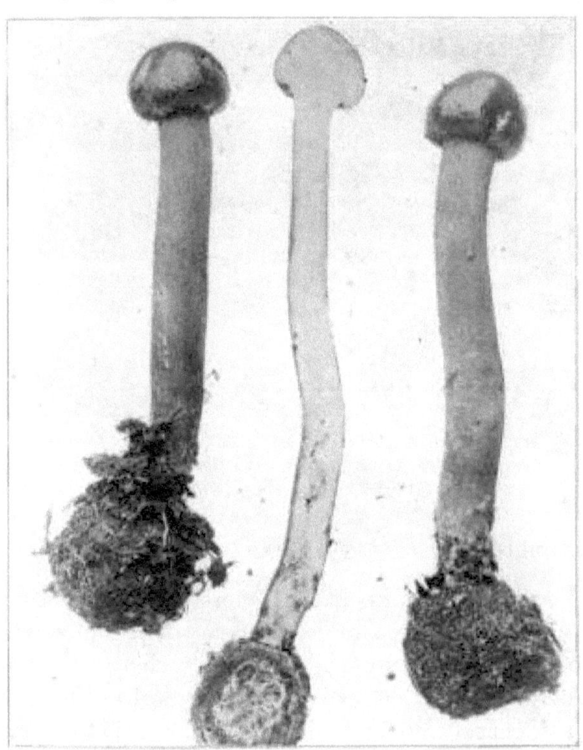

Photo de CG Lloyd.

FIGURE 493. — Cordyceps capitata. Taille naturelle.

Cette plante est charnue, capitée, à tête ovale, bai-brun, à tige jaune, puis noirâtre.

Cette plante est parasite d' Elaphomyces granulé . Il est représenté à la base de la tige de la plante. Il pousse à deux ou trois pouces sous la surface et ressemble un peu à une truffe.

Ce sont deux plantes très intéressantes. La plante de la figure 493 a été trouvée près de Boston, Massachusetts. On la trouve généralement dans les forêts de pins, souvent en touffes. Les tiges mesurent de un à quatre pouces de longueur, presque égales, lisses, de couleur citron, longuement fibroso - strigeuses et noirâtres.

On l'appelle parfois Torrubia capitata.

CHAPITRE XVII.
MYXOMYCÈTES.

Les plantes sous cette tête appartiennent aux moisissures visqueuses et sont au début entièrement gélatineuses. Toutes les espèces et tous les genres sont petits et faciles à ignorer, mais ils sont extrêmement intéressants lorsqu'ils sont soigneusement observés. Le matin on peut voir une masse de matière gélatineuse et le soir un beau réseau de fils et de spores, la transformation étant si rapide. Cette masse gélatineuse est connue sous le nom de protoplasme ou plasmodium, et le pouvoir moteur du plasmodium a suggéré à beaucoup de personnes qu'elles devraient être placées dans le règne animal, ou appelées animaux champignons. Il en va de même pour les Schizomycètes , auxquels appartiennent toutes les bactéries, bacilles, spirilles et vibrions, ainsi qu'un certain nombre d'autres groupes. Je n'ai que quelques Myxomycètes à présenter. J'ai observé le développement d'un certain nombre de plantes de ce groupe, mais en raison du manque de littérature sur le sujet, je n'ai pas pu les identifier de manière satisfaisante.

Lycogala épidendrum. Le P.

FIGURE 494. - Lycogala épidendrum.

C'est ce qu'on appelle la souche Lycogala . C'est assez courant, ressemblant à un certain stade à une petite boule. Le péridium présente une double membrane, papyracée, persistante, éclatant irrégulièrement à l'apex ; extérieurement finement verruqueux, presque rond, rouge sang ou rosâtre, puis brunâtre ; bouche irrégulière ; les spores deviennent pâles ou violettes.

Réticulaire maximale. Le P.

Ceci est assez courant sur les bûches partiellement pourries. Le péridium est très fin, tuberculeux , épanche, délicat, brun olivacé ; spores olive, échinulées ou épineuses.

Didyme xanthopus . Le P.

Ce sont de très petites plantes à tige jaune, que l'on trouve sur les feuilles de chêne par temps humide. Le sporange a un péridium membraneux interne ; l'ensemble est rond, brun, blanchâtre. La tige est allongée, uniforme et jaune. La columelle est stipitée dans les sporanges.

D. cinereum. Le P.

Sporanges sessiles, ronds, blanchâtres, recouverts d'une plaque gris cendré. Spores noires. Très petit. Sur des feuilles de chêne tombées. Facilement négligé.

Xylaire . Schrank.

Xylaria signifie relatif au bois. Elle est généralement verticale, plus ou moins stipitée. Le stroma est entre charnu et liégeux, recouvert d'une écorce noire ou roux.

Xylaria polymorphe. Grev.

FIGURE 495. — Xylaria polymorpha. Taille naturelle.

Polymorpha signifie plusieurs formes. Il est presque charnu, un certain nombre poussant généralement ensemble ou grégaire ; épaissi comme gonflé, irrégulier ; blanc sale, puis noir ; le réceptacle portant des périthèces dans toutes ses parties.

Cette plante est assez commune dans nos bois, poussant sur de vieilles souches ou sur des bâtons ou des morceaux de bois pourris. Les ouvertures des spores peuvent être vues avec un verre à main ordinaire.

Xylaria polymorpha, var. spathulaire .

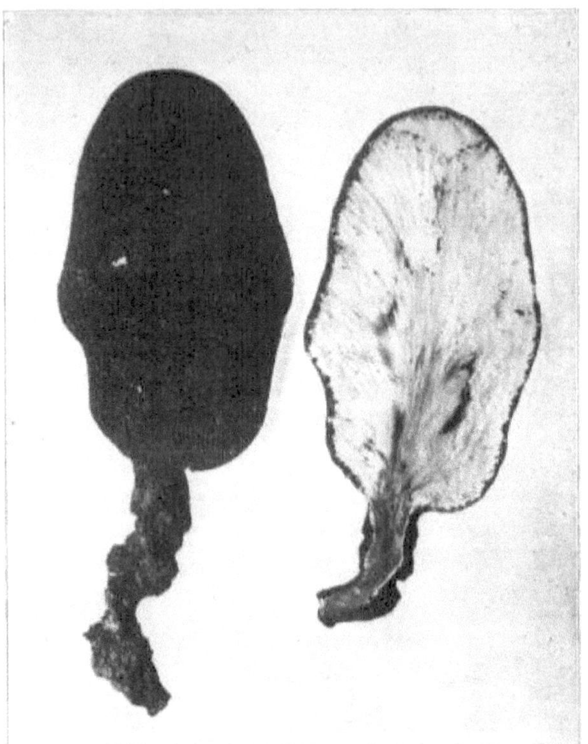

FIGURE 496. — Xylaria polymorpha var. spathulaire . Taille naturelle.

Spathularia signifie sous la forme d'une spatule ou d'une spatule. Il est vertical et stipité, la tige étant plus définie que chez le X. polymorpha, le stroma étant entre charnu et liégeux, fréquemment croissant en nombre ou grégaire, turgescent, assez régulier, blanc sale, puis rouge brunâtre, enfin noir. Un verre à main ordinaire montrera comment il porte des périthèces dans toutes ses parties. Cela sera clairement visible dans la section de droite.

Ces plantes ne sont pas aussi communes que le X. polymorpha, mais se trouvent dans des habitats similaires à ceux de l'autre plante, notamment autour des souches d'érable ou sur les branches d'érable pourries.

Stemonite . Gled .

Stemonitis vient d'un mot grec qui signifie étamine, l'un des organes essentiels d'une fleur. Il s'agit d'un genre de champignons myxomycètes, donnant son nom à la famille des Stemonitaceæ , qui possède un seul sporange ou æthalium ; sans les dépôts particuliers de carbonate de chaux qui caractérisent la fructification des autres ordres, et les spores, le capillitium et la columelle sont généralement uniformément noirs ou brunâtres.

Stémonite fusca . Roth.

FIGURE 497. — Stémonite fusca . Taille naturelle.

Fusca signifie brun foncé, fumé. Les sporanges sont cylindriques et pointus à l'apex, les péridies fugaces, exposant le beau réseau du capillitium. Le capillitium réticulé jaillit de la tige sombre et pénétrante.

C'est une très belle plante lorsqu'on l'étudie avec un verre à main ordinaire. J'ai souvent vu une bûche entière recouverte de cette plante.

Stémonite ferruginée . Ehrb .

Ferruginea signifie couleur rouille. Les sporanges sont très similaires à ceux de S. fusca , cylindriques, à péridium fugace, exposant le capillitium réticulé, mais au lieu d'être brun foncé, il est de couleur jaunâtre ou brun rouille.

CHAPITRE XVIII.
RECETTES POUR CUISINER DES CHAMPIGNONS.

COMPOTE DE CHAMPIGNONS. N°1.

Choisissez-les autant que possible, de taille uniforme et exempts d'insectes. Plongez-les dans de l'eau salée pendant cinq minutes pour les débarrasser des insectes qui pourraient se cacher dans les branchies ; égouttez-les, essuyez-les et nettoyez-les avec un chiffon assez rugueux ; coupez les tiges près du chapeau. Mettez-les dans une casserole en granit ou en porcelaine, couvrez bien et laissez mijoter doucement une quinzaine de minutes. Sel au goût. Frottez une cuillère à soupe de beurre dans environ une cuillère à soupe de farine et incorporez-la aux champignons en laissant bouillir trois ou quatre minutes ; incorporez trois cuillères à soupe de crème mélangée à un œuf bien battu, remuez le tout pendant deux minutes sans laisser bouillir et servez soit sur des toasts, soit comme légume.

COMPOTE DE CHAMPIGNONS. N°2.

Nettoyer les champignons comme indiqué ci-dessus et les laisser mijoter dans l'eau dix minutes ; puis égouttez une partie de l'eau et mettez-y autant de lait tiède que vous en avez versé d'eau ; laissez ce ragoût pendant cinq à dix minutes ; ajoutez ensuite un peu de beurre fondu, ou de la sauce de veau ou de poulet, ainsi que du sel et du poivre au goût. Épaissir avec un peu de fécule de maïs mouillée dans du lait froid. Servir chaud.

Lors de la cuisson des champignons, ils doivent toujours être conservés aussi étroitement que possible afin de mieux conserver leur saveur, et ils ne doivent jamais être soumis à une chaleur trop élevée.

CHAMPIGNONS AU FOUR.

Assurez-vous que vos champignons sont frais et exempts d'insectes ; coupez les tiges près des chapeaux et essuyez le dessus avec un chiffon humide. Disposez-les dans un plat à tarte, branchies vers le haut, en déposant un peu de beurre sur chacune ; saupoudrez-les de poivre, de sel et d'un très peu de macis. Mettez-les à four chaud et faites cuire au four de quinze minutes à une demi-heure, selon la tendreté des champignons ; s'ils risquent de devenir trop secs, arrosez-les de temps en temps avec du beurre et de l'eau. Versez dessus du *maître sauce d'hôtel* et envoyez-les à table dans le plat dans lequel ils ont été cuits.

CHAMPIGNONS GRILLÉS.

Sélectionnez les produits les plus fins et les plus frais que vous puissiez obtenir et préparez-les comme pour la pâtisserie ; mettez-les dans une assiette creuse et versez dessus un peu de beurre fondu en les retournant encore et encore. Salez, poivrez et laissez-les reposer une heure et demie dans le beurre. Mettez-les, branchies vers le haut, sur une grille à huîtres sur un feu clair et chaud, en les retournant pendant qu'un côté brunit. Mettez-les sur un plat chaud, en les assaisonnant bien de beurre, de poivre et de sel et avec quelques gouttes de jus de citron pressées sur chacune, si vous le souhaitez.

RAGOÛT DE VEAU ET CHAMPIGNONS.

Prenez des quantités égales de steak de veau froid ou de rôti de veau et de petites boules de lait ou autres champignons, et hachez le tout finement ; émincez un petit oignon et mettez-le avec les champignons et la viande dans une poêle avec un peu de jus de veau froid, si vous en avez, et suffisamment d'eau pour couvrir le mélange. Ajoutez une cuillère à soupe de beurre, poivrez et salez bien, et laissez cuire le mélange jusqu'à ce qu'il soit presque sec, en remuant fréquemment pour éviter qu'il ne brûle ; il devrait cuire complètement une demi-heure. Lorsque vous avez presque terminé, ajoutez une grande cuillère à soupe de bon catsup ou de sauce Worcestershire si vous préférez. Servir chaud.

PÂTÉS AUX CHAMPIGNONS .

Lavez bien les champignons, coupez-les en petits morceaux et plongez-les dans l'eau salée pendant cinq minutes. Préparez dans une poêle sur le feu environ deux onces de beurre pour chaque pinte de champignons, en ayant la poêle et le beurre très chauds mais pas brûlants ; tremper les champignons de l'eau salée avec une écumoire et les déposer dans le beurre chaud ; couvrez-les étroitement pour conserver la saveur, en secouant la poêle ou en les remuant pour les empêcher de brûler ou de coller. Laissez-les cuire à feu modéré pendant quinze à trente minutes, selon la tendreté des champignons. Retirez le couvercle de la poêle, tirez les champignons d'un côté et soulevez la poêle d'un côté pour que la sauce coule du côté opposé ; incorporez à la sauce une cuillère à soupe rase de farine tamisée et frottez-la avec la sauce; puis ajoutez une demi-pinte de lait ou de crème riche; incorporez-y les champignons et laissez bouillir pendant une minute. Préparez au four quelques coquilles de pâté , remplissez-les de champignons assaisonnés au goût de sel et de poivre et remettez au four quelques minutes pour réchauffer avant de servir. Ceux-ci sont particulièrement fins lorsqu'ils sont faits de Tricholoma personatum ou Pleurotus ostreatus, mais de nombreuses autres variétés répondront bien.

STEAK DE BŒUF AU FOUR AVEC SAUCE AUX CHAMPIGNONS.

Faites couper votre steak de surlonge d'un pouce ou plus d'épaisseur, placez-le dans un plat allant au four extrêmement chaud sur le dessus de la cuisinière, en une minute, retournez le steak pour que les deux côtés soient saisis. Mettez la casserole dans un four extrêmement chaud et laissez-la reposer pendant vingt minutes.

Préparez dans une casserole deux cuillères à soupe de beurre fondu, faites bien chauffer et ajoutez deux tasses de champignons frais et propres que l'on a laissés reposer dans l'eau salée pendant cinq minutes ; couvrir hermétiquement et cuire vivement sans brûler pendant dix minutes ; placez-les au dos de la cuisinière (après les avoir bien assaisonnés avec du sel et du poivre) pour les garder au chaud jusqu'au moment de les utiliser. Disposez le steak sur un plat chaud, versez dessus les champignons et servez aussitôt. C'est un plat digne d'un roi.

MORILLES FARCIES.

Choisissez les morilles les plus fraîches et les meilleures ; nettoyez-les soigneusement en laissant couler l'eau du robinet ; ouvrez la tige en bas; remplir de farce de veau, d'anchois ou de toute autre farce riche de votre choix, en fixant les extrémités et en assaisonnant entre les tranches de bacon ; enfourner pendant une demi-heure en arrosant de beurre et d'eau, et servir avec la sauce qui en vient.

MORILLES FRITES.

Lavez soigneusement une douzaine de morilles et coupez les extrémités des tiges. Fendez les champignons et mettez-les dans une poêle dans laquelle ont fondu deux cuillères à soupe de beurre. Couvrir hermétiquement et cuire à feu modéré pendant quinze minutes. Mélangez deux cuillères à café de fécule de maïs dans une demi-pinte de lait frais et versez dans la casserole avec les champignons, en laissant bouillir pendant une minute ou deux ; saler et poivrer au goût et servir chaud, sur du pain grillé si vous le souhaitez.

CUISINER LES BOLETI.

Coupez les tiges et retirez les tubes de spores, après avoir essuyé les capuchons avec un chiffon humide. Ils peuvent être grillés dans une poêle chaude beurrée, en les retournant fréquemment jusqu'à ce qu'ils soient cuits, ce qui prendra environ quinze minutes. Saupoudrez de sel et de poivre et mettez des morceaux de beurre dessus comme vous le feriez sur un steak de bœuf grillé.

On peut les faire mijoter dans un peu d'eau dans une casserole couverte, après les avoir coupés en morceaux de taille égale. Laissez mijoter pendant vingt minutes et une fois terminé, ajoutez du poivre, du sel, du beurre ou de la crème.

Ou ils peuvent être frits, après avoir été tranchés comme vous le feriez pour des aubergines , et trempés dans la pâte ou roulés dans des œufs et des miettes de craquelins.

Lors de la préparation des Boleti, le tube de spores doit être retiré, sauf s'il est très jeune, car il rendrait le plat gluant.

CATSUP AUX CHAMPIGNONS.

Pour deux litres de champignons, prévoyez un quart de livre de sel. Les champignons adultes sont meilleurs pour préparer cela car ils donnent plus de jus. Mettez une couche de champignons au fond d'un bocal en pierre, saupoudrez de sel ; puis une autre couche de champignons jusqu'à ce que vous ayez tout utilisé ; laissez-les reposer ainsi pendant six heures, puis brisez-les en morceaux. Placer au frais pendant trois jours en remuant bien chaque matin. Filtrez-en le jus et ajoutez à chaque litre une demi-once de piment de la Jamaïque, la même quantité de gingembre, une demi-cuillère à café de macis en poudre et une demi-cuillère à café de poivre de Cayenne. Mettez-le dans un bocal en pierre, couvrez-le bien, mettez-le dans une casserole d'eau sur le feu et faites bouillir fort pendant cinq heures. Retirez-le, videz-le dans une bouilloire en porcelaine et laissez-le bouillir lentement pendant une demi-heure de plus. Placez-le dans un endroit frais et laissez-le reposer toute la nuit jusqu'à ce qu'il soit stable et clair, puis versez-le soigneusement des sédiments dans de petites bouteilles en les remplissant jusqu'à la bouche. Bouchez hermétiquement et scellez soigneusement. Conserver dans un placard sec, frais et sombre.

CHAMPIGNONS AU BACON.

Prenez quelques champignons bien développés et, après les avoir nettoyés, procurez-vous quelques tranches de bon lard et faites-les frire de la manière habituelle. Une fois presque terminé, ajoutez une douzaine de champignons et faites-les revenir lentement jusqu'à ce qu'ils soient cuits. Lors de la cuisson, ils absorberont toute la graisse du bacon et, avec l'ajout d'un peu de sel et de poivre, ils formeront une relish de petit-déjeuner des plus appétissantes.

HYDNUM .

Les Hydnums sont parfois légèrement amères et il est bon de les faire bouillir quelques minutes puis de jeter l'eau. Égouttez soigneusement les champignons; ajoutez du poivre et du sel, du beurre et du lait; cuire lentement dans une casserole couverte pendant vingt ou vingt-cinq minutes; préparez quelques tranches de pain grillé, versez les champignons dessus et servez aussitôt.

CHAMPIGNONS OYSTER.

L'une des meilleures façons de cuisiner un pleurote est de le faire frire comme on fait frire une huître. Utilisez la partie tendre du pleurote ; nettoyer soigneusement ; ajouter du poivre et du sel; tremper dans l'œuf battu puis dans la chapelure et faire revenir dans la graisse ou le beurre. Ou faites-les bouillir pendant quarante-cinq minutes, égouttez-les, roulez-les dans la farine et faites-les frire.

Le pleurote est également excellent en compote.

LÉPIOTE PROCÉDERA .

Nettoyez les bouchons avec un chiffon humide et coupez la tige à proximité des bouchons ; griller légèrement des deux côtés sur un feu clair ou dans une poêle très chaude en retournant soigneusement les champignons trois ou quatre fois ; préparez des toasts fraîchement préparés et bien beurrés ; disposer les champignons sur les toasts et mettre un petit morceau de beurre sur chacun et saupoudrer de poivre et de sel ; mettre au four ou devant un feu vif pour faire fondre le beurre, puis servir rapidement.

Certaines personnes pensent que des tranches de bacon grillées sur les champignons améliorent la saveur.

STEAK DE BOEUF RECOUVERT DE CHAMPIGNONS.

Préparez une quantité suffisante de champignons adultes, soigneusement nettoyés ; coupez-les en morceaux et mettez-les dans un plat allant au four avec une cuillère à soupe de beurre pour deux tasses de champignons, saupoudrez de poivre et de sel et faites cuire à four modéré quarante-cinq minutes. Faites griller votre steak jusqu'à ce qu'il soit presque cuit ; puis mettez-le dans la poêle avec une partie des champignons en dessous et le reste sur le steak ; remettez-le au four et laissez-le reposer dix minutes; démouler sur un plat chaud et servir rapidement.

Agaricus, Lepiota , Coprinus, Lactarius , Tricholoma et Russula conviennent particulièrement bien à cette méthode de préparation.

CHAPITRE XIX.
CULTURE DU CHAMPIGNON.

PAR LE PROF. LAMBERT,

L'American Spawn Co., St. Paul, Minnesota.

GÉNÉRALES . — Sur le plan commercial et dans un sens restreint, le terme « champignon » est généralement utilisé indifféremment pour désigner les espèces de champignons comestibles et susceptibles d'être cultivées. Les variétés cultivées avec succès pour le marché sont presque toutes dérivées d' *Agaricus campestris* , *Agaricus villaticus* et *Agaricus Arvensis* . Ils peuvent être blancs, crème ou blanc crème, ou bruns ; mais la couleur n'est pas toujours une caractéristique permanente, elle est souvent influencée par les conditions environnantes.

Les champignons sont cultivés à grande échelle pour le marché en France et en Angleterre. On estime que près de douze millions de livres de champignons frais sont vendus chaque année au Marché Central de Paris. Une grande quantité de champignons est mise en conserve et exportée de France vers tous les pays civilisés. Cette industrie a récemment fait des progrès remarquables aux Etats-Unis, et les champignons frais sont désormais régulièrement cotés sur les marchés de nos grandes villes. Ils sont vendus à des prix allant de vingt-cinq cents à un dollar et cinquante cents la livre, selon la saison, la demande et l'offre.

FIGURE 498. — Champignons dans une cave.

ESSENTIELLES . — Les champignons peuvent être cultivés sous n'importe quel climat et à n'importe quelle saison où les conditions essentielles peuvent être réunies, obtenues ou contrôlées. Ces conditions sont, *premièrement* , une température allant de 53° à 60° F., avec des extrêmes de 50° à 63° ; *deuxièmement* , une atmosphère saturée (mais non dégoulinante) d'humidité ; *troisièmement* , une ventilation adéquate ; *quatrièmement* , un support ou un lit approprié ; *cinquièmement* , bon frai. On constate qu'à l'air libre, ces conditions se retrouvent rarement ensemble pendant une certaine durée. Il est donc nécessaire, pour cultiver des champignons à des fins commerciales, qu'un ou plusieurs de ces éléments soient artificiellement fournis ou contrôlés. Cela se fait généralement dans des caves, des grottes, des mines, des serres ou des champignonnières spécialement construites. Une disposition pratique des étagères dans une cave est illustrée à la figure 498. Une grande installation à des fins commerciales est illustrée à la figure 500 et une cave spécialement construite est illustrée à la figure 499. Là où des mines abandonnées, des grottes naturelles ou artificielles sont disponibles, le les conditions atmosphériques requises sont souvent combinées et peuvent être maintenues uniformément tout au long de l'année.

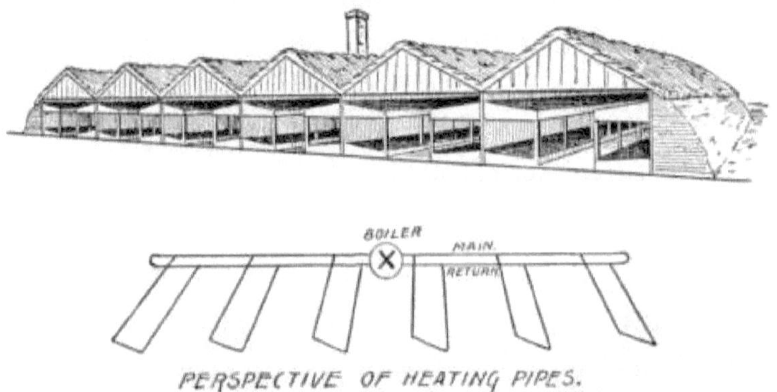

FIGURE 499. — Maisons à champignons spécialement construites.

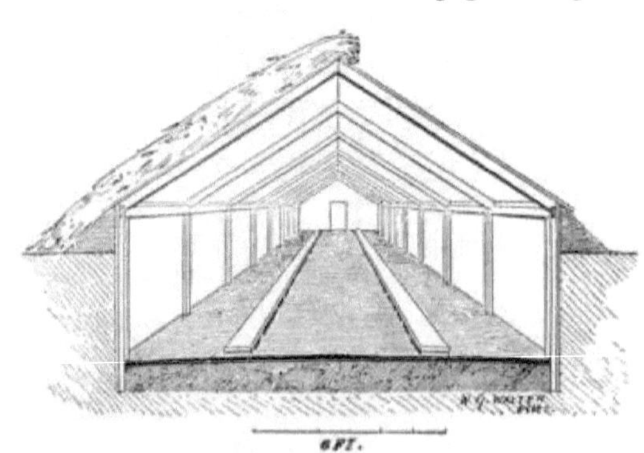

TEMPÉRATURE. — Dans les limites prescrites, la température doit être uniforme tout au long de la croissance de la culture. Lorsqu'il fait trop froid, le développement du frai sera retardé ou arrêté. Une température élevée favorisera le développement de moisissures et de bactéries qui détruiront bientôt le frai ou la culture en croissance. La culture du champignon, en tant que culture d'été, est donc fortement limitée. Comme culture d'automne, d'hiver ou de printemps, il peut être cultivé partout où les moyens sont disponibles pour élever la température à environ 58° F. De nombreux fleuristes utilisent l'espace libre sous les bancs à cette fin ; ils ont l'avantage de pouvoir utiliser le matériel dépensé des plates-bandes de champignons pour faire pousser des fleurs.

HUMIDITÉ. — L'humidité est un facteur important dans la culture du champignon et nécessite une application intelligente. Le champignon a besoin d'une atmosphère presque saturée d'humidité, et pourtant l'application directe d'eau sur les plates-bandes est plus ou moins nuisible à la culture. Il est donc essentiel que les lits, une fois faits, contiennent la quantité d'humidité requise et que cette humidité ne soit pas perdue par évaporation excessive. Ils doivent être protégés d'une atmosphère sèche ou de forts courants d'air. Lorsqu'un arrosage devient nécessaire, il doit être appliqué en fine pulvérisation autour des massifs en vue de restituer l'humidité de l'atmosphère, et sur les massifs après la cueillette des champignons.

VENTILATION. — L'air pur est essentiel à une culture saine. Il faut donc prévoir un renouvellement progressif de l'air dans le champignonnière. Il faut cependant éviter les courants d'air car ils tendent à une évaporation et un refroidissement trop rapides des lits, condition malheureuse à laquelle on ne peut par la suite entièrement remédier.

LES LITS. —Le type de lit le plus courant est connu sous le nom de « lit plat ». Il est réalisé au sol ou sur des étagères comme le montrent les illustrations. Il fait généralement environ 10 pouces de profondeur. Un autre type, principalement utilisé en France, est connu sous le nom de « lit faîtier » et nécessite plus de main d'œuvre que le lit plat. Le champignonnière et les étagères, si elles sont utilisées, doivent être fréquemment désinfectées et blanchies à la chaux afin d'éviter tout danger dû aux insectes et aux bactéries. La préparation des lits et les opérations ultérieures seront montrées en relation avec les autres sujets.

PRÉPARATION DU FUMIER. — Le meilleur fumier est obtenu chez les chevaux nourris avec une abondance de nourriture sèche et azotée. Le fumier des animaux nourris de verdure n'est pas souhaitable. Les producteurs ne suivent pas tous la même méthode de fermentation ou de compostage du fumier. Lors du premier déchargement, le fumier reste dans son état initial pendant quelques jours. Il est ensuite empilé en tas d'environ trois pieds de profondeur et bien pressé. Dans cette opération, le matériau doit être soigneusement fourché et bien mélangé, et partout où il est trop sec, il doit être légèrement saupoudré. On le laisse rester dans cet état pendant environ six jours, après quoi il est de nouveau bien fourchu et retourné. Dans cette dernière opération, il reçoit un léger aspersion supplémentaire ; les parties sèches sont retournées à l'intérieur afin que la masse entière soit homogène et uniformément humide, et le tas est de nouveau élevé à environ trois pieds. Environ six jours plus tard, l'opération est répétée et, au bout de trois jours environ, le fumier devrait être prêt à être mis dans les lits. Il est alors d'une couleur brun foncé mêlé de blanc, exempt d'odeur désagréable. Il est onctueux, élastique et humide, mais non mouillé, et ne doit laisser aucune humidité dans la main.

Bien entendu, les règles ci-dessus sont susceptibles de modifications selon l'état du fumier, son âge et ses manipulations antérieures.

FRAISON. — Le fumier, après avoir été convenablement composté, est répandu uniformément sur le sol ou sur les étagères et fermement comprimé en lits d'une dizaine de pouces de profondeur. La température du lit est alors trop élevée pour le frai et augmente généralement encore plus. Il doit être soigneusement surveillé à l'aide d'un thermomètre spécial ou à champignon. Lorsque la température des lits est descendue à environ 75° ou 80°, ils peuvent frayer. Les lits doivent être frayés lorsque la température baisse, jamais lorsqu'elle augmente. Les briques de blanc sont brisées en huit ou dix morceaux, et ces morceaux sont insérés à un ou deux pouces sous la surface, espacés d'environ neuf à douze pouces. Le lit est alors fermement comprimé. Il est avantageux de briser et de répartir le frai sur la surface du lit quelques jours avant le frai ; cela permet au mycélium d'absorber un peu d'humidité et de gonfler dans une certaine mesure. Si le lit est en bon état, il ne devrait pas nécessiter d'arrosage avant plusieurs semaines.

FIGURE 501. — Spawn de brique, culture pure.

BOÎTIER DES LITS. —Dès que l'on observe que le frai "coule", soit entre huit jours et deux semaines, les lits sont "enveloppés" ou recouverts d'une couche d'environ un pouce de terreau léger, bien protégé. Le terreau doit être légèrement humide et exempt de matière organique. Les lits doivent maintenant être surveillés et ne doivent pas s'évaporer ou se dessécher.

CUEILLETTE. — Les champignons devraient apparaître cinq à dix semaines après le frai, et la période de production d'un bon lit varie de deux à quatre mois. En cueillant les champignons, une main intelligente les retirera soigneusement du sol et remplira le trou laissé dans le lit avec de la terre fraîche. Des morceaux de racines ou de tiges ne doivent jamais rester dans les plates-bandes, sinon la pourriture pourrait s'installer et infecter les plantes environnantes. Un bon lit de champignons donnera une récolte allant d'une demi à deux livres par pied carré. Les champignons doivent être cueillis tous les jours ou tous les deux jours ; ils ne devraient pas être abandonnés une fois que les voiles commencent à se briser.

Pour le marché, les champignons sont triés selon leur taille et leur couleur et emballés dans des boîtes ou des paniers d'une, deux ou cinq livres. Comme ils sont très périssables, ils doivent arriver sur le marché dans les plus brefs délais.

VIEUX LITS. — Il n'est pas possible de cultiver une autre récolte de champignons dans le matériau d'un vieux lit, bien que ce matériau soit encore précieux pour le jardinage. L'ancien matériau doit être entièrement enlevé et le champignonnier soigneusement nettoyé avant que les nouveaux lits ne soient fabriqués. Si cette précaution est omise, la prochaine récolte risque de souffrir des maladies ou des ennemis des champignons.

FIGURE 502. — Un groupe de 50 champignons sur une racine, cultivés à partir de « Lambert's Pure Culture Spawn » de l'American Spawn Co., St. Paul, Minnesota.

FRAYER. — Le champignon cultivé se multiplie à partir du « frai », nom commercial appliqué au mycélium ; le terme « frai » inclut à la fois le mycélium et le milieu dans lequel il est transporté et conservé. Le frai peut être acheté sur le marché sous deux formes : le frai en flocons et le frai en brique. Dans les deux formes, la croissance du mycélium est démarrée sur un milieu préparé constitué principalement de fumier, puis arrêtée et séchée. La ponte en flocons est de courte durée en raison de sa forme lâche, dans laquelle le mycélium est facilement accessible à l'air et aux bactéries destructrices. Il se détériore rapidement lors du transport et du stockage et ne peut être utilisé avantageusement que lorsqu'il est frais. Les producteurs, notamment aux États-Unis, l'ont donc abandonné au profit du blanc de brique, qui offre une meilleure protection au mycélium et peut être transporté et stocké en toute sécurité pendant une période raisonnable.

Jusqu'à récemment, le fabricant de blanc était obligé de s'en remettre entièrement aux caprices de la nature pour son approvisionnement. La seule méthode connue consistait à récolter le blanc sauvage là où la nature l'avait déposé et à le couler en briques ou en matériaux meubles, sans référence à la variété. Ni le fabricant ni le producteur n'avaient aucun moyen de déterminer la nature probable de la récolte jusqu'à l'apparition des champignons.

FIGURE 503. — Agaricus villaticus .

DE CULTURE PURE . — La découverte récente de blanc de culture pure dans ce pays a rendu possible la sélection et l'amélioration de variétés de champignons cultivés en faisant particulièrement référence à leur rusticité, leur couleur, leur taille, leur saveur et leur prolificité , ainsi que l'élimination des champignons de qualité inférieure ou indésirables dans la récolte. La portée de cet article exclut une description de la méthode de culture pure pour produire du frai. Il est maintenant utilisé par les grands producteurs commerciaux et a, dans de nombreuses sections, entièrement remplacé l'ancien blanc anglais et d'autres formes de blanc sauvage. Tel qu'il est fabriqué aujourd'hui, il ressemble beaucoup en apparence à l'ancien frai anglais (voir Figure 501). Des résultats remarquables ont été obtenus grâce à l'utilisation de blanc de culture pure. Nous illustrons un groupe de cinquante champignons sur une racine cultivés par MM. Miller & Rogers, de Mortonville , Pennsylvanie, à partir de "Lambert's Pure Culture Spawn" produit par l'American Spawn Company, de St. Paul, Minnesota (Figure 502). Plusieurs variétés prometteuses ont déjà été développées grâce à la nouvelle méthode et peuvent désormais être reproduites à volonté. La figure 503 est une bonne illustration d' *Agaricus villaticus* , une espèce charnue très demandée. La figure 504 montre un lit de champignons cultivés à partir de œufs de culture pure dans une grotte de sable, en utilisant le lit plat.

FIGURE 504. — Une grotte aux champignons, montrant l'un des bancs d'essai de l'American Spawn Co., St. Paul, Minnesota.

COMMENT CUIRE DES CHAMPIGNONS. — Pour le vrai épicurien, il n'y a que quatre façons de cuisiner les champignons : les griller, les rôtir, les frire dans du beurre doux et les mijoter dans de la crème.

Lorsque vous préparez des champignons frais pour la cuisson, lavez-les le moins possible, car le lavage les prive de leur saveur délicate. Gardez toujours à l'esprit que plus les champignons sont cuits simplement, meilleurs ils sont. Comme tous les aliments délicatement parfumés, ils sont gâtés par l'ajout de condiments fortement parfumés.

grillés . — Choisissez des champignons plats, fins et gros, et assurez-vous qu'ils sont frais. S'ils sont poussiéreux, plongez-les simplement dans de l'eau froide salée. Ensuite, posez-les sur une étamine et laissez-les bien égoutter. Lorsqu'elles sont sèches, coupez la tige assez près du rayon. Ou, mieux encore, cassez soigneusement la tige. Ne jetez pas les tiges. Conservez-les pour le ragoût, pour la soupe ou pour la sauce aux champignons. Après avoir coupé ou cassé les tiges, prenez un couteau bien aiguisé en argent et épluchez les champignons en commençant par le bord et en terminant par le haut. Disposez-les sur une grille bien frottée avec du beurre doux. Posez les champignons sur le gril avec les peignes vers le haut. Mettez une petite quantité de beurre, un peu de sel et de poivre au centre de chaque rayon dont le pied a été retiré et laissez les champignons sur le feu jusqu'à ce que le beurre soit fondu. Servez-les ensuite sur de fines tranches de pain grillé beurrées et bien dorées, qui doivent être coupées en rond ou en losange.

Servez les champignons le plus rapidement possible une fois grillés, car ils doivent être consommés chauds. Les champignons grillés sont si nourrissants qu'avec une salade légère, ils constituent un déjeuner suffisant pour tout le monde.

frits . — Nettoyer et préparer les champignons comme pour les griller. Mettez un peu de beurre sucré non salé dans une poêle, suffisamment pour y nager les champignons. Mettez la poêle sur feu rapide, et lorsque le beurre est à ébullition, déposez délicatement les champignons dedans, laissez-les frire trois minutes et servez-les. sur de fines tranches de pain grillé beurrées. Servir une sauce composée de jus de citron, d'un peu de beurre fondu, de sel et de poivron rouge accompagné de champignons frits.

Compote de champignons. — Les champignons mijotés selon la recette suivante constituent l'un des plats de petit-déjeuner les plus délicieux : il n'est pas nécessaire d'utiliser de gros champignons pour ragoût, des petits boutons feront l'affaire. Récupérez les champignons restés dans le panier après avoir sélectionné ceux à griller, et utilisez également les tiges coupées des champignons préparés pour la cuisson. Après les avoir nettoyés et écorchés, mettez-les dans de l'eau froide avec un peu de vinaigre et laissez-les reposer une demi-heure. Si vous avez un litre de champignons, mettez une cuillère à soupe de bon beurre frais dans une casserole et mettez-la sur le feu. Lorsque le beurre commence à bouillonner, déposez les champignons dans la poêle et après une minute de cuisson, assaisonnez-les bien avec du sel et du poivre noir. Saisissez maintenant le manche de la cocotte et, pendant que les champignons cuisent doucement et lentement, secouez la poêle presque constamment pour éviter que le beurre ne brunisse et que les champignons ne collent. Après huit minutes de cuisson, versez suffisamment de crème riche et sucrée pour couvrir les champignons sur une profondeur d'un demi-pouce et laissez-les cuire environ huit à dix minutes de plus. Servez-les dans un plat de légumes bien chaud. N'épaississez pas la crème avec de la farine ou quoi que ce soit. Faites-les simplement cuire de cette manière simple. Vous les trouverez parfaits.

GLOSSAIRE.

- Avorté, imparfaitement développé.
- Aberrant, s'écartant d'un type.
- Aciculaire, en forme d'aiguille.
- Aculéate, élancée et pointue.
- Acuminé, terminé en pointe.
- Aigu, pointu.
- Adnées, branchies carrément et fermement attachées à la tige.
- Annexées , branchies atteignant juste la tige.
- Adhésion, union de différents organes ou tissus.
- Adprimé, pressé en contact étroit, appliqué aux branchies.
- Agglutiné, collé à la surface.
- Alvéolée, alvéolée.
- Alutacé , ayant la couleur du cuir tanné.
- Anastomose, ramification, jonction d'une veine avec une autre.
- Annuel, complétant sa croissance en un an.
- Annulaire, en forme d'anneau.
- Annuler, avoir une bague.
- Annulus, l'anneau autour de la tige d'un champignon.
- Apex, chez les champignons, extrémité de la tige à côté des branchies.
- Apical, proche du sommet.
- Apiculé, terminé par une petite pointe.
- Appendiculé, pendant en petits fragments.
- Aplané, aplati ou étendu horizontalement.
- Arachnoïde, en forme de toile d'araignée.
- Arculé , en forme d'arc.
- Aréolée, dénoyautée, en forme de filet.

- Asque, cas de spores de certains champignons.

- Ascomycètes, un groupe de champignons dans lesquels les spores sont produites dans des sacs .

- Ascospore, hyménium ou sporophore portant un asque ou un asque.

- Atomiser, parsemé d'atomes ou de minuscules particules.

- Atro (ater , noir), en composition « noir » ou « sombre ».

- Atropurpur , violet foncé (purpura, violet).

- Aurantiacée, de couleur orange (aurantium, une orange).

- Aéré , jaune doré.

- Auriculaire, en forme d'oreille.

- Azonate , sans zones ni bandes circulaires.

- Badious, bai, de couleur marron ou brun rougeâtre.

- Baside (pl. basidia), une cellule élargie sur laquelle sont portées les spores.

- Basidiomycètes, groupe de champignons dont les spores sont portées sur une baside.

- Bifide, fendu ou divisé en deux parties.

- Botté, appliqué sur la tige des champignons lorsqu'ils sont enfermés dans une volva.

- Boss, un bouton ou une courte protubérance arrondie.

- Bossé, garni d'un bossage ou d'un bouton, bulbé .

- Byssus, fine masse filamenteuse.

- Cæspitose , poussant en touffes.

- Calyptra, appliqué sur la partie de volve recouvrant le chapeau.

- Campanulé, en forme de cloche.

- Cap, le réceptacle élargi en forme de parapluie d'un champignon commun.

- Capillitium, fils porteurs de spores, souvent très ramifiés, trouvés dans les boules de poils.

- Carnose , couleur chair.

- Cartilagineux, dur et coriace.

- Castanée, de couleur marron.

- Céracée , semblable à de la cire.

- Cérébriforme, en forme de cerveau.

- Cespiteux, poussant en touffes.

- Cils, processus marginaux ressemblant à des cheveux.

- Cilié, bordé de processus ressemblant à des poils.

- Cinéré, gris bleuâtre clair ou gris cendré.

- Circonscissile , se brisant au milieu ou près du milieu de la ligne équatoriale.

- Circiné, arrondi.

- Clavate, en forme de massue, s'épaissit progressivement vers le haut.

- Columelle, tissu stérile s'élevant en forme de colonne au milieu du Capillitium.

- Du béton, cultivé ensemble.

- Continu, sans interruption, une partie s'enchaîne avec une autre.

- Cordé, en forme de cœur.

- Coriace, de texture coriace ou semblable à du liège.

- Cortex, couche externe ou en forme de croûte.

- Cortina, le voile en forme de toile du genre Cortinarius .

- Cortinate , avec une cortina .

- Costate, avec une ou plusieurs crêtes.

- Crénelé, échancré, échancré ou festonné en bordure.

- Cryptogamie , appliquée à la division des plantes non fleuries.

- Cyathiforme, en forme de coupe.

- Kyste, cellule ou cavité ressemblant à une vessie.

- Cystidium (pl. cystidia), cellules stériles de l'hyménium, en forme de vessie.

- Caduques, dont les feuilles tombent.

- Décurrent, comme lorsque les branchies d'un champignon se prolongent le long de la tige.

- Déhiscent, organe fermé s'ouvrant de lui-même à maturité.

- Déliquescent, fondant, devenant liquide.

- Dendroïde, en forme d'arbre.

- Denté, denté.

- Denticulé, avec de petites dents.

- Dichotomiques, appariés, régulièrement fourchus.

- Dimidié, coupé en deux, appliqué sur les branchies non entières.

- Disque (disque), la surface hyméniale, généralement en forme de coupe.

- Discomycètes , Ascomycètes avec l'hyménium exposé.

- Dissépiments, cloisons de séparation.

- Distant, appliqué aux branchies qui ne sont pas proches.

- Discret, distinct, non divisé.

- Échinée, garnie de poils raides.

- Épanché, étalé sans forme régulière.

- Émarginé, lorsque les branchies sont entaillées ou évidées à la jonction avec la tige.

- Éphémère, qui dure mais de courte durée.

- Épiderme, la couche externe ou externe de la plante.

- Épiphyte, poussant sur une autre plante.

- Excentrique, hors du centre ; tige non attachée au centre du chapeau.

- Exopéridium, couche externe du péridium.

- Exotique, étranger.

- Expliquer, aplati ou développé.

- Fariné, farineux.

- Farinose, recouvert d'une poudre farineuse.

- Falciforme, crochu ou recourbé comme une faux.

- Fascicule, poussant en touffes.

- Fastigiate, livré avec une gaine.

- Ferrugineux, de couleur rouille.

- Fibrilleux, recouvert de petites fibres.

- Fibreux, composé de fibres.

- Filiforme, filiforme.

- Fimbrié, frangé.

- Fissile, capable d'être divisé.

- Fistulaire, fistuleuse , à tige creuse ou devenant creuse.

- Flabelliforme, en forme d'éventail.

- Flasque, mou et flasque.

- Flavescent, virant au jaune.

- Flexuose , ondulé.

- Flocci, fils comme de moisissure.

- Floconné, duveteux.

- Floculose , recouverte de floccus.

- Libre, dit des branchies non attachées à la tige.

- Friable, s'effrite facilement.

- Fugace, disparaissant rapidement.

- Fuligineux, de couleur brun suie ou fumée foncée.

- Furcaté, fourchu.

- Furfureux, avec des écailles ou une gale ressemblant à du son.

- Fusceux, terne, brunâtre ou brun teinté de gris.

- Fusiforme, fusiforme.

- Gasteromyces , Basidiomycetes, dans lequel l'hyménium est enfermé
.

- Gélatineux, semblable à de la gelée.

- Genre, groupe d'espèces étroitement apparentées.

- Gibbeux, gonflé à un moment donné.

- Branchies, plaques rayonnant à partir de la tige sur lesquelles sont portées les basides.

- Glabre, lisse.

- Glauque, à floraison blanche.

- Gleba, le tissu porteur de spores, comme dans les puffballs et les phalloïdes .

- Globulaire, presque rond.

- Granulaire, avec une surface rugueuse.

- Grégaire, croissant en nombre dans le même voisinage.

- Habitat, lieu naturel de croissance d'une plante.

- Hirsute, poilu.

- Hôte, plante ou animal sur lequel pousse un champignon parasite.

- Hyalin, transparent, clair comme du verre.

- Hygrophane , d'apparence aqueuse lorsqu'il est humide et opaque lorsqu'il est sec.

- Hygrométrique, absorbe facilement l'eau.

- Hyménium, la surface fruitière.

- Hyménophore, partie qui porte l'hyménium.

- Hyphe, l'une des cellules ou fils allongés du champignon.

- Imbriqués, se chevauchant comme des bardeaux.

- Immarginé , sans bordure distincte.

- Incarné, couleur chair.

- Indéhiscent, ne s'ouvrant pas.

- Autochtone, originaire d'un pays ou d'un lieu.

- Induré, durci.

- Indusium, un voile sous le chapeau.

- Inférieur, l'anneau bas sur la tige des Agarics.

- Infundibuliforme, en forme d'entonnoir.

- Inné, adhérant à la croissance.

- Involute, bords enroulés vers l'intérieur.

- Isabelline, couleur du cuir de la semelle, jaune brunâtre.

- Laqué , verni ou enduit de cire.

- Lacéré, irrégulièrement déchiré.

- Lacinié, divisé en lobes.

- Lacuneux, piqué ou présentant des caries.

- Lamelle (lamellae), branchies d'un champignon.

- Lanate, laineux.

- Leucospore , spore blanche.

- Livide, noir bleuâtre.

- Lutée, jaunâtre.

- Maculé, repéré.

- Marginé, ayant une bordure distincte.

- Micacé, couvert d'écailles luisantes, ressemblant à du mica.

- Micron, un millième de millimètre, près de 0,00004 de pouce .

- Mycélium, les fils délicats des spores en germination, appelés œufs.

- Nigrescent , devenant noir.

- Obconique, inversement conique.

- Obovale, inversement ovoïde.

- Obèse, gros, dodu.

- Ocre, jaune ocre, jaune brunâtre.

- Couleur pâle, pâle, indécise.

- Papillé, recouvert de tubercules mous.

- Paraphyses, cellules stériles trouvées parmi les cellules reproductrices de certaines plantes.

- Parasite, poussant sur une autre plante et tirant son soutien d'elle.

- Pectiné, denté comme un peigne.

- Péridium, revêtement extérieur d'une boule, simple ou double.

- Périthèces, réceptacles en forme de bouteille contenant des asques.

- Péronate , utilisé lorsque la tige a un pelage distinct en forme de bas.

- Persistant, enclin à adhérer fermement.

- Pileate, ayant un bonnet ou chapeau.

- Pileolus (pl. pileoli), un chapeau secondaire, issu du chapeau primaire.

- Chapeau (chapeau, un chapeau), la tête en forme de casquette d'un champignon.

- Pileux, couvert de poils, poilu.

- Pore, ouverture des tubes d'un polypore .

- Pruineux, recouvert d'une floraison semblable à du givre.

- Pubescent, duveteux.

- Pulvérulent, couvert de poussière.

- Pulviné, en forme de coussin.

- Putrescent, bientôt pourri.

- Ponctué, parsemé de points.

- Réfléchi, penché en arrière.

- Réniforme, en forme de rein.

- Repand, plié ou retourné ou en arrière.

- Résupiné, attaché à la matrice par le dos.

- Réticulé, marqué de lignes croisées, comme les mailles d'un filet.

- Révolution, roulé vers l'arrière ou vers le haut.

- Rimose , craquelé ou plein de fentes.

- Rimulose , recouverte de petites fissures.

- Anneau, partie du voile adhérant à la tige des Agarics.

- Rubescent, tendant vers une couleur rouge.

- Rubigineux, couleur rouille.

- De couleur roux, rougeâtre.

- Rugueux, ridé.

- Roux, rouge brunâtre.

- Sapide, agréable au goût.

- Saprophyte, plante qui vit de matières animales ou végétales en décomposition.

- Scrobiculé, marqué de petites fosses ou dépressions.

- Dentelé, en dents de scie.

- Bord sinueux et ondulé des branchies ou des sinus là où elles atteignent la tige.

- Spathuler, en forme de spatule .

- Spawn, le nom populaire du mycélium, utilisé dans la culture des champignons.

- Spores, organes reproducteurs des champignons.

- Sporophore, nom donné aux basides.

- Squamose , ayant des écailles.

- Squamulose, couverte de petites écailles.

- Squarrose, rugueux avec des écailles.

- Stigmates, supports minces des spores.

- Stipité, ayant une tige.

- Strié, strié de lignes.

- Strigose, couvert de lignes pointues et rigides.

- Strobiliforme , en forme d'ananas.

- Tige farcie, remplie de différents matériaux provenant des parois.

- Sulcate, plissé.

- Fauve, presque de la couleur du cuir tanné.

- Terété, en forme de sommet.

- Tesselé , disposé en petits carrés.

- Tomenteux, duveteux, à poils courts.

- Trama, la substance située entre les plaques des branchies.

- Tronquer, couper carrément.

- Tubercule, petite excroissance ressemblant à une verrue.

- Cornets, en forme de sommet.

- Ombiliqué , présentant une dépression centrale.

- Umbo, le boss d'un bouclier, appliqué sur l'élévation centrale du bonnet.

- Umbonate, ayant une élévation centrale en forme de boss.

- Incinéré, accro.

- Ondulé, ondulé.

- Vaginer, gainé.

- Voile, couverture partielle de la tige ou du bord du chapeau.

- Veliform , une fine couverture en forme de voile.

- Venée ou veinée, entrecoupée de rides renflées en dessous et sur les côtés.

- Ventriceux, gonflé au milieu.

- Vernicose , brillant comme verni.

- Verruqueux, couvert de verrues.

- Villeuse , villeuse, couverte de poils longs et faibles.

- Visqueux, recouvert d'un liquide brillant qui adhère aux doigts ; collant.

- Visqueux, collant.

- Volute, enroulée dans tous les sens.

- Volva, un voile universel.

- Zoné, zoné, marqué de bandes de couleur concentriques.